AF672293

EUL VERLAG

Dr. Vasily Belkin

Multikriterielles Controlling von Geschäftsprozessen

Prozessverbesserung mit Hilfe der dynamischen Simulation

Mit einem Geleitwort von Prof. Dr. Ludwig Mochty,
Universität Duisburg-Essen

EUL VERLAG

Bibliografische Information der Deutschen Nationalbibliothek

Die Deutsche Nationalbibliothek verzeichnet diese Publikation in der Deutschen Nationalbibliografie; detaillierte bibliografische Daten sind im Internet über <http://dnb.d-nb.de> abrufbar.

Dissertation, Universität Duisburg-Essen, 2011

Die vorliegende Arbeit von Hr. Vasily Belkin, geboren in Woronesh, Russland, wurde von der Fakultät für Wirtschaftswissenschaften der Universität Duisburg-Essen (Campus Essen) als Dissertation zur Erlangung des akademischen Grades eines Doktors der Wirtschaftswissenschaften (Dr. rer.pol.) angenommen.

Referent: Univ.-Prof. Dr. Ludwig Mochty
Koreferent: Univ.-Prof. Dr. Tobias Kollmann

Tag der mündlichen Prüfung: 07. September 2011

ISBN 978-3-8441-0096-9
1. Auflage November 2011

© JOSEF EUL VERLAG GmbH, Lohmar – Köln, 2011
Alle Rechte vorbehalten

JOSEF EUL VERLAG GmbH
Brandsberg 6
53797 Lohmar
Tel.: 0 22 05 / 90 10 6-6
Fax: 0 22 05 / 90 10 6-88
E-Mail: info@eul-verlag.de
http://www.eul-verlag.de

Bei der Herstellung unserer Bücher möchten wir die Umwelt schonen. Dieses Buch ist daher auf säurefreiem, 100% chlorfrei gebleichtem, alterungsbeständigem Papier nach DIN 6738 gedruckt.

Geleitwort

Gegenstand der vorliegenden Dissertation ist die Fragestellung: Wie muss ein Controlling-Konzept ausgestaltet sein, damit es geeignet ist, die Leistung der Prozessorganisation eines Unternehmens kontinuierlich zu überwachen, einen eventuell bestehenden Reorganisationsbedarf aufzuzeigen und eine notwendige Reorganisation von Unternehmensprozessen so zu unterstützen, dass die aktuelle Prozessorganisation des Unternehmens bestmöglich an veränderte Kundenanforderungen angepasst werden kann. Die Eignung und Funktionstüchtigkeit eines solchen Konzepts, das die diskrete dynamische Simulation zur Entscheidungsunterstützung heranzieht, wird anhand einer praxisnahen Machbarkeitsstudie nachgewiesen.

Die aktuell zum Strategischen Controlling (vgl. u.a. die Porter'sche Wertkettenanalyse) und zur organisatorischen Dezentralisierung (Total Quality Management und Lean Production) diskutierten Ansätze haben ihren Ausgangspunkt in der Prozessorganisation. Insofern sind sie auf den Grundgedanken der Prozessorientierung zurückzuführen, den bereits Nordsieck um 1930 im Rahmen der betriebswirtschaftlichen Organisationslehre entwickelt hat. Während die „klassische" Ablauforganisation, wie sie in vielen – vor allem mittelständischen – Unternehmen noch immer vorherrscht, auf die funktionale Aufgabenspezialisierung ausgerichtet ist, hat die Prozessorganisation die ganzheitliche Vorgangsbearbeitung zum Ziel. Folgerichtig wurden in den letzten Jahren eine Vielzahl von organisatorischen Gestaltungskonzepten vorgestellt, die die Prozessorganisation eines Unternehmens zum Kern ihrer Veränderungsstrategie gemacht haben: Business Process Reengineering, Kaizen und Total Quality Management, um nur einige zu nennen. Dabei wird angestrebt, (1) die Kosten der Vorgangsbearbeitung zu reduzieren, (2) die Durchlaufzeiten (inklusive der Leer- und Stillstandzeiten) von Vorgängen zu verringern sowie (3) die Qualität der Vorgangsbearbeitung zu erhöhen. Um die Vielzahl der Vorschläge und Argumente zu einem operationalen und funktionsfähigen Lösungsansatz verdichten zu können, sind vor allem drei Kernfragen zu beantworten: (1) Wie kann die Güte einer Prozessorganisation, also ihre Prozessleistung, anhand von quantifizierbaren Messgrößen beurteilt werden? (2) Welche Techniken sollten herangezogen werden, um Prozesse realitätsgetreu dokumentieren und valide analysieren zu können – auch dann, wenn der gegenständliche Prozess noch nicht praktisch implementiert ist? (3) Wie lassen sich Quantifizierung der Prozessleistung und Dokumentation der Unternehmensprozesse integrieren?

Zur Beantwortung der *ersten* Frage steht im Schrifttum eine Vielzahl von Verfahrensvorschlägen zur Prozesskostenrechnung, zur Qualitätskostenrechnung und zum Time Based Management zur Verfügung. Offen ist zurzeit allerdings das Problem, wie sich einzelne Verfahren kombinieren lassen, um die Prozessqualität simultan in Bezug auf die Prozesskosten, die Prozessqualität und die Durchlaufzeit beurteilen zu können. Ungeklärt ist in diesem Zusammenhang auch noch, wie sich die Wechselwirkungen zwischen den drei genannten Messgrößen in einem konkreten Fall darstellen.

Auch zur Beantwortung der *zweiten* Frage findet sich im Schrifttum eine breite Palette von Werkzeugen, die zur Dokumentation und Analyse von Prozessen grundsätzlich in Frage kommen. Da es für eine realitätsgerechte Prozessmodellierung vor allem entscheidend ist, nicht nur die Prozessstruktur, sondern auch das Prozessverhalten erfassen und analysieren zu können, bedarf es eines dynamischen Werkzeugs. Demnach werden Simulationswerkzeuge am ehesten der Natur von Prozessen gerecht.

Stärker als die Suche nach einer geeigneten Kombination von Techniken wirft die *dritte* Frage das Problem auf, wie die multikriterielle Quantifizierung der Prozessleistung konzeptionell mit der Dokumentation und Analyse von Unternehmensprozessen verknüpft werden kann. Hierzu muss es gelingen, Verfahrenselemente der Prozesskostenrechnung, der Qualitätskostenrechnung und der Erfassung von Durchlaufzeiten in die Prozessmodellierung zu integrieren. Diese Problematik ist so bedeutsam, dass sie von vielen Autoren als die entscheidende Ursache dafür angesehen wird, warum so viele Reorganisationsprojekte in der Praxis scheitern. In diesem Lichte besehen, wirft die Zielsetzung der von Herrn Belkin vorlegten Dissertation ein bedeutsames, aber zugleich schwieriges und komplexes Problem auf. Das Ziel, den expliziten Nachweis der Eignung und Funktionstüchtigkeit des entwickelten Lösungsansatzes anhand einer praxisnahen Machbarkeitsstudie zu erbringen, erhöht zudem die Komplexität der Aufgabenstellung beträchtlich.

Das für diese Fallstudie mit Hilfe des Simulationswerkzeugs ExtendSim entwickelte Simulationsmodell bildet (mit mehr als 1800 Modellbausteinen) einen typisierten Untersuchungsablauf in der Radiologieabteilung einer Universitätsklinik ab. Das Ziel der gegenständlichen Simulationsstudie bestand weniger darin, sämtliche Abläufe innerhalb der Abteilung detailgetreu nachzubilden. Vielmehr sollte anhand dieses Fallbeispiels aufgezeigt werden, wie sich das Prozessverhalten mit Hilfe von Simulationsmodellen abbilden und hinsichtlich der Prozesskosten, der Prozessqualität und der Durchlaufzeit simultan analysieren lässt.

Obwohl sich die in der Dissertation gewählte Fallstudie auf eine Prozessorganisation innerhalb eines Krankenhauses bezieht, ist der von Belkin entwickelte Ansatz verallgemeinerbar und auf andere Prozessorganisationen übertragbar. Wie von Belkin selbst erwähnt, verfügt der Ansatz über eine natürliche Schnittstelle zur Wirtschaftlichkeitsrechnung: Denn neben Prozesskosten, Prozessqualität und Durchlaufzeit lassen sich im selben Modell auch die durch eine Prozessorganisation verursachten Ein- und Auszahlungsströme simulationsgestützt bestimmen. In vereinfachter Form lassen sich einzelne Komponenten des Ansatzes auch nutzen, um die bei der Einführung einer Prozesskostenrechnung gewonnenen Auskünfte auf Plausibilität zu überprüfen. Der Lösungsansatz ist offen hinsichtlich der Ergänzung um weitere Kriterien zur Beurteilung der Prozessleistung und hinsichtlich der Gewichtung dieser Kriterien. Er ist darüber hinaus auch modularisierbar. Sobald für typische Prozessabläufe eines Unternehmens eine ausreichend umfangreiche Modul-Bibliothek vorliegt, ist zu erwarten, dass durch ein entsprechendes „Customizing" dieser Module deutliche Einsparungseffekte gegenüber einer Neumodellierung (von Grund auf) zu erzielen sind.

In theoretischer Hinsicht bedeutsam ist die Anwendung der diskreten dynamischen Simulation auf Fragestellungen aus dem internen Rechnungswesen, denn bisher wurden in der Betriebswirtschaftslehre dynamische Simulationsstudien lediglich im produktionsnahen Bereich durchgeführt. Darüber hinaus setzt sich Belkin auch intensiv mit flankierenden Maßnahmen zur Absicherung der Aussagequalität und der Glaubwürdigkeit von Simulationsmodellen (Verifikation und Validierung) auseinander sowie mit der Reduktion des Simulationsaufwands durch gezielte Steuerung der Simulationsexperimente mittels statistischer Versuchsplanung.

In Bezug auf die Praxis liefert der Ansatz nicht nur einen erkennbaren Fortschritt zur erfolgreichen Durchführung von Reorganisationsprojekten, sondern auch einen wertvollen Beitrag, systematisch durchgeführte Simulationsstudien als fixen Bestandteil im Spektrum des betriebswirtschaftlichen Beratungsangebots zu etablieren.

Univ.-Prof. Dr. Ludwig Mochty

Vorwort

Die vorliegende Arbeit ist während meiner Tätigkeit als Wissenschaftlicher Mitarbeiter am Lehrstuhl für Wirtschaftsprüfung, Unternehmensrechnung und Controlling unter Leitung von Prof. Dr. Ludwig Mochty an der Universität Duisburg-Essen entstanden. Sie wurde im Winter 2011 von der Fakultät für Wirtschaftswissenschaften als Dissertation angenommen. Die Erstellung dieser Arbeit wäre ohne die Unterstützung von einigen Personen nicht möglich, denen ich auf diesem Wege danken möchte.

Mein besonderer Dank gilt meinem Doktorvater Herrn Prof. Dr. Ludwig Mochty, der mir die Möglichkeit eröffnet hat, an seinem Lehrstuhl zu arbeiten und erfolgreich zu promovieren. Seine engagierte fachliche Betreuung, die mit zahlreichen konstruktiven Diskussionen einherging, sowie sein fächerübergreifendes systemisches Denken zusammen mit der praktischen Anwendungsorientierung haben nicht nur maßgeblich zum Entstehen dieser Arbeit beigetragen, sondern auch meine persönliche und fachliche Entwicklung geprägt.

Ein herzliches Dankeschön möchte ich all meinen Kollegen aussprechen, mit denen ich am Lehrstuhl zusammen gearbeitet habe. Namentlich erwähnt werden sollen an dieser Stelle Herr Stefan Drefke und Herr Holger Gerlach, denen ich für ihre Diskussionsbereitschaft, wertvolle Anregungen, motivierende Unterstützung sowie für den einen oder anderen vom Dissertationsalltag ablehnenden Abend danken möchte.

Ebenfalls gebührt Frau Ingrid Twardokus mein besonderer Dank für die moralische Unterstützung, ihre stets weisen Ratschläge und die süße Nervennahrung.

Vom ganzen Herzen danke ich meiner Frau Elena, die während der ganzen Promotionszeit an mich geglaubt und mich motiviert hat. Auch bei meinem kleinen Sohn Mischa möchte ich mich insbesondere dafür bedanken, dass er, ohne es damals zu wissen, mir die notwendige Erholung auch in der Nacht ermöglicht hat.

Essen, Oktober 2011 Vasily Belkin

Inhaltsverzeichnis

Abbildungsverzeichnis

Tabellenverzeichnis

Abkürzungsverzeichnis

AHP	Analytic Hierarchy Process
AT	Arbeitstage
BAM	Business Activity Maps
BPMN	Business Process Modeling Notation
BPR	Business Process Reengineering
bzw.	beziehungsweise
ca.	circa
CIM	Computer Integrated Manufacturing
d.h.	das heißt
EPK	ereignisgesteuerte Prozessketten
etc.	et cetera
f.	folgende
FMEA	Failure Mode and Effects Analysis
HIPO	Hierarchy plus Input-Process-Output
HP	Hauptprozess
Hrsg.	Herausgeber
incl.	inclusive
IDEF	Integrated Definition
KoSt	Kostenstelle
KTO	Kooperation für Transparenz und Qualität im Gesundheitswesen
lmi	leistungsmengeninduziert
lmn	leistungsmengenneutral
MA	Mitarbeiter
Min.	Minute(n)
No.	number
OTG	obere Toleranzgrenze
o.V.	ohne Verfasser
QFD	Quality Function Deployment
RAD	Role Activity Diagrams
REFA	Verband für Arbeitsstudien e.V.
S.	Seite(n)
SADT	Structured Analysis and Design Technique
Sp.	Spalte(n)
SPC	Statistical Process Control

TP	Teilprozess
TQM	Total Quality Management
u.a.	und andere
UTG	untere Toleranzgrenze
VG.	Vermögensgegenstand
vgl.	Vergleiche
vs.	versus

„We are all used to the idea that automobiles, ships, aircraft, office buildings and bridges need careful design to achieve their purpose. But there is much less awareness that business organisations too are designable."

Ann van Ackere/Erik Reimer Larsen/John D. W. Morecroft[1]

1 Einleitung

1.1 Problemstellung

Um ihre langfristige Existenz zu sichern, befinden sich Unternehmen ständig auf der Suche nach Verbesserungspotentialen. Vielen Unternehmen gelingt es immer wieder, Verbesserungspotentiale zu entdecken und erkannte Verbesserungspotentiale auch praktisch auszuschöpfen. Dazu ist es offenbar notwendig, dass sich die Unternehmen an Veränderungen in der Umwelt erfolgreich anpassen. Das Geheimnis einer solchen Anpassung wird in der Prozessorientierung der Unternehmensorganisation gesehen.[2] In diesem Zusammenhang ist der Frage nachzugehen: *Was versteht man unter Prozessorientierung und welche Vorteile resultieren daraus?*

Die in der Praxis anzutreffenden Organisationsstrukturen sind vielfach über Jahrzehnte gewachsen und oft an den betrieblichen Funktionen wie Beschaffung, Produktion, Absatz etc. ausgerichtet. Demgegenüber verlangt die Prozessorientierung nach einem Wandel – weg vom funktionsorientierten Controlling, hin zu einem prozessorientierten Controlling, bei dem nicht die Steuerung von Abteilungen oder Profitcentern, sondern die Steuerung der Unternehmensprozesse als die Kernaufgabe des Controllings angesehen wird.[3] Im Mittelpunkt dieses Wandels steht der Kunde als Abnehmer der Leistungen. Diese Leistungen sind das Ergebnis der Unternehmensprozesse.[4] Deshalb haben

---

1 van Ackere, Ann/Larsen, Erik Reimer/Morecroft, John D. W. (1993), S. 413.

2 Vgl. Bhaskar, R. u.a. (1994), S. 1206; Brede, Hauke (1996), S. 156; Buggert, Willi/Maier, Dirk/Wielpültz, Axel (1998), S. 49; Frei, Urs (2001), S. 76; Gaitanides, Michael (2007), S. 1; Knuppertz, Thilo (2008), S. 9; Menden, Björn (2003), S. 37; Menden, Björn (2004), S. 101; Patel, Nayna/Hlupic, Vlatka (2001), S. 51; Peters, Theo/Schmidt, Bernhard (1998), S. 351; Schmidt, Thomas/Schrödel, Olaf (1994), S. 479.

3 Vgl. Gerboth, Thomas (2000)

4 Vgl. Aguilar, Marc/Rautert, Tankred/Pater, Alexander J. G. (1999), S. 1383; Brunner, Franz J./Wagner, Karl W. (2008), S. 70; Hilgert, Matthias/Moormann, Jürgen (2006), S. 521; Swami, Anil (1995), S. 1081; Vahs, Dietmar (2009), S. 220; Zairi, Mohamed/Sinclair, David (1995), S. 4.

sich alle Bemühungen, die Prozessorganisation zu verbessern, primär an den Kundenwünschen auszurichten. Im Umkehrschluss wird deutlich: Wer durch eine verstärkte Kundenorientierung die finanziellen Unternehmensergebnisse verbessern möchte, muss das Controlling verstärkt auf die Unternehmensprozesse ausrichten.

Der Beitrag der einzelnen Prozesse zur Befriedigung der Kundenwünsche muss anhand geeigneter Messgrößen beurteilt werden, um Anhaltspunkte für eventuell erforderliche Restrukturierungsmaßnahmen zu liefern. Hier stellt sich die Frage: *Anhand welcher Messgrößen lässt sich die Leistung von Unternehmensprozessen beurteilen und anhand welcher Messverfahren lässt sich die Prozessleistung quantifizieren?*

Die traditionelle Kostenrechnung muss an der Aufgabe scheitern, die kundenorientierte Gestaltung von Unternehmensprozessen erfolgreich zu unterstützen.[5] Denn sie bezieht sich überwiegend auf die Vergangenheit und ignoriert weitgehend die prozessbezogenen Steuerungsgrößen wie Prozessqualität und Durchlaufzeit, welche die Kaufentscheidung maßgeblich beeinflussen. Gerade aber die kundenorientierte Gestaltung von Unternehmensprozessen gilt als die wichtigste Aufgabe des Prozesscontrollings.[6]

Die Prozessorientierung verspricht einen Fortschritt in den unternehmerischen Bemühungen, kostengünstiger, qualitativ besser und schneller zu werden:[7] Früher wurde es hingenommen, dass die Verbesserung einer Messgröße zur Beurteilung der Prozessleistung (z.B. der Prozessqualität) mit der Verschlechterung einer anderen Messgröße (z.B. der Prozesskosten) erkauft wurde. Demgegenüber wird heutzutage die simultane Verbesserung dreier Messgrößen (Prozesskosten, Prozessqualität und Durchlaufzeit) propagiert.[8] Hier stellt sich die Frage: *Ist eine solche simultane Verbesserung überhaupt möglich?*

Um die Unternehmensprozesse kundenorientiert zu gestalten, kann man nach dem Konzept des Business Process Reengineering vorgehen. Dieses unterstellt, dass die entscheidenden Wettbewerbsvorteile nur durch eine radikale Neugestaltung der Unterneh-

---

5 Vgl. Brede, Hauke (1996), S. 154-158; Grün, Oskar (1997), S. 289f.; Knuppertz, Thilo (2008), S. 8; Reich, Michael (2006), S. 180.

6 Vgl. Brenner, Markus/Mayer, Reinhild (2005), S. 160f.; Götze, Uwe (2007), S. 326f.

7 Vgl. Earl, Michael/Khan, Bushra (1994), S. 23; van Geldern, Michael (2000), S. 151; Zairi, Mohamed/Sinclair, David (1995), S. 3.

8 Vgl. Brede, Hauke (1996), S. 156; Buggert, Willi/Maier, Dirk/Wielpütz, Axel (1998), S. 49; Fischer, Joachim (1996b), S. 222; Gaitanides, Michael (1998), S. 370; Gerboth, Thomas (2002), S. 417; Menden, Björn (2004), S. 103; Osterloh, Margit/Frost, Jetta (2006), S. 17f.; Töpfer, Armin/Mehdorn, Hartmut (1996), S. 5.

mensprozesse erzielt werden können. Business Process Reengineering betrachtet deshalb Organisationsstrukturen grundsätzlich als veränderbar – selbst dann, wenn sich diese in der Vergangenheit bewährt haben. Business Process Reengineering motiviert Entscheidungsträger sich vorzustellen, dass die Geschäftsprozesse auch anders verlaufen können als gewohnt.[9] Dadurch induziert es einen organisatorischen Neubeginn von Grund auf. Eine solche „revolutionäre" Vorgehensweise ist allerdings mit hohen Risiken verbunden.[10] So muss man feststellen, dass viele euphorisch begonnene BPR-Projekte trotz guter Absichten nicht das erhoffte Ergebnis gebracht haben oder sogar misslungen sind.[11] Einer der wichtigsten Gründe für dieses Scheitern besteht offenbar darin, dass der Ansatz des Business Process Reengineering bisher vernachlässigt hat, die Auswirkungen einer organisatorischen Neugestaltung auf die Prozessleistung zu quantifizieren. Die Ursache dafür liegt offenbar in der Unfähigkeit des Menschen, die Konsequenzen von organisatorischen Änderungen alleine durch Kreativität, Erfahrung und Intuition vorauszusehen.[12] Dies wird umso verständlicher, je mehr man berücksichtigt, dass Unternehmen von Natur aus komplexe, nichtlineare soziale Systeme sind, deren Verhalten vom Zufall beeinflusst wird und durch zeitliche Verzögerungen zwischen Ursache und Wirkung charakterisiert ist.

Ein weiterer Grund für das Misslingen vieler BPR-Projekte besteht vermutlich darin, dass die Instrumente zur Erfassung und Analyse von Prozessen, die im Rahmen des Business Process Reengineering in der Praxis zur Anwendung kommen, rein statischer Natur sind.[13] Die Leistungserbringung eines Unternehmens ist aber kein starres, statisches Gebilde. Vielmehr resultiert sie aus einer Verflechtung von Prozessen, die zielgerichtet ablaufen, wobei sich die Ziele mit der Zeit ändern, d.h. die Leistungserbringung eines Unternehmens ist dynamischer Natur. In diesem Sinne lässt sich der auf HERAK-

9 Vgl. HAMMER, MICHAEL (1995), S. 98.

10 Vgl. CLEMONS, ERIC K. (1995), S. 61-63; HAMMER, MICHAEL (1995), S. 96; KIESER, ALFRED (1996), S. 179; WARREN, JAMES R./CROSSLIN, ROBERT L./MACARTHUR, PAUL JAMES (1995), S. 31.

11 Vgl. FOWLER, ALAN (1997), S. 160; HALL, GENE/ROSENTHAL, JIM/WADE, JUDY (1994), S. 82; HLUPIC, VLATKA/ROBINSON, STEWART (1998), S. 1363; KOTTER, JOHN P. (1995), S. 66; PATEL, NAYNA/HLUPIC, VLATKA (2001), S. 51; SHIN, NAMCHUL/JEMELLA, DONALD F. (2002), S. 352; VAHS, DIETMAR (2009), S. 385.

12 Vgl. BERTSCHE, DORY/CRAWFORD, CHRISTOPHER/MACADAM, STEPHEN E. (1996), S. 50-57; CAMPBELL, BRUCE (2000), S. 39; GIAGLIS, GEORGE M. (1999), S. 162; CURRIE, WENDY L./HLUPIC, VLATKA (2000), S. 24; FOWLER, ALAN (1997), S. 160f. und insbesondere die Ergebnisse der empirischen Untersuchungen DANGERFIELD, BRIAN/ROBERTS, CAROLE (1995), S. 157-172; WOLSTENHOLME, ERIC/STEVENSON, RICHARD (1994), S. 22; ZAIRI, MOHAMED/SINCLAIR, DAVID (1995), S. 12f.

13 Vgl. AGUILAR, MARC/RAUTERT, TANKRED/PATER, ALEXANDER J. G. (1999), S. 1388; GIAGLIS, GEORGE M./PAUL, RAY J./DOUKIDIS, GEORGIOS I. (1996), S. 1297; HLUPIC, VLATKA/ROBINSON, STEWART (1998), S. 1364.

LIT zurückgehende Aphorismus „Alles fließt" auch auf Unternehmen übertragen. Dies hat auch der Pionier der deutschen Organisationslehre NORDSIECK bereits in den dreißiger Jahren des letzten Jahrhunderts erkannt, als er darauf hingewiesen hat, dass der „Betrieb" ein fortwährender Prozess sei und seine Natur jener eines Stromes ähnle.[14]

Wer in einer immer komplexer und dynamischer werdenden Welt ein Unternehmen langfristig erfolgreich führen möchte, muss die Konsequenzen seiner Entscheidungen abschätzen können. Um eine solche Herausforderung zu meistern, bedarf es einer Methodik, die in der Lage ist, das Verhalten dynamischer Systeme zu erfassen und zu analysieren. Eine solche Methodik stellt System Dynamics dar, das zur Entwicklung der dynamischen Simulation geführt hat. An dieser Stelle stellt sich die nächste Forschungsfrage: *Worin bestehen die Kernaussagen von System Dynamics und welchen Beitrag kann es zu einer kundenorientierten Prozessgestaltung liefern?*

CHAMPY weist darauf hin, dass sich ein Entscheidungsträger, der sich auf Business Process Reengineering einlässt, auf einen Weg begibt, der ins Ungewisse führt.[15] In diesem Zusammenhang soll im Rahmen der vorliegenden Dissertation der Nachweis erbracht werden, dass der Schleier des Ungewissen durch den Einsatz der dynamischen Simulation gelüftet werden kann. Dabei wird folgende Forschungsfrage verfolgt: *Nach welchem Vorgehenskonzept sollten Simulationsstudien durchgeführt werden, um zu vertrauenswürdigen Schätzungen der Prozessleistung von geplanten Gestaltungsalternativen der Prozessorganisation zu gelangen?*

Vereinzelt wird im Schrifttum die Empfehlung formuliert, im Rahmen von BPR-Projekten die Simulation einzusetzen.[16] Die Frage, wie ein BPR-Projekt grundsätzlich zu strukturieren ist, damit die dynamische Simulation zweckmäßig und nutzbringend eingesetzt werden kann, bleibt indes regelmäßig unbeantwortet. Deshalb sollen in der vorliegenden Untersuchung auch die folgenden beiden Fragen beantwortet werden:

---

14 Vgl. NORDSIECK, FRITZ (1972), Sp. 9.

15 Vgl. o. V. (1994), S. 86f.; Es wird oft betont, dass das Fehlen des Instrumentariums, mit dem die Konsequenzen der Maßnahmen noch vor der Implementierung beurteilt werden können, das Risiko des Misserfolges eines BPR-Projektes entscheidend erhöht.

16 Vgl. AHLRICHS, FRANK/KNUPPERTZ, THILO (2010), S. 264-266; BURGESS, THOMAS F. (1998); CORSTEN, HANS (1996), S. 1092; CURRIE, WENDY L./HLUPIC, VLATKA (2000); GADATSCH, ANDREAS (2010), S. 220-248; GIAGLIS, GEORGE M./PAUL, RAY J./HLUPIC, VLATKA (1999); GLADWIN, BRUCE/TUMAY, KERIM (1994); GREASLEY, ANDREW (2003); GROVER, VARUN/MALHOTRA, MANOJ K. (1997); FOWLER, ALAN (1997); HLUPIC, VLATKA/ROBINSON, STEWART (1998); IRANI, ZAHIR/HLUPIC, VLATKA/GIAGLIS, GEORGE (2001); KETTINGER, WILLIAM J./TENG, JAMES T. C./GUHA, SUBASHISH (1997); KOVACIC, ANDREJ/GROZNIK, ALES/KRISPER, MARJAN (2001); MELÃO, NUNO/PIDD, MICHAEL (2000); MORRIS, DANIEL/BRANDON, JOEL (1993), S. 102; PATEL, NAYNA/HLUPIC, VLATKA (2001); TUMAY, KERIM (1996); WOLSTENHOLME, ERIC F. /STEVENSON, RICHARD (1994)

Nach welchem strukturierten Ansatz ist vorzugehen, um System Dynamics als Instrument des Prozesscontrollings nutzen zu können? Welche Modellelemente sind in ein dynamisches Simulationsmodell zu integrieren, um die Prozessleistung einer Prozessgestaltungsalternative anhand der drei Messgrößen Prozesskosten, Prozessqualität und Durchlaufzeit multikriteriell quantifizieren und analysieren zu können?

Obwohl die dynamische Simulation bisher vorwiegend in Naturwissenschaft und Technik im Einsatz ist, gibt es zunehmend Beispiele für die zweckmäßige Anwendung der dynamischen Simulation auf Fragestellungen der Betriebs- und Volkswirtschaftslehre. In der Praxis allerdings scheint es so zu sein, dass die meisten Entscheidungsträger vom tatsächlichen Nutzen, den ihnen dynamische Simulationsstudien stiften könnten, nur schwer zu überzeugen sind. Nichtsdestoweniger ist zu erwarten, dass Unternehmen, die ihre Unternehmensprozesse zu verbessern beabsichtigen, zunehmend gezwungen sein werden, neue Wege zu beschreiten:[17] So wie Produkte mit der Zeit veralten und ihren Platz für Innovationen räumen müssen, sind auch Controllinginstrumente nach einer gewissen Zeit überholt und müssen deshalb durch leistungsfähigere ersetzt werden. Dies wirft die Frage auf: *Worin bestehen die wesentlichen Vorteile eines Ansatzes der Prozessverbesserung, der die dynamische Simulation integriert, im Vergleich zur konventionellen Methodik der Prozessverbesserung?*

1.2 Gang der Untersuchung

Bevor auf die oben aufgeworfenen Fragen eine Antwort gegeben wird, soll der für die Beantwortung zu beschreitende Weg aufgezeigt sowie dessen Wahl begründet werden. Um eine Untersuchungsgrundlage zu schaffen, beschäftigt sich das sich an die Einleitung anschließende **Kapitel 2** mit Fragen, die mit Unternehmensprozessen im Zusammenhang stehen. Im ersten Abschnitt des zweiten Kapitels wird untersucht, warum es notwendig ist, die funktionale Organisation aufzugeben und zu einer prozessorientierten Organisation überzugehen. Im zweiten Abschnitt des zweiten Kapitels wird der Versuch unternommen, den Prozess aus einer betriebswirtschaftlichen Perspektive zu definieren, wobei den charakteristischen Merkmalen von Unternehmensprozessen eine besondere Aufmerksamkeit zukommen soll. Gegenstand des dritten Abschnitts des zweiten Kapitels sind unterschiedliche Kriterien zur Strukturierung und Klassifizierung des breiten

[17] Vgl. DIXON, ROBB J. u.a. (1995), S. 106.

Spektrums unternehmerischer Prozesse. Dabei wird nur auf jene Klassifikationsmerkmale näher eingegangen, die für die vorliegende Untersuchung relevant sind.

Um die Schwachstellen im Prozessablauf aufspüren zu können, reicht der in Organisationsanweisungen beschriebene Soll-Prozessablauf regelmäßig nicht aus. Es muss vor allem der tatsächliche Prozessablauf (Ist-Prozessablauf) erfasst und visualisiert werden. Für die Aufnahme des Ist-Prozessablaufs existiert eine Vielzahl von Techniken. Der vierte Abschnitt des zweiten Kapitels befasst sich mit den weit verbreiteten statischen Techniken der Prozessvisualisierung. Hier sollen vor allem das Grundprinzip und die Unzulänglichkeiten der einzelnen Techniken behandelt werden, die sich bei ihrem Einsatz im Rahmen des Prozesscontrollings zeigen. Ein weiterer Grund für die Auseinandersetzung mit diesen Techniken besteht darin, dass die modernen Simulationspakete viele ihrer Konstruktionsprinzipien und Merkmale aufgegriffen und weiterentwickelt haben.[18]

Anschließend werden im fünften Abschnitt des zweiten Kapitels – mit Business Process Reengineering und Kaizen – zwei grundsätzliche Möglichkeiten präsentiert, die Ablaufstruktur zu verbessern, wobei auch untersucht werden soll, wie die beiden Ansätze miteinander kombiniert werden können.

Für eine erfolgreiche Prozessverbesserung genügt es nicht, Prozesse lediglich zu beschreiben. Vielmehr muss die Prozessleistung anhand der drei Messgrößen (Prozesskosten, Prozessqualität und Durchlaufzeit) bewertet werden, um den Verbesserungsbedarf ermitteln und den Zielerreichungsgrad quantifizieren zu können.[19] Im letzten Abschnitt des zweiten Kapitels werden daher die drei genannten prozessbezogenen Messgrößen vorgestellt. Dabei wird der Schwerpunkt auf die Beantwortung folgender Frage gelegt: *Wie wirkt sich eine mögliche Verbesserung einer Messgröße auf die restlichen beiden aus?*

Die Maßnahmen zur Verbesserung von Unternehmensprozessen bedürfen des Einsatzes von Methoden, mit deren Hilfe die erwähnten drei Messgrößen quantifiziert und gesteuert werden können. So erfordert das Prozesscontrolling, dass den einzelnen Prozessen Kosten zugeordnet werden, um diese beurteilen und zielgerichtet gestalten zu können. Die Prozesskostenrechnung kann dieses Anliegen unterstützen. Sie bildet den Untersu-

---

[18] Vgl. Currie, Wendy L./Hlupic, Vlatka (2000), S. 22; Hlupic, Vlatka (2001), S. 2; Hlupic, Vlatka/Robinson, Stewart (1998), S. 1364.

[19] Vgl. Seidenschwarz, Werner (2008), S. 28.

chungsgegenstand des **Kapitels 3**. Bevor die Prozesskostenrechnung eingehend diskutiert wird, soll zu ihrem besseren Verständnis der Kostenbegriff charakterisiert werden.

Im **Kapitel 4** wird der zweite prozessbezogene Wettbewerbsfaktor, die Qualität, angesprochen. Da der Qualitätsbegriff unterschiedlich verstanden wird, werden am Anfang des Kapitels verschiedene Sichtweisen auf die Qualität eines Produkts oder einer Leistung behandelt. Um besser nachvollziehen zu können, wie sich das kundenbezogene Qualitätsverständnis etabliert hat, das dieser Arbeit zugrunde liegt, erscheint es erforderlich, sich mit dem zeitlichen Wandel des Qualitätswesens auseinanderzusetzen. Darauf aufbauend wird ein monetäres Konzept der Messung der Prozessqualität vorgeschlagen. Als eine Alternative zum monetären Konzept wird im weiteren Verlauf der Arbeit ein nicht-monetärer Ansatz zur Messung der Prozessqualität, der so genannte SERVQUAL-Ansatz, vorgestellt, der in den multikriteriellen Ansatz zum Prozesscontrolling einfließt.

Das **Kapitel 5** ist dem prozessbezogenen Wettbewerbsfaktor „Zeit“ gewidmet. Im Mittelpunkt der Betrachtung stehen zunächst die wachsende Bedeutung dieses Wettbewerbsfaktors sowie die Kundenwünsche, die nach einer zeitbezogenen Wettbewerbsstrategie verlangen. Im weiteren Verlauf der Diskussion werden drei Zeitspannen (Time to React, Time to Serve und Time to Market) behandelt, deren Beherrschung über Erfolg oder Misserfolg einer Unternehmensstrategie entscheiden kann. Anschließend werden die Bestandteile der Prozessdurchlaufzeit untersucht, die grundsätzlichen Möglichkeiten zur Zeitreduktion besprochen sowie das Konzept der Zeitkostenrechnung kritisch analysiert.

Bevor der Beitrag der dynamischen Simulation zur Gestaltung von Prozessen aufgezeigt wird, führt **Kapitel 6** in die Grundlagen von System Dynamics ein. Bevor auf die Grundbegriffe des systemischen Denkens eingegangen wird, werden die Unzulänglichkeiten der konventionellen linearen Denkweise durch die Gegenüberstellung des linearen und des systemischen Denkansatzes aufgezeigt. Da sich die moderne Welt durch eine zunehmende Komplexität auszeichnet, die nach herrschender Meinung durch System Dynamics beherrscht werden kann, ist im nächsten Abschnitt zu klären, was unter Komplexität zu verstehen ist und wann ein System komplex ist. Darauf aufbauend werden die Gründe für das Entstehen komplexer dynamischer Systeme erläutert. Den Abschluss des Kapitels 6 bilden Ausführungen zu den Werkzeugen des System Dynamics.

Im **Kapitel 7** werden die Schritte diskutiert, die für eine erfolgreiche Simulationsstudie notwendig sind, wobei den Fragen der Prüfung der Simulationswürdigkeit, der Verifizierung und Validierung von Simulationsmodellen sowie der Auswahl der besten Gestaltungsalternative eine besondere Bedeutung zukommt.

Da sich potentielle Anwender vom Nutzen des System Dynamics im Rahmen eines BPR-Projekts am ehesten durch ein funktionstüchtiges Modell überzeugen lassen, wird im **Kapitel 8** an einem praxisnahen Fallbeispiel aufgezeigt, wie sich Prozesse durch eine dynamische Simulation abbilden, untersuchen und verbessern lassen. Des Weiteren wird in diesem Kapitel der Ansatz vorgestellt, der es ermöglicht, System Dynamics als Instrument des Prozesscontrollings zu nutzen.

Im **Kapitel 9** gilt es schließlich, die Ergebnisse der Arbeit in einer Schlussbetrachtung zusammenzufassen und einen Ausblick auf den weiteren Forschungsbedarf zu geben.

Der Gang der Untersuchung lässt sich durch folgendes Diagramm visualisieren:

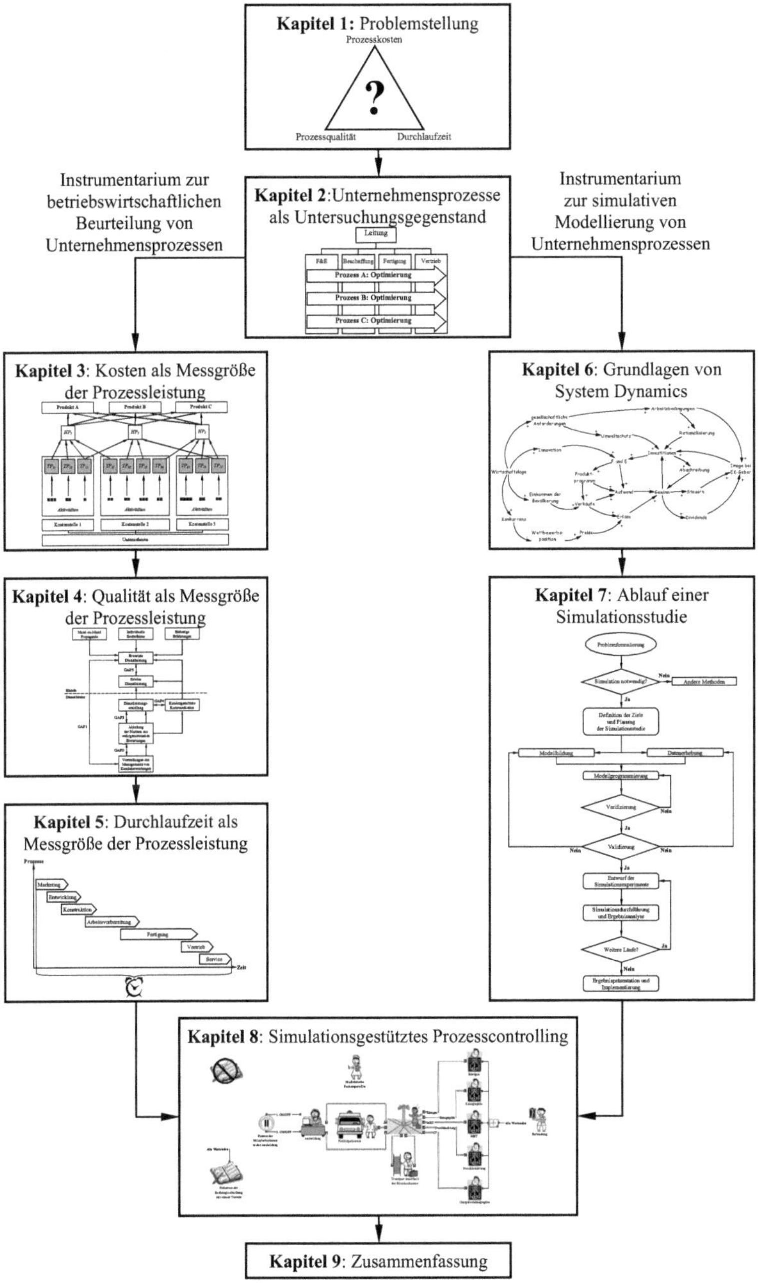

Abbildung 1: Aufbau der Arbeit

> „Too often, we see people in corporate positions blamed for failure and replaced when the fault lies in the situation into which they have been put. Much of time, it is the design of the organization that is defective."
>
> Jay W. Forrester[20]

2 Unternehmensprozesse als Untersuchungsgegenstand

Obwohl die gedankliche Trennung zwischen Aufbau- und Ablauforganisation schon in den 30er Jahren des letzten Jahrhunderts von NORDSIECK[21] und HENNING[22] propagiert wurde, sehen die Mitarbeiter eines Unternehmens ihre Tätigkeit meist nur abteilungsbezogen und selten als Teil eines Prozesses, der zur Befriedigung der Kundenwünsche und somit zur Existenzsicherung des Unternehmens beiträgt. Dies ist insofern unverständlich, als hinsichtlich der These, dass in der Orientierung der Unternehmensorganisation an den Unternehmensprozessen ein hohes Erfolgspotential liegt, sowohl in der Theorie als auch in der Praxis ein weitgehender Konsens herrscht. Die Zielsetzungen im Unternehmen müssen dem Fluss der Wertschöpfung folgen und sich über Funktionen und Abteilungen hinweg erstrecken.

2.1 Der prozessorientierte Ansatz: Von der Funktionalisierung zur Prozessorientierung

Die „Organisationskrise", die vielen Unternehmen zu schaffen macht, hat ihre Ursache in den zentral geführten, funktional gegliederten Strukturen.[23] Das Fundament für solche Strukturen wurde durch den amerikanischen Ingenieur und Betriebswirt TAYLOR gelegt. Die auf ihn zurückgehende Idee der funktionalen Arbeitsteilung verfolgt die Steigerung der Produktivität der menschlichen Arbeitskraft durch Ausnutzen von Lerneffekten bei repetitiven Tätigkeiten.[24] Die Spezialisierung der einzelnen Tätigkeiten im unmittelbaren Leistungserstellungsprozess wurde auf die übrigen Funktionsbereiche

20 KEOUGH, MARK/DOMAN, ANDREW (1992), S. 6f.

21 Vgl. NORDSIECK, FRITZ (1934), S. 76f., 86.

22 Vgl. HENNIG, KARL WILHELM (1934)

23 Vgl. BREDE, HAUKE (1996), S. 155; GAITANIDES, MICHAEL u.a. (1994), S. 2; HINTERHUBER, HANS H./MATZLER, KURT (1995), S. 132f.

24 Vgl. ZOLLONDZ, HANS-DIETER (2006), S. 60-68.

übertragen, mit dem Ziel, die Leistung in allen Funktionsbereichen des Unternehmens zu steigern.

Die herkömmliche Strategie der Gestaltung organisatorischer Strukturen wird durch die Dominanz der Aufbauorganisation über die Ablauforganisation geprägt: *process follows structure*. Zuerst gestaltet man die Aufbauorganisation, die die Ablauforganisation als „zusätzliche, in Einzelheiten gehende raumzeitliche Strukturierung“[25] nachträglich bestimmt.[26] Dieser Vorgehensweise liegt die Vermutung zugrunde, dass die Gesamtheit der einzeln optimierten Funktionsbereiche auch zu einem ganzheitlichen Unternehmensoptimum führt.[27]

Unternehmen entfernen sich oft mit wachsender Größe und verstärkter Funktionsorientierung immer mehr von ihren Kunden, weil die Funktionalisierung einen unerwünschten, den so genannten „Silo-Effekt“ mit sich bringt.[28] Diese Bezeichnung wird durch die Vorstellung geprägt, jede Abteilung innerhalb des funktional gegliederten Unternehmens wäre mit imaginären Mauern umgrenzt.[29] Nur so ist es erklärbar, dass eine Abteilung ohne Rücksicht auf andere Abteilungen – und oft sogar zu Lasten anderer Unternehmensbereiche – ausschließlich eigene Ziele verfolgt. Denn „Hierarchien dienen dem Ego, Prozesse dienen dem Kunden.“[30]

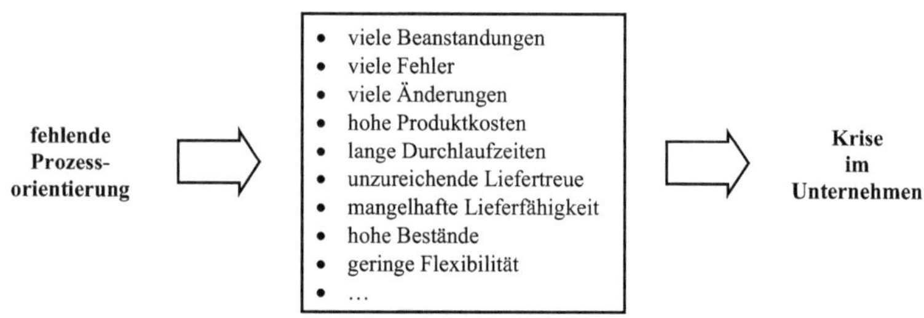

Abbildung 2: Probleme in Unternehmen als Folge nicht beherrschter Prozesse[31]

---

25 Kosiol, Erich (1976), S. 187.

26 Vgl. Bea, Franz Xaver/Göbel, Elisabeth (2006), S. 414f.; Siedenbiedel, Georg (2001), S. 152; Vahs, Dietmar (2009), S. 218.

27 Vgl. Gaitanides, Michael u.a. (1994), S. 11.

28 Vgl. Brunner, Franz J./Wagner, Karl W. (2008), S. 72; Osterloh, Margit/Frost, Jetta (2006), S. 30f.

29 Vgl. Grover, Varun/Malhotra, Manoj K. (1997), S. 199; Wagner, Karl W. (2003), S. 5.

30 Striening, Hans-Dieter (1995a), S. 246.

31 Vgl. Schmelzer, Hermann J./Sesselmann, Wolfgang (2008), S. 3.

Als negative Folgeerscheinungen des funktionalen Denkens und der fehlenden Prozessorientierung lassen sich viele Probleme nennen, die in der obigen Abbildung dargestellt sind. Sie sind dafür verantwortlich, dass die abteilungsbezogenen, funktionalen Einzeloptima nicht zum ganzheitlichen Unternehmensoptimum führen.[32]

Durch den Versuch, diese Probleme zu bewältigen, sind neue noch komplexere Aufbaustrukturen entstanden. So ist beispielsweise aus der Kombination von funktionalen und divisionalen Strukturen die Matrixorganisation entstanden, die mangels Flexibilität um Projektstrukturen ergänzt werden musste. Daraus resultieren allerdings noch mehr Schwierigkeiten: Durch die Koppelung der Spezialisierung mit der Hierarchisierung gewinnen Fragen nach der Zuständigkeit die Oberhand, und die entscheidende Frage, wie die Kundenwünsche zu erfüllen sind, tritt in den Hintergrund.[33] Diese Entwicklung wird durch zahlreiche Schnittstellen begünstigt, die zusammengehörende Prozesse zerschneiden. Die Herausbildung von so genannten operativen Inseln ist die Folge.[34]

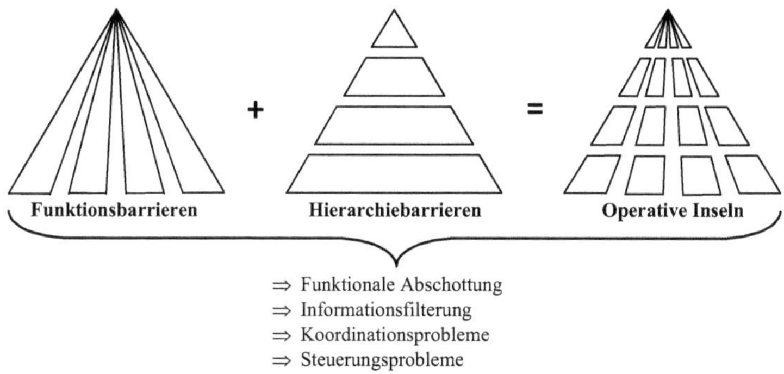

Abbildung 3: Mängel „traditioneller" Organisationsaspekte[35]

Bei einem Schnittstellenübergang mit einer unklaren Verantwortlichkeit entstehen häufig Informationsverluste und Wartezeiten. Deshalb ist eine Schnittstelle oftmals die Quelle von Irrtümern und Verzögerungen, die die Kommunikation zwischen einzelnen Abteilungen erschwert und einen drastischen Anstieg der Abstimmungs- und Koordinationskosten nach sich zieht.

32 Vgl. Hilgert, Matthias/Moormann, Jürgen (2006), S. 522; Peters, Theo/Schmidt, Bernhard (1998), S. 352.

33 Vgl. Osterloh, Margit/Frost, Jetta (2006), S. 30f.; Schmelzer, Hermann J./Sesselmann, Wolfgang (2008), S. 73.

34 Vgl. Ahlrichs, Frank/Knuppertz, Thilo (2010), S. 68f.; Vahs, Dietmar (2009), S. 219.

35 Vgl. Hörmann, Gerold/Tiby, Claus (1989), S. 76.

Die Verkäufermärkte der Vergangenheit wurden durch Käufermärkte abgelöst. Die Marktsättigung, die zunehmende Homogenisierung der Produkte und Dienstleistungen sowie der schnelle Wandel der Kundenanforderungen haben den Kunden zur wichtigsten Ressource des Unternehmens werden lassen. Nur durch die Fähigkeit, Kundenprobleme zu lösen, Kundennutzen zu schaffen und Kunden zufrieden zu stellen, können Unternehmen auf Dauer den dramatisch verschärften Wettbewerbsbedingungen erfolgreich entgegentreten.[36] Um die Unternehmensorganisation kundengerecht zu gestalten, sind teilweise radikale Veränderungen der historisch gewachsenen Unternehmensstrukturen unerlässlich.[37] Dabei sind prozessorientierte, möglichst schnittstellenlose Unternehmensstrukturen zu schaffen.[38] Die Neuausrichtung der Unternehmensorganisation soll eine zielorientierte Steuerung der Unternehmensprozesse hinsichtlich Kosten, Qualität und Zeit ermöglichen,[39] wobei eine simultane Verbesserung hinsichtlich aller drei Faktoren anzustreben ist.

Das Hauptanliegen dieser Neuausrichtung besteht darin, die Unternehmen nicht mehr vertikal nach Funktionen zu gliedern, sondern horizontal nach Prozessen. Das Denken in Wirkungszusammenhängen entlang des gesamten Wertschöpfungsprozesses unterscheidet sich grundlegend von der „taylorischen" Effizienzsteigerung mittels funktionaler Spezialisierung:

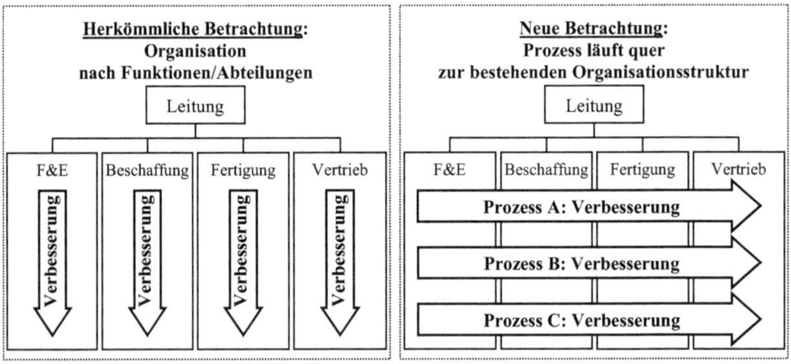

Abbildung 4: Vertikale Funktionalisierung vs. Horizontale Prozessorientierung

---

36 Vgl. MAYER, REINHOLD/BRENNER, MARKUS (2009), S. 153.

37 Vgl. BINNER, HARTMUT F. (2005), S. 80; REICH, MICHAEL (2006), S. 165.

38 Vgl. FREI, URS (2001), S. 76f.

39 Vgl. SCHMELZER, HERMANN J./SESSELMANN, WOLFGANG (2008), S. 4f.

Das Grundprinzip der prozessorientierten Unternehmensgestaltung besteht darin, die Prozessabläufe anhand der verfolgten Unternehmensstrategie festzulegen und zu optimieren sowie die Aufbauorganisation so auszugestalten, dass sie die Prozessstruktur stützt.[40] In diesem Zusammenhang kann der Leitgedanke von CHANDLER *„structure follows strategy“*[41] in *„structure follows process and process follows strategy“* umformuliert werden.[42] Dabei ist zu beachten, dass die Prozessorientierung das Erreichen der strategischen Ziele lediglich unterstützen, eine Strategie aber niemals ersetzen kann. Demzufolge determiniert allein die Wahl der Strategie, wie die Prozesse in einem Unternehmen auszugestalten sind.[43]

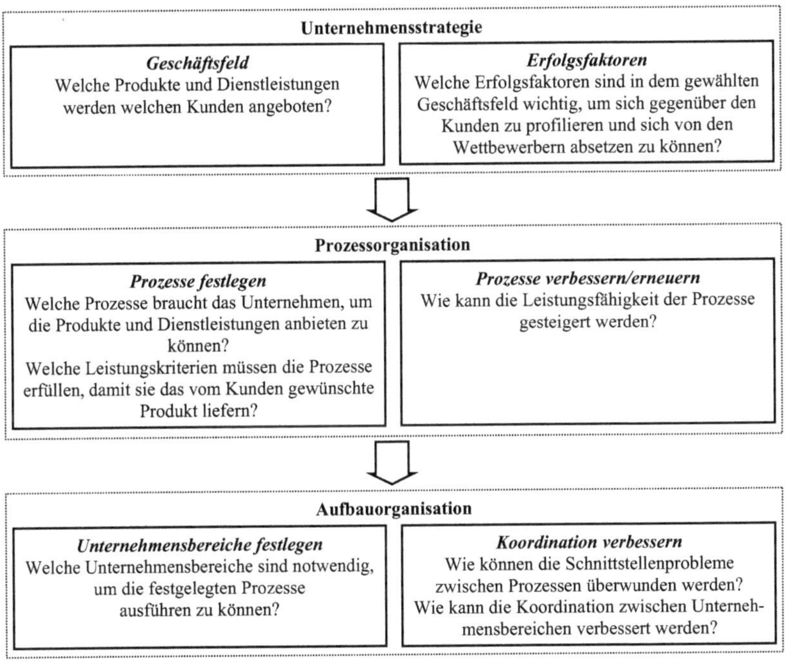

Abbildung 5: Zusammenhänge zwischen Unternehmensstrategie, Prozess- und Aufbauorganisation[44]

---

40 Vgl. AHLRICHS, FRANK/KNUPPERTZ, THILO (2010), S. 10; CURRLE, MICHAEL/SCHWERTNER, KERSTIN (2005), S. 30; FISCHERMANNS, GUIDO (2009), S. 20f., 53; GRÖNKE, KAI (2005), S. 91f.; KRÜGER, WILFRIED (2001), S. 159.

41 Vgl. CHANDLER, ALFRED D. (1962), S. 14.

42 Vgl. BREDE, HAUKE (1996), S. 157; FISCHERMANNS, GUIDO (2009), S. 36; GAITANIDES, MICHAEL (2007), S. 32; OSTERLOH, MARGIT/FROST, JETTA (2006), S. 33.

43 Vgl. CURRLE, MICHAEL/SCHWERTNER, KERSTIN (2005), S. 29-46.

44 Vgl. geändert aus WILHELM, RUDOLF (2003), S. 21; ähnlich BREDE, HAUKE (1996), S. 93.

Die Prozessorganisation besitzt im Vergleich zur Aufbauorganisation einen umfassenderen Bezugsbereich, der sowohl bereichs- als auch unternehmensübergreifend sein kann. Dies lässt sich damit begründen, dass Geschäftsprozesse nicht durch die Grenzen einzelner Unternehmensbereiche beschränkt sind. Geschäftsprozesse können neben verschiedenen Abteilungen auch externe Bereiche einbeziehen,[45] wie dies der nachfolgenden Abbildung zu entnehmen ist.

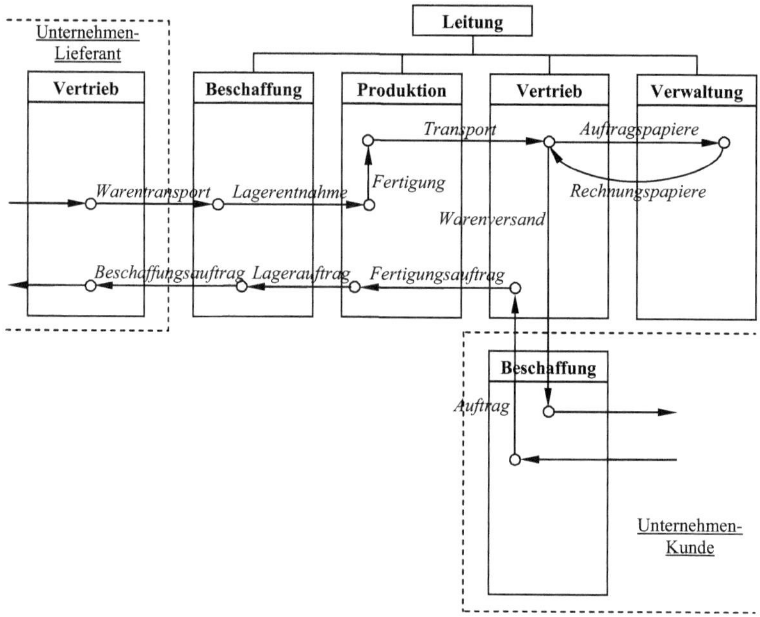

Abbildung 6: Ein funktions- und unternehmensübergreifender Prozess[46]

Folgerichtig hat die Prozessorganisation einen deutlichen Bedeutungszuwachs im Vergleich zur Aufbauorganisation erfahren. Die nachfolgende Tabelle fasst die Kernelemente zusammen, die diesen Bedeutungszuwachs charakterisieren.

45 Vgl. Aguilar, Marc/Rautert, Tankred/Pater, Alexander J. G. (1999), S. 1384; Giaglis, George M./Paul, Ray J./Hlupic, Vlatka (1999), S. 222; Krüger, Wilfried (2001), S. 162; Stevenson, Richard (1993), S. 101.

46 Vgl. geändert aus Krüger, Wilfried (1994), S. 119.

	Funktionsorientierung	Prozessorientierung
Gegeben	Strategie des Unternehmens bzw. des Geschäftsfelds bzw. der Funktion	Strategie des Unternehmens bzw. des Geschäftsfelds bzw. der Funktion
Abgeleitet	Aufgaben und deren Regelung: Aufbauorganisation	Kernprozesse und deren Regelung: Prozessorganisation
Gesucht	Regelung der Abläufe zur effizienten Aufgabenerfüllung	Regelung der Aufgaben- und Kompetenzverteilung zur effektiven und effizienten Ausführung der Kernprozesse
Hauptziele	Kostensenkung, Leistungssteigerung	Kundenorientierung, Schnelligkeit, Reaktionsfähigkeit, Ergebnisqualität, Innovationsfähigkeit, Kostenvorteile
Denkfigur	Abläufe vollziehen sich innerhalb vorhandener Aufbaustrukturen	Geschäftsprozesse werden durch Aufbaustrukturen gestützt

Tabelle 1: Funktionsorientierung vs. Prozessorientierung[47]

2.2 Der Prozessbegriff

Die Beantwortung der zentralen Fragen des prozessorientierten Controllings, wie betriebswirtschaftliche Prozesse zu gestalten sind und wie sich diese verbessern lassen, setzt zunächst Klarheit über den Prozessbegriff voraus. Begriffe wie Prozess, Geschäftsprozess, Kernprozess oder Workflow werden in vielen einschlägigen Veröffentlichungen benutzt, ohne sie grundlegend zu erläutern, weil unterstellt wird, dass ein einheitliches Prozessverständnis bestünde. Dies ist jedoch eine Illusion.

Ursprünglich kommt das Wort „Prozess" aus dem Lateinischen. „Processus" bzw. „procedere" kann ins Deutsche mit „vorwärts schreiten" übersetzt werden. Der Zugang zu einem wirtschaftswissenschaftlich orientierten Begriffsverständnis wird durch die vielseitige Verwendung des Prozessbegriffs in unterschiedlichen wissenschaftlichen Gebieten sowie in der Alltagssprache erschwert. So versteht beispielsweise ein Ingenieur unter einem „Prozess" ein technisches Verfahren, Juristen setzen „Prozess" mit der gerichtlichen Durchführung einer Rechtsstreitigkeit gleich und Mediziner verwenden „Prozess", um Krankheits- oder Heilungsvorgänge zu definieren.

Allgemein kann „Prozess" in der Betriebswirtschaftslehre als eine Reihe aufeinander folgender, logisch zusammenhängender Aktivitäten definiert werden, die auf die Erreichung eines bestimmten Ziels wie etwa die Erstellung einer Leistung ausgerichtet sind

47 Vgl. KRÜGER, WILFRIED (2001), S. 162.

und die Ressourcen und Zeit verbrauchen.[48] Ein Prozess wird durch ein externes Ereignis oder durch das Erreichen eines bestimmten Zeitpunkts (zeitliches Ereignis) ausgelöst.[49] Die Aktivitäten werden durch so genannte Aktionsträger nach vorgegebenen Methoden ausgeführt, bei denen es sich entweder um Menschen, Sachmittel oder eine Kombination von beiden handeln kann. Jeder Prozess zeichnet sich durch bestimmte Merkmale aus, auf die nachfolgend eingegangen wird.

Ein Prozess transformiert einen Input in einen gewünschten Output, wobei die Transformation der inhaltlich miteinander verknüpften Aktivitäten sequentiell oder parallel erfolgt.[50] Deshalb steht das *Transformationsmerkmal* immer im Vordergrund der Prozessbetrachtung. Die zentralen Komponenten dieser Transformation sind Input- und Outputobjekte sowie Aktivitäten, die durch ihr Zusammenspiel die Transformation eines Inputobjektes zu einem Outputobjekt als Folge haben. Als Inputobjekte sind körperliche oder geistige Arbeitsleistungen, Maschinen, Stoffe, Verfahren, Methoden oder Entscheidungen denkbar. Zu den Outputobjekten können neben materiellen Ausbringungsgütern, wie Produkten oder Dienstleistungen, auch immaterielle Ausbringungsgüter in Form von Entscheidungen oder neuen Informationen gerechnet werden. Ein Prozess hat mindestens eine Quelle, aus welcher der Input kommt und mindestens eine Senke, an die das Prozessergebnis weitergereicht wird. Die Prozessquellen und -senken können interner oder externer Natur sein, je nachdem, ob sich die Lieferanten und Kunden des Prozesses innerhalb oder außerhalb des Unternehmens befinden.

Jeder Prozess weist ein *Verkettungsmerkmal* auf, denn ein Prozess ist eine Abfolge von Aktivitäten, die logisch zusammenhängen und deren sachliche, zeitliche und räumliche Verkettung die angesprochene Transformation ermöglicht. Neben dieser inneren Verkettung haben Prozesse eine Verknüpfung auch außerhalb des einzelnen Prozesses. So steht nämlich jeder Prozess mit den vorangehenden und den nachfolgenden Prozessen in Verbindung. Eine externe Verkettung entsteht, wenn ein Prozess von einem Ereignis angestoßen wird, das das Outputobjekt eines vorgelagerten Prozesses darstellt. Auf der Outputseite löst der Prozess mit seinen Outputobjekten nachgelagerte Prozesse aus. Ein

---

48 Vgl. Breisig, Thomas (2006), S. 137f.; Seidenschwarz, Werner (2008), S. 10; Vahs, Dietmar (2009), S. 226; van Geldern, Michael (2000), S. 145.

49 Vgl. hierzu und im Folgenden Fischermanns, Guido (2009), S. 12-18; Giaglis, George M./Paul, Ray J./Hlupic, Vlatka (1999), S. 220f.; Klimmer, Matthias (2007), S. 78f.; Schnaitmann, Hermann (2000), S. 9-11; Schulte-Zurhausen, Manfred (2005), S. 52f.; Vahs, Dietmar (2009), S. 229-231.

50 Vgl. Klimmer, Matthias (2007), S. 79; Osterloh, Margit/Frost, Jetta (2006), S. 100-102; Seidenschwarz, Werner (2008), S. 10; Siedenbiedel, Georg (2001), S. 156f.

solches Aneinanderreihen von Prozessen kann mit einem Staffellauf verglichen werden.[51] Jeder Läufer impliziert einen Prozessverantwortlichen, und sein Lauf stellt den jeweiligen Prozess dar. Der Stab kann als ein zu bearbeitendes Gut (Prozessobjekt) interpretiert werden. Wenn ein Läufer seine Aufgabe schlecht erfüllt (z.B. den Stab verliert), dann ist das Ergebnis des gesamten Laufs unbefriedigend. Ähnlich kann das Endergebnis von unternehmerischen Prozessen nur dann einen Kunden zufriedenstellen, wenn alle involvierten Prozesse fehlerfrei ausgeführt wurden.

Ein Prozess ist immer durch ein *Zielmerkmal* geprägt: Jeder Prozess hat immer eine bestimmte Aufgabe zu erfüllen und ist somit zielgerichtet, wobei das gewünschte Prozessergebnis bereits vor der Durchführung des Prozesses definiert ist. Die Prozessziele werden stets aus den übergeordneten Unternehmenszielen abgeleitet und lassen sich in formale, sachliche, soziale und ökologische Ziele gliedern. Bei den formalen Zielen können die üblichen Zielkategorien, wie etwa Gewinnmaximierung oder Kostenminimierung unterschieden werden. Die sachlichen Ziele stellen die vom Prozess zu erfüllende Aufgabe dar. Das Sachziel eines Prozesses wird von den nachfolgenden Prozessen bestimmt. Der Prozess endet, wenn das Sachziel erreicht ist. Zu den sozialen Zielen zählt eine hohe Mitarbeiterzufriedenheit. Ökologische Ziele beinhalten Anforderungen, die Umwelt während der Prozessdurchführung zu schonen.

Jeder Prozess hat einen bestimmten Zeitrahmen, innerhalb dessen alle Prozessaktivitäten vollzogen werden. Dieser Zeitrahmen heißt Durchlaufzeit und spiegelt das *Zeitmerkmal* wider. Die Dauer der Durchlaufzeit muss nicht zwangsläufig mit der Summe der Durchführungszeiten der einzelnen Aktivitäten innerhalb des Prozesses übereinstimmen. Sie ist kürzer als die Summe der Durchführungszeiten der einzelnen Aktivitäten, wenn sich die Aktivitäten zeitlich überlappen oder parallel durchgeführt werden. Sie ist länger, wenn Verzögerungen auftreten.

Da ein Prozess von Menschen geplant, gesteuert, ausgeführt, kontrolliert und verantwortet werden soll, also nicht ohne menschlichen Einfluss abläuft, lässt sich jeder Prozess durch ein *Organisationsmerkmal* charakterisieren. Die Zielerreichung ist demnach auch abhängig vom Verhalten der prozessbeteiligten Personen. Durch die Beeinflussung des Verhaltens der Prozessbeteiligten (Stellenbeschreibungen, persönliche Anweisungen, Richtlinien, Entlohnung, Beförderung etc.) kann eine Veränderung des Prozesser-

[51] Vgl. AHLRICHS, FRANK/KNUPPERTZ, THILO (2010), S. 49.

gebnisses verursacht werden. So gesehen spielt auch die Organisationsstruktur, in die ein Prozess eingebettet ist, eine wichtige Rolle für die Prozessgestaltung und das Prozessergebnis.

Erst bei Berücksichtigung aller oben genannten Merkmale (Transformation-, Verknüpfungs-, Ziel-, Zeit- und Organisationsmerkmal) lässt sich der Begriff des Prozesses ausreichend präzise wie folgt definieren:[52] Ein Prozess ist eine zeitlich befristete (*Zeitaspekt*) Verkettung von Tätigkeiten an einem Objekt (*Verkettungsaspekt*), in deren Verlauf die Einsatzgüter in Ausbringungsgüter transformiert werden (*Transformationsaspekt*). Ein Prozess dient dem Erreichen von sachlichen, formalen, sozialen und ökologischen Zielen (*Zielaspekt*). Er wird von Personen gestaltet, durchgeführt, kontrolliert und verantwortet. Das dafür erforderliche Verhalten wird über die Organisationsstruktur reguliert (*Organisationsaspekt*). Die nachfolgende Abbildung fasst die erwähnten Prozessmerkmale zusammen und visualisiert den Bezugsrahmen des betriebswirtschaftlichen Prozessbegriffes.

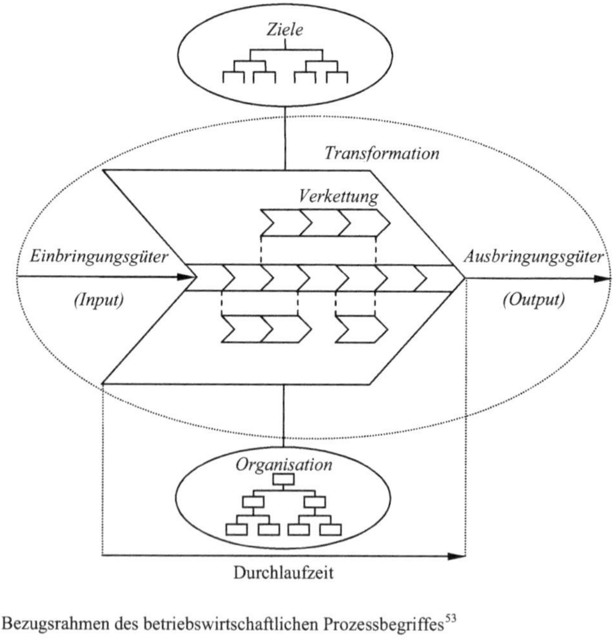

Abbildung 7: Bezugsrahmen des betriebswirtschaftlichen Prozessbegriffes[53]

[52] Vgl. Schnaitmann, Hermann (2000), S. 12.

[53] Vgl. Bea, Franz Xaver/Göbel, Elisabeth (2006), S. 371; Klimmer, Matthias (2007), S. 79; Schnaitmann, Hermann (2000), S. 13; Schulte-Zurhausen, Manfred (2005), S. 52.

2.3 Die Klassifizierung von Prozessen

Die betriebswirtschaftliche Praxis weist eine große Vielfalt an Prozesstypen auf. Um dieser Vielfalt Herr zu werden, existiert eine Reihe von Klassifizierungsansätzen.

<table>
<tr><th>Merkmal</th><th colspan="12">Prozessarten</th></tr>
<tr><td>Wiederholbarkeit</td><td colspan="6">repetitive</td><td colspan="6">innovative</td></tr>
<tr><td rowspan="3">Wertschöpfung</td><td colspan="6">primäre bzw. Hauptprozesse</td><td colspan="6">sekundäre bzw. Supportprozesse</td></tr>
<tr><td colspan="4">unmittelbar-wertschöpfend</td><td colspan="5">mittelbar-wertschöpfend</td><td colspan="3">nicht-wertschöpfend</td></tr>
<tr><td colspan="2">Nutzprozesse</td><td colspan="4">Stützprozesse</td><td colspan="4">Blindprozesse</td><td colspan="2">Fehlprozesse</td></tr>
<tr><td>Leistungsaustausch</td><td colspan="2">aktive</td><td colspan="4">passive</td><td colspan="4">unabhängige</td><td colspan="2">interdependente</td></tr>
<tr><td>Art der Modelle</td><td colspan="3">Ist-Prozesse</td><td colspan="5">Ideal-Prozesse</td><td colspan="4">Soll-Prozesse</td></tr>
<tr><td>Bedeutung für Unternehmenserfolg[54]</td><td colspan="2">Prozesse mit Hebelwirkung</td><td colspan="4">Schlüsselprozesse</td><td colspan="4">unterstützende Prozesse</td><td colspan="2">opportunistische Prozesse</td></tr>
<tr><td>Prozessobjekt[55]</td><td colspan="3">güterwirtschaftliche</td><td colspan="5">finanzwirtschaftliche</td><td colspan="4">informationelle</td></tr>
<tr><td>Entwicklungsstand[56]</td><td>sich selbständig anpassende</td><td colspan="4">verbesserte</td><td colspan="2">beherrschte</td><td colspan="4">definierte und beschriebene</td><td>undefinierte und unbeschriebene</td></tr>
<tr><td>Organisationsebene[57]</td><td colspan="2">interorganisatorische</td><td colspan="4">interfunktionale</td><td colspan="4">interpersonale</td><td colspan="2">stellenbezogene</td></tr>
<tr><td>Prozessstruktur[58]</td><td colspan="2">analytische</td><td colspan="4">synthetische</td><td colspan="4">durchgängige</td><td colspan="2">umgruppierende</td></tr>
<tr><td>Spezifikation[59]</td><td colspan="3">unternehmensspezifische</td><td colspan="5">branchenspezifische</td><td colspan="4">unspezifische</td></tr>
<tr><td>Kostenstellenzugehörigkeit[60]</td><td colspan="6">Hauptprozesse</td><td colspan="6">Teilprozesse</td></tr>
<tr><td>Kostenreagibilität[61]</td><td colspan="3">leistungsmengeninduzierte</td><td colspan="5">leistungsmengenneutrale</td><td colspan="4">prozessunabhängige</td></tr>
<tr><td>Art der Tätigkeit[62]</td><td colspan="6">Leistungsprozesse</td><td colspan="6">Verwaltungsprozesse</td></tr>
<tr><td>Auslöser[63]</td><td colspan="6">ereignisgesteuerte</td><td colspan="6">zyklische</td></tr>
<tr><td>Verlauf durch Unternehmen</td><td colspan="2">Bearbeitungsprozesse</td><td colspan="4">Transportprozesse</td><td colspan="4">Rüstprozesse</td><td colspan="2">Liegeprozesse</td></tr>
</table>

Tabelle 2: Prozesssystematisierung anhand der ausgewählten Merkmale

54 Vgl. GRIESE, JOACHIM/SIEBER, PASCAL (1999), S. 71; KREUZ, WERNER (1995), S. 99; MAIER, KLAUS-DIETER/LAIB, PETER (1997), S. 103.

55 Vgl. SCHULTE-ZURHAUSEN, MANFRED (2005), S. 54; VAHS, DIETMAR (2009), S. 231f.

56 Vgl. KLEINSORGE, PETER (1994), S. 54-60.

57 Vgl. DAVENPORT, THOMAS H./SHORT, JAMES E. (1990), S. 18-20.

58 Vgl. CORSTEN, HANS (1999), S. 40.

59 Vgl. SOMMERLATTE, TOM/WEDEKIND, EBERHARD E. (1991), S. 29f.

60 Vgl. MAYER, REINHOLD/KAUFMANN, LUTZ (2000), S. 296f.

61 Vgl. REMER, DETLEF (1997), S. 43.

62 Vgl. HILL, WILHELM/FEHLBAUM, RAYMOND/ULRICH, PETER (1994), S. 26; LOHOFF, PETRA/LOHOFF, HEINZ-GÜNTER (1993), S. 249.

63 Vgl. BUCHNER, DIETRICH/HOFMANN, ULRICH/MAGNUS, STEPHAN (1999), S. 19.

Die obige Tabelle fasst – ohne Anspruch auf Vollständigkeit – unterschiedliche Kriterien zur Strukturierung und Klassifizierung des breiten Spektrums der Prozesse zusammen, wobei im weiteren Verlauf nur auf diejenigen näher eingegangen wird, die von besonderer Bedeutung für diese Arbeit sind.

2.3.1 Wiederholbarkeit von Prozessen

Die Wiederholbarkeit von Prozessen spielt bei der Bestimmung des Einsatzfeldes des Prozesscontrollings eine entscheidende Rolle. Nach der Häufigkeit, mit der sich Prozesse wiederholen, wird zwischen *repetitiven* und *innovativen* Prozessen unterschieden.

Repetitive Prozesse enthalten einfache, schematische und überwiegend mechanische Tätigkeiten.[64] Sie werden häufig wiederholt und unterscheiden sich von Wiederholung zu Wiederholung kaum. Deshalb können repetitive Prozesse genau durchdacht, dokumentiert, definiert und letztendlich standardisiert werden, so dass ein ordnungsmäßiges, sicheres Prozessergebnis mit der geforderten Qualität zu erwarten ist.[65]

Innovative Prozesse sind für das Unternehmen neu und in der Regel wenig strukturiert. Sie sind auf eine Verbesserung des betroffenen Systems ausgerichtet und resultieren aus neuen Erkenntnissen, Technologien, Werkstoffen oder geänderten sozialen Verhaltensweisen etc.[66] Sie werden selten in der gleichen Art und Weise wiederholt. Aufgrund der starken Variabilität des Prozessablaufs weisen innovative Prozesse einen hohen Entscheidungsbedarf auf.[67]

Werden Prozesse anhand zweier Kriterien, nämlich Wiederholbarkeit und Grad des Entscheidungsbedarfs charakterisiert, kann der Einsatzbereich des Prozesscontrollings in einem zweidimensionalen Koordinatensystem aufgezeigt werden: Charakteristisch für diesen Einsatzbereich ist neben dem repetitiven Charakter der Prozesse der geringe Bedarf an Entscheidungen, die während der Prozessdurchführung zu treffen sind.

---

64 Vgl. Bea, Franz Xaver/Schnaitmann, Hermann (1995), S. 282.

65 Vgl. Krummenacher, Stefan (1995), S 12, 73; Striening, Hans-Dieter (1988), S. 61.

66 Vgl. Krummenacher, Stefan (1995), S. 12.

67 Vgl. Bea, Franz Xaver/Schnaitmann, Hermann (1995), S. 282.

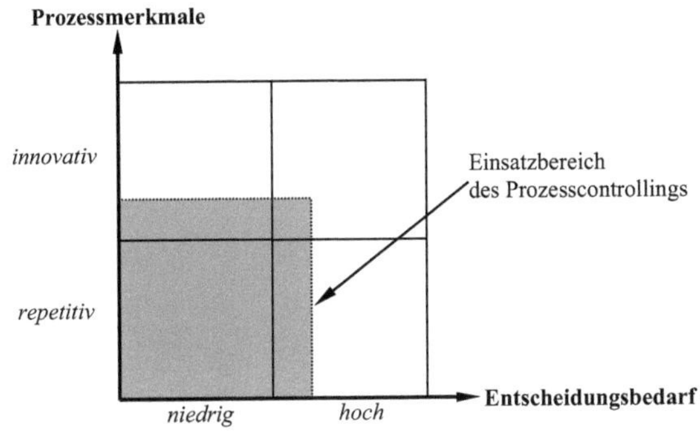

Abbildung 8: Einsatzbereich des Prozesscontrollings[68]

Die Abbildung macht deutlich, dass sich das Prozesscontrolling primär mit der Gestaltung repetitiver, standardisierbarer Prozesse befasst, weil sich der Aufwand zur Erfassung und Festschreibung der innovativen Prozesse nicht lohnt.

2.3.2 Wertschöpfung als Klassifizierungsmerkmal von Prozessen

Wird ein Unternehmen aus der Vogelperspektive betrachtet, dann werden nur solche Unternehmensprozesse erkannt, die auf der höchsten Betrachtungs- bzw. Hierarchieebene liegen. Bei den Unternehmensprozessen wird in diesem Zusammenhang zwischen *Haupt-* und *Nebenprozessen* unterschieden. Während Hauptprozesse direkt an der Wertschöpfung eines Unternehmens teilnehmen, haben Nebenprozesse unterstützende Aufgaben mit indirektem Einfluss auf die Wertschöpfung zu erfüllen. Jene Hauptprozesse, die sich von den Inputschnittstellen (Lieferanten) über das gesamte Unternehmen hinweg bis zu den Outputschnittstellen (Kunden) erstrecken, werden als *Geschäftsprozesse* bezeichnet.[69]

Die Wertschöpfung von Prozessen liegt auch PORTER seinem Wertkettenmodell zugrunde, anhand dessen Prozesse in Abhängigkeit ihres Beitrages zur Wertsteigerung in *primäre* und *sekundäre* Prozesse aufgeteilt werden.[70] Die *primären* Prozesse weisen einen direkten Bezug zum hergestellten Produkt auf und leisten somit einen direkten Beitrag zum wirtschaftlichen Ergebnis des Unternehmens. Sie werden auch als Kern-

68 Vgl. STRIENING, HANS-DIETER (1988), S. 62.

69 Vgl. SCHÄFER, CHRISTIAN (2001), S. 159.

70 Vgl. PORTER, MICHAEL E. (2000), S. 67-75.

prozesse bezeichnet.[71] Innerhalb der primären Prozesse unterscheidet PORTER die Eingangslogistik, die Produktion, das Marketing und den Vertrieb, die Ausgangslogistik sowie den Kundendienst. Die Eingangslogistik ist für den Empfang und die Distribution von Betriebsmitteln und Rohstoffen zuständig. In der Produktion erfolgt die Be- bzw. Verarbeitung des Inputs. Marketing und Vertrieb sollen durch den Einsatz von Marketinginstrumenten bei potenziellen Kunden Kaufwünsche auslösen. Die Aufgabe der Ausgangslogistik besteht in der Sammlung, Lagerung und der physischen Distribution der hergestellten Leistungen an die Kunden. Schließlich übernimmt der Kundendienst Installation, Reparatur, Ersatzteilversorgung und diverse Anpassungsarbeiten.

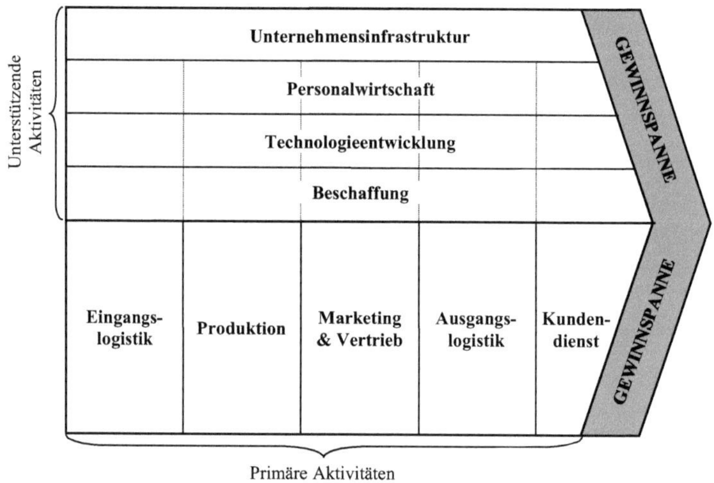

Abbildung 9: Das Modell der Wertkette[72]

Die *sekundären* Prozesse stellen zum einen den primären Prozessen die notwendigen Ressourcen wie Personal, Technologie und Material zur Verfügung. Dadurch gewährleisten sie, dass die primären Prozesse überhaupt ausgeführt werden können. Zum anderen unterstützen die sekundären Prozesse wie etwa Unternehmensleitung, Rechnungswesen, Planung, Qualitätswesen etc. die gesamte Wertkette. Da die letztgenannten Prozesse in jeder Phase der primären Prozesse anfallen können und diese entsprechend aufrechterhalten, werden sie oft unterstützende oder auch Supportprozesse genannt. Die Gesamtheit aller Prozesse erwirtschaftet schließlich die Gewinnspanne des Unterneh-

---

71 Vgl. GÖRGENS, JOSEF (1995b), S. 134; OSTERLOH, MARGIT/FROST, JETTA (2006), S. 36.

72 Vgl. PORTER, MICHAEL E. (2000), S. 66.

mens. Diese stellt die durch Prozesse geschaffene Wertschöpfung innerhalb des Unternehmens dar.

In Anlehnung an die Wertkette Porters kann die Kategorisierung der Prozesse erweitert werden, so dass neben den *unmittelbar wertschöpfenden* (primäre Prozesse) und den *mittelbar wertschöpfenden* Prozessen (sekundäre Prozesse) eine neue Prozessart erkennbar wird: die *nicht wertschöpfenden* Prozesse.[73] Die unmittelbar wertschöpfenden Prozesse erhöhen den Wert der Leistung aus Sicht der Kunden. Durch die mittelbar wertschöpfenden Prozesse findet zwar keine Werterhöhung statt, sie tragen aber zu ihr bei, indem sie den Ablauf der unmittelbar wertschöpfenden Prozesse vorbereiten und unterstützen. Die nicht wertschöpfenden Prozesse stehen in keinem Zusammenhang mit der Wertschöpfung. Vielmehr stellen sie eine Verschwendung dar und sind deshalb unerwünscht.

TOMYS unterscheidet in Abhängigkeit vom Beitrag des jeweiligen Prozesses zur Werterhöhung und unter Berücksichtigung, ob der Prozess geplant war, zwischen vier Prozessarten: der Nutzleistung, der Stützleistung, der Blindleistung und der Fehlleistung.[74]

Nutzleistung	**Stützleistung**	**Blindleistung**	**Fehlleistung**
geplant	geplant	ungeplant	ungeplant
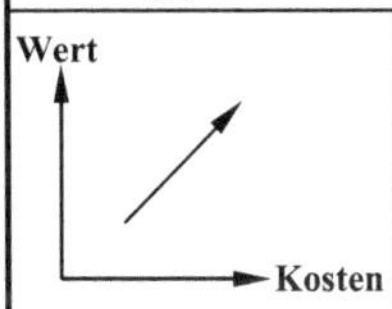	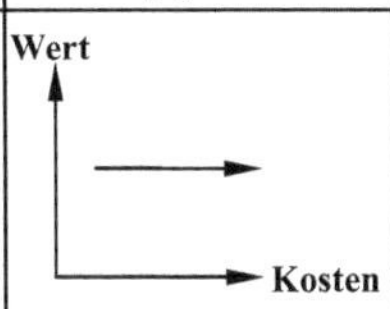	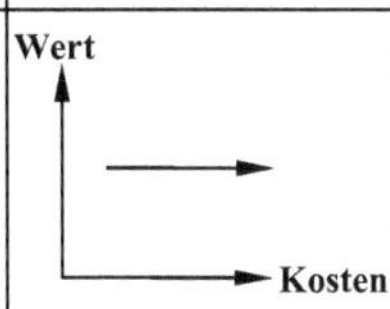	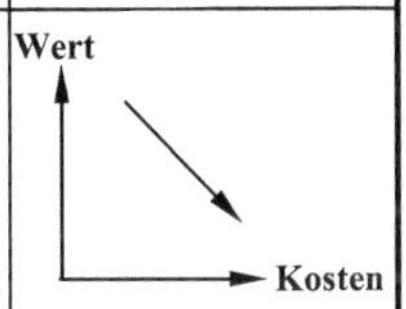
geplante Leistungen der Prozesse (Output)	Prozesse, die die Nutzleistung in der Wertschöpfungskette unterstützen	Entsteht infolge nichtfähiger bzw. nicht unter Kontrolle befindlicher Prozesse	Entsteht infolge nichtfähiger bzw. nicht unter Kontrolle befindlicher Prozesse
• Hauptzeiten der Bearbeitung • Montage • Entwicklung • Einkauf • Marketing ...	• Transport • Wareneingang • Zwischenprüfung • Rüsten • Werkzeugwechsel	• Zwischenlagerung, Sicherheitspuffer • Transport von und zu Lagern • Konstruktionsänderung nach der Freigabe • Rüsten ...	• Nacharbeit • Ausschuss • Fehlerfolgen • Sortierprüfung • interne bzw. externe Störungen ...

Tabelle 3: Leistungsarten der Prozesse[75]

[73] Vgl. BEA, FRANZ XAVER/SCHNAITMANN, HERMANN (1995), S. 281; BLANK, GEORG STEPHAN (1998), S. 78f.

[74] Vgl. TOMYS, ANNE-KATRIN (1995), S. 71-74.

[75] Vgl. SCHMITT, ROBERT/PFEIFER, TILO (2010), S. 515f.; TOMYS, ANNE-KATRIN (1994), S. 72.

Die *Nutzleistung* beinhaltet alle geplanten werterhöhenden Aktivitäten, die zur Wertsteigerung aus Kundensicht beitragen, wie z.B. Bearbeitungsoperationen, Veredelungsprozesse, Montagevorgänge. Das Ergebnis aller Nutzleistungen ist das fertige Produkt. Unter einer Stützleistung werden alle geplanten Aktivitäten verstanden, die die Nutzleistung in der Wertschöpfungskette unterstützen, wie z.B. Verwaltung, Rüstvorgänge, Einlege- und Entnahmetätigkeiten, Werkzeugwechsel. Die *Stützleistung* zeichnet sich durch ein kostensteigerndes, aber wertneutrales Verhalten aus. Zu einer Blindleistung gehören die ungeplanten Tätigkeiten in der Wertschöpfungskette, die keine Steigerung des Kundennutzens mit sich bringen, wie etwa auf fehlendes Material oder Werkzeug wartende Mitarbeiter. Die *Blindleistung* wirkt neutral auf den Wert des Produktes und sollte nach Möglichkeit aus der Wertschöpfungskette eliminiert werden. Demgegenüber wird der Wert des Produktes aus Kundensicht durch eine *Fehlleistung* gemindert. Sie entsteht im Rahmen eines fehlerhaften Ressourceneinsatzes oder als Folge nicht beherrschter Prozesse, die zur Erbringung der Nutzleistung dienen. Typische Beispiele für die Fehlleistung sind Sortierprüfungen, Ausschuss oder Nacharbeit. Sie führen zu einer Verteuerung des Produktes und schmälern folglich den Gewinn. Daraus resultiert das Ziel, Fehlleistungen zu eliminieren.

Eine Klassifikation von Prozessen hinsichtlich deren Wertschöpfungsbeitrags ist insofern notwendig und sinnvoll, als sie die Verbesserungspotentiale in der Wertschöpfungskette des Unternehmens offenlegt. Darüber hinaus wird erst durch diese Klassifikation deutlich, für welche Prozesse der Kunde nicht bereit ist zu zahlen.

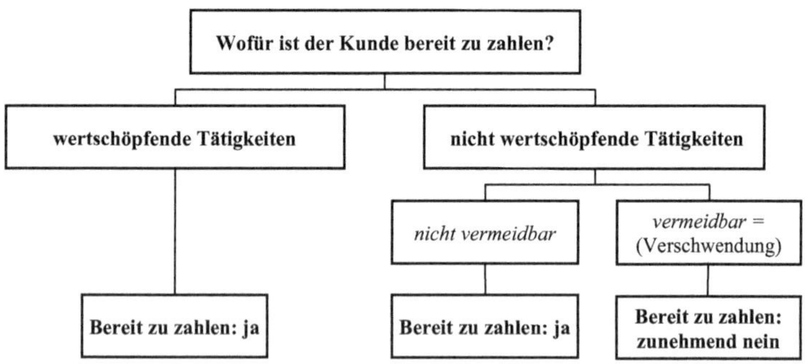

Abbildung 10: Preisbereitschaft des Kunden hinsichtlich der Wertschöpfung[76]

[76] Vgl. Hentschel, Dagmar/Ehre, Gerhard/Krause, Daniel (2003), S. 795.

Ausgehend von der dargestellten Klassifikation kann zur Beurteilung der Wertschöpfungskette eine Kennzahl berechnet werden, der so genannte Prozesswirkungsgrad. Dieser wird definiert als Quotient aus werterhöhenden Leistungen (Nutzleistung) und der innerhalb dieses Prozesses aufgewendeten Gesamtleistung (Summe der Nutz-, Stütz-, Blind- und Fehlleistungen).[77]

$$\text{Prozesswirkungsgrad} = \frac{\text{Nutzleistung}}{\text{Nutzleistung} + \text{Stützleistung} + \text{Blindleistung} + \text{Fehlleistung}}$$

Erhöhen sämtliche Aktivitäten innerhalb eines Prozesses den Kundennutzen des Produktes, lässt sich theoretisch ein Prozesswirkungsgrad von Eins erreichen. Ist der Prozesswirkungsgrad kleiner als Eins, dann beinhaltet der Prozess nicht werterhöhende Tätigkeiten, also Blind-, Stütz- oder Fehlleistungen. Der Prozesswirkungsgrad lässt sich einsetzen, um die Effizienz der durchgeführten Restrukturierungsmaßnahmen zu beurteilen. Dabei ist zu beachten, dass die Erhöhung des Wirkungsgrades nicht unbedingt mit der Erhöhung des Kundennutzens einhergeht.[78]

2.3.3 Prozessarten in der Simulation

Das moderne Prozesscontrolling erfordert den Einsatz von Modellierungswerkzeugen, mit deren Hilfe sich Prozesse transparent abbilden und Restrukturierungsmaßnahmen simulativ bewerten lassen.[79] Im Rahmen der Prozessmodellierung werden Prozesse in *Ist-*, *Ideal-* und *Soll-Prozesse* aufgeteilt.

Ist-Prozesse stellen ein Abbild der Realität dar, indem sie zeigen, wie die Unternehmensprozesse gegenwärtig ablaufen. Durch die Ist-Analyse werden die Prozesse und ihr Zusammenspiel transparent. Die Ist-Analyse ist eine notwendige Voraussetzung, um Schwachstellen im Prozessablauf entdecken zu können und dadurch die Veränderungen in der herkömmlichen Prozessstruktur zu initiieren. Aus dem Ist-Prozess wird ein *Ideal-Prozess* abgeleitet. Dieser soll Aufschluss darüber geben, wie der betrachtete Prozess ohne Berücksichtigung der existierenden internen und externen Faktoren auszusehen hat, welche die Realisierbarkeit des Ideal-Prozesses erschweren oder sogar verhindern. Der *Soll-Prozess* ist die Antwort auf die Frage, ob der Ideal-Prozess unter Berücksichtigung der konkreten Rahmenbedingungen überhaupt realisierbar ist. Anders ausgedrückt

---

77 Vgl. Schmitt, Robert/Pfeifer, Tilo (2010), S. 784; Tomys, Anne-Katrin (1995), S. 97.

78 Vgl. Wendehals, Marion (2000), S. 101f.

79 Vgl. Huber, Heinrich/Poestges, Axel (1997), S. 91.

stellt der Soll-Prozess eine Anpassung des Ideal-Prozesses an die internen und externen Rahmenbedingungen dar.

2.3.4 Leistungsaustausch als Klassifizierungsmerkmal

Im Unternehmen laufen die Prozesse nicht isoliert voneinander ab. Vielmehr bilden die Prozesse ein komplexes Gebilde, das sich aus dem Leistungsaustausch ergibt, der zwischen den Prozessen stattfindet. Dieser Leistungsaustausch wird durch zwei Größen, nämlich durch den Grad der Beeinflussbarkeit und den Grad des Einflusses geprägt.[80] Der Grad der Beeinflussbarkeit zeigt, inwiefern ein Prozess von anderen Prozessen abhängt. Durch den Grad des Einflusses lässt sich das Ausmaß beschreiben, mit dem ein Prozess auf andere Prozesse einwirkt. Aus der Kombination von beiden Größen resultieren vier Prozessarten: *aktive*, *passive*, *unabhängige* und *interdependente* Prozesse.[81]

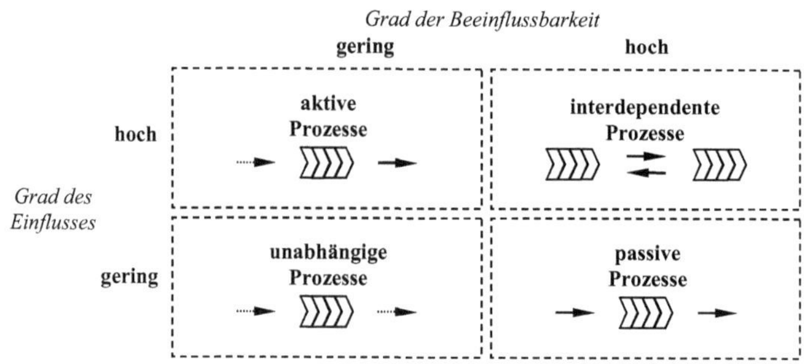

Abbildung 11: Prozessarten in Abhängigkeit von der Art der Leistungsbeziehungen[82]

Während *aktive* Prozesse andere Prozesse stark beeinflussen, aber selbst durch andere Prozesse kaum determiniert werden, werden *passive* Prozesse einseitig durch andere Prozesse bestimmt. Unter *interdependenten* Prozessen sind Prozesse mit großen wechselseitigen Abhängigkeiten zu verstehen. *Unabhängige* Prozesse beeinflussen weder andere Prozesse noch werden sie durch andere Prozesse beeinflusst. Diese Klassifikation ermöglicht es, die Prozesse mit der größten Hebelwirkung zu identifizieren (aktive Prozesse).

---

80 Vgl. Weth, Martin (1997), S. 34.

81 Vgl. Weth, Martin (1997), S. 34.

82 Vgl. Weth, Martin (1997), S. 35.

2.4 Prozessbeschreibung

Die Kenntnis der in einem Unternehmen ablaufenden Prozesse ist eine elementare Voraussetzung, um das Zustandekommen des Prozessergebnisses erklären zu können.[83] Die Bedeutung einer präzisen Prozessbeschreibung wird durch folgendes Zitat bekräftigt: „Die Erfahrung zeigt, dass ohne einheitlich visualisierte Prozesse zwar alle Beteiligten davon ausgehen, über dasselbe zu reden, im Detail jedoch erheblich unterschiedliche Vorstellungen davon herrschen, was genau Gegenstand der Diskussion ist."[84] In beinahe jedem Unternehmen gibt es mehr oder weniger umfangreiche Informationen über die Prozessorganisation. Die wesentliche Aufgabe dieser Prozessdokumentationen besteht in der Erfassung, Strukturierung und Darstellung der Prozessabläufe.[85] Darüber hinaus schafft sie die notwendigen Voraussetzungen für ein erfolgreiches Prozesscontrolling:[86]

- Die Prozessdokumentation sollte das Unternehmensgeschehen transparent machen, das Aufspüren von kritischen Bereichen ermöglichen sowie zur Identifikation von Schwachstellen im Prozessablauf beitragen.
- Sie sollte die Verantwortungszuordnung nach den prozessualen Aspekten ermöglichen und somit zur Reduzierung des Koordinationsaufwandes beitragen.
- Die Visualisierung der Ablauforganisation sollte für ein besseres Verständnis des Unternehmensgeschehens seitens der Mitarbeiter sorgen, so dass jeder Mitarbeit in der Lage ist, seine eigene Rolle innerhalb der Wertschöpfungskette zu erkennen.

Bei der Prozessdokumentation bedient man sich meistens einheitlicher Symbole und sprachlicher Elemente, um Prozesse darzustellen. In der einschlägigen Literatur finden sich diesbezüglich zahlreiche Methoden. Dabei reichen die Möglichkeiten von der verbalen Beschreibung über verschieden graphische Darstellungsvarianten bis hin zu mathematischen Verfahren.

---

83 Vgl. Bergsmann, Stefan/Grabek, Anna/Brenner, Markus (2005), S. 48, 50; Gaitanides, Michael u.a. (1994) S. 38; Klein, Andreas/Vikas, Kurt (1999), S. 84; Mayer, Reinhold/Brenner, Markus (2009), S. 155; Menden, Björn (2004), S. 102; Seidenschwarz, Werner (2008), S. 23.

84 Seidenschwarz, Werner (2008), S. 25.

85 Vgl. Gerboth, Thomas (2000), S. 538f.; Wilhelm, Rudolf (2003), S. 58.

86 Vgl. Gaitanides, Michael u.a. (1994), S. 40f.

Darstellungstechniken von Prozessen			
verbale	**tabellarische**	**graphische**	**mathematische**
• Pseudocode[87] • verbale Ablauf-beschreibung	• Arbeitsablauf-diagramm • Arbeitsprozessbogen[88] • Geblockte Texte • Rasterform der verbalen Ablaufdarstellung[89] • tabellarische verbale Ablaufkarte[90]	• Balkendiagramm[91] • BAM[92] • Blockdiagramm • BPMN[93] • EPK[94] • Fischgrätendiagramm[95] • HIPO[96] • IDEF[97] • RADs • SADT[98] • Struktogramm • Strukturbilder und Feld-darstellungen[99] • Swimlane[100] • TOP-Mapping[101] • Warnier-Orr-Diagram[102]	• Entscheidungstabelle • Netzplantechnik[103] • Petri-Netze

Tabelle 4: Darstellungstechniken der Prozessorganisation

87 Vgl. GEWALD, KLAUS/HAAKE, GISELA/PFADLER, WERNER (1985), S. 111f.; HUGHES, JOAN K./MICHTOM, JAY I. (1980), S. 78-87; KOREIMANN, DIETER S. (1992), S. 230f.; LONG, LARRY (1989), S. 523.

88 Vgl. MÜLLER-PLEUß, JOSEPH H. (1974), S. 52-56.

89 Vgl. HUB, HANNS (1976), S. 75f.; SCHMIDT, GÖTZ (1994), S. 359f.; VAN GELDERN, MICHAEL (2000), S. 224-227; WEIDNER, WALTER (1977), S. 152, 154.

90 Vgl. WEIDNER, WALTER (1977), S. 152f.

91 Vgl. BURGHARDT, MANFRED (2008), S. 266-270; HUB, HANNS (1976), S. 77-79; JOSCHKE, HEINZ K. (1980), Sp. 458; PROBST, GILBERT J. B. (1992), S. 123-126; SCHWARZE, JOCHEN (2006), S. 160-162; SPITSCHKA, HORST (1988), S. 130f.; VAN GELDERN, MICHAEL (2000), S. 229-231; WEIDNER, WALTER (1977), S. 152, 155; WITTLAGE, HELMUT (1993), S. 166-168.

92 Vgl. MORRIS, DANIEL/BRANDON, JOEL (1993), S. 104-115.

93 Vgl. ALLWEYER, THOMAS (2009); GROSSKOPF, ALEXANDER/DECKER, GERO/WESKE, MATHIAS (2009); WHITE, STEPHEN A./MIERS, DEREK (2008); www.bpmn.org.

94 Vgl. GADATSCH, ANDREAS (2010), S. 188-216; KELLER, GERHARD/TEUFEL, THOMAS (1998), S. 158-175.

95 Vgl. ISHIKAWA, KAORU (1983), S. 18-28; KERZNER, HAROLD (2008), S. 809-811; MORRIS, DANIEL/BRANDON, JOEL (1993), S. 102; PALL, GABRIEL A. (1987), S, 118f.

96 Vgl. BALZERT, HELMUT (1997); GEWALD, KLAUS/HAAKE, GISELA/PFADLER, WERNER (1985), S. 112-114; HAUFF, RÜDIGER (1975); HERING, EKBERT (1984), S. 11-17; JORDAN, WOLFGANG/URBAN, HEINZ (1978), S. 88; KELLER, GERHARD (1993), S. 81f.; KOREIMANN, DIETER S. (1992), S. 202-205; LONG, LARRY (1989), S. 521f.; MELEKIAN, NORAYR (1976); SCHULZ, ARNO (1992), S. 90-98.

97 Vgl. CHEUNG, YEN/BAL, JAY (1998), S. 274-278; FELDMANN, CLARENCE G. (1998); GADATSCH, ANDREAS (2010), S. 73-77; www.idef.com.

98 Vgl. GADATSCH, ANDREAS (2010), S. 78-80; KELLER, GERHARD (1993), S. 79f.; KOREIMANN, DIETER S. (1992), S. 184-188; LONG, LARRY (1989), S. 522f.; SCHULZ, ARNO (1992), S. 59-63.

99 Vgl. JORDT, ANDREAS/GSCHEIDLE, KURT (1975); JORDT, ANDREAS C./GSCHEIDLE, KURT (1970a); JORDT, ANDREAS C./GSCHEIDLE, KURT (1970b); REFA VERBAND FÜR ARBEITSSTUDIEN UND BETRIEBSORGANISATION E. V. (1992), S. 26-68; WEIDNER, WALTER (1977), S. 156-161.

100 Vgl. BINNER, HARTMUT F. (2004), S. 123-126; GADATSCH, ANDREAS (2010), S. 85f.; GAITANIDES, MICHAEL u.a. (1994), S. 52-55.

101 Vgl. BISCHOF, HANS-PETER/GÜBELIN, RETO/VON ACHENBACH, LUIS (1992); VON EIFF, WILFRIED (1991a)

102 Vgl. LONG, LARRY (1989), S. 523; MORRIS, DANIEL/BRANDON, JOEL (1993), S. 101.

103 Vgl. BURGHARDT, MANFRED (2008), S. 245-262; CORSTEN, HANS/CORSTEN, HILDE/GÖSSINGER, RALF (2008), S. 120-245; KERZNER, HAROLD (2008), S. 455-486; SCHWARZE, JOCHEN (2006), S. 113-152.

Bei näherer Betrachtung stellt sich allerdings heraus, dass sich diese meist lediglich in der Notation voneinander unterscheiden. Eine verständliche Erläuterung einer Darstellungstechnik nimmt normalerweise viel Raum in Anspruch. Da aber die Details einer Darstellungstechnik für die weitere Argumentation von nachrangiger Bedeutung sind, wird im Folgenden ein Überblick über die gängigsten Techniken gegeben und auf die Spezialliteratur verwiesen. Lediglich eine kleine Auswahl von Darstellungstechniken soll in der gebotenen Kürze etwas detaillierter behandelt werden. Dadurch soll gezeigt werden, dass die in der Praxis zum Einsatz kommenden Darstellungstechniken nur selten geeignet sind, um die relevanten Schwachstellen innerhalb der Ablauforganisation zu erkennen und Impulse für Verbesserungsmaßnahmen zu gewinnen. Hinzukommt, dass diese Darstellungstechniken lediglich dafür konzipiert sind, ein Abbild der vorhandenen Prozessstruktur zu liefern, nicht aber auch dafür, die Prozessleistung quantitativ zu beurteilen. Deshalb ist es aufgrund einer solchen Dokumentation auch nicht möglich zu quantifizieren, welche Auswirkungen Änderungsvorschläge auf die Prozessleistung haben können. Folgerichtig liefern diese Darstellungstechniken für die Suche nach der besten Gestaltungsalternative nur eine notwendige aber keine hinreichende Information.

2.4.1 Verbale Ablaufbeschreibung

Die einfachste Art der Prozessdarstellung ist die verbale Ablaufbeschreibung im Sinne eines fortlaufenden Textes.[104] Die Art und Weise der Gestaltung sowie des Informationsgehaltes einer solchen Darstellungstechnik richtet sich üblicherweise nach den individuellen Belangen des Unternehmens und variieren infolge dessen von Fall zu Fall. Dem Verfasser stehen Einrückungen, Hervorhebungen, Unterstreichungen etc. zur Verfügung, um die Aufmerksamkeit des Lesers zu lenken bzw. den Lesefluss zu erleichtern. Als Grund für die starke Verbreitung der verbalen Ablaufbeschreibung in der Praxis sind vor allem die inhaltliche Flexibilität und die allgemeine Verständlichkeit zu nennen.[105] Problematisch erscheint bei dieser Darstellungsform, dass die Interpretation der dokumentierten Prozessabläufe nicht immer einheitlich erfolgen muss. Es fällt auch nicht leicht, Aspekte die gleichzeitig zu berücksichtigen sind, (personelle, zeitliche und

---

[104] Vgl. Bergsmann, Stefan/Grabek, Anna/Brenner, Markus (2005), S. 54; Schmidt, Götz (1994), S. 358; Spitschka, Horst (1988), S. 126.

[105] Vgl. Müller-Pleuß, Joseph H. (1974), S. 51. Ein Beispiel, das das Gegenteil beweist, findet sich bei Dreßler, Helmut (1975), S. 181.

kapazitätsbezogene Aspekte) im Text anschaulich zu vermitteln.[106] Ebenso dürfte es schwierig sein, einen Zusammenhang zwischen Maßnahmen und den sie auslösenden Bedingungen darzustellen.[107] Für den Leser ergibt sich die Schwierigkeit, aus der verbalen Ablaufbeschreibung zu erkennen, welche Reihenfolge optimal wäre, die einzelnen Prozessschritte auszuführen. Weitere Nachteile von verbalen Ablaufbeschreibungen bestehen in ihrer geringen Übersichtlichkeit und darin, dass vernetzte Ablaufstrukturen und logische Verzweigungen im Text nur nacheinander beschrieben werden können. Dies kann dazu führen, dass einzelne Äste einer Netzwerkstruktur abgebrochen und später wieder aufgegriffen werden müssen, wie es das folgende Beispiel aufzeigt:[108]

1. Es ist eine Anforderung zu schreiben.
2. Es wird geprüft, ob der Anforderungswert mehr als 1000 € beträgt.
3. Ist der Wert > 1000 € (≤ 1000 € siehe 7), so ist eine Anfrage zu schreiben.
4. Es ist zu prüfen, ob die Anfrage an einen Konzernbetrieb gerichtet ist.
5. Geht die Anfrage an einen Konzernbetrieb (andernfalls siehe 6), erfolgt der Versand durch die Hauspost (–).
6. Geht die Anfrage nicht an einen Konzernbetrieb (siehe oben 5), erfolgt der Versand durch die Bundespost (–).
7. Ist der Wert der Anfrage ≤ 1000 € (siehe oben 3), so wird unmittelbar eine Bestellung geschrieben (kleine Bestellung ohne Anfrage).
8. Es wird geprüft, ob die Bestellung an einen Konzernbetrieb gerichtet ist.
9. Geht die Bestellung an einen Konzernbetrieb (andernfalls siehe 10), so erfolgt der Versand durch die Hauspost (–).
10. Geht die Bestellung nicht an einen Konzernbetrieb (siehe oben 9), so erfolgt der Versand durch die Bundespost (–).

2.4.2 Geblockte Texte

Bei dieser Darstellungstechnik werden verschiedene prozessbezogene Informationen in Felder eingetragen, die voneinander durch horizontale und/oder vertikale Linien getrennt werden.[109] Ein solches Feld wird als Block bezeichnet.

---

106 Vgl. Gerboth, Thomas (2000), S. 538.

107 Vgl. Büchi, Rudolf (1976), S. 12.

108 Vgl. Blum, Egon (2000), S. 175; Schmidt, Götz (1994), S. 358.

109 Vgl. Schmidt, Götz (1994), S. 360.

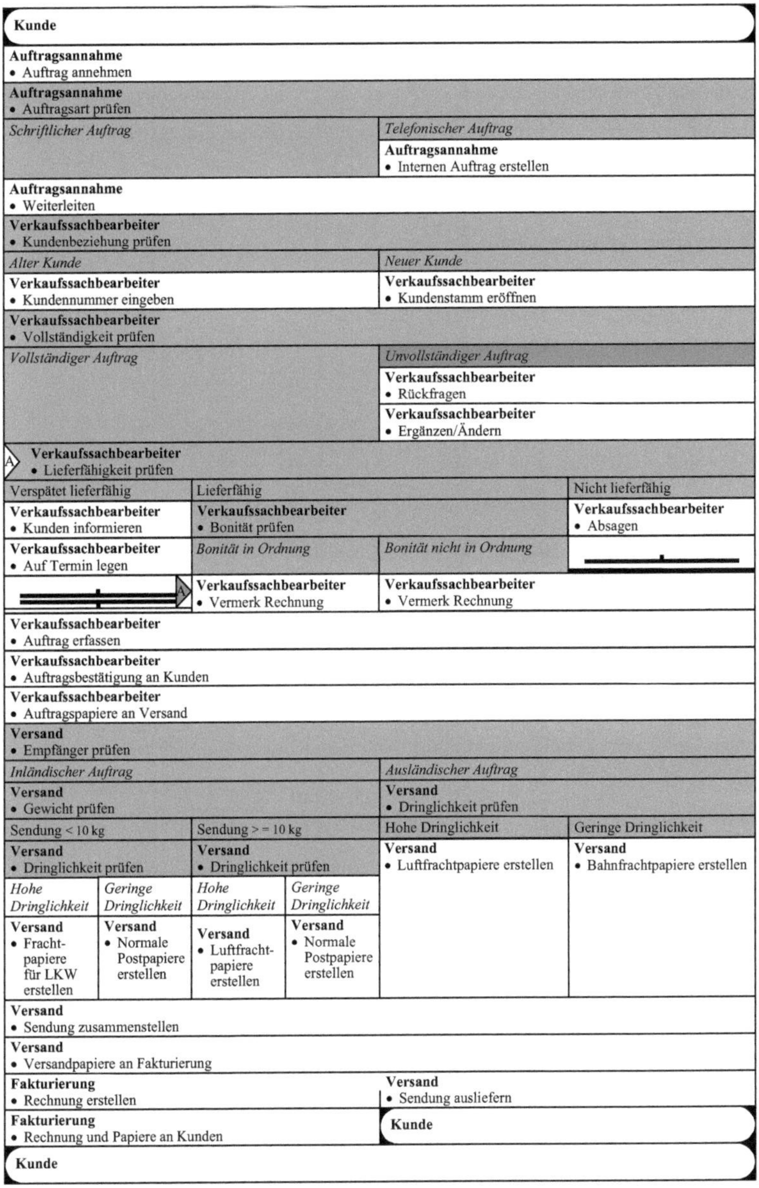

Abbildung 12: Darstellung eines Prozesses mit Hilfen von geblockten Texten[110]

[110] Vgl. SCHMIDT, GÖTZ (1994), S. 362.

Mit geblockten Texten lassen sich generische Prozessstrukturen wie Kette, ODER-Verzweigung, ODER-Verknüpfung, ODER-Rückkopplung, UND-Verzweigung, UND-Verknüpfung darstellen. Es empfiehlt sich, die Aufgaben, Aufgabenträger und Bedingungen optisch hervorzuheben, so dass ein Prozess entsprechend obiger Abbildung visualisiert werden kann.

2.4.3 Arbeitsablaufdiagramm

Das Arbeitsablaufdiagramm, auch als Arbeitsablaufkarte oder als Arbeitslaufkarte bekannt, kombiniert die verbale Prozessbeschreibung mit dem Einsatz international anerkannter Symbolelemente in einer Tabelle:

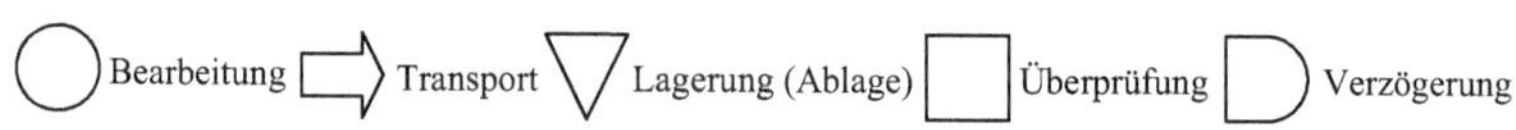

Abbildung 13: Symbole für die Erstellung eines Arbeitsablaufdiagramms[111]

Arbeitsablaufdiagramme sind zur Darstellung von Prozessabläufen geeignet, in denen nur ein einziges Arbeitsobjekt oder mehrere Objekte gemeinsam bearbeitet werden und keine Alternativabläufe vorgesehen sind.[112] Bei der Erstellung eines Arbeitsablaufdiagramms werden zunächst alle zu einem (zu untersuchenden) Prozess gehörenden Aktivitäten in der Reihenfolge ins Diagramm eingetragen, wie sie in der Realität zu beobachten ist.[113] Schon nach diesem Schritt sollte ersichtlich sein, aus welchem Blickwinkel das Diagramm erstellt wird: von der ausführenden Person, vom zu bearbeitenden Material oder vom Belegfluss.[114] Es wird jenes Symbol schraffiert, das die jeweilige Arbeitsstufe charakterisiert. Die schraffierten Symbole werden miteinander verbunden. Rechts von den Symbolspalten enthält das Diagramm drei weitere Spalten, die zur Analyse des Prozesses dienen. In diesen Spalten werden die zurückgelegte Strecke in Metern, die Wartezeit zwischen zwei Arbeitsstufen oder die Bearbeitungsdauer sowie die Anzahl der zu bearbeitenden Objekte vermerkt. Die aus einzelnen Arbeitsstufen resultierende Information wird verdichtet, indem die schraffierten Symbole nach Symbolart gezählt sowie die während des Prozesses zurückzulegende Distanz und die gesamte Wartezeit vermerkt werden.

111 Vgl. Gruppe, Günther (1959), S. 78; Hub, Hanns (1976), S. 76; Wittlage, Helmut (1993), S. 164.s

112 Acker, Heinrich B. (1978), S. 86.

113 Vgl. Gruppe, Günther (1959), S. 91-93 zur Erstellung eines Arbeitsablaufdiagramms.

114 Vgl. Gruppe, Günther (1959), S. 87.

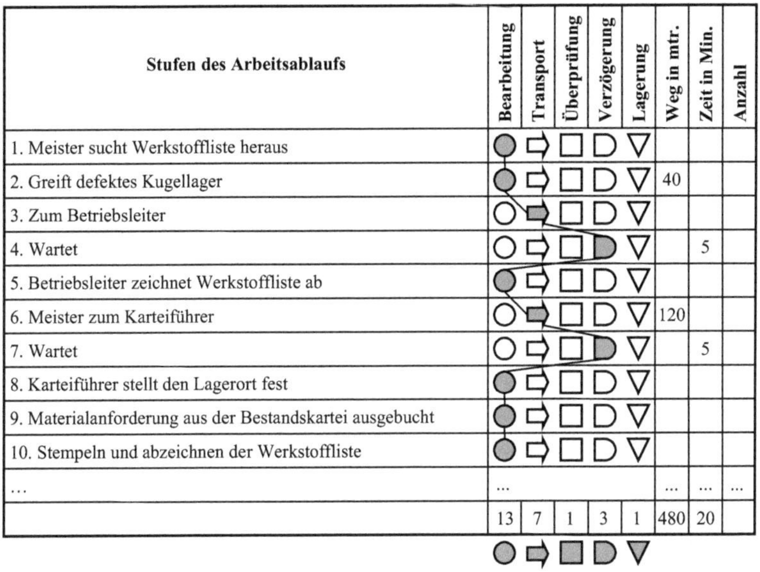

Abbildung 14: Beispiel für ein Arbeitsablaufdiagramm[115]

Die rechte Seite des Arbeitsablaufdiagramms kann um den Analyseteil nach dem unten stehenden Muster ergänzt werden. Für die Erarbeitung von Verbesserungsvorschlägen reicht es nach GRUPPE, für jede einzelne Arbeitsstufe sechs Fragen zu stellen:[116]

1. WAS wird überhaupt getan?
2. WARUM wird es getan?
3. WO sollte es getan werden?
4. WANN sollte es getan werden?
5. WER sollte es tun?
6. WIE sollte es getan werden?

Erwartet man, dass sich der Ablauf in Bezug auf eine bestimmte Frage verbessern lässt, dann wird diese Frage mit einem Hacken markiert. Danach wird in die Bemerkungsspalte der Verbesserungsvorschlag eingetragen und die Vorschlagsspalte farbig hervorgehoben.

115 Vgl. GRUPPE, GÜNTHER (1959), S. 99 zum vollständigen Arbeitsablaufdiagramm. Ein anderes Beispiel findet sich bei ACKER, HEINRICH B. (1978), S. 85.

116 Vgl. GRUPPE, GÜNTHER (1959), S. 94-98.

Analyse					Bemerkungen	Vorschlag					
								Ändern			
Was? Warum?	Wo?	Wann?	Wer?	Wie?		Auslassen	Zusammenlegen	des Ortes	der Reihenfolge	der Person	Verbesserung
	✓		✓		Vom Lageristen zum Karteiführer						
✓		✓			entfällt						
				✓	Statt Stehkartei Schrägsichtkartei						

Abbildung 15: Der Analyseteil eines Arbeitsablaufdiagramms[117]

Dem Umstand, dass es in der Regel mehrere Prozessbeteiligte gibt, kann auch im Arbeitsablaufdiagramm Rechnung getragen werden. Die dabei resultierende Gruppenlaufkarte beinhaltet zusätzlich Angaben über die beteiligten Mitarbeiter. Jeder Mitarbeiter bekommt eine Spalte zugewiesen, in die für jede Arbeitsstufe ein entsprechendes Symbol eingetragen wird.

Da komplexe Abläufe anhand eines derart einfachen Arbeitsablaufdiagramms nicht darstellbar sind, wurde dieses verbessert, indem die zu durchlaufenden Stellen einbezogen werden. Auch hat diese Form der Darstellung gewisse Erleichterungen erfahren: Statt der Symbole werden folgende Buchstaben verwendet: O = Operation, I = Inspektion, T = Transport, S = Stillstand (Verzögerung).[118] Ein durchgekreuzter Buchstabe kennzeichnet die entsprechende Verrichtung. Es empfiehlt sich, die einzelnen Abläufe verbal zu beschreiben, um jedem Mitarbeiter, der an diesem Prozess beteiligt ist, verständlich zu machen, wo sich seine Tätigkeit im gesamten Prozess befindet und was er genau zu tun hat. Aus der in der folgenden Abbildung dargestellten Ablaufkarte wird deutlich, dass auch Verzweigungen im Prozessablauf (Trennung oder Vereinigung) graphisch dargestellt werden können:

117 Vgl. Gruppe, Günther (1959), S. 95.

118 Vgl. Probst, Gilbert J. B. (1992), S. 139; Wittlage, Helmut (1993), S. 165.

			Beteiligten Stellen							
Abteilung/Stelle: Arbeitsablauf: Aufgenommen von: Datum:										
Nr.	Tätigkeiten	Verrichtung	Poststelle	Verkaufsleiter	Sachbearbeiter A	Sachbearbeiter B	Sachbearbeiter C	Schreibbüro	Finanzbuchhaltung	Verkaufsdisponent
1	Verkaufsleiter erhält Posteinlauf	O I ~~T~~ S	1							
2	Sichtet und zeichnet ab	~~O~~ I T S		2						
3	Bestimmt die Sachbearbeiter	~~O~~ I T S		3						
4	Bote	O I ~~T~~ S			4	4	4			
5	Prüfung Posteinlauf	O ~~I~~ T S			5	5	5			
6	Anfragen	~~O~~ I T S			6	6	6			
7	Bonität und Liefertermine	O ~~I~~ T S							7	7
8	Beantwortung Anfragen	~~O~~ I T S			8	8	8			
9	Schreibt Briefe	~~O~~ I T S						9		
10	Sachbearbeiter	O ~~I~~ T S			10	10	10			
11	Prüft und unterschreibt	O ~~I~~ T S		11						
12	Bote	O I ~~T~~ S	12							

Abbildung 16: Beispiel für eine verbesserte Ablaufkarte[119]

2.4.4 Blockdiagramme

Die wohl bekannteste Methode für die Abbildung von Prozessen sind Blockdiagramme, die auch als Flussdiagramme oder flow charts bezeichnet werden. Ihre Symbole und Darstellungsweisen sind in DIN 66001 festgelegt.[120] Nichtsdestotrotz werden oft eigene Symbole verwendet, um die Aussagekraft und Verständlichkeit zu erhöhen. Blockdiagramme stammen ursprünglich aus der Informatik und wurden wegen ihrer Klarheit und Einfachheit in die allgemeine Organisationspraxis übernommen. Blockdiagramme kommen in zwei Formen vor: als Datenflussplan und Programmablaufplan.[121]

[119] Vgl. Weidner, Walter (1977), S. 157; ein anderes Beispiel findet sich bei Probst, Gilbert J. B. (1992), S. 140; van Geldern, Michael (2000), S. 226.

[120] Vgl. Wittlage, Helmut (1993), S. 168; Schmidt, Götz (1994), S. 374.

[121] Vgl. Küpper, Hans-Ulrich (1982), S. 70; Schmidt, Götz (1994), S. 374; Wittlage, Helmut (1993), S. 168.

Der Datenflussplan dient zur Darstellung und Analyse des genauen Ablaufs der Datenbewegungen, der dafür genutzten Datenträger und der Art der Verarbeitung.[122] In einem Datenflussplan werden die einzelnen Bearbeitungsschritte nur angedeutet und nicht eindeutig beschreiben.[123] Deshalb wird in den weiteren Ausführungen auf Datenflusspläne nicht näher eingegangen. Um den zeitlich-logischen Ablauf der Bearbeitungsschritte zu beschreiben, eignet sich der Programmablaufplan, der auf folgende Symbole zurückgreift:[124]

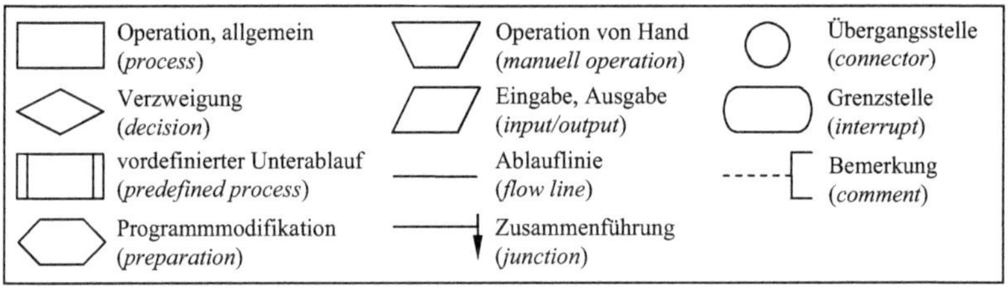

Abbildung 17: Einige Symbole des Programmablaufplans nach DIN 66001[125]

Der Programmablaufplan ist nur anwendbar, wenn der zu dokumentierende Prozess bis ins Detail bekannt ist, was insbesondere bei komplexen Prozessabläufen in der Praxis nicht gegeben sein dürfte. Außerdem wird diese Art der Prozessdarstellung wegen des hohen Präzisionsgrads leicht unübersichtlich.[126] Da die wenigen zum Einsatz kommenden Symbole durch umfangreiche verbale Erklärungen ergänzt werden müssen, können Programmablaufpläne sehr umfangreich werden. Deshalb sollte man diese Technik nur auf einer aggregierten Prozessebene einsetzen. Die nachfolgende Abbildung zeigt ein Anwendungsbeispiel.

---

122 Vgl. HERING, EKBERT (1984), S. 56; JOSCHKE, HEINZ K. (1980), Sp. 459; KOREIMANN, DIETER S. (1992), S. 221.

123 Vgl. KELLER, GERHARD (1993), S. 76.

124 Vgl. SCHMIDT, GÖTZ (1994), S. 377; SPITSCHKA, HORST (1988), S. 134.

125 Vgl. BLANK, GEORG STEPHAN (1998), S. 206; GEWALD, KLAUS/HAAKE, GISELA/PFADLER, WERNER (1985), S. 27; WITTLAGE, HELMUT (1993), S. 169.

126 Vgl. SCHNAITMANN, HERMANN (2000), S. 115.

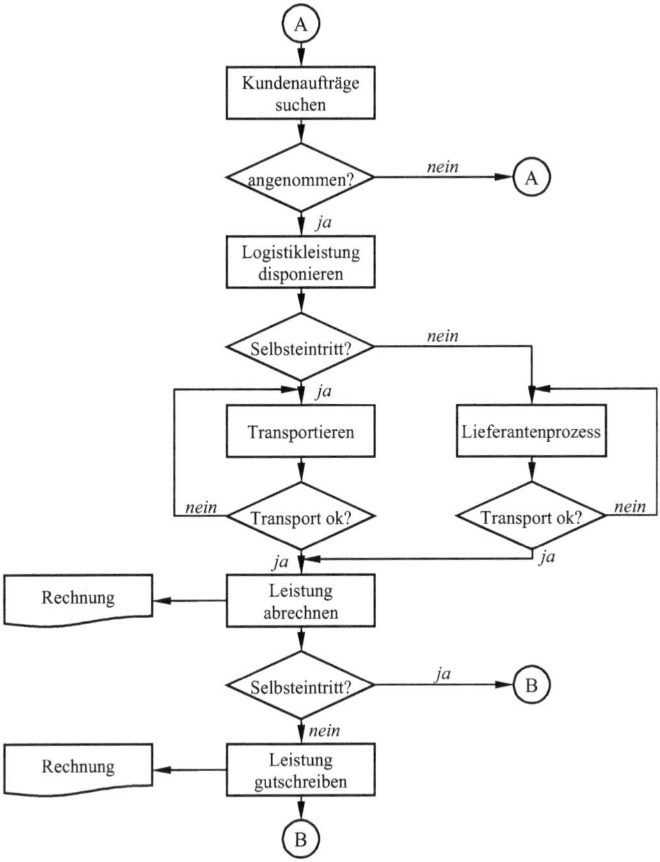

Abbildung 18: Beispiel eines Programmablaufplans[127]

2.4.5 Struktogramm

Ein Struktogramm, das nach seinen Erfindern auch als Nassi-Shneidermann-Diagramm bekannt ist,[128] besteht aus einem einzigen Block, in den die Teilprozesse als logische Subblöcke eingebettet sind, die schrittweise top down aufzubauen sind.[129] Innerhalb der Struktogramme werden drei elementare Blockarten unterschieden: Folge, Auswahl und

[127] Vgl. Schnaitmann, Hermann (2000), S. 116; ein weiteres Beispiel findet sich bei Probst, Gilbert J. B. (1992), S. 147; Schmidt, Götz (1994), S. 378; Wittlage, Helmut (1993), S. 301.

[128] Vgl. Nassi, Isaac/Shneidermann, Ben (1973)

[129] Vgl. Hering, Ekbert (1984), S. 37; Jordan, Wolfgang/Urban, Heinz (1978), S. 61-64; Spitschka, Horst (1988), S. 136.

Wiederholung.[130] Der Folgeblock beinhaltet die Prozessschritte, die der Reihe nach auszuführen sind. Im Auswahlblock wird die Entscheidung getroffen, welche Prozessschritte in Abhängigkeit von einer Bedingung auszuführen sind. Bei einer bedingten Auswahl wird der jeweilige Prozessschritt nur dann ausgeführt, wenn die Bedingung erfüllt ist. Bei einer alternativen Auswahl wird einer von zwei Prozessschritten ausgeführt, je nachdem, ob die Bedingung erfüllt ist oder nicht. Ebenso ist es möglich, einen bestimmten Prozessschritt aus einer Vielzahl von Möglichkeiten auszuwählen, je nachdem, welche nummerische Ausprägung der jeweilige Auswahlparameter besitzt. Der Wiederholungsblock gibt an, dass bestimmte Prozessschritte zu wiederholen sind, wobei die Bedingung zur Wiederholung vor (DO-WHILE-Schleife) oder nach der Ausführung (REPEAT-UNTIL-Schleife) des jeweiligen Prozessschrittes geprüft wird.

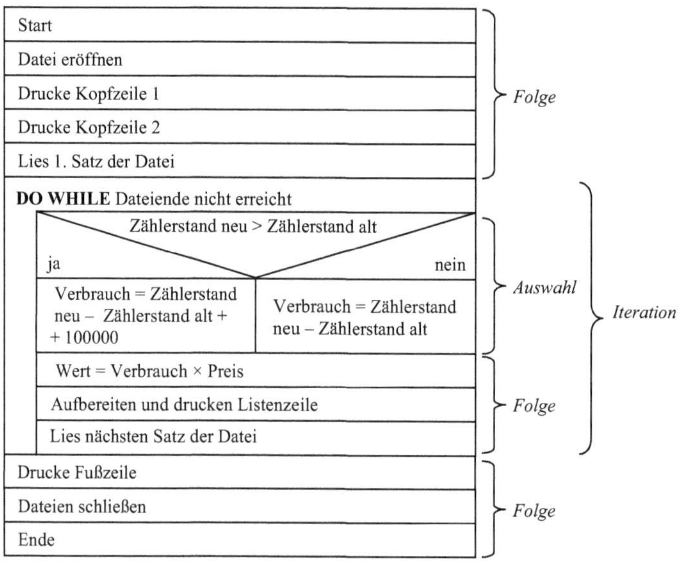

Abbildung 19: Beispiel eines Struktogramms[131]

[130] Vgl. HERING, EKBERT (1984), S. 28f., 35f.; KOREIMANN, DIETER S. (1992), S. 218-221; WITTLAGE, HELMUT (1993), S. 170-172.

[131] Vgl. WITTLAGE, HELMUT (1993), S. 173; ein weiteres Beispiel findet sich bei BLUM, EGON (2000), S. 174; GEWALD, KLAUS/HAAKE, GISELA/PFADLER, WERNER (1985), S. 109; HERING, EKBERT (1984), S. 41-43; SPITSCHKA, HORST (1988), S. 136.

2.4.6 Role Activity Diagram

Eine weitere Möglichkeit, Prozesse darzustellen, bieten die Role Activity Diagrams (RADs),[132] die zur Unterstützung der Softwareentwicklung konzipiert wurden. Ein RAD zeigt die Aufgabenbereiche (roles), die dort enthaltenen Aktivitäten (activities), die Interaktionen innerhalb der Aufgabenbereiche sowie die Interaktionen zwischen den Aufgabenbereichen und dem externen Umfeld. Darüber hinaus beschreibt ein RAD auch die Logik und Reihenfolge, in der die Aktivitäten ausgeführt werden. Die Symbole, die bei RADs zum Einsatz kommen, sind in der nachfolgenden Abbildung zusammengefasst.

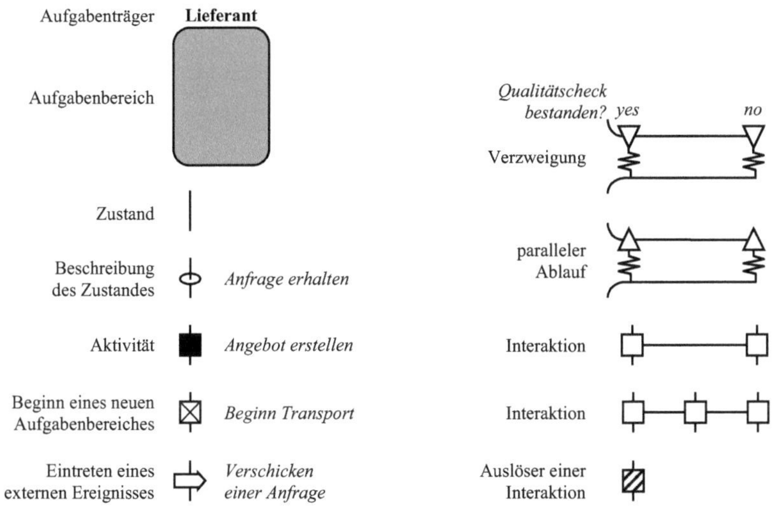

Abbildung 20: Symbole eines Role Activity Diagram[133]

Ein Aufgabenbereich beinhaltet mehrere Aktivitäten, welche zielgerichtet ablaufen.[134] Er wird durch ein schraffiertes abgerundetes Rechteck dargestellt, oberhalb dessen der Aufgabenträger steht. Die Aktivitäten werden durch ein schwarzes Quadrat abgebildet. Je nach Detaillierungsgrad kann die Aktivität in ein separates Role Activity Diagramm

---

132 Vgl. CHEUNG, YEN/BAL, JAY (1998), S. 278f.; MIERS, DEREK (1994), S. 148-150; MURDOCH, JOHN/MCDERMID, JOHN A. (2000); OULD, MARTIN A. (1995) zu Role Activity Diagrams.

133 Vgl. OULD, MARTIN A. (1995), S. 43.

134 Vgl. hierzu und im Folgenden OULD, MARTIN A. (1995), S. 43-45.

zerlegt werden.[135] Auslöser für die Durchführung der Aktivitäten in einem Aufgabenbereich werden durch ein durchgekreuztes Quadrat gekennzeichnet.

Aufgabenbereiche können untereinander Interaktionen aufweisen.[136] Interaktionen werden durch weiße Quadrate dargestellt, welche untereinander durch eine Linie verbunden sind. In eine Interaktion können mehr als zwei Aufgabenbereiche involviert sein. Eine Interaktion kann eine sie auslösende Bedingung haben, die dann oberhalb der Interaktionslinie eingetragen wird.

Jeder Aufgabenbereich hat einen bestimmten Zustand (state), der sich bei der Ausführung von Aktivitäten ändert.[137] Der momentane Zustand wird durch eine Raute abgebildet, die entlang der Linien, die die Aktivitäten verbinden, wandert und somit die Dynamik des Prozesses verdeutlichen soll. Grundsätzlich gibt es drei Varianten, wie Aktivitäten ablaufen können: Zum einen können Aktivitäten nacheinander ablaufen. Dies wird abgebildet, indem die einzelnen Quadrate mit horizontalen Linien verbunden werden. Zum zweiten kann sich der Ablauf von Aktivitäten verzweigen, weil in Abhängigkeit von einer Bedingung der eine oder der andere Weg eingeschlagen wird. Eine Verzweigung wird durch Dreiecke visualisiert, deren Spitze nach unten gerichtet ist. Zum dritten können Aktivitäten parallel ablaufen. Eine parallele Verzweigung wird durch Dreiecke abgebildet, deren Spitze nach oben gerichtet ist.

Aufgabenbereiche grenzen das System vom externen Umfeld ab.[138] Externe Ereignisse können Aktivitäten auslösen oder auf den abgebildeten Prozess einwirken. Deshalb sind externe Ereignisse ins Diagramm aufzunehmen. Sie werden durch horizontale Pfeile unter Angabe der Bezeichnung des externen Ereignisses visualisiert. So lässt sich das Eintreten des Monatsendes oder das Verstreichen von zwei Wochen als ein externes Ereignis definieren, das weitere Aktivitäten nach sich zieht.

---

135 Vgl. Miers, Derek (1994), S. 149.

136 Vgl. hierzu und im Folgenden Ould, Martin A. (1995), S. 45-47.

137 Vgl. hierzu und im Folgenden Ould, Martin A. (1995), S. 47-61.

138 Vgl. hierzu und im Folgenden Ould, Martin A. (1995), S. 61-66.

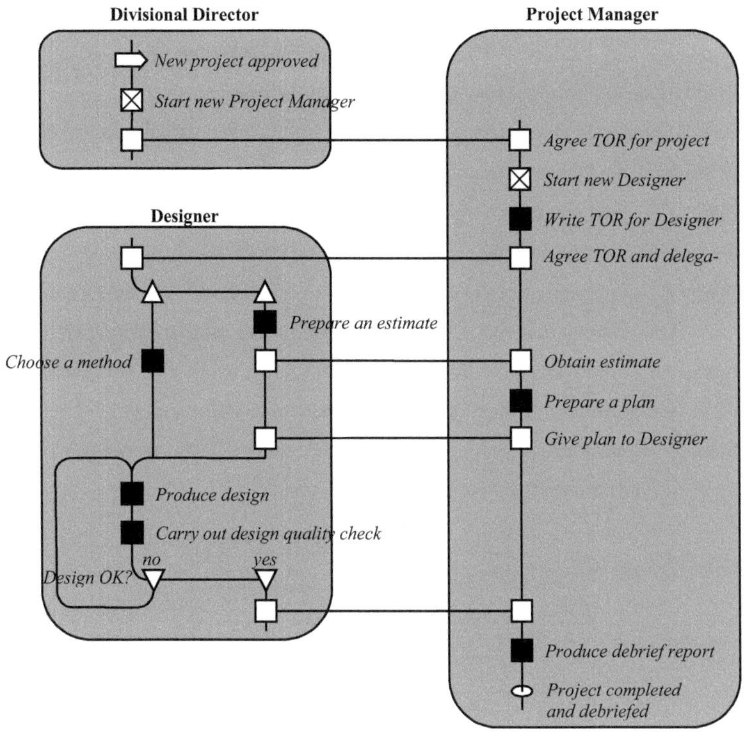

Abbildung 21: Das Beispiel eines Role Activity Diagram[139]

2.4.7 Entscheidungstabelle

Eine weitere Möglichkeit zur Darstellung von Prozessen sind die auf WENN-DANN-Entscheidungen basierenden Tabellen, die auch als Entscheidungstabellen bezeichnet werden können.[140] Entscheidungstabellen stellen Entscheidungsregeln in tabellarischer Form dar. Sie helfen, komplexe Entscheidungssituationen schnell, sicher und vollständig zu beschreiben, indem sie es festzustellen ermöglichen, welche Entscheidungssituation vorliegt und wie in einer solchen Situation zu verfahren ist.

139 Vgl. OULD, MARTIN A. (1995), S. 44. Das Buch enthält zahlreiche weitere Beispiele.

140 Vgl. BRAUCHLE, HERBERT (1973), S. 15-17; JÜTTNER, GERALD/FELLER, HARDY (1989), S. 6; LONG, LARRY (1989), S. 524; VIEWEG, WOLFGANG (1973), S. 14f.

Eine Entscheidungstabelle hat vier Felder: Bedingungstextteil, Bedingungsanzeigerteil, Aktionstextteil und Aktionsanzeigerteil.[141] Im Bedingungstextteil (links oben) sind sämtliche Bedingungen aufgelistet, die bei einer Entscheidung zu berücksichtigen sind. Ob diese Bedingungen für eine bestimmte Aktion erfüllt, nicht erfüllt oder irrelevant sind, wird im Bedingungsanzeigerteil (rechts oben) durch die folgenden drei Symbole festgelegt: „*J*" – Bedingung muss für diese Aktion erfüllt sein; „*N*" – Bedingung muss für diese Aktion nicht erfüllt sein; „–" – Bedingung ist für die Auslösung dieser Aktion irrelevant. Im Aktionstextteil (unten links) sind die zu ergreifenden Maßnahmen aufgezählt. Im Aktionsanzeigerteil (unten rechts) wird angegeben, welche Maßnahme unter den gegebenen Ausprägungen der Bedingungen zu ergreifen ist. Ist eine bestimmte Aktion unter den gegebenen Bedingungskonstellationen auszuführen, dann wird sie mit dem Symbol „*X*" markiert, sonst bleibt die Zelle leer („***blank***"). Die nachfolgende Abbildung zeigt den Grundaufbau einer Entscheidungstabelle.

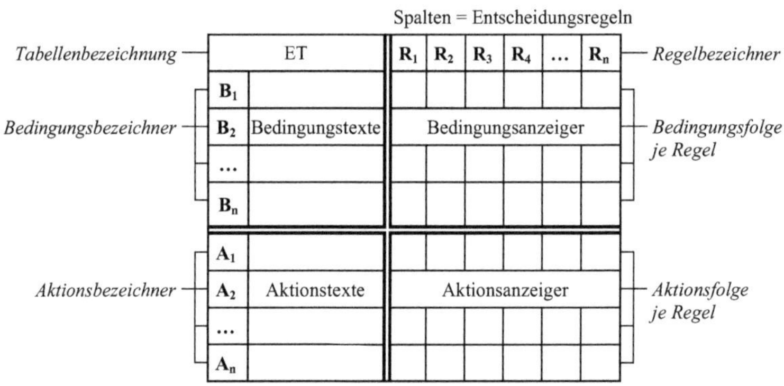

Abbildung 22: Grundstruktur einer Entscheidungstabelle[142]

Können die Bedingungen und Aktionen in einer Entscheidungstabelle so beschrieben werden, dass im Bedingungs- bzw. Aktionsanzeiger nur die Symbole „*J*", „*N*" und „–" bzw. „*X*" und „***blank***" vorkommen, dann liegt eine begrenzte Entscheidungstabelle

[141] Vgl. Bühner, Rolf (1986), S. 48; Büchi, Rudolf (1976), S. 17; Hardy (1989), S. 6; Jüttner, Gerald/Feller, Long, Larry (1989), S. 524; Meyhak, Hermann (1975), S. 18; Schmidt, Götz (1994), S. 381; Strunz, Horst (1977), S. 15f.; Vieweg, Wolfgang (1973), S. 24-28; von Jokuthy, Bela/Schupp, Wulf (1976), S. 18f; Wittlage, Helmut (1993), S. 192.

[142] Vgl. Blum, Egon (2000), S. 178; Büchi, Rudolf (1976), S. 16; Dreßler, Helmut (1975), S. 74; Jüttner, Gerald/Feller, Hardy (1989), S. 6; Meyhak, Hermann (1975), S. 19; Schmidt, Götz (1994), S. 382; Strunz, Horst (1977), S. 20f.; Vieweg, Wolfgang (1973), S. 25; von Jokuthy, Bela/Schupp, Wulf (1976), S. 18; Wittlage, Helmut (1993), S. 191.

vor.[143] Ist es aber notwendig, die Bedingungen bzw. Aktionen durch weitere Symbole oder verbale Beschreibungen im jeweiligen Anzeigerteil zu präzisieren, dann spricht man von einer erweiterten Entscheidungstabelle.[144] Im Folgenden wird eine Entscheidungstabelle anhand des folgenden Beispiels erstellt:

Skontogewährung bei Zahlungsbeträgen über **1000**,- EURO, und zwar bei Zahlung innerhalb von **7** Tagen **5%**, innerhalb von **14** Tagen **3%.** In allen anderen Fällen wird kein Skonto gewährt.

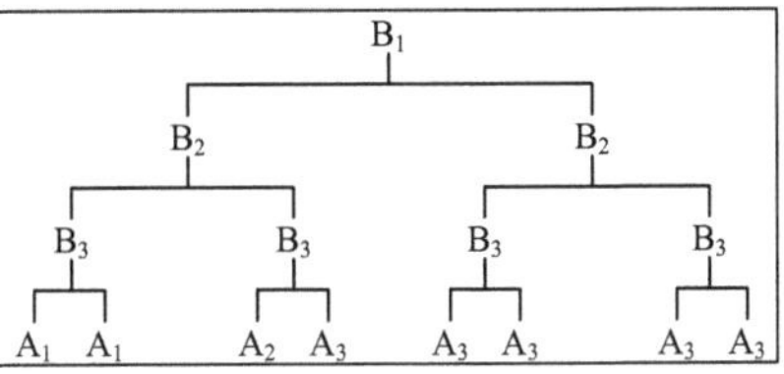

		1	2	3	4	5	6	7	8
B₁	*Betrag > 1000,-*	J	J	J	J	N	N	N	N
B₂	*≤ 7 Tage*	J	J	N	N	J	J	N	N
B₃	*≤ 14 Tage*	J	N	J	N	J	N	J	N
A₁	*5% Skonto*	X	X						
A₂	*3% Skonto*			X					
A₃	*0% Skonto*				X	X	X	X	X

Abbildung 23: Beispiel einer Entscheidungstabelle[145]

Da die Anzahl der Entscheidungsregeln mit steigender Anzahl von Bedingungen überproportional wächst, empfiehlt es sich, Entscheidungstabellen zu verdichten.[146] Dies ist beispielsweise dann möglich, wenn mehrere Regeln, die sich in den Ausprägungen eines einzigen Bedingungsanzeigers unterscheiden, ein und dieselbe Aktion auslösen. So führen in der obigen Entscheidungstabelle die Regeln **1** und **2** zur gleichen Aktion, nämlich zur Gewährung eines **5%**-igen Skontos, unabhängig davon, ob der Kunde die dritte Bedingung (**≤ 14** Tage) erfüllt hat oder nicht. Deshalb können diese beiden Regeln zu einer einzigen Regel verdichtet werden, in dem als Bedingungsanzeiger für die dritte Bedingung das Irrelevanzsymbol „–" eingetragen wird. Durch eine systematische Untersuchung der Entscheidungstabellen nach diesem Prinzip kann die Anzahl der Entscheidungsregeln erheblich reduziert werden. Gibt es in einer Entscheidungstabelle vie-

143 Vgl. Büchi, Rudolf (1976), S. 28f.; Meyhak, Hermann (1975), S. 56f.; Schmidt, Götz (1994), S. 382f; Strunz, Horst (1977), S. 37; von Jokuthy, Bela/Schupp, Wulf (1976), S. 124f.; Wittlage, Helmut (1993), S. 192f.

144 Vgl. Büchi, Rudolf (1976), S. 31; Strunz, Horst (1977), S. 38; von Jokuthy, Bela/Schupp, Wulf (1976), S. 125.

145 Vgl. Blum, Egon (2000), S. 180.

146 Vgl. Büchi, Rudolf (1976), S. 4040f.; Brauchle, Herbert (1973), S. 25-33; Meyhak, Hermann (1975), S. 143; Schmidt, Götz (1994), S. 384-386; Wittlage, Helmut (1993), S. 197.

le Regeln, die dieselbe Aktion hervorrufen, dann bietet es sich an, diese Regeln zu einer so genannten ELSE-Regel zusammenzufassen.[147] Eine ELSE-Regel steht normalerweise am Ende einer Entscheidungstabelle und gilt für alle Situationen, die durch die einzeln aufgeführten Entscheidungsregeln nicht abgedeckt werden. Im obigen Beispiel können die fünf letzten Regeln zu einer ELSE-Regel verdichtet werden.

Mitunter erfordern komplexe Sachverhalte die Berücksichtigung einer großen Anzahl von Bedingungskombinationen,[148] die selbst durch Verdichtung nicht zu einer übersichtlichen Entscheidungstabelle vereinfacht werden können. In solchen Situationen empfiehlt es sich, mehrere Entscheidungstabellen zu erstellen und miteinander zu verknüpfen.[149]

2.4.8 Petri-Netze

Petri-Netze sind nach ihrem Entwickler PETRI[150] benannt worden und dienen der graphischen Darstellung und Simulation zeitlicher Abläufe und dynamischer Prozesse.[151] Darüber hinaus können sie auch zur Verbesserung von Geschäftsprozessen eingesetzt werden.[152] Petri-Netze stellen gerichtete Graphen dar, denn ihre Struktur besteht aus gerichteten Pfeilen und zwei unterschiedlichen Klassen von Knoten, den so genannten Stellen und Transitionen.[153] Die Stellen, auch Plätze, Zustände oder Bedingungen genannt, sind passive Komponenten von Petri-Netzen. Sie werden durch Kreise dargestellt. Die Transitionen, auch Ereignisse genannt, stellen aktive Komponenten eines Petri-Netzes in Form eines Rechtecks dar.[154] Sie bedingen den Übergang von einem zu einem anderen Zustand. Eingabestellen sind Stellen, von denen die Kanten zu Ereignissen führen. Führen die Kanten von einer Transition zu den Stellen, so werden diese als

---

147 Vgl. BRAUCHLE, HERBERT (1973), S. 29f.; BÜCHI, RUDOLF (1976), S. 42; MEYHAK, HERMANN (1975), S. 62-66, 71f.; SCHMIDT, GÖTZ (1994), S. 386; STRUNZ, HORST (1977), S. 39f.; VIEWEG, WOLFGANG (1973), S. 29f; VON JOKUTHY, BELA/SCHUPP, WULF (1976), S. 17; WITTLAGE, HELMUT (1993), S. 193f.

148 Vgl. BÜCHI, RUDOLF (1976), S. 18f. zur Ermittlung der Regelanzahl.

149 Vgl. BRAUCHLE, HERBERT (1973), S. 37-42; BÜCHI, RUDOLF (1976), S. 58-64; DREßLER, HELMUT (1975), S. 86-90; JÜTTNER, GERALD/FELLER, HARDY (1989), S. 11f.; MEYHAK, HERMANN (1975), S. 160-175; STRUNZ, HORST (1977), S. 24f., 58-64; VIEWEG, WOLFGANG (1973), S. 91-102; VON JOKUTHY, BELA/SCHUPP, WULF (1976), S. 144-156; WITTLAGE, HELMUT (1993), S. 198f.

150 Vgl. PETRI, CARL A. (1962)

151 Vgl. CHEUNG, YEN/BAL, JAY (1998), S. 278; FREUND, JAKOB/GÖTZER, KLAUS (2008), S. 42; SCHNEEWEISS, WINFRID G. (2002), S. 11.

152 Vgl. MAZZOCCA, NICOLA/RUSSO, STEFANO/VITTORINI, VALERIA (1999); VAN DER AALST, WILLIBRORDUS M. P./VAN HEE, KEES M. (1996); VON UTHMANN, CHRISTOPH/BECKER, JÖRG (1999), S. 108-111.

153 Vgl. HERING, EKBERT (1984), S. 47; KOREIMANN, DIETER S. (1992), S. 196.

154 Vgl. HERING, EKBERT (1984), S. 46f.; KELLER, GERHARD (1993), S. 90.

Ausgabestellen bezeichnet. Da es keine direkten kausalen Abhängigkeiten zwischen zwei Stellen oder zwei Transitionen gibt, können Pfeile nur Stellen mit Transitionen verbinden, aber niemals die gleiche Knotenart miteinander.[155] Um die Ablaufdynamik eines zu beschreibenden Prozesses darzustellen, sehen Petri-Netze ein einfaches Instrument, nämlich Markierungen vor.[156] Markierungen beschreiben den gegenwärtigen Zustand einer Transition in Form eines fetten Punktes, auch Token genannt.[157]

Ereignis	□	Aktivitäten, die nur dann durchgeführt werden, wenn eine oder mehrere vorgelagerte Bedingungen erfüllt sind.
Zustand	○	Das Zutreffen einer Bedingung wird mit einem Token markiert. Ohne Token trifft die Bedingung nicht zu und löst damit auch keine Aktivitäten aus.
Kanten	───►	Gerichtete Flusslinie
Token	●	Ausweis des Zutreffens einer Bedingung

Abbildung 24: Symbole eines Petri-Netzes[158]

Markierungen bewegen sich in einem Petri-Netz mittels Transitionen. Eine Transition schaltet, wenn jede ihre Eingabestellen eine Markierung enthält. Während des Schaltvorgangs wird jeder Eingabestelle eine Markierung entnommen und in die Ausgabestelle platziert.

In einem Bedingungs-Ereignis-Netz[159] enthält jede als Bedingung aufgefasste Stelle entweder eine oder keine Markierung. Deshalb kann eine Transition nur dann schalten, wenn alle ihrer Eingabestellen eine Markierung enthalten sowie sämtliche Ausgabestellen leer sind. Das nachfolgende Petri-Netz visualisiert den folgenden Prozess: Der Schalterraum einer Behörde ist mit einem Beamten B besetzt, der für die Bearbeitung eines Auftrags zuständig ist. Die Bearbeitung erfolgt in Anwesenheit des Antragstellers A. Aus Datenschutzgründen darf stets nur ein Antragsteller den Raum betreten. Um den Bearbeitungsvorgang auszulösen, müssen zwei Bedingungen – der Beamte ist frei und der Raum ist frei – gleichzeitig erfüllt sein.

---

155 Vgl. ROSENSTENGEL, BERND/WINAND, UDO (1983), S. 6.

156 Vgl. BALZERT, HELMUT (2000), S. 346; HERING, EKBERT (1984), S. 47.

157 Vgl. STARKE, PETER H. (1990). 21.

158 Vgl. STEINBUCH, PITTER A. (1998), S. 124.

159 Vgl. REISIG, WOLFGANG (1982), S. 19-61 stellvertretend zu den Bedingungs-Ereignis-Netzen.

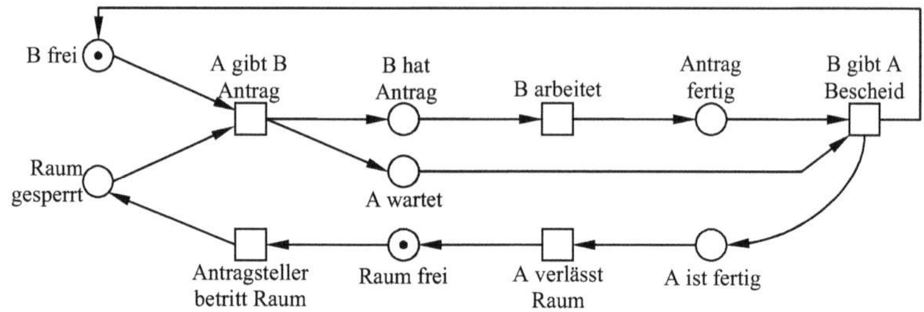

Abbildung 25: Bedingung-Ereignis-Petri-Netz[160]

Im Unterschied zum Bedingungs-Ereignis-Netz kann ein Stellen-Transitions-Netz[161] mehr als nur eine Marke haben. Beinhaltet eine Stelle mehr als eine Markierung, dann wird diesem Umstand Rechnung getragen, indem in den Kreis mehrere Markierungen oder eine entsprechende positive ganze Zahl eingetragen werden. Dafür werden die Knoten und Pfeile mit Zahlen versehen, wobei die verschiedenen Knotenarten ihrerseits unterschiedlich zu markieren sind. Die Ereignisse werden durch nichtnegative reelle Zahlen markiert. Die positiven ganzen Zahlen an den Pfeilen werden verwendet, um anzuzeigen, wie viel Markierungspunkte der jeweiligen Stelle bei einem Vorgang weggenommen werden, wobei die Zahl Eins nicht angegeben wird. Die Stellen verfügen dabei über eine begrenzte Kapazität, die durch eine positive ganze Zahl oberhalb des Kreises eingetragen wird. Enthält eine Stelle zu einem bestimmten Zeitpunkt weniger Elemente als am Pfeil zum nachfolgenden Ereignis angegeben, so kann die Transition nicht schalten. Ebenso kommt es zu einer Verzögerung des Schaltvorgangs, wenn die Kapazität einer Stelle durch die Anzahl der hinzukommenden Markierungen übertroffen wird. Die nachfolgende Abbildung veranschaulicht einen Prozess vor und nach dem Schalten.

---

160 Vgl. Rosenstengel, Bernd/Winand, Udo (1983), S. 21.

161 Vgl. Baumgarten, Bernd (1990), S. 77-115; Reisig, Wolfgang (1982), S. 63-76 stellvertretend zu den Stellen-Transitions-Netzen.

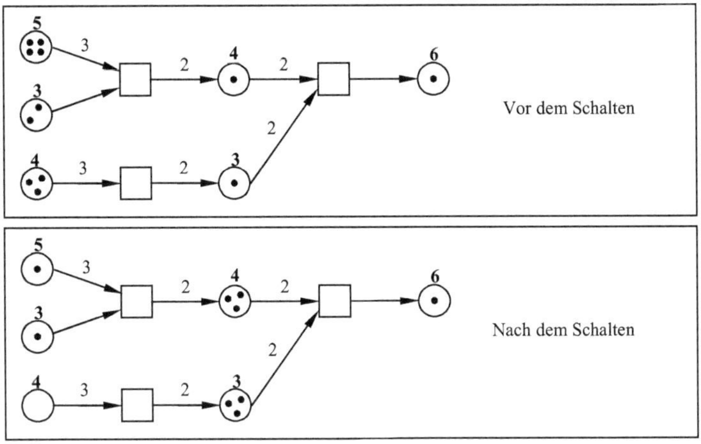

Abbildung 26: Ein Beispiel für ein Stellen-Transitions-Netz[162]

Trotz ihrer einfachen Grundprinzipien können Petri-Netze auch komplexe Abläufe abbilden. Gegebenenfalls müssen hierfür individualisierte Markierungen eingesetzt werden.[163] Darüber hinaus können Petri-Netze verallgemeinert werden, indem die Dauer einer Transition oder hierarchische Strukturen berücksichtigt werden.

2.5 Gestaltungsverbesserungen von Prozessen

Um die Leistung und den Wertschöpfungsbeitrag von Prozessen zu erhöhen, stehen grundsätzlich zwei Wege offen. Zum einen besteht die Möglichkeit, die Prozesse radikal neu zu gestalten. Zum anderen können die bestehenden Prozesse kontinuierlich verbessert werden. Der erste Weg ist unter *Business Process Reengineering* bekannt geworden und wird in der Regel in größeren Zeitabständen ohne Berücksichtigung bestehender Organisations- und Prozessstrukturen eingesetzt. Im Zusammenhang mit diesem Konzept hat sich der Begriff „Restrukturierung" eingebürgert.[164] Der zweite Weg hat die Welt des Prozessmanagements unter dem Namen *Kaizen* erobert und zielt auf die laufende Verbesserung bestehender Prozesse durch ständige Veränderungen. Dieses Konzept ist auch unter dem Begriff „Geschäftsprozessoptimierung" bekannt.[165]

162 In Anlehnung an Keller, Gerhard (1993), S. 92.

163 Vgl. Baumgarten, Bernd (1990), S. 193-222; Reisig, Wolfgang (1982), S. 117-130 stellvertretend zu den Prädikat-Ereignis-Netzen.

164 Vgl. Grönke, Kai (2005), S. 88.

165 Vgl. Grönke, Kai (2005), S. 88.

2.5.1 Business Process Reengineering als Prozess der radikalen Veränderung der Ablauforganisation

In ihrem mittlerweile zum Bestseller gewordenen Buch, durch das der Begriff "Reengineering" weltweit bekannt geworden ist, definieren HAMMER und CHAMPY Business Process Reengineering wie folgt: „Reengineering, properly, is the fundamental rethinking and radical redesign of business processes to achieve dramatic improvements in critical contemporary measures of performance, such as cost, quality, service and speed.“[166] Diese Definition enthält vier Schlüsselworte, durch die sich das Wesen dieses Ansatzes charakterisieren lässt.

Das erste Schlüsselwort ist *fundamental*. Es soll zum Ausdruck bringen, dass die Veränderungen nach dem Reengineeringansatz nicht an den bestehenden Strukturen und Prozessabläufen vollzogen werden. Vielmehr muss das Unternehmen und somit die Unternehmensprozesse quasi neu aufgebaut werden, weil nicht zu erwarten ist, dass die traditionelle unternehmensinterne Optimierung der Prozesse zu den angestrebten Zielen führt.[167] Die nach dem Prinzip „business as usual“ oder „way we have always done things“ gewachsenen Strukturen sollten in diesem Fall fundamental in Frage gestellt werden.[168] Entscheidende Verbesserungspotentiale können nach Meinung der Vertreter des Reengineeringansatzes nur dann realisiert werden, wenn die im Unternehmen üblichen Regeln und Organisationsstrukturen vom Management als veraltet, ungeeignet oder sogar falsch angesehen werden. Deshalb duldet das Konzept des Business Process Reengineering keine Ausnahmen.[169]

Reengineering beginnt mit der Analyse der Leistungen, die das Unternehmen zu erbringen hat. Erst danach wird versucht, für die Unternehmensprozesse, welche diese Leistungen erbringen sollen, Gestaltungslösungen zu finden.[170] Dabei sind die bestehenden Prozesse kritisch zu hinterfragen: Warum werden bestimmte Prozesse überhaupt durch-

---

166 HAMMER, MICHAEL/CHAMPY, JAMES (1993), S. 32. Zu den weiteren Definitionen des Begriffs "Business process reengineering" vgl. GROVER, VARUN/MALHOTRA, MANOJ K. (1997), S. 197.

167 Vgl. ERDMANN, JÖRG (2000), S. 70.

168 Vgl. GROVER, VARUN/MALHOTRA, MANOJ K. (1997), S. 200; KOTTER, JOHN P. (1995), S. 62.

169 Vgl. HAMMER, MICHAEL/CHAMPY, JAMES (1994), S. 49.

170 Vgl. KRICKL, OTTO (1994), S. 22.

geführt und warum auf diese Art und Weise?[171] Durch dieses Vorgehen soll der Neuaufbau eines Unternehmens um eine externe kundenorientierte Sicht ergänzt werden.

Das zweite Schlüsselwort in der Definition des Reengineeringansatzes ist *radical.* Mit diesem Wort wird unterstrichen, dass die Lösungen im Rahmen des Reengineeringansatzes grundsätzlich auf eine vollständige Neugestaltung der Unternehmensprozesse abzielen. Da sich viele Mitarbeiter nur in einer vertrauten Umgebung wohl fühlen, kann der vorgeschlagene Radikalismus zu Akzeptanzproblemen führen:[172] Müssen wirklich alle Abläufe in Frage gestellt werden? Sind tatsächlich alle Abläufe ineffizient und unzweckmäßig? So gibt es in jedem Unternehmen Aufgaben, die nur sporadisch vorkommen, ein hohes Niveau an professionellem Wissen verlangen und deren Struktur inhomogen ist. Solche Aufgaben lassen sich am besten durch funktional gegliederte Organisationsstrukturen erledigen.[173] Darüber hinaus ist es wegen der damit verbundenen Komplexität äußerst schwierig, wenn nicht unmöglich, sämtliche Prozesse gleichzeitig zu „reengineeren" und den Betrieb aufrechtzuerhalten.[174] Dieser Umstand wird zusätzlich dadurch erschwert, dass Reengineeringprojekte einen hohen Einsatz an Personalressourcen und Kapital erfordern. Deshalb empfiehlt es sich, die Restrukturierungsbemühungen auf die wesentlichen Prozesse zu konzentrieren: Dies sind Prozesse mit einer hohen strategischen Bedeutung, mit einem großen Wertschöpfungsbeitrag oder mit gravierenden Leistungsdefiziten.[175]

Da Reengineering ausschließlich auf die Zukunft des Unternehmens ausgerichtet ist und sich dabei gedanklich von den etablierten Strukturen und Prozessen löst, stellt sich die Frage, ob eine Analyse der vorhandenen Prozessstruktur überhaupt vorgenommen werden soll.[176] Tatsächlich herrscht diesbezüglich im Schrifttum Uneinigkeit.[177] Einerseits lässt sich die Einleitung von Restrukturierungsmaßnahmen nur durch die Diskrepanz zwischen Ist- und Soll-Prozessstrukturen begründen, was eine Analyse des Bestehenden voraussetzt.[178] Andererseits widerspricht selbst eine teilweise Beibehaltung von beste-

---

171 Vgl. FREUND, JAKOB/GÖTZER, KLAUS (2008), S. 18; GROVER, VARUN/MALHOTRA, MANOJ K. (1997), S. 197; HAMMER, MICHAEL/CHAMPY, JAMES (1994), S. 48f.; OSTERLOH, MARGIT/FROST, JETTA (2006), S. 18.

172 Vgl. KNUPPERTZ, THILO (2008), S. 7.

173 Vgl. OSTERLOH, MARGIT/FROST, JETTA (2006), S. 109f.; REBSTOCK, MICHAEL (1997), S. 276f.

174 Vgl. KIESER, ALFRED (1996), S. 184.

175 Vgl. SCHMELZER, HERMANN J./SESSELMANN, WOLFGANG (2008), S. 373.

176 Vgl. KRICKL, OTTO (1994), S. 22.

177 Vgl. KRICKL, OTTO (1994), S. 22 sowie die dort angegebene Literatur.

178 Vgl. BLANK, GEORG STEPHAN (1998), S. 85.

henden Strukturen und Prozessen der Kernidee des Reengineeringansatzes.[179] Letztendlich werden durch die Formulierung „radical redesign“ Unterschiede angesprochen, die zwischen Reengineering und evolutionärer Verbesserung bestehen.

	Reengineering	**evolutionäre Verbesserung**
Auslösung	Veränderungsbedarf	Anpassungsbedarf
Bezugspunkt	Effektivität (doing the right processes)	Effizienz (doing the processes right)
Ziel	wesentliche sprunghafte Verbesserung	kontinuierliche Verbesserung
Vorgehen	revolutionär, grundsätzlich, umfassend	evolutionär, optimierende
Risiko	beträchtlich	niedrig
Objekt	neue Prozessstrukturen	bestehende Prozessstrukturen
Wirkung	hoch	überschaubar
Durchführung	in Projektform	institutionalisiert
Erfolgschance	niedriger als bei der evolutionären Verbesserung	höher als beim Reengineering

Tabelle 5: Die Unterschiede zwischen Reeingineering und der evolutionären Verbesserung[180]

Das dritte Schlüsselwort ist *dramatic*. Es bezieht sich vor allem auf das Ausmaß der angestrebten Verbesserungen. Insbesondere soll Reengineering die kritischen Erfolgsfaktoren Kosten, Qualität und Zeit sprunghaft verbessern.[181] Durch Reengineering werden also sehr ambitionierte Ziele angestrebt, während kontinuierliche Verbesserungen durch die üblichen Methoden des Prozessmanagements erreicht werden können.[182] Dramatisch bedeutet in diesem Zusammenhang aber nicht nur, ambitionierte Ziele zu erreichen, sondern diese auch innerhalb einer sehr kurzen Zeitspanne zu realisieren.[183]

Das letzte Schlüsselwort heißt *process*. Es betont, dass beim Reengineering die Unternehmensprozesse im Mittelpunkt der Betrachtung und Restrukturierungsbemühungen stehen. Dies geht mit der vollständigen Abkehr von der bisherigen funktional ausgerichteten Unternehmensorganisation einher.[184] In diesem Sinne verfolgt Reengineering den im Kapitel 2.1 charakterisierten Paradigmenwechsel.

---

[179] Vgl. Erdmann, Jörg (2000), S. 71.

[180] geändert aus Stöger, Roman (2009), S. 135.

[181] Vgl. Grover, Varun/Malhotra, Manoj K. (1997), S. 197; Hammer, Michael/Champy, James (1994), S. 50; Kieser, Alfred (1996), S. 179.

[182] Vgl. Krickl, Otto (1994), S. 23.

[183] Vgl. Erdmann, Jörg (2000), S. 71.

[184] Vgl. Hammer, Michael/Champy, James (1994), S. 52; Gaitanides, Michael (1998), S. 370; Görgens, Josef (1995a), S. 29; Rebstock, Michael (1997), S. 272.

2.5.2 Kaizen als Prozess der ständigen Verbesserung der Ablauforganisation

Als Alternative zum *Business Process Reengineering* kann der japanische Ansatz der kontinuierlichen Prozessverbesserung, das so genannte *Kaizen* angesehen werden, der vor allem durch die Arbeiten von IMAI bekannt geworden ist. Nachdem er 1986 sein gleichnamiges Werk veröffentlicht hatte,[185] wurde seinen Empfehlungen weltweit eine große Aufmerksamkeit zuteil. Die Ideen des Kaizen wurden Anfang der 90er Jahre von DAVENPORT aufgegriffen und als *Process Improvement* propagiert.

Der japanische Begriff „Kaizen“ bedeutet „langsame, niemals endende Vervollkommnung in allen Bereichen“[186] oder „die kontinuierliche und inkrementelle Verbesserung aller Wertschöpfungsaktivitäten unter Einbeziehung aller Mitarbeiter.“[187] Ein solches Vorgehen hat den Vorteil, dass die durch Kaizen erreichten Verbesserungen für die Konkurrenten zunächst nicht erkennbar sind und daher nur schwer zu imitieren sind. In diesem Sinne sichert Kaizen dem Unternehmen einen dauerhaften Wettbewerbsvorteil. Mittlerweile propagiert selbst der Schöpfer des Reengineering-ansatzes, HAMMER, eine permanente inkrementelle Verbesserung.[188]

Der Kaizenphilosophie liegen zwei Erkenntnisse zugrunde.[189] Erstens, da sich die Welt ständig verändert, muss auch die Prozessstruktur eines Unternehmens ständig an diese Veränderungen angepasst werden. Zweitens, da die Prozessstruktur eines Unternehmens niemals vollkommen sein kann, gibt es stets etwas zu verbessern: Selbstzufriedenheit ist dem Kaizen unbekannt.[190] In diesem Zusammenhang lässt sich Kaizen als Weiterentwicklung des nachstehend abgebildeten DEMING-Rades auffassen: In der Planungsphase (Plan) werden die bestehenden Probleme und deren Ursachen analysiert, die neuen Ziele und Standards festgelegt, auf deren Basis die Verbesserungsmaßnahmen ausgearbeitet werden. Innerhalb der nächsten Phase (Do) werden die geplanten Maßnahmen durchgeführt, die in der nachfolgenden Phase (Check) überprüft werden müssen. Die letzte Phase (Act) sichert die Qualität des erreichten Prozessablaufs durch präventive Maßnahmen und gibt den Anstoß für den nächsten Durchlauf des Kaizen-Zyklus.

---

185 Vgl. IMAI, MASAAKI (1992)

186 WALTER, HENRY (1999), S. 309.

187 MACHARZINA, KLAUS (2003), S. 910.

188 Vgl. HAMMER, MICHAEL (2001), S. 52f.; ähnlich GROVER, VARUN/MALHOTRA, MANOJ K. (1997), S. 208.

189 Vgl. TEUFEL, PETER (2003), S. 504.

190 Vgl. SCHMITT, ROBERT/PFEIFER, TILO (2010), S. 80; TEUFEL, PETER (2003), S. 504.

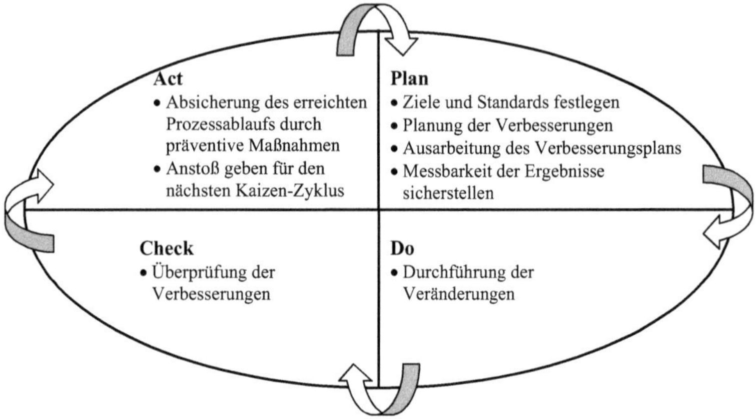

Abbildung 27: Kaizen-Zyklus[191]

Die Kaizenphilosophie erfordert ein „Sprechen in Daten“, d.h. eine systematische Erhebung und Auswertung von Daten, um vorhandene Probleme zu beschreiben, zu quantifizieren und zu lokalisieren, so dass darauf aufbauend Verbesserungsmaßnahmen ausgearbeitet werden können. [192] Dafür stehen dem Kaizen eine Reihe von Methoden und Werkzeugen zur Verfügung. Kaizen ist insofern ein offenes System, als alle Methoden und Werkzeuge genutzt werden, die geeignet sind, eine Verbesserung der Prozessstruktur herbeizuführen.[193] Die kontinuierliche Einbeziehung neuer Methoden und Werkzeuge zeigt, dass Kaizen bestrebt ist, sich selbst laufend zu verbessern.

Kaizen umfasst die Kunden als Zielgruppe der Verbesserung, die Prozesse als Objekte der Verbesserung und die Mitarbeiter als Akteure der Verbesserung.[194] Kaizen lebt von der Beteiligung der Mitarbeiter, indem es die Motivation jedes Mitarbeiters durch die Möglichkeit fördert, Prozesse mitzugestalten.[195] Jedem Mitarbeiter wird die Chance eingeräumt, sich zu verbessern, ohne negative Konsequenzen fürchten zu müssen.[196] Dabei sollen die Denk- und Verhaltensweisen insofern geändert werden, als die auftretenden Probleme nicht als Eingeständnis des eigenen Versagens, sondern als Ansatzpunkt zur Verbesserung angesehen werden. Auf diese Art und Weise soll das Kreativi-

191 Vgl. Hellstern, Gerd-Michael/Buchenau, Gerrit (2003), S. 35.

192 Vgl. Imai, Masaaki (1992), S. 73.

193 Vgl. Teufel, Peter (2003), S. 511f.

194 Vgl. Schmelzer, Hermann J./Sesselmann, Wolfgang (2008), S. 386; Schmidt, Simone (2005), S. 28.

195 Vgl. Rothlauf, Jürgen (2004), S. 374-376; Vahs, Dietmar (2009), S. 388.

196 Vgl. Imai, Masaaki (1992), S. 29.

täts- und Verbesserungspotential der Mitarbeiter erschlossen werden. Durch Schulungsveranstaltungen auf allen Hierarchieebenen des Unternehmens sollen die in den Mitarbeitern schlummernden Fähigkeiten erkannt und ihre Begabungen geweckt werden. Dabei spielen Gruppenarbeit, Vorschlagswesen und Qualitätszirkel eine entscheidende Rolle.

Neben der Einbeziehung sämtlicher Mitarbeiter des Unternehmens stellt die Prozessorientierung den zweiten fundamentalen Ansatzpunkt von Kaizen dar. Kaizen versucht, die Verbesserung von Ergebnissen durch die Beherrschung und Verbesserung der zugrunde liegenden Prozesse zu erreichen.[197] Diese Vorgehensweise stellt einen krassen Gegensatz zu der im Westen üblichen Führungsphilosophie dar.

herkömmliche Führungsphilosophie	Führungsphilosophie nach Kaizen
Verbesserungen basieren auf der Arbeit von Spezialisten	Verbesserungen basieren auf der Arbeit aller Beteiligten
Ideen der Mitarbeiter spielen eine untergeordnete Rolle	Denkende Mitarbeiter sind das größte Kapital des Unternehmens
Die Kreativität einzelner Individualisten steht im Vordergrund	Die kollektive Leistungsfähigkeit ist entscheidend
„Anweisung und Kontrolle“ als Führungsstil	„Beteiligung und Motivation“ als Führungsstil
Weitergabe dosierter Informationen als „Befehlsmanagement“	Weitergabe von umfassenden Informationen als „Informationsmanagement“

Tabelle 6: Herkömmliche und „kaizenorientierte“ Führungsphilosophie[198]

Ein weiteres bedeutendes Merkmal von Kaizen liegt in der Erweiterung des Kundenbegriffs um die internen Kunden. Diese Begriffserweiterung spiegelt der auf ISHIKAWA zurückgehende Slogan wieder: „Der nächste Prozess ist der Kunde“.[199] Jeder Mitarbeiter hat sich gemäß dieser Maxime gleichzeitig als interner Lieferant und interner Kunde zu betrachten. Damit soll gewährleistet werden, dass ein Mitarbeiter seine Leistungen im Einklang mit den Anforderungen der nachgelagerten Mitarbeiter erbringt.[200] Im Rahmen eines solchen internen Kunden-Lieferanten-Systems fühlt sich jeder Mitarbeiter als eigenständiger Unternehmer innerhalb des Unternehmens, was sich positiv auf sein Verantwortungsbewusstsein auswirkt.[201]

---

197 Vgl. IMAI, MASAAKI (1992), S. 39.

198 Vgl. HELLSTERN, GERD-MICHAEL/BUCHENAU, GERRIT (2003), S. 32.

199 Vgl. IMAI, MASAAKI (1992), S. 76-77.

200 Vgl. SCHMELZER, HERMANN J./SESSELMANN, WOLFGANG (2008), S. 387f.

201 Vgl. TEUFEL, PETER (2003), S. 506.

2.5.3 Kombination von „Reengineering“ und „Kaizen“

Nachdem die beiden Ansätze zur Verbesserung der Prozesse einzeln dargestellt worden sind, sollen sie nun in einer Tabelle gegenübergestellt werden, um ihre Unterschiede zu verdeutlichen.

	Kaizen	Reengineering
Wirkung	langfristig und dauerhaft, aber nicht tiefgreifend	kurzfristig und tiefgreifend
Schritttempo	inkrementelle kleine Schritte	radikale große Schritte
Zeitrahmen	kontinuierlich und anhaltend	fallweise und befristet
Erfolgschance	gleichbleibend hoch	abrupt und unbeständig
Beteiligung	alle Mitarbeiter des Unternehmens	wenige auserwählte Experten
Vorgehenskonzept	Kollektivgeist und Gruppenarbeit	individuelle Ideen und Anstrengungen
Devise	Erhaltung und Verbesserung	Abbruch und Neuaufbau
Erfolgsrezept	konventionelles Know-how und jeweiliger Stand der Technik	technologische Entwicklungen, neue Erfindungen und Theorien
Aufwand	kleines Investment, großer Wartungsaufwand	großes Investment, geringer Wartungsaufwand
Gegenstand der Bewertung	Prozessbeherrschung	Ergebnisorientierung
Branchenbezogene Eignung	hervorragend geeignet für langsam wachsende Branchen	hauptsächlich geeignet für sich rasch entwickelnde Branchen

Tabelle 7: Merkmale von Kaizen und Reengineering[202]

Trotz der genannten Unterschiede schließen sich die beiden Konzepte gegenseitig nicht aus: Da jedes System ab dem Zeitpunkt seiner Errichtung zu verfallen beginnt,[203] kann das prozessorientierte Reengineering ohne kontinuierliches Prozessmanagement auf Dauer nicht erfolgreich sein.[204] Die Notwendigkeit, Reengineering mit Kaizen zu kombinieren,[205] lässt sich durch folgende drei Argumente begründen: Erstens ist Reengineering allein nicht in der Lage, die Prozessstrukturen an das sich ständig verändernde Umfeld anzupassen. Zweitens muss die Zielerreichung beim Reengineering regelmäßig kontrolliert werden, so dass bei Zielabweichungen entsprechende Maßnahmen eingeleitet werden können. Diese permanente Überwachung gibt den Anstoß für erneute Verbesserungen, so dass aus einem solchen Vorgehen ein nie endender Prozesskreis im

[202] Vgl. IMAI, MASAAKI (1992), S. 48; ROTHLAUF, JÜRGEN (2004), S. 381; SCHMITT, ROBERT/PFEIFER, TILO (2010), S. 82.

[203] Vgl. IMAI, MASAAKI (1992), S. 50.

[204] Vgl. NEUMANN, STEFAN/PROBST, CHRISTIAN/WERNSMANN, CLEMENS (2002), S. 298-300; ROTHLAUF, JÜRGEN (2004), S. 382.

[205] Vgl. KAMISKE, GERD F./FÜERMANN, TIMO (1995), S. 144.

Sinne von Kaizen resultiert. Drittens können – wie bereits erwähnt – nicht sämtliche Prozesse im Unternehmen auf einmal radikal restrukturiert werden. Vielmehr bedarf auch das Reengineering Phasen der Adoption und der Vorbereitung auf weitere radikale Schritte.[206]

Kaizen und Reengineering lassen sich folgendermaßen kombinieren:[207] Wenn sich die etablierten Standards durch Kaizen nicht mehr verbessern lassen, ist es notwendig, eine Innovation im Sinne des Reengineering einzuleiten. Die umgesetzte Innovation wird solange durch Kaizen verbessert, bis eine weitere Innovation notwendig wird. Demnach führt eine Kombination von Reengineering und Kaizen zu einer immer wiederkehrenden Abfolge von Reengineeringphasen und Kaizenzyklen.

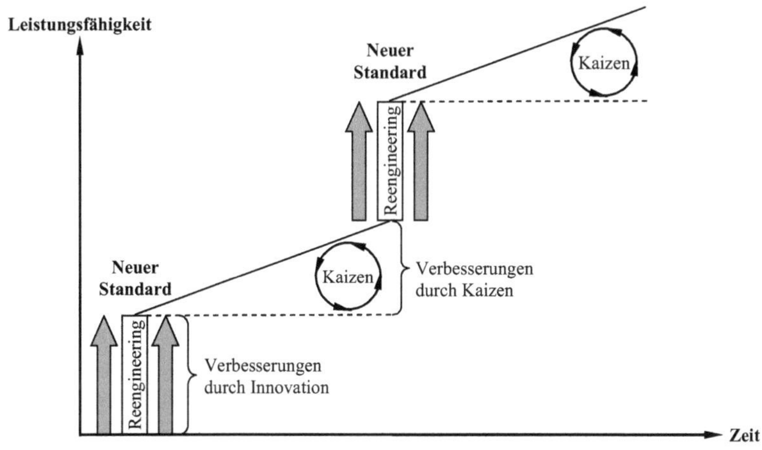

Abbildung 28: Kombination von Reengineering und Kaizen[208]

2.6 Das Zieldreieck: Kosten, Qualität und Zeit

Grundsätzlich sind bei der Messung der Prozessleistung zwei Varianten denkbar: die indirekte und die direkte Messung. Die *indirekte* Messung fasst die der Leistungserstellung zugrundeliegenden Prozesse als black box auf und beurteilt die Prozessleistung

---

206 Vgl. AL-ANI, AYAD (1996), S. 143.

207 Vgl. AL-ANI, AYAD (1996), S. 142-147; DIXON, ROBB J. u.a. (1995), S. 114; ROTHLAUF, JÜRGEN (2004), S. 382; SEGHEZZI, HANS DIETER/FAHRNI, FRITZ/HERRMANN, FRANK (2007), S. 25; VAN GELDERN, MICHAEL (2000), S. 151f.; WATTS, JULIAN (1993), S. 49f.

208 Vgl. BLANK, GEORG STEPHAN (1998), S. 89; IMAI, MASAAKI (1992), S. 51; SCHMITT, ROBERT/PFEIFER, TILO (2010), S. 83.

indirekt über die erzielten finanziellen Ergebnisse. Eine *indirekte* Messung sieht keinen unmittelbaren Zusammenhang zwischen den Prozessmessgrößen der Leistungserstellung und dem erzielten Finanzergebnis. Eine solche Vorgehensweise hat Schwierigkeiten, die tatsächlichen Ursachen von Ergebnisabweichungen zu identifizieren, um entsprechende Gegenmaßnahmen einleiten zu können. Im Unterschied dazu setzt eine direkte Messung der Prozessleistung voraus, dass die Funktionsweise des Prozesses transparent ist. Um die Prozesstransparenz zu gewährleisten, muss die Black-box-Betrachtung zur White-box-Analyse werden, indem die Prozessstruktur und das Prozessverhalten offengelegt werden. In Theorie und Praxis hat es sich bewährt, das Verhalten von Unternehmensprozessen anhand folgender Messgrößen zu beurteilen: Prozesskosten, Prozessqualität und Prozessdurchlaufzeit.[209] Aus dem Informationssystem des Ergebniscontrollings lassen sich derartige Größen nicht ableiten. Deshalb ist es zu einer verursachungsgerechten Prozessteuerung notwendig, neben dem traditionellen ergebnisorientierten Controlling ein Controlling einzurichten, das in der Lage ist, die Prozessleistung direkt zu messen. Dieses wird als Prozesscontrolling bezeichnet. Sowohl für das Ergebniscontrolling als auch für das Prozesscontrolling ist eine Unterteilung in die strategische und die operative Ebene vorzunehmen, wodurch sich die folgenden vier Controllingbereiche ergeben:

	Ergebnis	Prozess
	Strategisches Ergebniscontrolling	**Strategisches Prozesscontrolling**
Strategische Ausrichtung	Wie entwickeln sich Marktanteile, Innovationsraten, Unternehmenswert, technologische Positionen?	Sind Geschäftsprozesse strategiekonform ausgerichtet?
	Operatives Ergebniscontrolling	**Operatives Prozesscontrolling**
Operative Ausrichtung	Wie entwickeln sich Budgets, Abweichungen, Kostenstrukturen, operative Ergebnisse und operative Kennzahlen?	Wie entwickeln sich Geschäftsprozesse hinsichtlich ihrer Kosten, Qualität, Dauer und Wertschöpfung?

Tabelle 8: Ergebnis- vs. Prozesscontrolling[210]

Infolge der Verwendung der drei Messgrößen Prozesskosten, Prozessqualität und Prozessdurchlaufzeit entsteht ein dreidimensionales Konzept zur Messung der Prozessleistung. Zur Vereinfachung soll dieses dreidimensionale Konzept als Produkt aus Prozess-

[209] Vgl. EVERSHEIM, WALTER (1995), S. 26f.; GRÜN, OSKAR (1997), S. 296; KLIMMER, MATTHIAS (2007), S. 87; MAYER, REINHOLD/BRENNER, MARKUS (2009), S. 157; SCHULTE-ZURHAUSEN, MANFRED (2005), S. 74; SIEDENBIEDEL, GEORG (2001), S. 167.

[210] Vgl. RIEKHOF, HANS-CHRISTIAN (2000), S. 124.

kosten, Prozessqualität und Prozessdurchlaufzeit aufgefasst werden, das man in Form eines Würfels visualisieren kann. Das Volumen dieses Würfels repräsentiert in diesem Fall die Prozessleistung. Während Prozesskosten und Prozessdurchlaufzeit minimiert werden sollen, soll die Prozessqualität maximiert werden. Um diese unterschiedlichen Optimierungsrichtungen zu vereinheitlichen, ist es zweckmäßig, die Prozessqualität durch ihr Komplement, die prozessbezogene Fehlerrate, zu ersetzen.

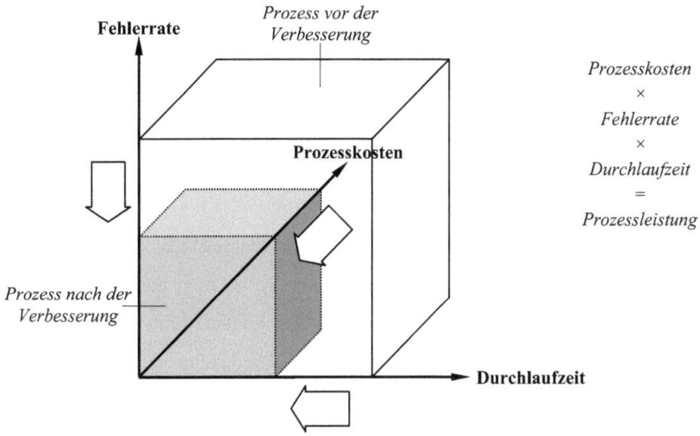

Abbildung 29: Visualisierung der Prozessleistung als Produkt ihrer Messgröße[211]

Die Ergebnisse einer Prozessverbesserung lassen sich dann anhand zweier Würfel charakterisieren. Das Volumen des kleinen Würfels, das die Leistung des verbesserten Prozesses beschreibt, ist in der Abbildung durch niedrigere Prozesskosten, kürzere Prozessdurchlaufzeiten und eine geringere Fehlerrate (bessere Qualität) im Vergleich zur Ausgangsituation (vor der Verbesserung) gekennzeichnet. Das Ziel der Verbesserungsbemühungen besteht darin, die unter bestehenden Rahmenbedingungen beste Prozessleistung unter allen Mitbewerbern zu erreichen.

Die Verbesserungsbemühungen werden durch die Interdependenzen erschwert, die im Allgemeinen zwischen Prozesskosten, Prozessqualität und Prozessdurchlaufzeit bestehen. Diese Interdependenzen können als Dreieck abgebildet werden, das häufig als „Magisches Dreieck“ bezeichnet wird.

211 Vgl. Gaitanides, Michael u.a. (1994), S. 59.

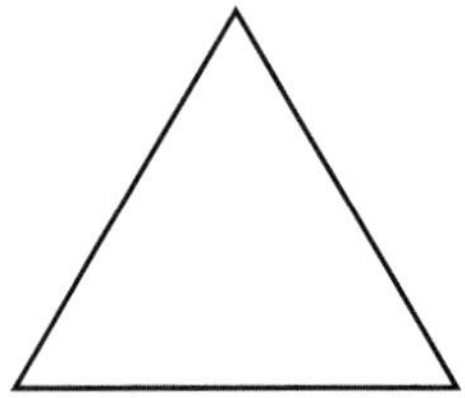

Abbildung 30: Das „magische“ Dreieck des Prozessmanagements

Dieses „Magische Dreieck“ wird auch Teufelsdreieck genannt, weil die Abhängigkeiten zwischen den drei prozessbezogenen Messgrößen zu einer gegenseitigen Konkurrenz führen:[212] Die Verbesserung einer der Größen muss zumeist durch die Verschlechterung einer der übrigen Größen erkauft werden.[213] Ein derartiger Konflikt entsteht beispielsweise bei der Produktentwicklung, wenn die Qualitätsverbesserung, die durch einen längeren Entwicklungsprozess realisierbar ist, mit der Verkürzung der Dauer bis zur Markteinführung konkurriert. Darüber hinaus schlagen sich längere Entwicklungszeiten in höheren Forschungs- und Entwicklungskosten nieder. Umgekehrt verringert eine höhere Qualität sämtliche mit mangelnder Qualität zusammenhängende Kosten wie etwa die Gewährleistungs-, Prüf-, Nacharbeit- und Ausschusskosten. Längere Entwicklungszeiten führen zu einem späteren Markteintritt, so dass Premiumpreise infolge der monopolartigen Position des Erstanbieters nicht mehr erzielt werden können.

Neuerdings wird die Annahme des konkurrierenden Verhaltens der prozessbezogenen Messgrößen durch die These der Zielkomplementarität verdrängt.[214] Diese beruht auf den Prinzipien des Simultaneous Engineering[215] und führt in der Praxis zu einer neuen Maxime: „Höhere Qualität und marktgängige Innovationen sind in kürzerer Zeit mit tendenziell sinkenden Kosten zu realisieren“.[216] Werden diese drei prozessbezogenen

---

[212] Vgl. BRAUN, JOCHEN (1996), S. 11f.; SOMMERLATTE, TOM/MOLLENHAUER, MICHAEL (1992), S. 26f.; ZOLLONDZ, HANS-DIETER (2006), S. 5.

[213] Vgl. GERBOTH, THOMAS (2002), S. 417; STEINBACH, RALF F. (1997), S. 150-157.

[214] Vgl. BUCHHOLZ, WOLFGANG (1996), S. 40; EVERSHEIM, WALTER (1995), S. 28; STEINBACH, RALF F. (1997), S. 158-167; ZOLLONDZ, HANS-DIETER (2006), S. 5.

[215] Vgl. BUCHHOLZ, WOLFGANG/WERNER, HARTMUT (1997), S. 701-703; EVERSHEIM, WALTER (1989), S. 1-26; GRUHLER, WOLFRAM (1991), S. 129; HINZE, JENS PETER (2005), S. 31f.; HIRZEL, MATTHIAS (1991), S. 38f.; KIRSCHBAUM, VOLKER (1995), S. 250f.; SCHMELZER, HERMANN J. (1993), S. 120; SEIFERT, HANS/STEINER, MICHAEL (1995), S. 20; SEITZ, HANS-JÜRGEN (1995), S. 74-76.

[216] VON EIFF, WILFRIED (1996), S. 5; ähnlich auch GEMÜNDEN, HANS GEORG (1993), S. 100f.; GERPOTT, TORSTEN J./WINZER, PETER (2000), S. 247; LARDI, DANIELE/LANGMOEN, ROLAND (1992), S. 50; MEYER,

Messgrößen unter einem ganzheitlichen und langfristigen Blickwinkel betrachtet, dann löst sich vielfach der aus der kurzfristigen Perspektive resultierende Zielkonflikt.[217] Der Faktor Zeit übernimmt dann oft die Rolle eines Hebels, mit dessen Hilfe die Kosten reduziert und die Qualität verbessert werden können.

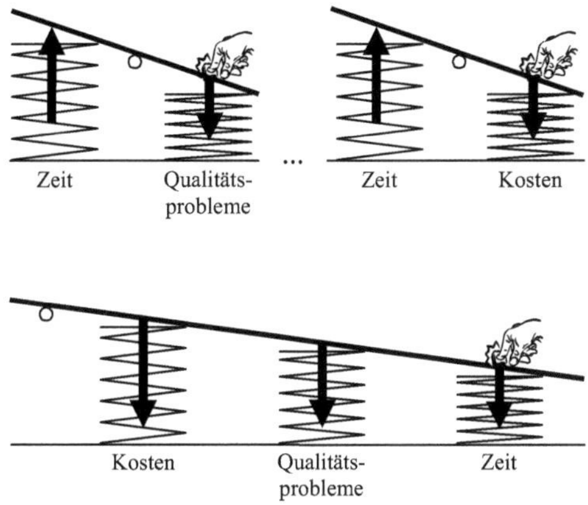

Abbildung 31: Interdependenzen zwischen den drei Erfolgsfaktoren[218]

Um die Interdependenzen zwischen den prozessbezogenen Messgrößen zu modellieren, wurden bisher lediglich qualitative Ansätze entwickelt, die zwar Einblicke in das Phänomen geben, aber kaum zur Entscheidungsunterstützung geeignet sind. Ein solches Modell wurde beispielsweise von NIPPA und REICHWALD ausgearbeitet, das auf die Verkürzung der Entwicklungszeit unter Berücksichtigung der Entwicklungskosten und der Qualität eines neuen Produktes abzielt.[219]

NIPPA und REICHWALD gehen in ihren Überlegungen davon aus, dass die Entwicklungskosten in Abhängigkeit von der Entwicklungsdauer U-förmig verlaufen. Ein solcher Verlauf der Entwicklungskosten besagt, dass die zur Verkürzung der Entwicklungszeit zu ergreifenden Maßnahmen zunächst die Entwicklungskosten sinken, dann aber steigen lassen. Die Entwicklungskosten erreichen mit zunehmender Entwicklungsdauer im Zeitpunkt EZ_{EK_min} ihr Minimum EK_{min}, das das kostenbezogene Optimum darstellt.

CHRISTOPHER (1994), S. 42; O. V. (1989a), S. 35; SCHMELZER, HERMANN J./BUTTERMILCH, KARL-HEINZ (1988), S. 43; SEIFERT, HANS (1992), S. 268; STALK, GEORGE (1989), S. 41.

217 Vgl. VAHS, DIETMAR (2009), S. 243.

218 Vgl. BUCHHOLZ, WOLFGANG (1996), S. 41; LINGG, HANSRUEDI (1992), S. 74.

219 Vgl. NIPPA, MICHAEL/REICHWALD, RALF (1990), S. 94-96 zu den weiteren Ausführungen.

Der Verlauf der Qualität des zu entwickelnden Produktes wird als monoton steigende, degressive Funktion in Abhängigkeit von der Entwicklungszeit unterstellt. Bei kurzen Entwicklungszeiten kann das vom Markt geforderte Mindestqualitätsniveau EQ_{min} nicht erreicht werden.

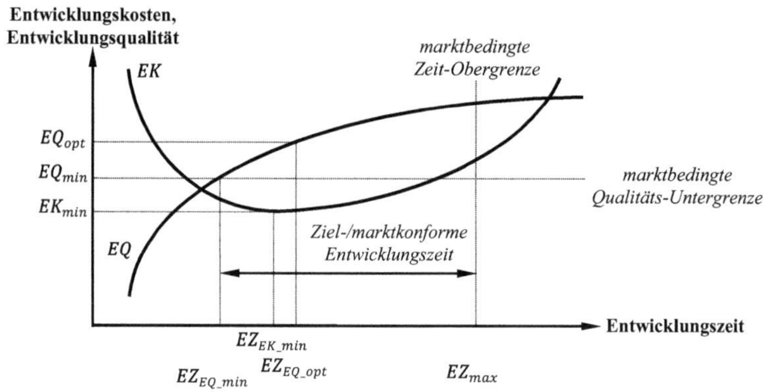

Abbildung 32: Modell der Abhängigkeiten zwischen der Entwicklungszeit, den Entwicklungskosten und der Entwicklungsqualität[220]

Innerhalb der marktkonformen Entwicklungszeit wird jene Entwicklungsdauer angestrebt, die unter Berücksichtigung der Entwicklungskosten zu einem optimalen Qualitätsniveau führt. Weitere Verbesserungen der Qualität sind zwar möglich aber nicht erwünscht, weil sie vom Markt als überflüssig oder unnötig angesehen und deshalb nicht vergütet werden. Diese optimale Entwicklungsdauer wird in dem Zeitpunkt EZ_{EQ_opt} erreicht, in dem der Funktionswert des Qualitätsniveaus abzüglich des Funktionswerts der Entwicklungskosten positiv und maximal ist. Die optimale Entwicklungsdauer ist im Allgemeinen nicht identisch mit der kostenminimalen Entwicklungsdauer. Die marktkonforme Entwicklungszeit ist nach unten durch EZ_{EQ_min} beschränkt und nach oben durch EZ_{max}. Die Entwicklungsdauer EZ_{EQ_min} ist die kürzeste Entwicklungsdauer, die notwendig ist, um die vom Markt geforderte Mindestqualität zu erreichen. EZ_{max} ist die längste Entwicklungsdauer, die bei einem Entwicklungsprojekt verstreichen darf, ohne den Anschluss an die Mitbewerber zu verlieren. Entwicklungszeiten, die kürzer als EZ_{EQ_min} sind, reduzieren zwar die Entwicklungskosten, ermöglichen aber kein Qualitätsniveau, das Kunden befriedigt. Entwicklungszeiten länger als EZ_{max}

---

220 Vgl. NIPPA, MICHAEL/REICHWALD, RALF (1990), S. 94.

sind mit dem Risiko verbunden, dass die daraus resultierenden Entwicklungskosten so hoch sind, dass das bei dieser Entwicklungsdauer erreichte Qualitätsniveau vom Markt nicht abgegolten wird.

Eine Verminderung der Entwicklungsdauer unter das Optimum EZ_{EQ_opt} ist nur bis zum Zeitpunkt EZ_{EQ_min} unter der Bedingung akzeptabel, dass die aus der Zeitverkürzung hervorgehenden Vorteile die Nachteile überwiegen, die aus den höheren Kosten und der geringeren Qualität resultieren. Noch kürzere Entwicklungszeiten (unter EZ_{EQ_min}) sind abzulehnen, weil sowohl die hohen Entwicklungskosten als auch das aus Kundensicht unbefriedigende Qualitätsniveau die rentable Vermarktung der entwickelten Produkte unmöglich machen.

Das vorgestellte Modell macht deutlich, dass die Verkürzung der Entwicklungszeiten kein Selbstzweck sein soll. Vielmehr ist die Entwicklungsdauer nur relativ in Bezug auf die Entwicklungskosten und das erreichte Qualitätsniveau zu beurteilen. Mangels Messbarkeit der in das Modell eingehenden beiden Funktionen ist der Ansatz nicht in der Lage, konkrete Handlungsempfehlungen hinsichtlich der Ausgestaltung der Entwicklungszeit abzugeben.

> „Die Prozesskostenrechnung schafft eine wesentliche Voraussetzung zur Optimierung der Effizienz und Effektivität von Unternehmensprozessen und -leistungen."
>
> Jörg Schweikart[221]

3 Kosten als Messgröße der Prozessleistung

Da beim Bezug von Vorleistungen immer weniger Einsparpotentiale realisiert werden können, rückt bei der Identifikation von weiteren Kostensenkungspotentialen die unternehmensinterne Struktur der Leistungserbringung immer mehr in den Vordergrund. Denn die Ablauforganisation wirkt sich wesentlich auf die Höhe und die Zusammensetzung der Produktkosten aus. Das Prozesscontrolling bedarf einer Methodik, die den Unternehmensverantwortlichen eine Kosteninformation über die im Unternehmen ablaufenden Prozesse liefern kann. Diese Information wird unter anderem benötigt, um mögliche Alternativen zur Prozessverbesserung anhand ihrer kostenmäßigen Auswirkungen gegeneinander abzuwägen.[222] Diese Aufgabe kann die Prozesskostenrechnung übernehmen, die den Gegenstand dieses Kapitels bildet.

3.1 Der Kostenbegriff: wertmäßige vs. pagatorische Kosten

Ein Blick in die einschlägige Literatur zeigt, dass der Kostenbegriff immer kontrovers diskutiert wurde.[223] Dies betrifft sowohl die formale Definition als auch den Inhalt, den man dem Kostenbegriff beimisst. Die Kosten werden in der Betriebswirtschaftslehre als bewerteter sachzielbezogener Güterverbrauch innerhalb einer Abrechnungsperiode definiert.[224] Mittlerweile herrscht weitgehend Einigkeit über die charakteristischen Merkmale, die den Kostenbegriff prägen: [225] Zum ersten entstehen Kosten nur dann, wenn

---

221 Schweikart, Jörg (1997), S. 134.

222 Vgl. Grauman, Mathias (2008), S. 393.

223 Aus der Fülle der Literatur vgl. Dorn, Gerhard (1961); Thielmann, Kurt (1964)

224 Vgl. Adam, Dietrich (1970), S. 18; Haberstock, Lothar (2008), S. 26; Homburg, Carsten (2002), Sp. 1051; Hummel, Siegfried/Männel, Wolfgang (1986), S. 69; Kosiol, Erich (1979), S. 22; Mellerowicz, Konrad (1973), S. 3f.; Menrad, Siegfried (1965), S. 59; Schildbach, Thomas/Homburg, Carsten (2009), S. 30; Schmalenbach, Eugen (1963), S. 6; Schweitzer, Marcell/Küpper, Hans-Ulrich (2008), S. 13.

225 Vgl. Heinen, Edmund (1983), S. 60-84; Hummel, Siegfried/Männel, Wolfgang (1986), S. 73-75; Kosiol, Erich (1958); Menrad, Siegfried (1965), S. 24-73; Schildbach, Thomas/Homburg, Carsten (2009), S. 30f.; Schweitzer, Marcell/Küpper, Hans-Ulrich (2008), S. 13-16.

ein Güterverzehr vorliegt. Der Verzehr eines Gutes lässt sich erst dann feststellen, wenn das Gut seine „wertbegründende spezifische Eigenart"[226] für das Unternehmen verliert.[227] Der Güterverzehr liegt also nicht nur beim gänzlichen Verbrauch des Gutes vor, sondern auch bei der Wertminderung jeder Art und jedes Ausmaßes. Somit wird deutlich, dass der den Kosten zugrunde liegende Güterverbrauch über den substantiellen Verschleiß hinausgeht. So unterliegt beispielsweise ein Patent zwar keiner substantiellen Wertminderung, sein Wert im Sinne der Nutzungsmöglichkeit vermindert sich aber im Laufe der Zeit, wodurch Kosten entstehen.

Zum zweiten müssen Güter sachzielbezogen verbraucht werden. Dies bedeutet, dass nur jener Güterverbrauch zu Kosten führt, der in einem mittelbaren Zusammenhang mit dem Unternehmensziel steht bzw. zur Leistungserstellung beiträgt.[228] Durch dieses Merkmal wird der Umfang des sehr weit gefassten Merkmals „Güterverzehr" reduziert. Bei der Abgrenzung stützt man sich auf die Fragestellung, ob der Prozess der Leistungserstellung ohne diesen Güterverbrauch vollbracht werden kann.[229] So genügen Aufwendungen für betriebseigene Wohnungen und Sportanlagen, Spenden sowie spekulative Geschäfte diesem Merkmal nicht. Sie stellen somit neutralen Aufwand dar. Im Gegensatz dazu bilden Aufwendungen, die „zum Zwecke der Erstellung und Verwertung betrieblicher Leistungen und zur Aufrechterhaltung der Betriebsbereitschaft"[230] entstanden sind, so genannten Zweckaufwand. Weiterhin kommt es nicht darauf an, ob der Güterverzehr zu einer Leistung geführt hat. Vielmehr reicht es „nachzuweisen", dass hinter dem Güterverzehr die Absicht bestand, eine Leistung hervorzubringen.[231]

Zum dritten ist jeder Güterverbrauch zu bewerten, d.h. jedem Verbrauch ist ein Wert zuzuweisen, der normalerweise aus einer Preis- und einer Mengenkomponente abgeleitet wird.[232] Durch die Bewertung werden die sonst nicht miteinander vergleichbaren Güter vergleichbar gemacht, indem sie in eine einheitliche monetäre Dimension über-

---

226 KOSIOL, ERICH (1979), S. 25.

227 Vgl. HUMMEL, SIEGFRIED/MÄNNEL, WOLFGANG (1986), S. 74; SCHWEITZER, MARCELL/KÜPPER, HANS-ULRICH (2008), S. 13; zu unterschiedlichen Arten des Güterverbrauches vgl. KOSIOL, ERICH (1979), S. 26-28.

228 Vgl. HEINEN, EDMUND (1983), S. 75; MELLEROWICZ, KONRAD (1973), S. 5; MENRAD, SIEGFRIED (1965), S. 51; SCHMALENBACH, EUGEN (1963), S. 6; SCHWEITZER, MARCELL/KÜPPER, HANS-ULRICH (2008), S. 14f.

229 Vgl. HEINEN, EDMUND (1983), S. 59; KOSIOL, ERICH (1979), S. 31; MENRAD, SIEGFRIED (1965), S. 53f.

230 HUMMEL, SIEGFRIED/MÄNNEL, WOLFGANG (1986), S. 74.

231 Vgl. ADAM, DIETRICH (1970), S. 21.

232 Vgl. KOSIOL, ERICH (1979), S. 33. Zur Kostenbewertung im Allgemeinen vgl. ADAM, DIETRICH (1970), S. 25-28; KOCH, HELMUT (1966), S. 13; SCHMALENBACH, EUGEN (1963), S. 139-144; SCHNEEWEIß, CHRISTOPH (2002); SCHWEITZER, MARCELL/KÜPPER, HANS-ULRICH (2008), S. 15.

führt werden.[233] Dadurch kann die „optimale Geltungszahl" Schmalenbachs bestimmt werden, welche die Entscheidungen unterstützen soll.[234] Darüber hinaus schafft der Bewertungsvorgang eine notwendige Voraussetzung für die Erfassung des Güterverbrauches im internen und externen Rechnungswesen.

Die Unterschiede bei der Bewertung des Güterverbrauches bedingen die Spaltung des oben erwähnten allgemeinen Kostenbegriffs in einen wertmäßigen und einen pagatorischen Kostenbegriff.

3.1.1 Wertmäßiger Kostenbegriff

Der wertmäßige Kostenbegriff geht ursprünglich auf SCHMALENBACH zurück, der die eigentliche Diskussion über den Kostenbegriff ins Rollen gebracht hat: „Schmalenbach hat also den betriebswirtschaftlichen Kostenbegriff erst geschaffen. Er hat auch seinen Inhalt grundsätzlich bestimmt. Aber er ist nicht so weit gegangen, seinen Inhalt bis ins letzte zu konkretisieren."[235] Wie die Bewertung der Kosten beim wertmäßigen Kostenbegriff geschehen soll, hängt vom Zweck der Kostenrechnung ab.[236] Deshalb zeichnet sich der wertmäßige Kostenbegriff durch einen hohen Grad an Flexibilität aus und wird auch als „ein zweckabhängiger Sammelbegriff"[237] bezeichnet. So kann der Güterverbrauch zu Anschaffungs-, Wiederbeschaffungs-, Tages-, Börsen-, Durchschnitts-, Verrechnungs- oder Schattenpreisen angesetzt werden. Darüber hinaus ermöglicht dieses Kostenverständnis den Ansatz von knappen Verbrauchsgütern zu Opportunitätskosten, um den eventuellen Nutzenentgang zu erfassen. Ein solcher Nutzenentgang entsteht, wenn man ein knappes Gut für etwas Bestimmtes verbraucht und damit seine anderweitige Verwendung unmöglich macht.

3.1.2 Pagatorischer Kostenbegriff

Das wesentliche Merkmal des von KOCH geprägten pagatorischen Kostenbegriffes besteht darin, dass die Kosten ausschließlich auf Zahlungsströme zurückzuführen und als

---

233 Vgl. HEINEN, EDMUND (1983), S. 58, 78; HUMMEL, SIEGFRIED/MÄNNEL, WOLFGANG (1986), S. 74; MELLEROWICZ, KONRAD (1973), S. 4; MENRAD, SIEGFRIED (1965), S. 19f., 65; THIELMANN, KURT (1964), S. 44.

234 Vgl. SCHMALENBACH, EUGEN (1963), S. 141.

235 MEIER, ALBERT (1948), S. 43.

236 Vgl. ADAM, DIETRICH (1970), S. 33f.; HEINEN, EDMUND (1983), S. 57; HUMMEL, SIEGFRIED/MÄNNEL, WOLFGANG (1986), S. 75; SCHMALENBACH, EUGEN (1963), S. 5f.; THIELMANN, KURT (1964), S. 45.

237 HEINEN, EDMUND (1983), S. 82.

die „im Rahmen des betrieblichen Prozesses entrichteten Entgelte“[238] zu interpretieren sind.[239] Demzufolge werden die Kosten definiert als „die mit Herstellung und Absatz einer Erzeugniseinheit bzw. einer Periode verbundenen, nicht kompensierten Ausgaben.“[240]

Die Hauptkritik gegen den wertmäßigen Kostenbegriff wird auf zweierlei Weise begründet. Da das Ziel eines Unternehmens primär in der Erzielung eines (maximalen) geldlichen Einkommens zu sehen ist, ist der Kostenbegriff aus den Zahlungsvorgängen abzuleiten.[241] Dementsprechend spielen bei dieser Auffassung nur jene Ausgaben eine Rolle, die bei der Beschaffung von bereits verbrauchten Gütern und Leistungen getätigt wurden. Folglich wird ein nicht mit den Ausgaben zusammenhängender Güterverzehr nicht als Kosten berücksichtigt. Um zu Ausgaben zu gelangen, welche für den pagatorischen Kostenbegriff von Bedeutung sind, ist folgendermaßen zu verfahren:[242] Zunächst sind sämtliche Zahlungsvorgänge auszuschließen, welche lediglich auf die Umschichtung von Geldmitteln zurückzuführen sind oder zu Kapitaleinlagen und -entnahmen gehören. Lediglich bei auf Transaktionen zwischen dem Unternehmer und anderen Personen beruhenden Geldbewegungen handelt es sich um Einnahmen oder Ausgaben. Für die Bildung des pagatorischen Kostenbegriffes sind nur jene Ausgaben von Bedeutung, die sich nicht durch Einnahmen kompensieren lassen, also ergebniswirksam sind. Gewisse Parallelen zur Nichtberücksichtigung des erfolgsunwirksamen Güterverzehrs beim wertmäßigen Kostenbegriff sind offensichtlich. Der zweite Kritikpunkt bezieht sich auf die im wertmäßigen Kostenbegriff innewohnenden Widersprüche sowie auf die Unmöglichkeit des gedanklichen Durchdringens des Begriffes.[243]

Die Vertreter des (strengen) pagatorischen Kostenbegriffes denken nur beschaffungsmarktorientiert und sehen die Anschaffungsauszahlung als den allein richtigen Wertansatz an.[244] KOCH hebt das strenge pagatorische Denken auf, indem er Hypothesen setzt,[245] welche die Abweichung von den (historischen) Anschaffungspreisen rechtfertigen. So werden zweckbedingte Hypothesen gesetzt, wenn der Zweck der Kostenrech-

238 HEINEN, EDMUND (1983), S. 104.

239 Vgl. HEINEN, EDMUND (1983), S. 83.

240 KOCH, HELMUT (1966), S. 14.

241 Vgl. FETTEL, JOHANNES (1959)

242 Vgl. KOCH, HELMUT (1966), S. 45f.

243 Vgl. KOCH, HELMUT (1966), S. 16.

244 Vgl. ADAM, DIETRICH (1970), S. 28; HEINEN, EDMUND (1983), S. 85.

245 Vgl. KOCH, HELMUT (1966), S. 20-23.

nung danach verlangt, was beispielsweise bei der Bewertung zu Sollkosten im Rahmen der Plankostenrechnung der Fall wäre.

Prämissenbedingte Hypothesen sind notwendig, wenn empirische Bedingungen und die dem Kostenbegriff zugrunde liegenden Prämissen nicht übereinstimmen. Als Beispiel lassen sich geschenkte Produktionsmittel aufführen. Denn sie widersprechen der dem pagatorischen Kostenbegriff zugrunde liegenden Prämisse, dass jeder Gütertausch gegen Geld stattfindet. In einem solchen Fall behilft man sich, indem man von der Hypothese ausgeht, dem Unternehmen wäre ein Geldbetrag überlassen worden, den es zum Kauf der tatsächlich geschenkten Produktionsmittel eingesetzt hat.[246]

Während kalkulatorische Eigenkapitalzinsen sowie kalkulatorischer Unternehmerlohn nach dem wertmäßigen Kostenbegriff zu Kosten zählen, sind diese nach dem pagatorischen Kostenbegriff aus den Kosten auszusondern, weil sie nicht auf Ausgaben beruhen.[247] Denn diese Größen werden nicht auf einem Markt gehandelt, so dass für sie kein Preis verlangt und schließlich bezahlt werden kann.[248] Dabei wird übersehen, dass sich ein Unternehmen – zumindest aus theoretischer Sicht – ausschließlich durch Fremdkapital finanzieren lässt. Der Preis für jenen Teil des Fremdkapitals, das notwendig war, um das Fehlen des Eigenkapitals aufzufangen, kann durchaus als Kosten aufgefasst werden.

Im Falle des kalkulatorischen Unternehmerlohns kann man eine durchaus ähnliche Parallele ziehen: Würde ein Unternehmer von einem fremden Unternehmen für eine vergleichbare Position eingestellt, die der Unternehmer im eigenen Unternehmen innehat, so lässt sich sein imaginärer Lohn durchaus als Kosten interpretieren. Interessanterweise verzichtet KOCH bei den Größen „Kalkulatorische Eigenkapitalzinsen" und „Kalkulatorischer Unternehmerlohn" auf die Annahme plausibler Hypothesen.

3.2 Grundcharakteristika der Prozesskostenrechnung

Der Auslöser für die Entstehung und die rapide Verbreitung der Prozesskostenrechnung war der Aufsatz von MILLER und VOLLMANN aus dem Jahr 1985.[249] Sie haben zum einen die Entwicklung der Gemeinkosten innerhalb des letzten Jahrhunderts analysiert

246 Vgl. KOCH, HELMUT (1966), S. 22.

247 Vgl. HEINEN, EDMUND (1983), S. 88; KOCH, HELMUT (1966), S. 33-37.

248 Vgl. KOCH, HELMUT (1966), S. 35.

249 Vgl. MILLER, JEFFREY G./VOLLMANN, THOMAS E. (1985), S. 142-150.

und auf eine ständig wachsende Bedeutung der Gemeinkosten in Unternehmen hingewiesen. Zum anderen haben sie in den indirekten, also produktionsfernen Bereichen, einen Zusammenhang zwischen der Höhe der dort anfallenden Gemeinkosten und der Anzahl der dort ausgeführten Tätigkeiten erkannt. Um die steigenden Gemeinkosten in den Griff zu bekommen, haben MILLER und VOLLMANN empfohlen, nicht notwendige Tätigkeiten zu reduzieren und alle übrigen Tätigkeiten effizienter zu gestalten. Diese Erkenntnisse haben es ermöglicht, die in den USA übliche Verrechnung der Gemeinkosten auf Basis der Fertigungslöhne in Frage zu stellen und einige Vorschläge zur Bewältigung dieser Situation zu unterbreiten. Leider werden die Autoren nicht konkret und zeigen nicht auf, wie diese Vorschläge umzusetzen wären.

Dieser Aufgabe widmet sich das 1987 erschienene Buch von JOHNSON und KAPLAN, in dem eine Methodik zur Verrechnung, Senkung und Steuerung der Gemeinkosten vorgestellt wird.[250] Das Hauptanliegen des in den darauf folgenden Jahren zunächst in den USA entstandenen und rasch verbreiteten Activity Based Costing, welches in Deutschland später zur Prozesskostenrechnung weiterentwickelt wurde,[251] bestand in dem Versuch, die Gemeinkosten den einzelnen Kalkulationsobjekten so zuzurechnen, wie es bei den Einzelkosten möglich ist.[252] In diesem Zusammenhang lässt sich die zentrale Frage der Prozesskostenrechnung wie folgt formulieren: Wodurch werden die Gemeinkosten in den (indirekten) Unternehmensbereichen verursacht und wodurch wird ihre Höhe bestimmt?[253]

Betrachtet man ein typisches Unternehmen, dann entsteht der folgende logische Zusammenhang: Um Leistungen zu erstellen, werden im Unternehmen entlang der Wertschöpfungskette Prozesse ausgeführt. Diese Prozesse bedingen den Verbrauch von betrieblichen Ressourcen, der zur Entstehung von Kosten führt.[254]

---

250 Vgl. JOHNSON, H. THOMAS/KAPLAN, ROBERT S. (1987)

251 Vgl. MAIER-SCHEUBECK, NICOLAS (1991), S. 544f.; SCHNEIDER, REINHARD (1996), S. 57-61 zum Unterschied zwischen Prozesskostenrechnung und Activity Based Costing.

252 Vgl. FUHRMANN, BERNHARD (1998), S. 172; GRZEGOTOWSKI, TANJA/WARNICK, BERND (1991), S. 162; JOOS-SACHSE, THOMAS (2006), S. 321; LEIDIG, GUIDO (2004), S. 8; OSSADNIK, WOLFGANG (2009), S. 114; WEBER, JÜRGEN/SCHÄFFER, UTZ (2008), S. 150.

253 Vgl. MILLER, JEFFREY G./VOLLMANN, THOMAS E. (1985), S. 143.

254 Vgl. COOPER, ROBIN (1990a), S. 210; FRANZ, KLAUS-PETER (1991), S. 178; FRÖHLING, OLIVER (1989), S. 67; FRÖHLING, OLIVER/KRAUSE, HERBERT (1990), S. 224; GRZEGOTOWSKI, TANJA/WARNICK, BERND (1991), S. 162; MÄNNEL, WOLFGANG (1993), S. 1; MAYER, REINHOLD/CONERS, ANDRÉ/VON DER HARDT, GERRIT (2005), S. 128; MEEH, GUNTHER/WELLMANN, TOBIAS (2008), S. 552.

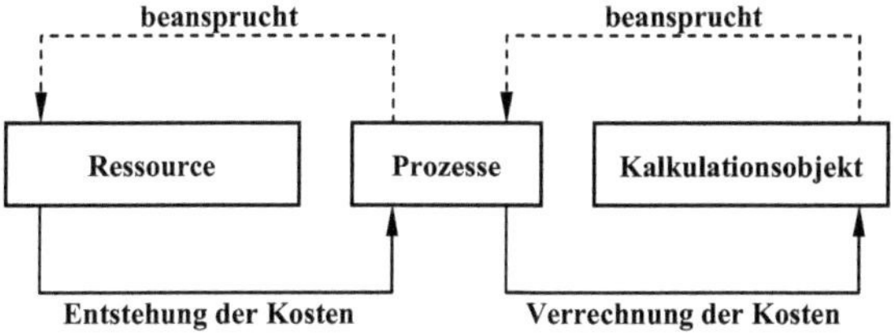

Abbildung 33: Der Grundgedanke der Prozesskostenrechnung[255]

Wie bahnbrechend die Prozesskostenrechnung in der Theorie auch sein mag, sie stellt kein völlig neues Kostenrechnungssystem dar.[256] Dennoch ist die Prozesskostenrechnung keineswegs nur „alter Wein in neuen Schläuchen“, wie manche Kritiker behaupten.[257] Vielmehr übernimmt sie eine unterstützende Aufgabe in Bezug auf das vorhandene betriebliche Kostenrechnungssystem und ergänzt dieses um die prozessorientierte Kostenerfassung und Kostenverrechnung.[258]

Der wesentliche Unterschied der Prozesskostenrechnung im Vergleich zu den traditionellen Kostenrechnungssystemen ergibt sich aus der Verteilung der Kosten der indirekten Bereiche (Gemeinkosten). In der Kostenstellenrechnung wird keine Umlage von Kosten der Hilfskostenstellen an die Hauptkostenstellen durchgeführt. Vielmehr werden die Kostenstellen in einzelne Teilprozesse untergliedert, denen die Gemeinkosten der jeweiligen Kostenstelle zugeordnet werden. Die Kosten der Teilprozesse werden sodann zu kostenstellenübergreifenden Hauptprozessen zusammengefasst. Die Verrechnung der Kosten auf die Kalkulationsobjekte erfolgt nicht mehr anhand von Zuschlagssätzen, sondern über die Inanspruchnahme der Hauptprozesse durch die einzelnen Kalkulationsobjekte.

255 Vgl. BRAUN, STEPHAN (1996), S. 95; MÜLLER, ARMIN (1998), S. 131; ähnlich auch BRÜHL, ROLF (2004), S. 136; LEIDIG, GUIDO (2004), S. 23; MÜLLER, ARMIN (1998), S. 87; REMER, DETLEF (2005), S. 43.

256 Vgl. GLASER, HORST (1992), S. 287; RÖHRICH, MARTINA (2000), S. 806.

257 Vgl. MAYER, REINHOLD/GLASER, HORST (1991), S. 296, 302f.

258 Vgl. BIEL, ALFRED (1991b), S. 330, 332; COOPER, ROBIN/KAPLAN, ROBERT S. (1988), S. 47; KÜTING, KARLHEINZ/LORSON, PETER (1995), S. 89; OSSADNIK, WOLFGANG (2009), S. 116; ROGALSKI, MARLIES (1996), S. 92-95; WEBER, JÜRGEN/SCHÄFFER, UTZ (2008), S. 150.

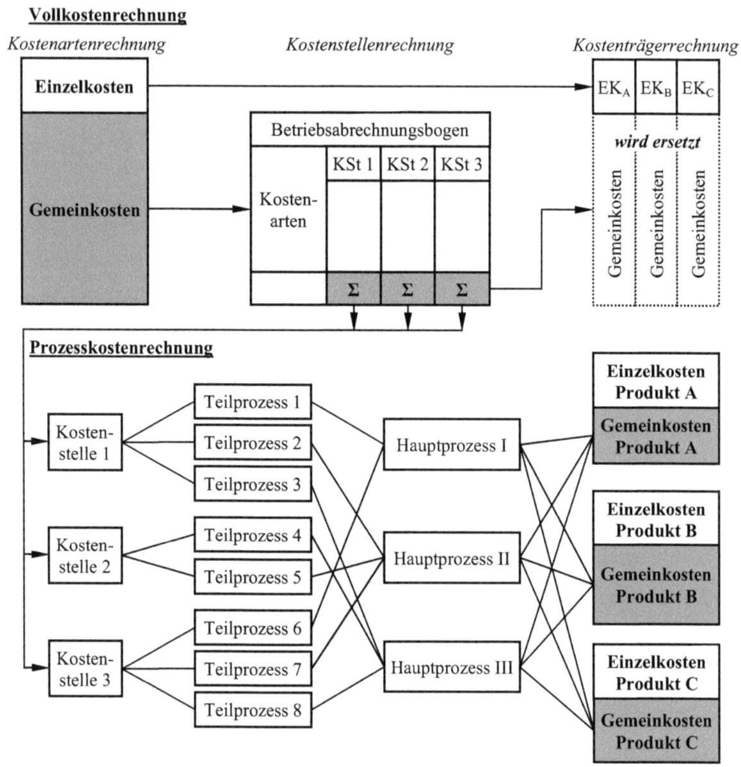

Abbildung 34: Aufbau der Vollkosten- und der Prozesskostenrechnung[259]

3.3 Beweggründe für das Entstehen der Prozesskostenrechnung

Das Entstehen der Prozesskostenrechnung ist auf den raschen Anstieg der Gemeinkosten zurückzuführen, der das Problem der verursachungsgerechten Zurechnung der Gemeinkosten zu Kalkulationsobjekten weiter verschärft hat. Das kritische Hinterfragen der traditionellen Methoden der Kostenrechnung lässt sich durch die Veränderung der betrieblichen Wertschöpfungsstruktur und die damit verbundenen Verschiebungen in der Kostenstruktur erklären.[260] Darüber hinaus hat sich auch das Informationsbedürfnis

[259] SEILER, ARMIN (1998), S. 36.

[260] Vgl. BIEL, ALFRED (1991a), S. 85f.; BOTTA, VOLKMAR (1995), S. 136, 142; BRAUN, STEPHAN (1996), S. 9-32; COENENBERG, ADOLF G./FISCHER, THOMAS M. (1991), S. 22-25; DÄUMLER, KLAUS-DIETER/GRABE, JÜRGEN (2000a), S.128; DRUCKER, PETER F. (1991), S. 8-17; FREIDANK, CARL-CHRISTIAN (1993), S. 387f.; HORVÁTH, PETER/MAYER, REINHOLD (1989), S. 214-216; HORVÁTH, PETER/RENNER, ANDREAS (1990), S. 100f.; MAYER, REINHOLD (1990a), S. 74; KAPLAN, S. ROBERT (1988), S. 98f.; LEIDIG, GUIDO

des Managements verändert: Heutzutage braucht das Management für die Unterstützung seiner Entscheidungen Informationen, die in der Vergangenheit oft nur eine untergeordnete Rolle gespielt haben.[261] Da die Kostensenkungspotentiale im Bereich der Einzelkosten nahezu ausgeschöpft sind, steht nun die Reduktion der Gemeinkosten im Fokus.[262]

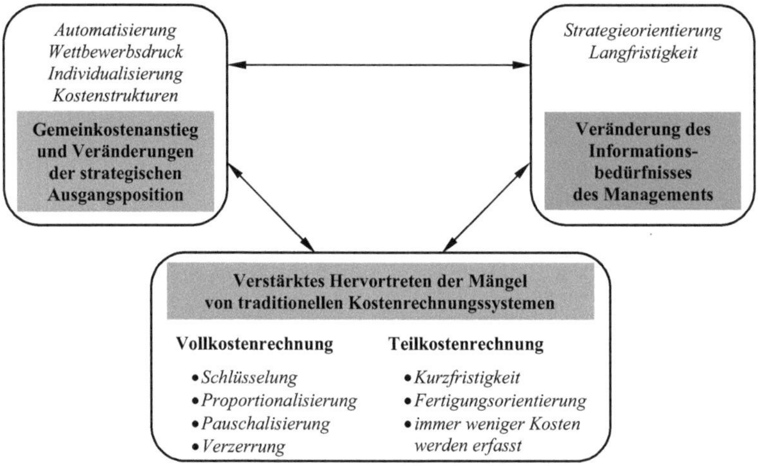

Abbildung 35: Beweggründe für das Entstehen der Prozesskostenrechnung[263]

Durch die ständige Erhöhung des Wettbewerbsdrucks sind die Unternehmen gezwungen, ihre Preise zu senken, die Variantenzahl ihrer Produkte zu erhöhen, die Produktqualität zu verbessern, die Lieferzeiten zu senken, den Produktlebenszyklus zu verkürzen sowie die gesamten Aktivitäten zu internationalisieren. Dies alles führt zu einer Komplexitätserhöhung im Leistungserstellungsprozess,[264] die das Unternehmen Zeit und Geld kostet. Es ist allgemein bekannt, dass ungefähr 20% des Kundenstammes 80% des Gesamtumsatzes ausmachen. Erstaunlicherweise verursachen die restlichen Kunden oft 80% der Gesamtkosten und erweisen sich zumeist als Verlustbringer.[265] Die intensi-

(2004), S. 7; Posluschny, Peter/Treuner, Felix (2009), S. 4; Schmitt, Achim (1992), S. 44. Ein guter Überblick über die wesentlichen Schwächen der traditionellen Kostenrechnungssysteme findet sich in Schönheit, Martin (1996) S. 104-106.

261 Vgl. Jung, Hans (2007), S. 93; Knöbel, Ulf (1995), S. 7f.; Leidig, Guido (2004), S. 6; Reckenfelderbäumer, Martin (1998), S. 11; Schmitt, Achim (1992), S. 44.

262 Vgl. Striening, Hans-Dieter (1996), S. 9.

263 Vgl. Reckenfelderbäumer, Martin (1998), S. 3.

264 Vgl. Striening, Hans-Dieter (1989), S. 324-326.

265 Vgl. Knöbel, Ulf (1995), S. 7.

ven Bemühungen der Unternehmen, ihre Stammkunden nicht an die Konkurrenz zu verlieren und zugleich neue Kunden zu gewinnen, haben die Unternehmen zum „Sklaven" ihrer Kunden gemacht.[266] Der Versuch, nahezu jeden Kundenwunsch zu befriedigen, muss zu einer ständigen Sortimentserweiterung führen. Eine solche Sortimentspolitik geht oft mit einer exponentiell steigenden Anzahl an Rohstoffen einher, was sich wiederum in einer steigenden Komplexität der Beschaffungs- und Fertigungsprozesse niederschlägt.[267]

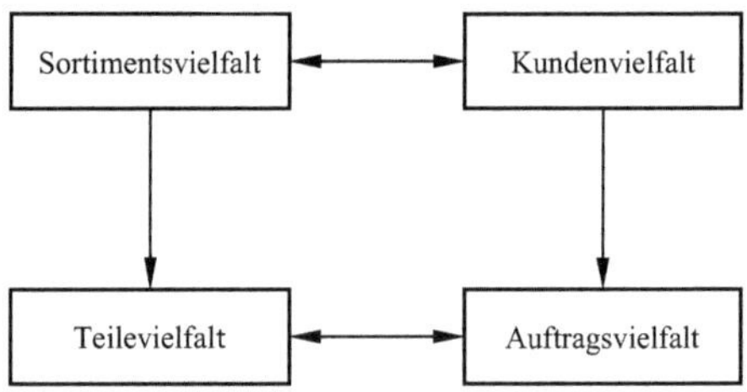

Abbildung 36: Determinanten des Gemeinkostenanstiegs[268]

Die zunehmende Sortimentsvielfalt führt zu Veränderungen im Wertschöpfungsprozess. Die Prioritäten innerhalb der Wertschöpfungskette liegen jetzt nicht im Fertigungsbereich, sondern in den Bereichen, die die eigentliche Leistungserstellung vorbereiten, planen, steuern, überwachen und koordinieren.[269] Empirische Erhebungen belegen die wachsende Bedeutung der indirekten Bereiche mit beeindruckenden Zahlen: Wenn in den 60er Jahren des letzten Jahrhunderts nur jeder zehnte Beschäftigte in einem indirekten Bereich beschäftigt war, hatte dreißig Jahre später schon jeder zweite Beschäftigte seinen Arbeitsplatz in einem indirekten Bereich.[270] Die Fortsetzung dieses Trends würde bedeuten, dass in absehbarer Zeit nur noch jeder Fünfte in produktionsnahen Bereichen arbeiten wird.[271] Aus diesen Prioritätenverschiebungen entlang der Wertschöpfungskette resultieren Kostenstrukturverschiebungen: Die Gemeinkosten sind sowohl absolut betrachtet als auch in Relation zu den Gesamtkosten in den letzten Jahren stark

---

266 Vgl. MÄNNEL, WOLFGANG (1992), S. 87; SCHULTE, CHRISTOF (1989), S. 60.

267 Vgl. HUNGENBERG, HARALD (2000) zum Begriff „Komplexitätskosten".

268 Vgl. HICHERT, ROLF (1985), S. 236; SCHULTE, CHRISTOF (1989), S. 60; STRIENING, HANS-DIETER (1996), S. 12.

269 Vgl. CERVELLINI, UDO (1994), S. 65; FRÖHLING, OLIVER/KRAUSE, HERBERT (1990), S. 223; HORVÁTH, PETER/MAYER, REINHOLD (1989), S. 214; JUNG, HANS (2007), S. 93; OSSADNIK, WOLFGANG (2009), S. 114; MÄNNEL, WOLFGANG (1992), S. 90; MÜLLER, ARMIN (1998), S. 16; SCHMITT, ACHIM (1992), S. 44; STEGER, JOHANN (2001), S. 533.

270 Vgl. DOBLER, HEINZ (1997), S. 1134.

271 Vgl. MÜLLER, ARMIN (1998), S. 15f.; STRIENING, HANS-DIETER (1996), S. 10.

gestiegen, und dieser Trend setzt sich zukünftig fort:[272] Die Relation der Einzelkosten zu den Gemeinkosten im Verhältnis von 70% zu 30%, wie sie um 1960 bestand, hat sich dreißig Jahre später auf ein Verhältnis von 40% zu 60% verkehrt.

Eine erhöhte Sortimentsvielfalt führt auch zu einer unterschiedlichen Beanspruchung der einzelnen Unternehmensbereiche. Diesem Umstand sind die herkömmlichen Kostenrechnungssysteme nicht gewachsen, weil sie eine differenzierte Behandlung der Gemeinkosten kaum ermöglichen. In den produktionsfernen Bereichen fallen ca. 80% der Kosten als ausbringungsunabhängige Kosten an,[273] sodass sich meistens kein Zusammenhang zwischen den Gemeinkosten und den Zuschlagsbasen feststellen lässt, auf deren Grundlage die Gemeinkosten verrechnet werden.[274] Der weit verbreiteten Zuschlagskalkulation liegt die sehr fragliche Annahme zugrunde, dass die Einzel- bzw. Herstellkosten entscheidend für die Entstehung der Gemeinkosten sind.[275]

3.4 Ziele und Aufgaben der Prozesskostenrechnung

Die vorangestellten Ausführungen rechtfertigen das ursprüngliche Ziel der Prozesskostenrechnung. Dieses besteht in der Abkehr von einer nicht verursachungsgerechten Zuordnung der Gemeinkosten der indirekten Unternehmensbereiche auf Basis unterschiedlicher Zuschlagssätze nach dem „Gießkannenprinzip".[276] Die Hauptaufgabe der Prozesskostenrechnung besteht in der Planung, Steuerung und Kontrolle der Gemeinkosten sowie darin, wie die Gemeinkosten im Rahmen der Kalkulation zu berücksichtigen sind.

HORVATH deutet darauf hin, dass es heutzutage bei der Prozesskostenrechnung weniger um eine verursachungsgerechte Zuordnung von Gemeinkosten geht. Vielmehr handelt es sich um „einen neuen Managementansatz zur Beherrschung der nach wie vor wachsenden Gemeinkostenbereiche aller Unternehmen",[277] wobei die Kalkulation eines von mehreren möglichen Zielen ist.[278] Mit der Weiterentwicklung der Prozesskostenrech-

---

272 Vgl. FRÖHLING, OLIVER (1989), S. 6; GÖTZE, UWE (2004), S. 209; MÄNNEL, WOLFGANG (1992), S. 90f.; MILLER, JEFFREY G./VOLLMANN, THOMAS E. (1985), S. 142f.; MÜLLER, ARMIN (1998), S. 17; 7; THIELMANN, DIETER (2000), S. 181.

273 Vgl. STRIENING, HANS-DIETER (1996), S. 9.

274 Vgl. COOPER, ROBIN (1990a), S. 210f.; LEIDIG, GUIDO (2004), S. 9.

275 Vgl. FRÖHLING, OLIVER (1989), S. 67. Ein diese These bekräftigtes Beispiel findet sich bei KIENINGER, MICHAEL (1991), S. 1093.

276 Vgl. OLSHAGEN, CHRISTOPH (1991), S. 13; SEICHT, GERHARD (1999), S. 555.

277 HORVÁTH, PETER u.a. (1993), S. 612.

278 Vgl. BETZ, STEFAN (1995), S. 135.

nung wurden zusätzliche Aufgabenfelder erschlossen, die in der nachfolgenden Abbildung zusammengefasst sind.

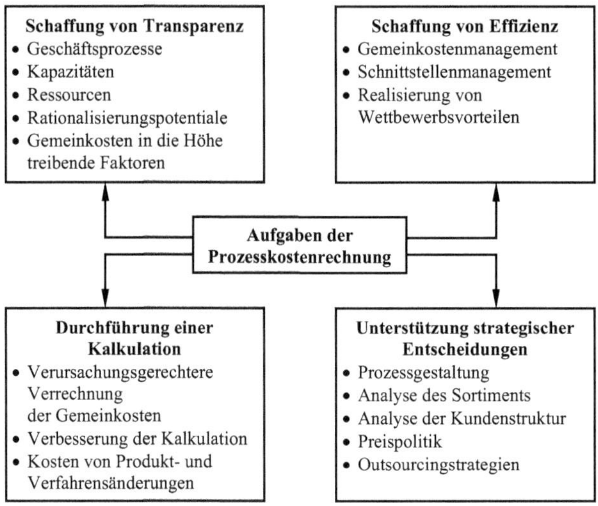

Abbildung 37: Die Aufgaben der Prozesskostenrechnung[279]

Nach GAITANIDES „umfasst Prozessmanagement planerische, organisatorische und kontrollierende Maßnahmen zur zielorientierten Steuerung der Wertschöpfungskette eines Unternehmens hinsichtlich Qualität, Zeit, Kosten und Kundenzufriedenheit."[280] Die Prozesskostenrechnung soll in diesem Zusammenhang helfen, die kostenmäßigen Auswirkungen von prozessbezogenen Restrukturierungsmaßnahmen zu bewerten. Dies setzt die Transparenz bezüglich der einzelnen Unternehmensprozesse voraus. Transparenz bedeutet in diesem Zusammenhang, dass die Beziehungen zwischen den betrieblichen Ressourcen, Kapazitäten, den sie verbrauchenden Prozessen sowie den diese Prozesse beanspruchenden Produkten bekannt sind. Weitere Schwerpunkte liegen dabei in der Steuerung und Überwachung der Kapazitätsauslastung. Eine besondere Aufmerksamkeit hat die Aufdeckung von Ineffizienzen, die sich aus vorhandenen Leerkapazitäten und organisatorischen Schwächen ergeben.[281] Somit kann die Prozesskostenrechnung eine Restrukturierung anstoßen, welche über Kapazitätsanpassungen zur Senkung der fixen Kosten führen kann. Die kostenstellenbezogene Wirtschaftlichkeitskontrolle der

---

279 In Anlehnung an GRAF, GERALD (1997), S. 101.

280 GAITANIDES, MICHAEL u.a. (1994), S. 3.

281 Vgl. FRIEDL, BIRGIT (1993), S. 41; FUHRMANN, BERNHARD (1998), S. 172f.; JUNG, HANS (2007), S. 96; MILLER, JEFFREY G./VOLLMANN, THOMAS E. (1985), S. 143f.

Gemeinkostenbereiche wird nun prozessorientiert. Weiterhin lässt sich mit der Prozesskostenrechnung die Kapazitätsauslastung in den indirekten Bereichen bestimmen. Sie stellt damit die Orientierungsgrundlage für die langfristige Planung dar.[282]

Um einen effizienten Ressourcenverbrauch sicherzustellen und die Kapazitätsauslastung in den Unternehmensbereichen wirklichkeitsnah abzubilden, ist es notwendig, dass sich die Prozesse hinsichtlich ihrer Effizienz, Qualität und ihres Zeitverbrauchs analysieren, planen, steuern und kontrollieren lassen.[283] Die so gewonnene Transparenz ermöglicht es, prozessbezogene Make-or-Buy-Entscheidungen zu treffen.[284] Durch die Identifikation und Elimination jener Prozesse, die nicht zur Wertschöpfung beitragen, besteht die Möglichkeit, die Höhe der Gemeinkosten zu senken. Ferner soll eine kostenstellenübergreifende Betrachtung von Prozessen helfen, innerbetriebliche Grenzziehungen zu überbrücken.

Die Prozesskostenrechnung ermöglicht es, die Gemeinkosten der indirekten Bereiche auf die Kostenträger verursachungsgerechter zu verteilen als mit Hilfe von herkömmlichen Kalkulationsmethoden.[285] Besitzen die Gemeinkosten einen großen Anteil an den Selbstkosten, kann eine durch herkömmliche Kalkulationsverfahren vorgenommene Gemeinkostenverteilung falsche strategische Entscheidungen begünstigen. Bei Dienstleistungsunternehmen stellt die Prozesskostenrechnung mitunter die einzige Möglichkeit dar, um die Selbstkosten der angebotenen Leistungen zu bestimmen.[286]

Die Prozesskostenrechnung soll nicht nur die Kosteninformationen für die Produkte liefern, sondern auch für eine Vielzahl anderer Kalkulationsobjekte, die vor allem unter absatzpolitischen Gesichtspunkten von Interesse sind. Die Rede ist hier von Aufträgen, Regionen, Kunden oder Vertriebswegen.[287] Eine solche Analyse ermöglicht es, die Komplexität der Leistungserbringung in die Preispolitik und die Gestaltung des Angebotsspektrums einzubeziehen. Im Rahmen der Prozesskalkulation wird immer wieder betont, dass die Möglichkeit einer strategischen Entscheidungsunterstützung besteht.[288]

---

282 Vgl. HORVÁTH, PETER u. a. (1993), S. 622.

283 HORVÁTH, PETER u.a. (1993), S. 612.

284 Vgl. BIEL, ALFRED (1991b), S. 331; SURE, MATTHIAS (2009), S. 5.

285 Vgl. SURE, MATTHIAS (2009), S. 5.

286 Vgl. MAYER, REINHOLD/CONERS, ANDRÉ/VON DER HARDT, GERRIT (2005), S. 126, 131f.

287 Vgl. MAYER, REINHOLD/CONERS, ANDRÉ/VON DER HARDT, GERRIT (2005), S. 126f.; SEIDENSCHWARZ, WERNER (2008), S. 30;WEIGAND, CHRISTOPH (1989), S. 55f.

288 Vgl. COENENBERG, ADOLF G./FISCHER, THOMAS M./GÜNTHER, THOMAS (2009), S. 144, 149f.; LEIDIG, GUIDO/SOMMERFELD, RITA (1998), S. 45; SCHULTE, CHRISTOF (1989), S. 63.

In diesem Zusammenhang wird auch von einer „strategischen Ausrichtung der Kalkulation" gesprochen.[289]

3.5 Begriffe der Prozesskostenrechnung

Die Prozesskostenrechnung verwendet über die bereits bekannten Begriffe der traditionellen Kostenrechnungssysteme hinaus spezielle Begriffe. Da die Kenntnis dieser Begriffe für das Verständnis der Prozesskostenrechnung notwendig ist, sollen sie im Folgenden kurz vorgestellt werden.

Wie bereits erwähnt, werden die kostenstellenübergreifenden Prozesse und nicht die funktional gegliederten Kostenstellen im Rahmen der Prozesskostenrechnung als die Träger der Kostenverursachung angesehen.[290] HORVATH und MAYER definieren für die Zwecke der Prozesskostenrechnung einen *Prozess* als „eine auf die Erbringung eines Leistungsoutputs gerichtete Kette von Aktivitäten, die durch einen Leistungsoutput, Qualitätsmerkmale (die meist nicht explizit definiert sind), eine zu analysierende Ressourceninanspruchnahme (bewertet in Kosten), einen Kosteneinflussfaktor (Cost Driver), der zugleich als Messgröße für die Anzahl der Prozessdurchführung gilt, sowie analysierbare Durchlauf- bzw. Bearbeitungszeiten gekennzeichnet ist".[291]

Aus der Sicht der Prozesskostenrechnung bilden alle im Unternehmen ablaufenden Handlungen eine nachstehend abgebildete Prozesshierarchie, die grundsätzlich drei Ebenen hat: *Aktivitäten* als niedrigste Ebene, *Teilprozesse* als Mittelebene und *Hauptprozesse* als höchste Ebene.[292]

Unter einer *Aktivität* wird der kleinste erfassbare Arbeitsvorgang eines Mitarbeiters in einer Kostenstelle verstanden, der zu einem Verzehr von Produktionsfaktoren führt.[293] Die kostenstellenbezogene Erfassung und Analyse aller Aktivitäten bildet den Ausgangspunkt für alle weiteren Schritte der Prozesskostenrechnung.

---

289 Vgl. BIEL, ALFRED (1991a), S. 86; BIEL, ALFRED (1991b), S. 331; COENENBERG, ADOLF G./FISCHER, THOMAS M. (1991), S. 31-33; FRANZ, KLAUS-PETER (1991), S. 183; GRZEGOTOWSKI, TANJA/WARNICK, BERND (1991), S. 162; HORVÁTH, PETER/MAYER, REINHOLD (1989), S. 215f.; KIENINGER, MICHAEL (1991), S. 1094; MAYER, REINHOLD (1990b), S. 308.

290 Vgl. SCHWEITZER, MARCELL/KÜPPER, HANS-ULRICH (2008), S. 349.

291 HORVÁTH, PETER/MAYER, REINHOLD (1995), S. 61.

292 Vgl. JOOS-SACHSE, THOMAS (2006), S. 322f.; KÜMPEL, THOMAS (2004), S. 1022; MAYER, REINHOLD/KAUFMANN, LUTZ (2000), S. 296f.; MEEH, GUNTHER/WELLMANN, TOBIAS (2008), S. 552.

293 Vgl. GRAUMAN, MATHIAS (2008), S. 374; KREMIN-BUCH, BEATE (2007), S. 40; MAYER, REINHOLD/CONERS, ANDRÉ/VON DER HARDT, GERRIT (2005), S. 128.

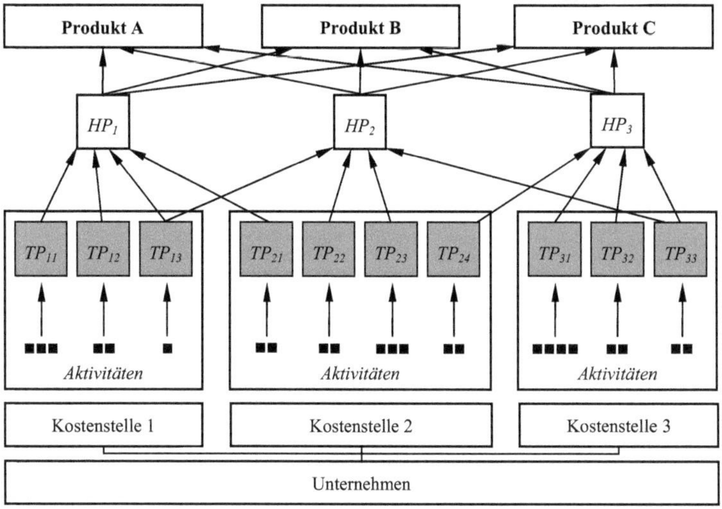

Abbildung 38: Zusammenhang zwischen Aktivitäten, Teil- und Hauptprozessen[294]

Teilprozesse sind Ketten homogener Aktivitäten in Kostenstellen, die ebenfalls Ressourcen verbrauchen und mit einem quantifizierbaren Ergebnis abschließen.[295] Die Klassifizierung der Teilprozesse ist durch die Begriffe *„leistungsmengeninduziert"* und *„leistungsmengenneutral"* geprägt. Die Kosten von leistungsmengeninduzierten Prozessen sind von der Anzahl der Prozessdurchführungen abhängig.[296] Sie verhalten sich mengenvariabel in Bezug auf das zu erbringende Arbeitsvolumen. Bei den leistungsmengenneutralen Prozessen handelt es sich hingegen um Prozesse, deren Kostenhöhe von der Anzahl der Prozessdurchführungen unabhängig ist. Darüber hinaus gibt es in jedem Unternehmen prozessunabhängige Aufgaben, die den Charakter von Unternehmensfixkosten haben. Aus der Zusammenfassung von Teilprozessen einer oder mehrerer Kostenstellen ergeben sich Hauptprozesse, die als „die wesentlich ablaufenden Vorgänge in den indirekten Bereichen"[297] definiert werden können.

294 In Anlehnung an Schweitzer, Marcell/Küpper, Hans-Ulrich (2008), S. 366.

295 Vgl. Grauman, Mathias (2008), S. 374; Kremin-Buch, Beate (2007), S. 45; Mayer, Reinhold/Coners, André/von der Hardt, Gerrit (2005), S. 127.

296 Vgl. Ewert, Ralf/Wagenhofer, Alfred (2008), S. 683; Franz, Klaus-Peter (1991), S. 179; Götze, Uwe (2004), S. 212; Grauman, Mathias (2008), S. 379; Joos-Sachse, Thomas (2006), S. 324; Jung, Hans (2007), S. 97; Keuper, Frank u.a. (2008), S. 369; Küting, Karlheinz/Lorson, Peter (1995), S. 92; Küting, Karlheinz/Lorson, Peter (2007), S. 47; Michel, Rudolf/Torspecken, Hans-Dieter/Jandt, Jürgen (2004), S. 265; Ossadnik, Wolfgang (2009), S. 116.

297 Remer, Detlef (2005), S. 30.

Unter einem *Kostentreiber* kann ein Hauptkosteneinflussfaktor eines Prozesses verstanden werden.[298] Die Kostentreiber zeigen die Beziehungen zwischen den zu verteilenden Gemeinkosten und den Prozessen: Einerseits dienen Kostentreiber als Erklärungsbasis für die Kostenverursachung in einer Kostenstelle, und andererseits bilden sie die Grundlage für die Zurechnung der Prozesskosten auf die Kalkulationsobjekte.[299]

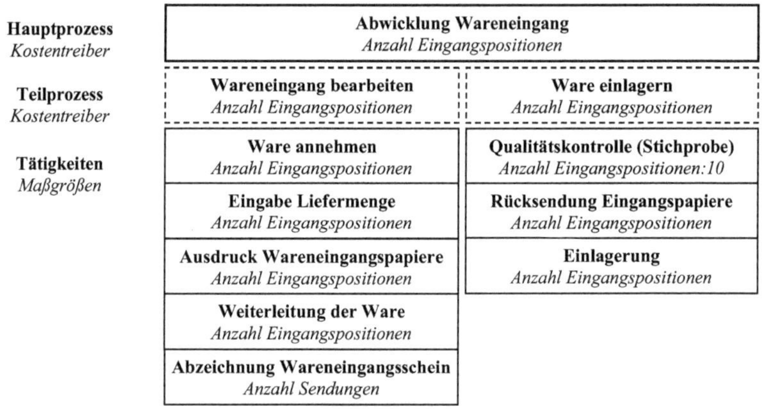

Abbildung 39: Prozesshierarchie mit Kostentreibern[300]

3.6 Ablauf der Prozesskostenrechnung

Der Blick in die einschlägige Literatur zeigt, dass man bei der Einführung und Durchführung der Prozesskostenrechnung von keinem starren Schema ausgehen kann.[301] Nichtsdestotrotz soll das nachstehende Schema herangezogen werden, um den Ablauf der Prozesskostenrechnung zu charakterisieren. Dabei ist zu berücksichtigen, dass die prozessorientierte Kalkulation für den Gegenstand der Untersuchung nicht relevant ist,

---

298 Vgl. Fuhrmann, Bernhard (1998), S. 171.

299 Vgl. Brühl, Rolf (2004), S. 130f.; Horváth, Peter/Mayer, Reinhold (1995), S. 65; Joos-Sachse, Thomas (2006), S. 325; Kremin-Buch, Beate (2007), S. 49-51; Küting, Karlheinz/Lorson, Peter (1995), S. 90-92.

300 Vgl. Braun, Stephan (1996), S. 154; Remer, Detlef (2005), S. 29.

301 Vgl. Coenenberg, Adolf G./Fischer, Thomas M./Günther, Thomas (2009), S. 150-162; Däumler, Klaus-Dieter/Grabe, Jürgen (2000a), S. 130-133; Däumler, Klaus-Dieter/Grabe, Jürgen (2000b), S. 176-179; Ewert, Ralf/Wagenhofer, Alfred (2008), S. 681; Franz, Klaus-Peter (1992), S. 607-609; Götze, Uwe (2004), S. 212-219; Götze, Uwe/Meyerhoff, Jens Christian (1993), S. 69-78; Grauman, Mathias (2008), S. 376; Jung, Hans (2007), S. 97; Kremin-Buch, Beate (2007), S. 40; Kümpel, Thomas (2004), S. 1022-1026; Lelke, Carsten/Kress, Stephan (1998), S. 149-151; Joos-Sachse, Thomas (2006), S. 321; Posluschny, Peter/Treuner, Felix (2009), S. 109; Remer, Detlef (1997), S. 77-146; Schmitt, Achim (1992), S. 45-47; Weber, Jürgen/Schäffer, Utz (2008), S. 150-152; Wilden, Klaus (1991), S. 883f.; Wilkens, Klaus (2004), S. 96.

sodass auf ihre eingehende Beschreibung verzichtet und auf die einschlägige Literatur verwiesen wird.

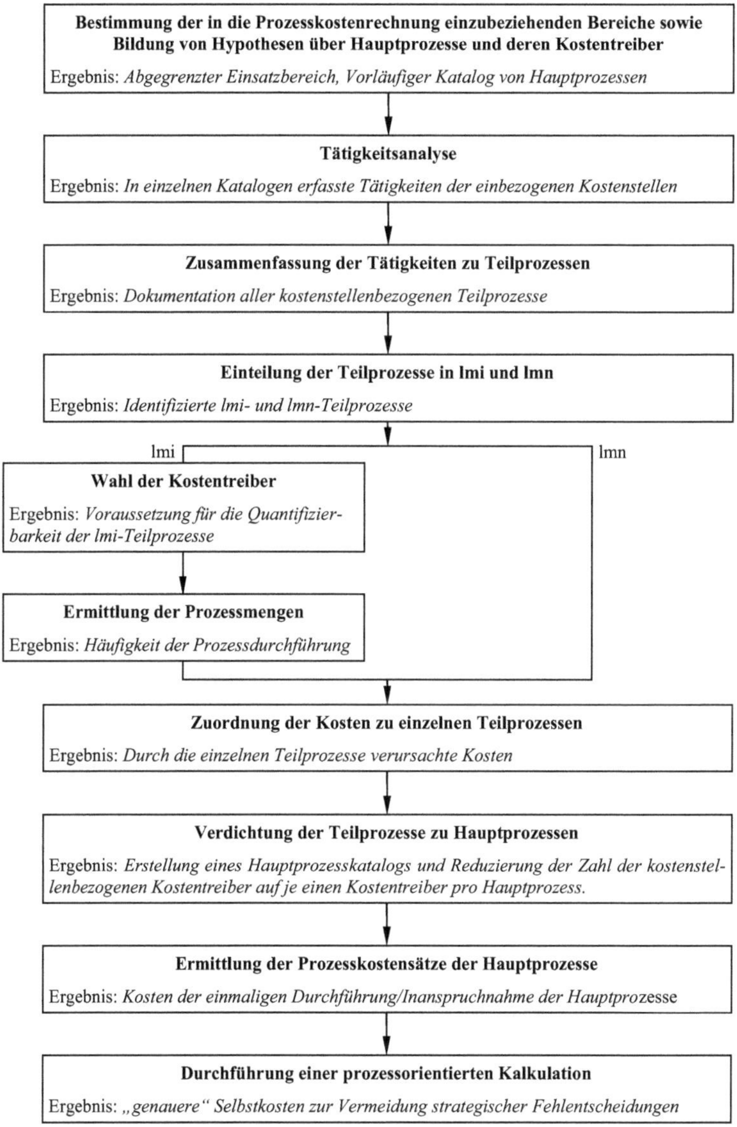

Abbildung 40: Ablauf der Prozesskostenrechnung

3.6.1 Auswahl des Untersuchungsbereiches sowie Bildung von vorläufigen Hypothesen hinsichtlich der Hauptprozesse

Es empfiehlt sich, die Einführung der Prozesskostenrechnung als ein Projekt aufzufassen und für dessen erfolgreiche Umsetzung ein Projektteam zu bilden.[302] Ein solches Team sollte neben den Mitarbeitern der Controlling- und Finanzabteilungen sowie Mitgliedern der obersten Führungsebene auch die Vertreter der betroffenen Bereiche sowie externe Berater umfassen.[303] Eine der ersten Tätigkeiten des Projektteams ist eine klare Ausformulierung der angestrebten Ziele.[304] Bevor jedoch das unternehmensspezifische Einsatzgebiet abgegrenzt wird, muss geklärt werden, für welche Teilbereiche die Anwendung der Prozesskostenrechnung grundsätzlich geeignet ist. Als Einsatzbereiche kommen vor allem indirekte Unternehmensbereiche in Frage, deren Prozesse durch Wiederholbarkeit, einen schematisierten Ablauf und geringe Entscheidungsspielräume gekennzeichnet sind.[305]

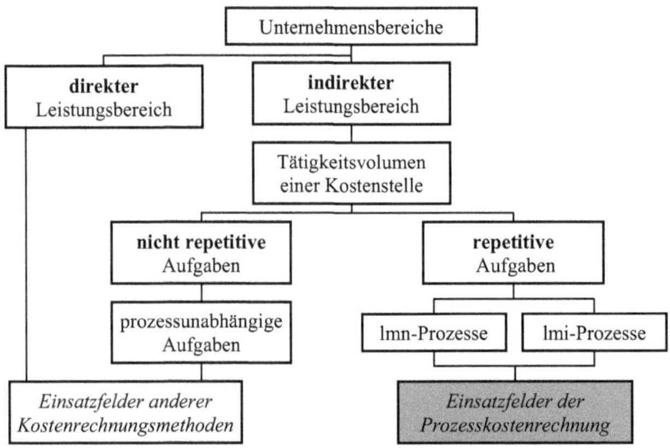

Abbildung 41: Einsatzgebiet der Prozesskostenrechnung[306]

In Dienstleistungsunternehmen bezieht sich das Einsatzfeld der Prozesskostenrechnung nicht ausschließlich auf Prozesse im indirekten Bereich. Vielmehr können sämtliche

302 Vgl. LEIDIG, GUIDO (2004), S. 16; MÜLLER, ARMIN (1998), S. 102; REMER, DETLEF (2005), S. 68-74.

303 Vgl. RECKENFELDERBÄUMER, MARTIN (1998), S. 53.

304 Vgl. GÖTZELMANN, FRANK (1993), S. 37.

305 Vgl. COENENBERG, ADOLF G./FISCHER, THOMAS M./GÜNTHER, THOMAS (2009), S. 151; JOOS-SACHSE, THOMAS (2006), S. 323; GÖTZE, UWE (2004), S. 211; RECKENFELDERBÄUMER, MARTIN (1998), S. 50; REICHLING, PETER/KÖBERLE, GISELA (1992), S. 23; STRIENING, HANS-DIETER (1988), S. 62.

306 Vgl. ARNOLD, STEFAN/GÖTTE, STEFAN/VON LANDSBERG, GEORG (1998), S. 416; KÜTING, KARL-HEINZ/LORSON, PETER (1993), S. 32.

Prozesse involviert werden, weil diese den gleichen Charakter wie Prozesse im Gemeinkostenbereich von Industrieunternehmen besitzen.[307]

Bei der Auswahl des Einsatzgebietes hat man der Grundsatz der Wirtschaftlichkeit zu beachten.[308] Demgemäß ist jene Handlungsalternative zu wählen, die festgelegte Ziele mit dem geringsten Aufwand erreichen lässt.[309] Deshalb sind folgende Kriterien bei der Auswahl des Einsatzgebietes zu berücksichtigen:[310]

- *Konzentration auf Unternehmensbereiche mit relativ hohen Gemeinkosten*, was ein wirtschaftliches Gemeinkostenmanagement und eine verursachungsgerechte Verteilung der Gemeinkosten ermöglicht.
- *Konzentration auf jene Bereiche, deren Kosten bisher am wenigsten verursachungsgerecht verrechnet werden.* Dabei sind die Bereiche mit relativ oder absolut hohen Gemeinkosten in Erwägung zu ziehen. Bei einem hohen Anfall an Gemeinkosten sollte der Einsatz der Prozesskostenrechnung selbst in den direkten Bereichen nicht von vornherein ausgeschlossen werden.[311]
- *Konzentration auf Bereiche, die eng mit dem Produkt verbunden sind.* Dieses Kriterium gewährleistet, dass die für die Prozesskostenrechnung notwendigen Zusammenhänge zwischen den Prozessen und den Endprodukten quantifiziert werden können. Dies stellt sicher, dass erste Ergebnisse der Prozesskostenrechnung mit bereits relativ geringem Aufwand erzielt werden können. Somit kann das Vertrauen in die Prozesskostenrechnung gesteigert und ihr Nutzen nachgewiesen werden.
- *Konzentration auf Bereiche, in denen hohe Rationalisierungspotentiale vermutet werden.* Das sind in erster Linie solche Bereiche, deren Ressourcen durch Produkt-, Kunden- und Auftragstypen unterschiedlich beansprucht werden.

Nachdem die mit der Prozesskostenrechnung anzustrebenden Ziele festgelegt und der Untersuchungsbereich abgegrenzt wurde, sollte das Projektteam Vorstellungen über

---

307 Vgl. HORVÁTH, PETER/MAYER, REINHOLD (1995), S. 62; THIELMANN, DIETER (2000), S. 181.

308 Vgl. CERVELLINI, UDO (1994), S. 66; LORSON, PETER (1993), S. 275.

309 Vgl. BOHR, KURT (1993), Sp. 2181-2188.

310 Vgl. CERVELLINI, UDO (1994), S. 65; COENENBERG, ADOLF G./FISCHER, THOMAS M./GÜNTHER, THOMAS (2009), S. 156; COOPER, ROBIN/KAPLAN, ROBERT S. (1988), S. 98f.; GÖTZE, UWE (2004), S. 212; JUNG, HANS (2007), S. 97; MÜLLER, ARMIN (1998), S. 101; OSSADNIK, WOLFGANG (2009), S. 123; REMER, DETLEF (2005), S. 95f.

311 Vgl. KEUPER, FRANK u.a. (2008), S. 368.

potentielle Hauptprozesse und deren Kostentreiber ableiten und einen vorläufigen Hauptprozesskatalog erstellen,[312] der wie folgt aussehen kann:

Vorläufiger Hauptprozesskatalog für die Kostenstellen (...)	
Vorläufiger Hauptprozess	Vorläufiger Kostentreiber
1. Angebote bearbeiten	Anzahl der Angebote
2. Beschwerdemanagement betreiben	Anzahl der Beschwerde
3. Neue Produkte entwickeln	Anzahl der Produktideen
4. Fertigwaren bis zum Kunde befördern	Anzahl der Transportaufträge
...	...

Tabelle 9: Ein Beispiel für den vorläufigen Hauptprozesskatalog[313]

Diese Hypothesen sind erforderlich, um in der Analysephase Prioritäten setzen und das Aufgabenvolumen einer Kostenstelle besser strukturieren zu können.[314] Alternativ zu den Hypothesen können auch unternehmensübergreifende Prozessmodelle, so genannte „Prozesshülsen", eingesetzt werden.[315]

3.6.2 Tätigkeitsanalyse

Unabdingbare Voraussetzung für den Aufbau einer Prozesskostenrechnung ist eine systematische Analyse aller unternehmensbezogenen Abläufe der zu untersuchenden Bereiche.[316] Das ist die zeit- und kostenaufwendigste Phase, weil der Detaillierungsgrad und die Aktualität der vorhandenen Prozessdokumentation den Belangen der Prozesskostenrechnung häufig nicht entsprechen. Daher erfordert die Einführung der Prozesskostenrechnung die aufwendige Erhebung sämtlicher Tätigkeiten, die von den einzelnen Mitarbeitern in den ausgewählten Kostenstellen ausgeführt werden. Im Anschluss an die Tätigkeitsanalyse werden die erfassten Tätigkeiten im Rahmen einer Teilprozessanalyse zu kostenstellenbezogenen Teilprozessen zusammengefasst.[317] Die Analysephase wird mit der Hauptprozessanalyse beendet, indem die leistungsmengeninduzierten Teilprozesse zu kostenstellenübergreifenden Hauptprozessen verdichtet werden.

---

312 Vgl. GÖTZE, UWE (2004), S. 212; HORVÁTH, PETER/MAYER, REINHOLD (1995), S. 71; KIENINGER, MICHAEL (1991), S. 1095; RAU, KARL-HEINZ/RÜD, MICHAEL (1991), S. 14; SCHÖNLEITNER, GÜNTHER (1996), S. 391.

313 Vgl. REMER, DETLEF (2005), S. 102.

314 Vgl. MAYER, REINHOLD (1991), S. 85.

315 Vgl. BROKEMPER, ANDREAS/GLEICH, RONALD (1999), S. 76-89.

316 Vgl. MAYER, REINHOLD/CONERS, ANDRÉ/VON DER HARDT, GERRIT (2005), S. 128.

317 Vgl. KEUPER, FRANK u.a. (2008), S. 369.

Im Rahmen der *Tätigkeitsanalyse* soll erfasst werden, welche Arbeitsvorgänge in einer Kostenstelle durchgeführt werden und wie viel Ressourcen sie beanspruchen.[318] Aus der Vielfalt der Erhebungstechniken[319] hat sich insbesondere die Analyse in Form der Selbstaufzeichnung[320] gut bewährt. Dabei werden die Befragten gebeten, sämtliche von ihnen auszuführende Tätigkeiten zusammen mit den Maßgrößen aufzuschreiben, die diese Tätigkeiten auslösen. Darüber hinaus ist die Zahl dieser Maßgrößen zu schätzen und die für die Ausführung dieser Tätigkeiten benötigte Zeit anzugeben. Um Fehlschätzungen vorzubeugen, ist jeder Mitarbeiter vorab über seine persönlichen jahresbezogenen Kapazitäten zu unterrichten. Die Summe der mitarbeiterbezogenen Kapazitäten ergibt die Kapazität einer Kostenstelle. Ist ein Mitarbeiter in mehreren Kostenstellen beschäftigt, dann ist dieser Tatsache Rechnung zu tragen, indem seine Arbeitszeit auf diese Kostenstellen aufgeteilt wird. Die in Tagen bzw. in Stunden gemessene Kapazität eines Mitarbeiters kann nach folgendem Raster ermittelt werden:

Kalendertage	*365*
– Samstage/Sonntage	104
– Feiertage	10
= *Arbeitskapazität*	*251*
– Urlaub	30
– bezahlte Arbeitsverhinderungen	2
– Krankheit	5
= *Mannkapazität in Tagen*	*214*
× 8 Stunden pro Tag	1712
+ geplante Überstunden	0
= Planprozessstunden je Mitarbeiter	**1712**

Abbildung 42: Kapazitätsberechnung in einer Kostenstelle[321]

Das Ergebnis der Tätigkeitsanalyse ist ein Tätigkeitskatalog je Kostenstelle, in dem die von den einzelnen Mitarbeitern ausgefüllten Formulare verdichtet werden.[322] Dieser

318 Vgl. Remer, Detlef (2005), S. 101.

319 Vgl. Fischer, Heinrich (1996), S. 93; Fuhrmann, Bernhard (1998), S. 176, 202-210; Götze, Uwe/Meyerhoff, Jens Christian (1993), S. 70f.; Horváth, Peter/Renner, Andreas (1990), S. 102; Kavandi, Shabnam (1998), S. 129; Klimmer, Matthias (2007), S. 192-205; Kremin-Buch, Beate (2007), S. 41f.; Michel, Rudolf/Torspecken, Hans-Dieter/Jandt, Jürgen (2004), S. 270; Müller, Armin (1998), S. 105-110; Probst, Gilbert J. B. (1992), S. 322-332; Reckenfelderbäumer, Martin (1998), S. 55f.; Remer, Detlef (1997), S. 88f.; Remitschka, Ralph (1992), Sp. 599-611; Schönleitner, Günther (1996), S. 392; van Geldern, Michael (2000), S. 202-213; von Deym, Alexander (1992), S. 161-172; Wilden, Klaus (1991), S. 883f.; Wilkens, Klaus (2004), S. 505; Wittlage, Helmut (1993), S. 49-99.

320 Vgl. stellvertretend Wittlage, Helmut (1993), S. 71-80.

321 Vgl. Leidig, Guido (2004), S. 11.

Katalog beinhaltet das Tätigkeitsspektrum einer Kostenstelle und zeigt auf, welche Tätigkeiten die Kapazität der Kostenstelle beanspruchen. Diese Informationen sind anschließend durch ein Interview mit dem Kostenstellenleiter zu überprüfen.

Tätigkeitskatalog	
Kostenstelle:	Rechnungswesen
Verantwortlicher:	Hr. Belkin
Kapazität:	7 MA inkl. Verantwortlicher = 214 × 7 = 1498 Arbeitstagen (AT)

Zeichen der Kostenstelle:	Mitarbeiter (MA)		Personalkosten (TEUR)		Sachkosten (TEUR)		Sonstige Kosten (TEUR)		Total Kosten (TEUR)	
	Plan	**Ist**	**Plan**	**Ist**	**Plan**	**Ist**	**Plan**	**Ist**	**Plan**	**Ist**
FB 5	**7**	**7**	**760**	**784**	**130**	**127**	**15**	**27**	**905**	**938**

Tätigkeit	Maßgröße, Anzahl der …	Mengen p.a.	benötigte Zeit p.a.	
			in %	in AT
1. Zugänge des Sachanlagevermögens verbuchen	… der Zugänge	453	0,3	4,49
2. Planmäßige Abschreibungen auf das Sachanlagevermögen berechnen	… der abnutzbaren VG	5764	0,6	8,99
3. Planmäßige Abschreibungen verbuchen	… der abnutzbaren VG	5764	0,5	7,49
4. Abgänge im Bereich des Sachanlagevermögens verbuchen	… der Abgänge	356	0,2	3,00
5. Beizulegender Wert für die Posten des Sachanlagevermögens ermitteln	… der VG des Sachanlagevermögens	5871	0,8	11,98
6. Außerplanmäßige Abschreibungen auf das Sachanlagevermögen verbuchen	… der VG mit einer Wertminderung	497	0,35	5,24
7. Rechnungen im Bereich des Sachanlagevermögens erstellen und versenden	… der Rechnungen	287	0,2	3,00
8. Zahlungseingang im Bereich des Sachanlagevermögens überprüfen	… der fälligen Rechnungen	301	0,05	0,75
9. Debitoren im Bereich des Sachanlagevermögens anmahnen	… der Mahnungen	35	0,4	6,3
…	…	…	…	
94. Personal führen und anweisen	…	…	1,0	14,98
95. Sonderaufgaben erledigen	…	…	0,3	4,49
96. Abteilung leiten	…	…	5,0	74,9
		Summen	**100**	**1498**

Tabelle 10: Tätigkeitskatalog je Kostenstelle[323]

[322] Vgl. SURE, MATTHIAS (2009), S. 10.

[323] Vgl. REMER, DETLEF (2005), S. 110.

3.6.3 Bildung der Teilprozesse und Festlegung von Kostentreibern

Da die Anzahl der in einer Kostenstelle durchzuführenden Aktivitäten beträchtlich sein kann, erfolgt die Zusammenfassung der ermittelten Tätigkeiten zu kostenstellenbezogenen Teilprozessen. Das kann im Rahmen eines Interviews mit den Kostenstellenleitern erfolgen. Während dieses Gespräches sind lmi-Teilprozesse und ihre Kostentreiber zu identifizieren, die Mengen von lmi-Teilprozessen zu bestimmen sowie Ressourcen und Kosten den Prozessen zuzuordnen.[324]

Bei der *Identifizierung der Teilprozesse* werden die Teilprozesse aus sachlich zusammenhängenden Tätigkeiten einer Kostenstelle aufgrund des erstellten Tätigkeitskataloges gebildet. Daraus wird deutlich, dass die Teilprozesse aus den von mehreren Mitarbeitern auszuführenden Tätigkeiten gebildet werden können. In dieser Phase findet die Trennung zwischen den lmi- und den lmn-Teilprozessen statt. Bei dieser Trennung ist eine gewisse Subjektivität nicht zu vermeiden.[325] Diese Unterscheidung ist insofern wichtig, als für die lmi-Teilprozesse die Faktoren, die die Anzahl ihrer Wiederholung bestimmen, so genannte Kostentreiber zu ermitteln sind. Bei der Bestimmung der Kostentreiber können die bereits in der Tätigkeitsanalyse erhobenen Maßgrößen verwendet werden.[326]

Die wichtigsten Kriterien, denen ein Kostentreiber genügen muss, sind die Proportionalität zwischen Kostentreiber und Prozessmenge, eine leichte Verständlichkeit, eine hohe Beeinflussbarkeit sowie möglichst niedrige Erfassungskosten.[327] Oft werden aus Vereinfachungsgründen nicht mengen-, sondern zeitmäßige Kostentreiber gewählt.[328]

Zur Ermittlung der notwendigen Anzahl von Kostentreibern wird auf die einschlägige Literatur verwiesen.[329] Dabei hat man folgendes Dilemma zu lösen: Einerseits geht die Forderung nach einer möglichst genauen Gemeinkostenverrechnung mit der wachsenden Anzahl der einzusetzenden Kostentreiber einher, um die Unterschiede bei der Prozessinanspruchnahme durch die Kalkulationsobjekte realitätsgetreu zu berücksichtigen.

---

324 Vgl. Remer, Detlef (2005), S. 114.

325 Vgl. Graf, Gerald (1997), S. 125; Reckenfelderbäumer, Martin (1998), S. 133.

326 Vgl. Zirkler, Bernd (1999), S. 352-355 zur Kostentreiberanalyse.

327 Vgl. Cooper, Robin (1990b), S. 277; Leidig, Guido (2004), S. 26.

328 Vgl. Leidig, Guido (2004), S. 27.

329 Vgl. Braun, Stephan (1996), S. 60-64; Cooper, Robin (1990b), S. 274-276; Däumler, Klaus-Dieter/Grabe, Jürgen (2000a), S. 132; Reckenfelderbäumer, Martin (1998), S. 67-70; Remer, Detlef (2005), S. 39.

Andererseits ist darauf zu achten, dass der Überblick nicht verloren geht. Denn jedes Kostenrechnungssystem sollte möglichst einfach und nachvollziehbar ausgestaltet werden. Dieses Gebot impliziert eine möglichst geringe Anzahl an Kostentreibern. In der Literatur findet sich auch die Meinung, dass schon eine geringe Kostentreiberanzahl zu brauchbaren Ergebnissen führt.[330]

3.6.4 Ermittlung der Teilprozessmengen

In einem nächsten Schritt müssen die *Teilprozessmengen* bestimmt werden. Die Teilprozessmenge entspricht der erwarteten Anzahl an Durchführungen eines lmi-Teilprozesses innerhalb eines Abrechnungszeitraums. Da die Teilprozessmenge von der Kapazität der Kostenstelle entscheidend beeinflusst wird, kann sie selbst als Maßstab für die Kapazität einer Kostenstelle herangezogen werden.

In der einschlägigen Literatur zur Prozesskostenrechnung gibt es kaum Empfehlungen, wie die Prozessmengen zu ermitteln sind.[331] HORVATH und MAYER schlagen vor, die Prozessmengen auf Basis der „definierten Produkt-/Mengenstruktur" bzw. „aus den Leistungsanforderungen der Engpassbereiche" abzuleiten.[332] Bei dieser Methode wird üblicherweise der Absatzsektor als Engpass festgelegt, auf dessen Grundlage die für die Absatzleistung erforderliche Prozessmenge ermittelt wird. Eine solche Vorgehensweise führt allerdings nur dann zu zutreffenden, akzeptablen Ergebnissen, wenn zwei Voraussetzungen erfüllt sind: Zum einen muss die Anzahl der Prozessdurchführungen der zu untersuchenden Kostenstelle proportional zur Absatzmenge sein. Zum anderen muss diese Proportionalität bekannt und quantifizierbar sein.[333]

Um Zeit und Geld zu sparen, empfiehlt es sich, die Teilprozessmengen vom Kostenstellenleiter schätzen zu lassen oder aus Beobachtungen der Vergangenheit zu übernehmen.[334] Unabhängig vom eingeschlagenen Weg sollte die Bestimmung der Teilprozessmengen im Einklang mit den Zahlen aus dem Tätigkeitskatalog stehen.

---

330 Vgl. MAYER, REINHOLD/GLASER, HORST (1991), S. 297.

331 Vgl. BRAUN, STEPHAN (1996), S. 76; FRÖHLING, OLIVER (1994), S. 156-159; GLASER, HORST (1992), S. 279.

332 Vgl. HORVÁTH, PETER/MAYER, REINHOLD (1989), S. 217f.

333 Vgl. BRÜHL, ROLF (1995), S. 74f.

334 Vgl. BRAUN, STEPHAN (1996), S. 80; DÄUMLER, KLAUS-DIETER/GRABE, JÜRGEN (2000a), S. 131; KIENINGER, MICHAEL (1991), S. 1096; REMER, DETLEF (2005), S. 118;

3.6.5 Kostenzuordnung und Berechnung von Prozesskostensätzen

3.6.5.1 Zuordnung der Kosten zu den Teilprozessen

Sind die Teilprozesse identifiziert und die entsprechenden Prozessmengen bestimmt, können die gesamten Kosten einer Kostenstelle auf die Teilprozesse verteilt werden. Dabei stehen grundsätzlich folgende Möglichkeiten zur Auswahl:[335]

- die analytische Bottom-up-Planung der Teilprozesskosten,
- die analytische Top-down-Planung der Kostenstellenkosten und
- die Planung der Teilprozesskosten durch Aktualisierung der Teilprozesskosten des Vorjahres.

Bei der auf KILGER zurückgehenden *analytischen Kostenplanung* gilt der Grundsatz, nicht von den Ist-Kosten der Vergangenheit auszugehen.[336] Bei der analytischen Kostenplanung werden „alle Kostenarten auf Basis der Planprozessmengen mit Hilfe technisch-kostenwirtschaftlicher Analysen (Verbrauchsanalysen, Messungen und Berechnungen) originär geplant".[337] Im Rahmen der Prozesskostenrechnung werden nicht originäre Kostenarten, wie etwa Lohn-, Gehalts- und Energiekosten, sondern zusammengesetzte Teilprozesskosten geplant.[338] So können sich beispielsweise die Kosten eines Teilprozesses aus den Kostenarten „Gehaltskosten", „Miete", „Energiekosten", „Abschreibungen" etc. zusammensetzen. Es ist daher fraglich, ob alle Kostenarten analytisch geplant werden können, zumal eine analytische Kostenplanung sehr aufwendig ist.[339] Bei der Dominanz eines Kostenblocks in der Kostenstelle – dies werden in der Regel Personalkosten sein – reicht es aus, lediglich diesen dominanten Kostenblock analytisch zu planen.[340] Dabei kann man sich der so genannten Bottom-up-Methode bedienen.[341]

---

335 Vgl. FUHRMANN, BERNHARD (1998), S. 180; GRAUMAN, MATHIAS (2008), S. 382; HORVÁTH, PETER/MAYER, REINHOLD (1995), S. 73; JUNG, HANS (2003), S. 99f.; KREMIN-BUCH, BEATE (2007), S. 57; RECKENFELDERBÄUMER, MARTIN (1998), S. 56.

336 Vgl. FRÖHLING, OLIVER/KRAUSE, HERBERT (1990), S. 224; KILGER, WOLFANG/PAMPEL, JOCHEN/VIKAS, KURT (2007), S. 283-290.

337 HORVÁTH, PETER/MAYER, REINHOLD (1995), S. 73.

338 Vgl. FRÖHLING, OLIVER (1994), S. 159.

339 Vgl. EWERT, RALF/WAGENHOFER, ALFRED (2008), S. 682; KREMIN-BUCH, BEATE (2007), S. 57.

340 Vgl. GÖTZE, UWE (2004), S. 213f.; GÖTZELMANN, FRANK (1993), S. 37; HORVÁTH, PETER/MAYER, REINHOLD (1995), S. 73.

341 Vgl. MAYER, REINHOLD (1990b), S. 307; MAYER, REINHOLD/KAUFMANN, LUTZ (2000), S. 300;

Bei der Bottom-up-Methode wird jedem lmi-Teilprozess eine standardisierte Ausführungszeit zugrunde gelegt. Das ist die Zeit, die bei effizientem Verhalten der Mitarbeiter für die einmalige Durchführung des lmi-Teilprozesses zu erwarten ist.[342] Dazu müssen die Durchführungsdauern der einzelnen Tätigkeiten, die diesen lmi-Teilprozess bilden, aufsummiert werden. Diese können entweder geschätzt oder im Wege einer Multimomentaufnahme ermittelt werden. Durch die Multiplikation der standardisierten Ausführungszeit mit der jeweiligen Teilprozessmenge wird die Mitarbeiterkapazität ermittelt, die für die Ausführung dieses lmi-Teilprozesses bereitzustellen ist. Die auf die lmn-Teilprozesse entfallende Mitarbeiterkapazität kann nicht direkt ermittelt werden, weil die entsprechenden Kostentreiber fehlen, so dass die Prozessmenge nicht ermittelt werden kann. Es muss deshalb davon ausgegangen werden, dass die restliche, nicht durch lmi-Teilprozesse beanspruchte Mitarbeiterkapazität auf die lmn-Teilprozesse entfällt. Jetzt können jedem einzelnen Teilprozess die Personalkosten zugeordnet werden, indem die durch die einzelnen Prozesse gebundene Arbeitszeit, umgerechnet in Mannjahre, mit dem Jahresgehalt des Mitarbeiters multipliziert wird, der diesen Prozess ausführt. Die übrigen Kostenarten werden dann proportional zu den Personalkosten auf die Teilprozesse verteilt.[343]

Verfügt das Unternehmen über ein Plankostenrechnungssystem, dann kann dieses genutzt werden, um den Teilprozessen Kosten zuzuordnen.[344] Da von den einzelnen Kostenstellen lediglich Kostenartensummen vorliegen, bedarf es allerdings der Mithilfe des Kostenstellenleiters, um die einzelnen Kostenartensummen oder zumindest die Personalkosten auf die Teilprozesse aufzuteilen. Hier kommt die so genannte Top-down-Methode zum Einsatz. Für diese ist die Verteilung der Personalkosten auf die einzelnen Prozesse auf Basis von Mannjahren charakteristisch.[345] Entsprechend der Dominanz der Personalkosten innerhalb der indirekten Unternehmensbereiche wird die Kapazität einer Kostenstelle in Stunden gemessen, wobei die tarifliche Arbeitszeit der in dieser Kostenstelle Beschäftigten zugrunde gelegt wird.[346] Von den Kostenstellenleitern sind für jeden Teilprozess die zur Realisierung der Prozessmenge benötigten Mitarbeiterressourcen zu schätzen. Die auf diesem Weg ermittelten Daten können allerdings sehr ungenau

---

342 Vgl. GRAUMAN, MATHIAS (2008), S. 382, 389; KÜMPEL, THOMAS (2004), S. 1024.

343 Vgl. JUNG, HANS (2007), S. 99; KIENINGER, MICHAEL (1991), S. 1096; MICHEL, RUDOLF/TORSPECKEN, HANS-DIETER/JANDT, JÜRGEN (2004), S. 276f.

344 Vgl. KEUPER, FRANK u.a. (2008), S. 374; SURE, MATTHIAS (2009), S. 13.

345 Vgl. GLASER, HORST (1992), S. 280; GRAUMAN, MATHIAS (2008), S. 382.

346 Vgl. BRÜHL, ROLF (1995), S.76.

sein:[347] Der Kostenstellenleiter kann seine Schätzungen bewusst verfälschen, er kann aber auch von der Komplexität der Schätzung völlig überfordert sein. Die Zuordnung der Personalkosten, der Sachkosten und der restlichen Kosten zu den einzelnen Teilprozessen unterscheidet sich nicht von der oben beschriebenen Bottom-up-Methode.

Die dritte Möglichkeit, Teilprozesskosten zu planen, setzt voraus, dass bereits eine Prozesskostenrechnung besteht. In diesem Fall können die Teilprozesskosten der Vorperiode in ihre Bestandteile (originäre Kostenarten) zerlegt werden. Anschließend wird festgestellt, in welchem Verhältnis die Höhe der jeweiligen Kostenart aus der Vorperiode zur Kostenhöhe der aktuellen Planungsperiode steht. Diese Verhältniszahl wird benutzt, um die Aktualisierung der Teilprozesskosten vorzunehmen.

3.6.5.2 Komplexitäts-Index-Analyse

Die zur Einrichtung der Prozesskostenrechnung durchzuführenden Erhebungen stoßen nicht selten auf den Widerstand seitens des Betriebsrats oder der betroffenen Mitarbeiter.[348] Darüber hinaus können diese Erhebungen auch sehr kostspielig sein. Schließlich können die Auskunftspersonen von der Aufgabe der Zeitschätzung überfordert sein. Um diese geschilderten Probleme zu überwinden, bietet sich die von KAUFMANN entwickelte Methode an, die ohne direkte Zeitmessung auskommt.[349] Charakteristisch für diese Methode ist, dass der mit den Teilprozessen verbundene Zeitaufwand zunächst anhand von Indexwerten, ähnlich wie bei der Äquivalenzziffernkalkulation, bewertet wird. Diese Methode, die so genannte Komplexitäts-Index-Analyse erfolgt in folgenden Schritten: Im *ersten* Schritt wird die Residualkapazität einer Kostenstelle ermittelt: Von der gesamten Kapazität der Kostenstelle wird jene Kapazität abgezogen, die auf Prozesse entfällt, für die direkte Zeitschätzungen durchgeführt werden. Im *zweiten* Schritt wird der Prozess mit der höchsten Prozessmenge ausgewählt. Dieser Prozess stellt den so genannten Ankerprozess dar und erhält einen Komplexitäts-Index-Wert 100 zugeordnet. Im *dritten* Schritt wird der zeitliche Aufwand der übrigen Prozesse ins Verhältnis zum Ankerprozess gesetzt. Wird ein Prozess zeitaufwendiger als der Ankerprozess eingestuft, dann bekommt er einen Indexwert größer als 100 zugewiesen. Ansonsten wird

[347] Vgl. FRÖHLING, OLIVER (1991), S. 727.

[348] Vgl. KEUPER, FRANK u.a. (2008), S. 373.

[349] Vgl. zu den weiteren Ausführungen KAUFMANN, LUTZ (1996), S. 213-216; KAUFMANN, LUTZ/BECKER, RALPH (1997), S. 6-14. Zum praktischen Einsatz der Komplexitäts-Index-Analyse vgl. KARLOWITSCH, MARTIN (1998), S. 1051-1063; KEUPER, FRANK u. a. (2008), S. 374-377.

dem Prozess ein Indexwert kleiner als 100 zugewiesen. Im *vierten* Schritt werden die Indexwerte von einzelnen Prozessen mit den entsprechenden jährlichen Prozessmengen multipliziert und aufsummiert. Im *fünften* Schritt erfolgt die Transformation der Indexwerte in Zeitgrößen. Dazu wird die aus dem ersten Schritt bekannte Residualkapazität durch die im vierten Schritt ermittelte Gesamtsumme der gewichteten Indexwerte dividiert. Dieser Quotient, der so genannte Minutensatz der gewichteten Indexwerte, wird mit dem gewichteten Indexwert eines jeden Prozesses multipliziert, woraus sich die durch den Prozess beanspruchte Kapazität ergibt. Im *letzten* Schritt sind die Ergebnisse einer Plausibilitätsprüfung durch die Befragten zu unterziehen, wobei nicht ausgeschlossen ist, dass Korrekturen früherer Schätzungen erforderlich werden, sodass eine Wiederholung der einzelnen Verfahrensschritte ab dem 3. Schritt notwendig wird.

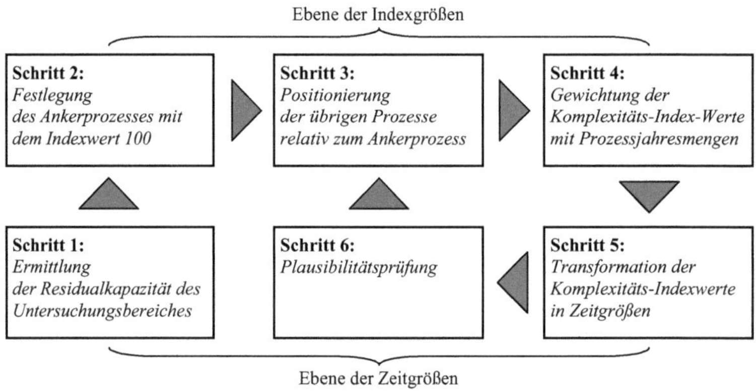

Abbildung 43: Vorgehensweise bei der Komplexitäts-Index-Analyse[350]

3.6.5.3 Berechnung der Teilprozesskostensätze

Nach der Ermittlung der Teilprozessmengen und -kosten können die Teilprozesskostensätze berechnet werden. Der Teilprozesskostensatz gibt die durchschnittlichen Gemeinkosten für eine einmalige Durchführung eines Teilprozesses an.[351] Somit gilt:

$$Teilprozesskostensatz_i^{lmi} = \frac{Teilprozesskosten_i^{lmi}}{Teilprozessmenge_i}$$

[350] In Anlehnung an KAUFMANN, LUTZ (1996), S. 213.

[351] Vgl. GÖTZE, UWE (2004), S. 214; KEUPER, FRANK u.a. (2008), S. 370; OSSADNIK, WOLFGANG (2009), S. 119; RECKENFELDERBÄUMER, MARTIN (1998), S. 75; WILKENS, KLAUS (2004), S. 356.

Da für die lmn-Prozesse mangels Kostentreiber keine Prozesskostensätze gebildet werden können, werden die auf lmn-Prozesse entfallenen Kosten in der Praxis überwiegend auf die lmi-Teilprozesskosten anhand einer der beiden Formeln geschlüsselt:[352]

- $$Umlage_i^{lmn} = \frac{\sum_{j=1}^{m} Teilprozesskosten_j^{lmn}}{\sum_{i=1}^{n} MA\text{-}Anteil_i^{lmi}} \times MA\text{-}Anteil_i^{lmi}$$

- $$Umlage_i^{lmn} = \frac{\sum_{j=1}^{m} Teilprozesskosten_j^{lmn}}{\sum_{i=1}^{n} Teilprozesskosten_i^{lmi}} \times Teilprozesskosten_i^{lmi}$$

$Umlage_i^{lmn}$ – die einem i-ten lmi-Teilprozess zugerechneten lmn-Teilprozesskosten

m – Anzahl der lmn-Teilprozesse

n – Anzahl der lmi-Teilprozesse

$Teilprozesskosten_j^{lmn}$ – die umzulegenden Teilprozesskosten des j-ten lmn-Teilprozesses

$MA\text{-}Anteil_i^{lmi}$ – Anteil der gesamten Kostenstellenkapazität, der auf den i-ten lmi-Teilprozess entfällt

$Teilprozesskosten_i^{lmi}$ – die Teilprozesskosten des i-ten lmi-Teilprozesses

Alternativ zur Umlage können die gesamten lmn-Teilprozesskosten mit einem prozentualen Zuschlagssatz (z.B. als Prozentsatz der Herstellkosten) verrechnet werden.[353] Auf die Verteilung der lmn-Teilprozesskosten kann auch verzichtet werden, wenn sie ähnlich wie bei einer Fixkostendeckungsrechnung in einem Block erfasst und vor dem Ergebnis ausgewiesen werden.[354]

Nach der Umlage der lmn-Teilprozesskosten können die gesamten Teilprozesskostensätze für einzelne Teilprozesse wie folgt berechnet werden:

$$Teilprozesskostensatz_i^{gesamt} = \frac{Teilprozesskosten_i^{lmi} + Umlage_i^{lmn}}{Teilprozessmenge_i}$$

Anschließend ist für jede Kostenstelle des zu untersuchenden Bereiches ein Teilprozesskostenblatt zu erstellen, das alle kostenstellenspezifischen Daten beinhaltet. Weiterhin werden in einer Schnittstellenübersicht Referenzen zu den Vorgängern und Nachfolgern der betrachteten Teilprozesse für spätere Prozesshierarchiebildung gebildet.[355] Diese Information wird im weiteren Verlauf zur Prozesshierarchiebildung in der Hauptprozessanalyse genutzt.

---

352 Vgl. Ewert, Ralf/Wagenhofer, Alfred (2008), S. 684; Götze, Uwe (2004), S. 214; Joos-Sachse, Thomas (2006), S. 327f.; Kieninger, Michael (1991), S. 1096; Ossadnik, Wolfgang (2009), S. 119.

353 Vgl. Ewert, Ralf/Wagenhofer, Alfred (2008), S. 684; Joos-Sachse, Thomas (2006), S. 328.

354 Vgl. Coenenberg, Adolf G./Fischer, Thomas M./Günther, Thomas (2009), S. 160; Ewert, Ralf/Wagenhofer, Alfred (2008), S. 684.

355 Vgl. Remer, Detlef (2005), S. 127f.

Teilprozesskostenblatt										
Kostenstelle:	Anzahl der Mitarbeiter		Personalkosten (TEUR)		Sachkosten (TEUR)		Sonstige Kosten (TEUR)		Total Kosten (TEUR)	
Verantwortlicher/r:	**Plan**	**Ist**	**Plan**	**Ist**	**Plan**	**Ist**	**Plan**	**Ist**	**Plan**	**Ist**
Kapazität	7	7	760	784	130	127	15	27	905	938

Teilprozessbezeichnung	Nr. der Tätigkeiten	Kostentreiber Anzahl der …	Mengen der Kostentreiber p. a.	Kapazitätsverbrauch, p. a.		Teilprozesskosten p. a. (in vollen €)			TP-Kostensatz p. a. in €	
				in %	MA	lmi	Umlage	gesamt	lmi	gesamt
1. Selbstkosten ermitteln	2,3,12,13,16,19,22, …	… Aufträge	1245	8,6	0,602	77830	5233	83063	62,51	66,72
2. Kostenplanung und -kontrolle	2,3,11,12,13,18,19, …	… Kostenstellen	62	7,1	0,497	64255	4320	68575	1036,4	1106,1
3. Fremde Rechnungen verwalten	23,34,36,38,40, …	… Rechnungen	4580	3,8	0,266	34390	2312	36702	7,51	8,07
…	…	…	…	…	…	…	…	….	…	…
Summer aller lmi Teilprozesse				93,7	6,559	847985	57015	905000	X	X
19. Abteilung leiten	94,95,96	X	X	6,3	0,441	X	(57015)	X	X	X
Summe aller lmn Teilprozesse				6,3	0,441	X	(57015)	X	X	X
Summe aller Teilprozesse				100	7,00	847985	0	905000	X	X

Tabelle 11: Ein Beispiel für das Teilprozesskostenblatt[356]

[356] Vgl. REMER, DETLEF (2005), S. 126.

<table>
<tr><th colspan="14">Schnittstellenübersicht</th></tr>
<tr><td colspan="4" rowspan="3">Kostenstellen des Untersuchungsbereiches:
(…)</td><td colspan="2">Anzahl der Mitarbeiter</td><td colspan="2">Personalkosten (TEUR)</td><td colspan="2">Sachkosten (TEUR)</td><td colspan="2">Sonstige Kosten (TEUR)</td><td colspan="2">Total Kosten (TEUR)</td></tr>
<tr><td>Plan</td><td>Ist</td><td>Plan</td><td>Ist</td><td>Plan</td><td>Ist</td><td>Plan</td><td>Ist</td><td>Plan</td><td>Ist</td></tr>
<tr><td>52</td><td>53</td><td>5720</td><td>5791</td><td>1205</td><td>1095</td><td>105</td><td>107</td><td>7030</td><td>6993</td></tr>
<tr><td rowspan="2">Input
(woher?)</td><td colspan="5">Teilprozess</td><td colspan="2" rowspan="2">Kostentreiber
Anzahl der …</td><td colspan="2" rowspan="2">Menge der Kostentreiber p. a.</td><td colspan="2" rowspan="2">Kapazitäts-verbrauch p.a., in MA</td><td colspan="2" rowspan="2">Output
(wohin?)</td></tr>
<tr><td>Nr.</td><td>Kostenstelle</td><td colspan="3">Bezeichnung</td></tr>
<tr><td>Vertrieb</td><td>AV-60-003</td><td>Arbeits-vorbereitung</td><td colspan="3">Maschinen umrüsten</td><td colspan="2">… Umrüstungen</td><td colspan="2">780</td><td colspan="2">1,541</td><td colspan="2">Fertigung</td></tr>
<tr><td>Geschäftsführung</td><td>RW-48-002</td><td>Rechnungswesen</td><td colspan="3">Kostenplanung und -kontrolle</td><td colspan="2">… Kostenstellen</td><td colspan="2">62</td><td colspan="2">0,497</td><td colspan="2">alle Kostenstellen</td></tr>
<tr><td>Fertigwarenlager</td><td>AT-36-001</td><td>Transport</td><td colspan="3">Fertigwaren transportieren</td><td colspan="2">… gefahrenen Kilometer</td><td colspan="2">320000</td><td colspan="2">2,682</td><td colspan="2">Rechnungswesen</td></tr>
<tr><td>Geschäftsleitung</td><td>V-18-002</td><td>Vertrieb</td><td colspan="3">Neue Kunden gewinnen</td><td colspan="2">… Kunden-kontakte</td><td colspan="2">1830</td><td colspan="2">2,049</td><td colspan="2">Fertigung</td></tr>
<tr><td>…</td><td>…</td><td>…</td><td colspan="3">…</td><td colspan="2">…</td><td colspan="2">…</td><td colspan="2">…</td><td colspan="2">…</td></tr>
<tr><td colspan="10" align="right">Summe MA-Anteile lmi Teilprozesse</td><td colspan="2">47,14</td><td colspan="2"></td></tr>
<tr><td colspan="10" align="right">Summe MA-Anteile lmn Teilprozesse</td><td colspan="2">4,86</td><td colspan="2"></td></tr>
<tr><td colspan="10" align="right">Summe MA-anteil lmi+lmn Teilprzesse</td><td colspan="2">52,00</td><td colspan="2"></td></tr>
</table>

Tabelle 12: Ein Beispiel für die Schnittstellenübersicht[357]

[357] Vgl. Remer, Detlef (2005), S. 12.

3.6.5.4 Time-Driven Activity Based Costing

Es ist durchaus möglich, dass die über alle Teilprozesse aufsummierte Mitarbeiterkapazität nicht mit der vorhandenen Kostenstellenkapazität übereinstimmt. Eine solche Abweichung deutet auf eventuelle Fehler bei der Bestimmung der Prozessmengen oder der Ausführungszeiten hin. Ebenso kann eine solche Abweichung aufzeigen, dass innerhalb der betroffenen Kostenstellen Kapazitätsreserven bestehen. Die in diesem Fall berechneten Kostensätze sind dann zu hoch, weil sie die Kosten ungenutzter Kapazitäten beinhalten.

Es wurde bereits gezeigt, dass die Teilprozesskostensätze von der jeweiligen Kostentreibermenge abhängen. Deshalb führt z.B. die Verringerung der Kostentreibermenge zu einer Erhöhung des Prozesskostensatzes und in der Folge zum Anstieg der kalkulierten Preise. Um Preisschwankungen zu verhindern, wäre es notwendig, für die Berechnung der Prozesskostensätze die maximale Kostentreibermenge heranzuziehen.[358] In der Praxis stehen jedoch die tatsächlich realisierten Kostentreibermengen im Vordergrund, weil die maximale Kostentreibermenge nur schwer ermittelt werden kann.[359]

Um Kapazitätsreserven oder Kapazitätsengpässe innerhalb einer Kostenstelle aufzudecken, wurde die Prozesskostenrechnung zur zeitgesteuerten Prozesskostenrechnung (*Time-Driven Activity Based Costing*) weiterentwickelt.[360] Dieser Ansatz zielt vor allem auf die Verrechnung der Kosten der genutzten Kostenstellenkapazitäten auf die Kalkulationsobjekte ab. Darüber hinaus ermöglicht die zeitgesteuerte Prozesskostenrechnung eine schnellere und weniger aufwendige Aktualisierung des Systems. Dies ist deshalb von Bedeutung, weil der Aktualisierungsaufwand eine der größten Hürden der Prozesskostenrechnung darstellt.[361] Schließlich leistet die zeitgesteuerte Prozesskostenrechnung einen entscheidenden Beitrag zur Beherrschung der Prozessvielfalt.[362]

---

358 Vgl. CONERS, ANDRÉ/VON DER HARDT, GERRIT (2004), S. 110.

359 Vgl. BRUGGEMAN, WERNER/MOREELS, KRIS (2003), S. 56f.

360 Vgl. BRUGGEMAN, WERNER/MOREELS, KRIS (2003), S. 51-66; BRUGGEMAN, WERNER/MOREELS, KRIS (2004), S. 597-602; CONERS, ANDRÉ (2003), S. 255-259; GROB, HEINZ LOTHAR/BENSBERG, FRANK/CONERS, ANDRÉ (2004), S. 603-611; KAPLAN, ROBERT S./ANDERSON, STEVEN R. (2004), S. 131-138; MAYER, REINHOLD/CONERS, ANDRÉ/VON DER HARDT, GERRIT (2005), S. 134-136.

361 Vgl. CONERS, ANDRÉ (2003), S. 257f.; KAPLAN, ROBERT S./ANDERSON, STEVEN R. (2004), S. 132; MAYER, REINHOLD/CONERS, ANDRÉ/VON DER HARDT, GERRIT (2005), S. 133.

362 Vgl. CONERS, ANDRÉ (2007), S. 343.

Bei der zeitgesteuerten Prozesskostenrechnung ergibt sich der Prozesskostensatz aus der Multiplikation der Ausführungszeit mit dem Stundenkostensatz.[363] Der Stundenkostensatz wird aus der Division der Kostenstellenkosten durch die in Zeiteinheiten ausgedrückte produktive Mitarbeiterkapazität berechnet.[364] Im Vorfeld ist deshalb die theoretisch verfügbare Mitarbeiterkapazität um die unproduktiven Zeiten zu bereinigen. Eine solche Bereinigung erfolgt im Rahmen einer Schätzung durch den Kostenstellenleiter.[365] Weiterhin ist die Zeit, die eine einmalige Ausführung eines Teilprozesses in Anspruch nimmt, entweder durch Schätzung, durch direktes Beobachten oder aufgrund von REFA-Studien zu ermitteln. Eine solche Vorgehensweise ermöglicht eine schnelle und kostengünstige Aktualisierung der Prozesskostensätze.[366] Der Aktualisierungsbedarf bei der zeitgesteuerten Prozesskostenrechnung wird durch folgende Ereignisse ausgelöst:[367] Zum einen können sich die Mitarbeiterkosten ändern, was eine Änderung des Stundenkostensatzes nach sich zieht. Zum zweiten kann die Ausführungsdauer des Prozesses durch entsprechende Maßnahmen verringert worden sein, was sich ebenfalls auf den Prozesskostensatz auswirkt.

Im Rahmen der zeitorientierten Prozesskostenrechnung werden zeitorientierte Kostentreiber verwendet. Diese stellen die Sollzeit für die einmalige Ausführung eines Teilprozesses dar. Sie ersetzen die bisher verwendeten mengenmäßigen Kostentreiber. Durch mengenmäßige Kostentreiber wird unterstellt, dass jede Ausführung eines Prozesses ein und dieselbe Menge an Ressourcen verbraucht. Das muss aber nicht der Realität entsprechen, denn die für die Prozessausführung benötigte Zeit ist von vielen Faktoren beeinflussbar.[368] Um zu einer realitätsgerechten Schätzung der Ausführungszeit zu gelangen, sollte jede Variante des Teilprozesses einzeln untersucht und als gesonderter Teilprozess in die Prozesskostenrechnung einbezogen werden. Dies ist allerdings mit dem Nachteil verbunden, dass sich die Anzahl der betrachteten Teilprozesse potenziert.[369] Berücksichtigt man, dass zu dem damit verbundenen Aktualisierungsaufwand auch noch aufwendige Erhebungen in Form der Selbstaufschreibung durch Mitarbeiter

---

363 Vgl. Groß, Heinz Lothar/Bensberg, Frank/Coners, André (2004), S. 604.

364 Vgl. Coners, André/von der Hardt, Gerrit (2004), S. 111.

365 Vgl. Kaplan, Robert S./Anderson, Steven R. (2004), S. 133.

366 Vgl. Coners, André/von der Hardt, Gerrit (2004), S. 111.

367 Vgl. Coners, André (2003), S. 259; Kaplan, Robert S./Anderson, Steven R. (2004), S. 134; Mayer, Reinhold/Coners, André/von der Hardt, Gerrit (2005), S. 135.

368 Vgl. Groß, Heinz Lothar/Bensberg, Frank/Coners, André (2004), S. 603.

369 Vgl. Götze, Uwe (2004), S. 229f.; Joos-Sachse, Thomas (2006), S. 339; Mayer, Reinhold/Coners, André/von der Hardt, Gerrit (2005), S. 133.

hinzukommen können, entstehen erhebliche Zweifel, ob ein solcher Vorschlag im Rahmen der Prozesskostenrechnung praktisch umsetzbar ist.[370]

Um angesichts der drohenden Prozessvielfalt zu einem praktisch realisierbaren Konzept zu gelangen, werden die Prozesse im Rahmen der zeitgesteuerten Prozesskostenrechnung zunächst in Äquivalenzklassen eingeteilt.[371] Die Bestimmung des Ressourcenverbrauchs einer Prozessvariante erfolgt dann innerhalb einer Äquivalenzklasse mit Hilfe einer Zeitverbrauchsfunktion, die für jede Äquivalenzklasse definiert werden muss.[372] Soll beispielsweise die Dauer eines bestimmten Prozesses innerhalb der Klasse „Kreditantrag bearbeiten" ermittelt werden, dann sind hierzu entsprechende Kriterien zu berücksichtigen, die in Form der unten stehenden Regel in eine Zeitverbrauchsfunktion überführt werden können.

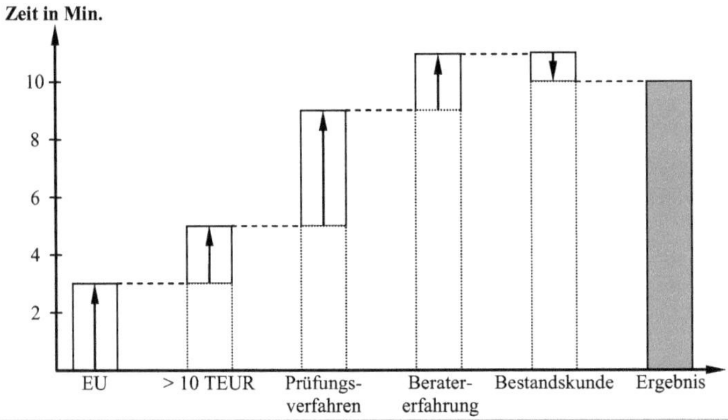

- Wenn der Kundensitz innerhalb der EU liegt, dann rechne dem Prozess 3 Min. zu, sonst 5 Min.
- Ist das Kreditvolumen > 10 TEUR, dann addiere 2 Min.
- Falls komplexere Kreditwürdigkeitsprüfung erforderlich, dann addiere 4 Min.
- Falls der Kundenberater nicht regelmäßig Kreditprodukte berät, dann addiere weitere 2 Min.
- Bei Bestandskunden subtrahiere 1 Min.

Abbildung 44: Beispiel einer Zeitverbrauchsfunktion[373]

[370] Vgl. Fröhling, Oliver (1991), S. 727.

[371] Vgl. Coners, André (2007), S. 343.

[372] Vgl. Coners, André (2003), S. 258; Coners, André/von der Hardt, Gerrit (2004), S. 112; Grob, Heinz Lothar/Bensberg, Frank/Coners, André (2004), S. 603f.; Kaplan, Robert S./Anderson, Steven R. (2004), S. 93f.

[373] Vgl. Grob, Heinz Lothar/Bensberg, Frank/Coners, André (2004), S. 604; Mayer, Reinhold/Coners, André/von der Hardt, Gerrit (2005), S. 134.

3.6.6 Hauptprozessanalyse und Bildung einer Prozesshierarchie

In diesem Schritt werden alle lmi-Teilprozesse zu Hauptprozessen verdichtet. Die Hauptprozesse bilden die Grundlage für eine prozessorientierte Kalkulation und ermöglichen die Identifikation der wichtigsten Kostentreiber.[374] Bei der Hauptprozessanalyse empfiehlt es sich, auf den bereits zu Beginn der Prozesskostenrechnung gebildeten vorläufigen Hauptprozesskatalog zurückzugreifen.[375] Die Bildung der Hauptprozesse kann in der Praxis eine große Herausforderung darstellen.[376] Denn zum einen sollte die Anzahl der gewählten Hauptprozesse möglichst gering gehalten werden, um die Übersicht nicht zu verlieren. Zum anderen soll die Anzahl der Hauptprozesse ausreichend groß sein, um die anfallenden Gemeinkosten möglichst genau erklären zu können.[377]

Hauptprozesse werden durch die Zusammenfassung von sachlich zusammengehörigen Teilprozessen einer oder mehrerer Kostenstellen gebildet.[378] Grundsätzlich lassen sich vier Varianten der Verdichtung von Teilprozessen zu Hauptprozessen unterscheiden: [379]

- Mehrere Teilprozesse unterschiedlicher Kostenstellen werden zu einem Hauptprozess zusammengefasst.
- Ein Hauptprozess wird aus mehreren Teilprozessen einer Kostenstelle gebildet.
- Ein Hauptprozess wird durch einen einzigen Teilprozess dargestellt, wobei in der betreffenden Kostenstelle neben diesem Teilprozess noch weitere Teilprozesse vorhanden sind.
- Ein einziger Teilprozess der Kostenstelle begründet einen Hauptprozess.

Die nachstehende Abbildung zeigt auf, dass jeder Teilprozess sowohl einer bestimmten Kostenstelle als auch mindestens einem Hauptprozess zugeordnet wird.[380] Eine graphische Analyse der Verdichtung der Teilprozesse zu den Hauptprozessen hilft, Schnittstellenprobleme zu erkennen. Solche Schnittstellenprobleme können beispielsweise entste-

---

374 Vgl. KÜTING, KARLHEINZ/LORSON, PETER (1995), S. 90.

375 Vgl. GÖTZE, UWE (2004), S. 214.

376 Vgl. MAYER, REINHOLD (1990b), S. 310.

377 Vgl. BRÜHL, ROLF (2004), S. 140.

378 Vgl. GÖTZE, UWE (2004), S. 215.

379 Vgl. FISCHER, HEINRICH (1996), S. 96f.; GÖTZE, UWE (2004), S. 215; KEUPER, FRANK u.a. (2008), S. 370; KREMIN-BUCH, BEATE (2007), S. 46; MAYER, REINHOLD (1990b), S. 310f.; MICHEL, RUDOLF/TORSPECKEN, HANS-DIETER/JANDT, JÜRGEN (2004), S. 280; REMER, DETLEF (1997), S. 31f.

380 Vgl. REMER, DETLEF (2005), S. 135f.

hen, wenn ein Hauptprozess aus Teilprozessen mehrerer Kostenstellen besteht oder wenn die Teilprozesse einer Kostenstelle mehreren Hauptprozessen zugeordnet sind.[381]

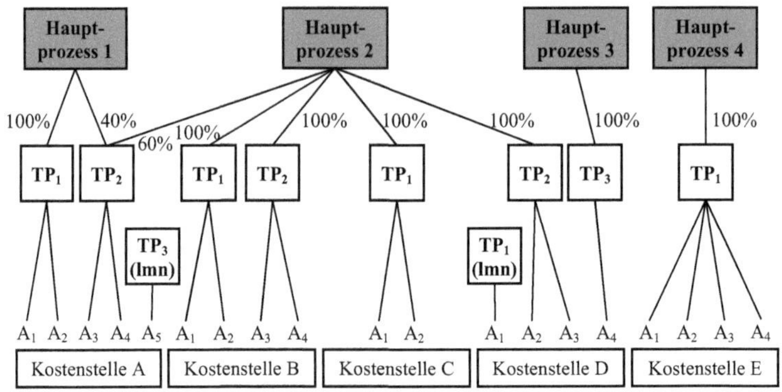

Abbildung 45: Mögliche Varianten der Bildung der Hauptprozesse[382]

Bei der Prozessverdichtung muss der Kostentreiber des Hauptprozesses mit den Kostentreibern der zugeordneten Teilprozesse identisch sein oder in einem festen Verhältnis zu diesen stehen.[383] Nur dann können die Prozessmengen der Teilprozesse in eine entsprechende Prozessmenge des Hauptprozesses umgerechnet werden.[384] In der Praxis wird diese Anforderung nur schwer zu erfüllen sein.[385] Als Lösung bietet sich an, als Kostentreiber des Hauptprozesses den Kostentreiber des bedeutendsten Teilprozesses auszuwählen.[386] Üblicherweise wird dies jener Teilprozess sein, der innerhalb des Hauptprozesses die meisten Kosten verursacht. Eine andere Möglichkeit, eine Beziehung zwischen dem Kostentreiber des Hauptprozesses mit den Kostentreibern der Teilprozesse herzustellen, besteht in der Ermittlung der so genannten Prozesskoeffizienten. Dieser gibt an, wie viel Wiederholungen eines Teilprozesses für eine Ausführung des Hauptprozesses notwendig sind.[387] Weisen einige Kostentreiber der Teilprozesse keine sinnvolle Beziehung zum Kostentreiber des Hauptprozesses auf, müssen die nicht passenden Kostentreiber durch andere Bezugsgrößen ersetzt werden. Gegebenenfalls muss die Be-

381 Vgl. CEYNOWA, KLAUS/CONERS, ANDRÉ/GROB, HEINZ LOTHAR (2000), S. 532.

382 Vgl. REMER, DETLEF (2005), S. 31.

383 Vgl. EWERT, RALF/WAGENHOFER, ALFRED (2008), S. 685; GÖTZE, UWE (2004), S. 215; JOOS-SACHSE, THOMAS (2006), S. 328; ZIRKLER, BERND (1999), S. 354.

384 Vgl. GLASER, HORST (1992), S. 278; GÖTZE, UWE/MEYERHOFF, JENS CHRISTIAN (1993), S. 74.

385 Vgl. KREMIN-BUCH, BEATE (2007), S. 52.

386 Vgl. REMER, DETLEF (2005), S. 133-135.

387 Vgl. KREMIN-BUCH, BEATE (2007), S. 53f.

stimmung der Teil- und Hauptprozesse sowie der zugehörigen Kostentreiber revidiert werden.

Nach der Festlegung der Kostentreiber ist die Hauptprozessmenge zu bestimmen. Diese gibt an, wie häufig sich der Hauptprozess in einer Periode wiederholt. In der einschlägigen Literatur fehlen vielfach die Hinweise, wie die Hauptprozessmenge zu bestimmen ist. Im einfachsten Fall lässt sich die Hauptprozessmenge bestimmen, indem die Teilprozessmenge dem Hauptprozess anteilig zugerechnet wird.[388] Diese Methode ist indes nur dann zulässig, wenn der Kostentreiber des Hauptprozesses dem Kostentreiber des jeweiligen Teilprozesses entspricht. Ansonsten muss die Hauptprozessmenge unter Berücksichtigung der Teilprozessmengen analytisch geplant werden.

Im Anschluss an die Ermittlung der Hauptprozessmengen lassen sich die Hauptprozesskostensätze wie folgt berechnen:

$$HP\text{-}Kostensatz_j = \frac{\sum_{i=1}^{n} TP\text{-}Kosten_i^{gesamt} \times Zuordnungsanteil_i^j}{Hauptprozessmenge_j}$$

$HP\text{-}Kostensatz_j$ – Kostensatz des j-ten Hauptprozesses

n – Anzahl der Teilprozesse

$TP\text{-}Kosten_i^{gesamt}$ – die gesamten Prozesskosten des i-ten Teilprozesses

$Zuordnungsanteil_i^j$ – Zuordnungsanteil des i-ten Teilprozesses zum j-ten Hauptprozess

$Hauptprozessmenge_j$ – Prozessmenge des j-ten Hauptprozesses

Durch die Verdichtung von Teilprozessen zu Hauptprozessen ist die Bildung der Prozesshierarchie innerhalb des zu untersuchenden Bereiches abgeschlossen. Die nachfolgende Abbildung zeigt ein entsprechendes Beispiel:

388 Vgl. MICHEL, RUDOLF/TORSPECKEN, HANS-DIETER/JANDT, JÜRGEN (2004), S. 281.

Hauptprozesshierarchie				
Bezeichnung des Hauptprozesses:	**Kostentreiber:**		**Prozessmenge:**	
Kunden betreuen	Anzahl der Kunden		1240	
Teilprozess	Kostenstelle	TP-Kosten nach der Umlage	Zuordnungs-anteil	Auf den HP zugeordnete TP-Kosten
1. Kunden besuchen	Vertrieb	290189	70%	203132
2. Kunden per Telefon kontaktieren	Vertrieb	16543	28%	4632
3. Kunden per Post kontaktieren	Vertrieb	71521	15%	10728
4. Produktkataloge verschicken	Marketing	178540	74%	132120
5. Internetseite aktualisieren	IT	29406	30%	8822
6. Kundenveranstaltungen organisieren	Marketing	490174	40%	196070
7. Kunden beraten und schulen	Servicedienst	86871	100%	86871
8. Vertriebspersonal schulen	Ausbildung	29402	15%	4410
9. Kundengeschenke kaufen	Marketing	18560	100%	18560
...	...	...	...	...
			Summe	574071
			Hauptprozesskostensatz	462,96

Tabelle 13: Ein Beispiel zur Prozesshierarchie[389]

3.7 Würdigung der Prozesskostenrechnung für das Prozesscontrolling

Die Prozesskostenrechnung integriert die indirekten Bereiche in die konventionelle Kostenrechnung und versucht, die dort entstehenden Kosten nicht pauschal über Schlüssel oder Äquivalenzziffern auf die Kostenträger umzulegen, sondern differenziert über Kostentreiber.[390] Der Vorteil der Prozesskostenrechnung liegt vor allem in der Abbildung der Komplexität und des Variantenreichtums der Leistungserbringung. Die Komplexität und der Variantenreichtum stellen die beiden wichtigsten kostenbestimmenden Faktoren in den indirekten Bereichen dar.[391] Während die traditionelle Vollkostenrechnung eine gleichmäßige Inanspruchnahme der Ressourcen durch die einzelnen Produkte unterstellt, geht die Prozesskostenrechnung von einer unterschiedlichen Ressourcennut-

389 In Anlehnung an Remer, Detlef (2005), S. 143.

390 Vgl. Glaser, Horst (1992), S. 276; Lelke, Carsten/Kress, Stephan (1998), S. 151.

391 Vgl. Grzegotowski, Tanja/Warnick, Bernd (1991), S. 162; Joos-Sachse, Thomas (2006), S. 336; Schulte, Christof (1989), S. 61-63.

zung durch heterogene Produkte aus.[392] So werden die Produkte, die aus einer Vielzahl von Teilen bestehen, mit höheren Gemeinkosten belastet als die einfachen, aus wenigen Teilen bestehenden Produkte. Denn nicht die Einzelkosten eines Produktes treiben die Gemeinkosten in die Höhe, sondern die Anzahl der Produktvarianten, die Produktkomplexität und die Auftragsgröße.[393]

Allerdings handelt es sich bei der Prozesskostenrechnung nicht nur um ein Instrument des Kostenmanagements, sondern um einen Ansatz, der das Prozesscontrolling unterstützt. Denn die Prozesskostenrechnung ermöglicht es, neben der verursachungsgerechten Zuordnung der Gemeinkosten zu Kalkulationsobjekten, die Transparenz der Kostenstruktur der Prozesse herzustellen und damit die Einsparpotentiale aufzuspüren. Dieser Informationsgewinn hilft, Schwachstellen in der Ablauforganisation zu identifizieren und nichtwertschöpfende oder unwirtschaftliche Prozesse sowie den Betriebsablauf störende Schnittstellen aufzuspüren. Ferner können mit Hilfe der Prozesskostenrechnung Maßnahmen für die Verbesserung der Ablauforganisation begründet und geplant werden. Liegen mehrere Alternativen vor, wie die Ablauforganisation geändert werden kann, dann unterstützt die Prozesskostenrechnung die Auswahlentscheidung, indem sie die kostenmäßigen Auswirkungen des jeweiligen Eingriffs offenlegt.

Der Aussagewert der Prozesskostenrechnung wird allerdings durch methodische Defizite und Implementierungsprobleme eingeschränkt: „In der Praxis der Prozesskostenrechnung scheint noch sehr viel geschätzt, geschlüsselt, vereinfacht, zusammengezogen, vergröbert, proportionalisiert, unterstellt und vernachlässigt zu werden.“[394]

- Personalkosten werden den Teilprozessen entsprechend dem Zeitaufwand zugeordnet, der meist nur geschätzt ist,
- die restlichen Kostenstellengemeinkosten werden proportional zu den jeweiligen Prozesspersonalkosten verteilt,
- Kosten von leistungsmengenneutralen Prozessen werden proportional zu den Kosten der leistungsmengeninduzierten Prozesse geschlüsselt,

---

392 Vgl. Beischel, Mark E. (1990), S. 53; Coenenberg, Adolf G./Fischer, Thomas M./Günther, Thomas (2009), S. 164f.

393 Vgl. Coenenberg, Adolf G./Fischer, Thomas M./Günther, Thomas (2009), S. 144; Ewert, Ralf/Wagenhofer, Alfred (2008), S. 270f.; Götze, Uwe (2004), S. 224f.; Keuper, Frank u.a. (2008), S. 369; Kremin-Buch, Beate (2007), S. 34f.; Meeh, Gunther/Wellmann, Tobias (2008), S. 552.

394 Seicht, Gerhard (1999), S. 569; ähnlich Ewert, Ralf/Wagenhofer, Alfred (2008), S. 689; Glaser, Horst (1992), 287f.; Michel, Rudolf/Torspecken, Hans-Dieter/Jandt, Jürgen (2004), S. 311f; Weber, Jürgen/Schäffer, Utz (2008), S. 151.

- bei der Bildung von Prozesskostensätzen werden die Prozesskosten durch die Umlage auf eine Prozesseinheit proportionalisiert,
- Prozesskosten werden auf einzelne Kalkulationsobjekte anhand von Prozesskoeffizienten geschlüsselt.

Kritisiert wird auch, dass im Rahmen der Prozesskostenrechnung Gemeinkosten verrechnet werden, die keinen direkten Bezug zu den Kalkulationsobjekten haben.[395] Darüber hinaus basiert der Einsatz der Prozesskostenrechnung auf Annahmen, die in der Praxis nur in Einzelfällen erfüllt sein dürften:[396] Beispielsweise geht man davon aus, dass alle relevanten Teilprozesse erfasst werden können und tatsächlich erfasst worden sind. Weiterhin wird unterstellt, dass die in der Prozesskostenrechnung getroffene Zuordnung von Teilprozessen zu Hauptprozessen den realen Gegebenheiten entspricht. Ebenso wird unterstellt, dass Prozessmengen und Prozesskosten zutreffend und realitätsnah geplant und ermittelt werden können. Schließlich wird vorausgesetzt, dass ein kausaler Zusammenhang zwischen der hergestellten Produktmenge und den Haupt- und Teilprozessmengen besteht und dass dieser quantifiziert werden kann.

Bei der Implementierung der Prozesskostenrechnung tritt eine Reihe an Problemen auf: Bereits in der ersten Phase, der Tätigkeitsanalyse, ist mit erheblichen psychologischen Widerständen der Mitarbeiter zu rechnen.[397] Für die Prozessanalyse und die Prozesshierarchiebildung, für die Bestimmung von Kostentreibern und die Ermittlung von Prozessmengen sowie für die Zuordnung der Kosten zu Prozessen existieren keine allgemeingültigen Regeln.[398] Der Grund dafür besteht darin, dass die Prozesskostenrechnung fast ausschließlich unternehmensindividuell eingeführt und betrieben wird, so dass sich keine Typisierungen herausbilden konnten.[399]

Ungeachtet der zum Teil harschen Kritik hat sich das Konzept der Prozesskostenrechnung in Deutschland mittlerweile etabliert, was sich anhand zahlreicher Implementierungen belegen lässt. Demzufolge kann das Prozesscontrolling nicht auf die Einbeziehung der Prozesskostenrechnung verzichten.

---

395 Vgl. Götze, Uwe/Meyerhoff, Jens Christian (1993), S. 86f.

396 Vgl. Götze, Uwe (1997), S. 163; Remer, Detlef (1997), S. 57f.; Schweitzer, Marcell/Küpper, Hans-Ulrich (2008), S. 374f.

397 Vgl. Götze, Uwe/Meyerhoff, Jens Christian (1993), S. 89; Pfohl, Hans-Christian / Stölzle, Wolfgang (1991), S. 1293; Reckenfelderbäumer, Martin (1998), S. 143; Schweikart, Jörg (1997), S. 172; Götze, Uwe (2004), S. 226.

398 Vgl. Götze, Uwe/Meyerhoff, Jens Christian (1993), S. 88.

399 Vgl. Götze, Uwe (1997), S. 165.

„Ein Unternehmen bietet dann hohe Qualität, wenn es die Erwartungen seiner Kunden in hohem Maße erfüllt. Es sind die Kunden, nicht die Mitarbeiter und nicht die Manager, welche bestimmen, was Qualität ist."

Unbekannter Autor

4 Qualität als Messgröße der Prozessleistung

Es ist unumstritten, dass der Erfolg eines Unternehmens positiv mit der Qualität einer erbrachten Leistung korreliert ist.[400] Die Qualität dieser Leistung ist von der Qualität der Prozesse abhängig, die an der Erbringung dieser Leistung direkt oder indirekt beteiligt sind. Ein Prozessergebnis besitzt nur dann eine ausreichende Qualität, wenn es den Kundenanforderungen genügt. Dabei soll jeder Prozess gleichzeitig als ein interner Kunde des vorausgehenden Prozesses und als interner Lieferant des nachgelagerten Prozesses betrachtet werden. Nur wenn die Anforderungen der internen Kunden erfüllt sind, wird auch die gesamte Prozessleistung den Anforderungen eines externen Kunden gerecht. Je weniger das Prozessergebnis von den Kundenwünschen abweicht, umso besser ist die Prozessqualität. Demzufolge kann die Prozessqualität als Maßstab für die Eignung eines Prozesses angesehen werden, das Prozessergebnis fehlerfrei und im Einklang mit den Kundenerwartungen zu liefern.

4.1 Begriff und Wesen der Qualität

Der Begriff „Qualität" entspringt dem lateinischen Wort „qualitas", was sich ins Deutsche als Beschaffenheit bzw. Eigenschaft übersetzen lässt. Diese Übersetzung macht deutlich, dass dieser Begriff nur in Bezug auf etwas Konkretes eindeutig definiert werden kann, was allerdings einen großen Spielraum für seine Auslegung offen lässt.[401] Deshalb ist dieser Begriff sehr stark durch subjektive Vorstellungen geprägt, so dass er innerhalb und außerhalb des Unternehmens völlig anders interpretiert werden kann.[402]

---

400 Vgl. Barrantes, Luis (2008), S. 10f.; Ebel, Bernd (2003), S. 60; Fröhling, Oliver (1996), Sp. 1735; Herberg, Christiane (2000), S. 35; Meyer, Jürgen (1988)

401 Vgl. Bruhn, Manfred (2008), S. 33; Geiger, Walter/Kotte, Willi (2008), S. 67; Lisowsky, Arthur (1928), S. 17-21.

402 Vgl. Fröhling, Oliver/Wullenkord, Axel (1991), S. 171.

Das beweisen unten aufgeführte Ergebnisse der Befragung von Managementkräften, die in ihren Unternehmen für das Qualitätsmanagement zuständig sind.

Anteil	Antwort: Beschriebener Begriffsinhalt soweit aus der Antwort erkennbar
35,2 %	Erfüllung der Qualitätsforderung
11,6%	Qualitätsmanagement
11,3%	Erklärung mit Benennungen anderer Begriffe, wie Güte, Gebrauchstauglichkeit, Funktionsfähigkeit, Zweckeignung und zwar ohne dass die betreffenden zugehörigen Begriffe erklärt worden wären.
10,7%	Anderer Begriffsinhalt, unterschiedliche Einzelbeschreibungen mit einem jeweils nicht aus der Gemeinsprache stammenden Begriffsinhalt, wie „Versuch, Güter besser zu machen", „Service am Kunden", „Gute Ware", „Sicherung des Absatzes" …
9,4%	Zusammenstellung von Begriffsinhalten aus dem Qualitätsmanagement (von bis zu 8 unterschiedlichen). Vermutlich Prüfungseffekt: Man schreibt möglichst viel hin, „irgendetwas wird dann schon stimmen".
6,5%	Qualitätsforderung, sehr unterschiedlich bezeichnet und beschrieben. Die Antworten sind jedoch dem Sinn nach zweifelsfrei: „Qualität = das was verlangt wird"
5,7%	Richtiger fachlicher Qualitätsbegriff, kurz: „Realisierte Beschaffenheit bezüglich Qualitätsforderung"
5,2%	Beschaffenheit oder Zustand, offenbar vom lateinischen „qualitas" abgeleitet
2,0%	Erfüllungsgrad, seltener auch „Maß der Erfüllung"
1,9%	Keine Antwort gewusst oder Unfug hingeschrieben
0,5%	Anspruchsklasse, noch bezeichnet als „Anspruchsniveau"

Tabelle 14: Was verstehen die Führungskräfte unter Qualität?[403]

GARVIN hat sich umfassend mit den unterschiedlichen Definitionen der Qualität befasst und diese in fünf Typen kategorisiert:[404] Er unterscheidet zwischen transzendentem, produktbezogenem, anwenderbezogenem, prozessbezogenem und wertbezogenem Qualitätsbegriff.

Beim *transzendenten Qualitätsbegriff* handelt es sich um eine „philosophische" Auffassung des Qualitätsbegriffs, die für die betriebswirtschaftlichen Probleme kaum relevant ist.[405] Nach diesem Ansatz ist Qualität etwas Einzigartiges und Absolutes und wird von jedem Individuum subjektiv betrachtet.[406] Somit kann die Qualität nur durch subjektive Erfahrungen wahrgenommen und beurteilt werden.[407] Folglich lässt sich nach diesem Ansatz Qualität weder eindeutig messen noch konkretisieren.

403 GEIGER, WALTER (1994), S. 44.

404 Vgl. GARVIN, DAVID A. (1984), S. 25-28.

405 Vgl. ZOLLONDZ, HANS-DIETER (2006), S. 16-18.

406 Vgl. STEINBACH, RALF F. (1997), S. 70.

407 Vgl. SCHILDKNECHT, ROLF (1992), S. 28.

Dem *produktbezogenen Qualitätsbegriff* liegen die physischen Charakteristika eines Produktes zugrunde. Die Qualitätsabweichungen zwischen Produkten werden durch Unterschiede zwischen den Produkteigenschaften begründet. Deshalb lassen sich die Qualitätsabweichungen zwischen Produkten und folglich die Qualität eines Produktes eindeutig und präzise messen. Nach dieser produktbezogenen Sichtweise ist der Nutzen eines Kunden aus dem Produktgebrauch kein Bestandteil der Qualität.[408] Nach diesem objektiven Qualitätsbegriff[409] ist die Verbesserung der Qualität zwangsläufig mit einer Erhöhung der Kosten verbunden.[410] Allerdings birgt die alleinige Fokussierung auf die objektiv messbaren Eigenschaften des Produktes Gefahren in sich, insbesondere wenn man sich an den Vorgaben der eher kundenfremden ISO- und/oder DIN-Normen orientiert.[411] Die Nichtbeachtung der vom Kunden an das Produkt gestellten Anforderungen aufgrund eines auf technische Merkmale reduzierten Qualitätsverständnisses kann zu Misserfolgen führen, d.h. zur Unverkäuflichkeit von technisch einwandfrei funktionierenden Produkten.[412]

Der *anwenderbezogene Qualitätsbegriff* zielt vorrangig auf den Nutzen des Produktes aus Kundensicht ab:[413] „Der Wurm, der an der Angel hängt, muss nicht dem Angler schmecken, sondern dem Fisch".[414] Demgemäß hat jenes Produkt die höchste Qualität, das den Kundenwünschen am ehesten entspricht und die meisten Kunden befriedigt.[415] Dieser Ansicht hat auch einer der Pioniere im Qualitätswesen JOSEPH M. JURAN mit seinem Spruch „Quality means fitness for use" vertreten: Nicht das beste Produkt, sondern das Geeignetste besitze die höchste Qualität. Nach dieser Auffassung kann kein Produkt die absolut beste Qualität besitzen, weil sich die Kundenanforderungen stark voneinander unterscheiden. Dieser subjektive Ansatz setzt Qualität mit Maximierung der Kundenzufriedenheit gleich.[416] Darin besteht zugleich auch das entscheidende Problem dieses Ansatzes: Denn ein millionenfach nachgefragter Bestseller eines modernen

---

408 Vgl. BRÖCKELMANN, JÖRG (1995), S. 12; ZLAMAL, OLIVER (1999), S. 36.

409 Vgl. LISOWSKY, ARTHUR (1928), S. 36-48; RIEGER, HORST R. W. (1962), S. 70-75 zur Unterscheidung zwischen objektiven und subjektiven Qualitätsbegriff

410 Vgl. OESS, ATTILA (1993), S. 31.

411 Vgl. BRAUN, TOBIAS/KOCH, JOCHEN (2002), S. 153f.

412 Vgl. SEIDENSCHWARZ, WERNER (2008), S. 29; STAUDT, ERICH/HORST, HINTERWÄLLER (1982), S. 1016.

413 Vgl. BRUHN, MANFRED (2008). S. 34f.; DILG, CHRISTOPH (2009), S. 150; HAUGER, WOLFGANG (2007), S. 20f.; SCHILDKNECHT, ROLF (1992), S. 28.

414 Es handelt sich dabei um ein Sprichwort.

415 Vgl. BRAUN, JOCHEN (1996), S. 16; FUHRMANN, BERNHARD (1998), S. 213; KERN, WERNER (1997), S. 355; STEINBACH, RALF F. (1997), S. 71.

416 Vgl. HOHN, STEFANIE (2008), S. 221.

Autors muss nicht unbedingt eine höhere Qualität aufweisen als ein klassisches Werk von Goethe.[417]

Nach dem *fertigungsbezogenen Qualitätsbegriff* wird Qualität durch die Einhaltung von festgelegten objektiven oder subjektiven Anforderungen während des Herstellungsprozesses des Produkts definiert.[418] Demnach verfügt dasjenige Produkt über die höchste Qualität, bei dem keine Abweichungen von den vordefinierten Spezifikationen aufgetreten sind.[419] Die primäre Zielsetzung ist dabei, Fehler überhaupt nicht entstehen zu lassen.[420]

Die Qualität nach dem *wertbezogenen Qualitätsbegriff* wird durch das Preis-Leistungs-Verhältnis beurteilt.[421] In diesem Zusammenhang wird über die Erfüllung von bestimmten Anforderungen zu einem akzeptablen Preis gesprochen.[422] Ein Produkt bekommt nach diesem Ansatz eine umso höhere Qualität zuerkannt, je mehr Kunden bereit sind, dieses Produkt zu kaufen. So besitzt ein exzellent konstruiertes und hergestelltes, aber teures Produkt dann eine schlechte Qualität, wenn es nur wenige Kunden kaufen. Kunden akzeptieren mitunter auch ein mangelhaftes Produkt, wenn sein Preis mit ihren Vorstellungen übereinstimmt. Dieses Qualitätsverständnis erhält eine emotionale Schattierung, weil es durch die persönliche Lebensphilosophie des Individuums geprägt ist.[423] Demzufolge lässt sich die Qualität nach diesem Ansatz nicht eindeutig messen.

Die geschilderten Ansätze zum Qualitätsbegriff weisen unmissverständlich darauf hin, dass es nicht einfach ist, die Qualität eines Prozesses oder eines Produktes zu bestimmen: Denn hierzu müsste man die objektiv feststellbaren Eigenschaften eines Produktes, ihre subjektive Wahrnehmung und ihre Einschätzung nach dem Preis-/Leistungsverhältnis durch den Kunden sowie die Qualität der am Markt befindlichen Konkurrenzprodukte unter einen Hut bringen.[424] Ausgehend von der Qualität der Konkurrenzprodukte sollte eine eigene strategische Qualität abgeleitet werden, die in die

417 Vgl. OESS, ATTILA (1993), S. 32.

418 Vgl. BRAUN, TOBIAS/KOCH, JOCHEN (2002), S. 153; BRUHN, MANFRED (2008), S. 34; DILG, CHRISTOPH (2009), S. 149; HAUGER, WOLFGANG (2007), S. 19; SASSE, ALEXANDER (2002), S. 17; STEINBACH, RALF F. (1997), S. 71f.;

419 Vgl. FUHRMANN, BERNHARD (1998), S. 214.

420 Vgl. SCHILDKNECHT, ROLF (1992), S. 28.

421 Vgl. DILG, CHRISTOPH (2009), S. 150; SCHILDKNECHT, ROLF (1992), S. 28; STEINBACH, RALF F. (1997), S. 72.

422 Vgl. SASSE, ALEXANDER (2002), S.20.

423 Vgl. SCHARRER, ERICH (1991), S. 696.

424 Vgl. BRAUN, TOBIAS/KOCH, JOCHEN (2002), S. 157.

operativen Maßnahmen einfließen muss, um die strategischen Qualitätsvorgaben umzusetzen. Aus den operativen Maßnahmen resultiert eine Leistung, deren objektive Qualität vom Produzenten eindeutig beschrieben und deren subjektive Qualität vom Kunden bewertet werden kann. Schließlich führt die Berücksichtigung der wertorientierten Qualität zur Festlegung des Preises. Die wertorientierte Qualität wird wiederum durch die strategische Qualität beeinflusst.

4.2 Entwicklung des Qualitätswesens

Das Qualitätswesen hat parallel zu den technologischen und gesellschaftskulturellen Veränderungen des letzten Jahrhunderts ebenfalls einen grundsätzlichen Wandel erfahren. Dabei lassen sich vier grobe Entwicklungsstufen erkennen: *Inspektion*, *Qualitätskontrolle*, *Qualitätssicherung* und *Qualitätsmanagement*.[425]

Gemäß der *klassischen Qualitätskontrolle* im Sinne einer *Inspektion* lässt sich Qualität mit der Abwesenheit von Fehlern bzw. mit der Einhaltung von festgelegten, in erster Linie technisch orientierten Produktanforderungen gleichsetzen.[426] Ausgehend von der taylorschen Arbeitsspezialisierung oblag die Qualitätskontrolle einer vom Fertigungsbereich unabhängigen Qualitätssicherungsabteilung. Die primäre Aufgabe der dort beschäftigten Spezialisten bestand in der Qualitätskontrolle der Produkte im Sinne einer Endergebnisprüfung, um die Weiterleitung von fehlerhaften Produkten an Endverbraucher zu verhindern.[427] Dies führte lediglich zur Aussortierung bzw. zur Nacharbeit von mangelhaften Produkten, nicht aber zur Aufdeckung und Behebung von Fehlerursachen.[428] Qualität wurde „erprüft“ statt „gefertigt“, was zu einem gestiegenen Personalbedarf für die Durchführung der Qualitätskontrolle führte.[429] Die Kundenbedürfnisse haben damals kaum eine Rolle gespielt und wurden deshalb wenig berücksichtigt.[430]

---

425 Vgl. Bröckelmann, Jörg (1995), S. 3-9; Haist, Fritz/Fromm, Hansjörg (1991), S. 7-13; Ketting, Michael (1999), S. 17-30; Michalik, Claudia C. (2002) S. 13-15; Sasse, Alexander (2002), S. 61-72; Scharrer, Erich (1991), S. 701-711; Schmitt, Robert/Pfeifer, Tilo (2010), S. 25-32; Zlamal, Oliver (1999), S. 41-56.

426 Vgl. Braun, Tobias/Koch, Jochen (2002), S. 150f.

427 Vgl. Barrantes, Luis (2008), S. 11; Kerzner, Harold (2008), S. 792; Schildknecht, Rolf (1992), S. 39; Schmidt, Simone (2005), S. 24; von Ahsen, Anette (1996), S. 21.

428 Vgl. Haist, Fritz/Fromm, Hansjörg (1991), S. 8; Kerzner, Harold (2008), S. 797.

429 Vgl. Braun, Jochen (1996), S. 16; Engelhardt, Werner H./Schütz, Peter (1991), S. 396; Seghezzi, Hans Dieter/Fahrni, Fritz/Herrmann, Frank (2007), S. 17.

430 Vgl. Sasse, Alexander (2002), S. 64.

Da die Endproduktprüfung bei billigen Massenprodukten aufwendig und kostspielig ist, galt es, diesen Aufwand möglichst zu reduzieren.[431] Mitte der 20er Jahren des letzten Jahrhunderts haben sich statistische Methoden dank SHEWHART[432] Eingang ins Qualitätswesen gefunden und sich schnell als unentbehrlich erwiesen.[433] Dennoch konnte die statistische Qualitätskontrolle das gewünschte Produktionsergebnis nicht sicherstellen. Ebenso war es mit Hilfe statistischer Verfahren unmöglich, geschätzte fehlerhafte Teile auszusortieren.

Durch die Integration der Qualitätskontrolle in den Produktionsprozess hat sich der Übergang von der Qualitätskontrolle zur *Qualitätssicherung* vollzogen.[434] Dabei wurde das Ziel verfolgt, die Einhaltung von Produktanforderungen durch eine bessere Prozessbeherrschung sicherzustellen. Die Qualität sollte nicht mehr „erprüft", sondern in das Unternehmen „hineinproduziert" werden.[435] Dabei wurden aber gleichzeitig produktionsferne Bereiche vernachlässigt.[436] Ein solcher Blickwinkel hat sich als zu kurzsichtig erwiesen, weil die Qualität eines Produktes innerhalb aller Phasen des Produktlebenszyklus entsteht.[437] Deshalb sollten alle Unternehmensprozesse in das Qualitätswesen einbezogen werden, nicht zuletzt auch deshalb, weil die Fehlerentstehung räumlich und zeitlich von der Fehlerentdeckung entkoppelt ist.[438]

---

431 Vgl. SOMMERLATTE, TOM (1992), S. 11; STAUDT, ERICH/HORST, HINTERWÄLLER (1982), S. 1026.

432 Vgl. SHEWHART, WALTER A. (1931); SHEWHART, WALTER A./DEMING, WILLIAM E. (1939)

433 Vgl. BARRANTES, LUIS (2008), S. 11; SCHILDKNECHT, ROLF (1992), S. 40; SCHMIDT, SIMONE (2005), S. 25; ZOLLONDZ, HANS-DIETER (2006), S. 76f.

434 Vgl. BRAUN, TOBIAS/KOCH, JOCHEN (2002), S. 151; SCHILDKNECHT, ROLF (1992), S. 40-42.

435 Vgl. ENGELHARDT, WERNER H./SCHÜTZ, PETER (1991), S. 396.

436 Vgl. BARRANTES, LUIS (2008), S. 11; HAIST, FRITZ/FROMM, HANSJÖRG (1991), S. 9.

437 Vgl. WICHER, HANS (1988), S. 35.

438 Vgl. SEGHEZZI, HANS DIETER/FAHRNI, FRITZ/HERRMANN, FRANK (2007), S. 6, 17.

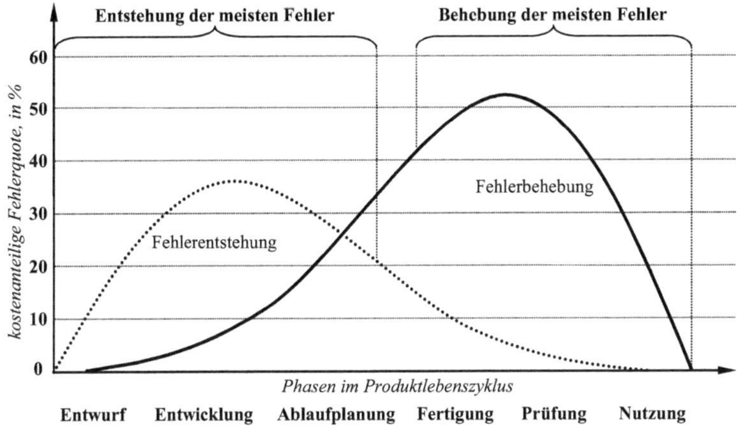

Abbildung 46: Entkoppelung von Fehlerentstehung und Fehlerbehebung[439]

Ein weiterer wichtiger Schritt in die Richtung des Total Quality Managements wurde mit der Einbeziehung der Mitarbeiter in die Qualitätssicherung gesetzt.[440] Es wurde erkannt, dass es bei der Qualitätssicherung nicht auf das Prüfpersonal, sondern auch auf sämtliche Mitarbeiter der ausführenden Ebene ankommt:[441] Denn „quality is everybody's job".[442] Dieses Umdenken hat zur folgenden Erkenntnis geführt: Jeder Mitarbeiter soll so arbeiten, als hätte er Kunden, denen er ein fehlerfreies Produkt liefern muss.[443] Dadurch war die Lücke geschlossen, die zwischen der Herstellersicht und der Kundensicht in Bezug auf die Produktqualität bestand.

Das *Total Quality Management* stellt eine systematische Fortführung der Entwicklung des Qualitätswesens dar und ist eine Qualitätsphilosophie, die das ganze Unternehmen umfasst. Im Vordergrund steht dabei das Ziel, „ein immer besseres Unternehmen für Kunden, die Anteilseigner und die Mitarbeiter zu werden."[444] Die Zerlegung des Begrif-

---

439 Vgl. SCHMITT, ROBERT/PFEIFER, TILO (2010), S. 152.

440 Vgl. ROTHLAUF, JÜRGEN (2004), S. 55-58; SOMMERLATTE, TOM (1992), S. 12-15.

441 Vgl. BRAUN, TOBIAS/KOCH, JOCHEN (2002), S. 151; BRUNNER, FRANZ J./WAGNER, KARL W. (2008), S. 9f.; SCHILDKNECHT, ROLF (1992), S. 44; SEGHEZZI, HANS DIETER/FAHRNI, FRITZ/HERRMANN, FRANK (2007), S. 6.

442 Vgl. FEIGENBAUM, ARMAND V. (1956), S. 98.

443 FRÖHLING, OLIVER/WULLENKORD, AXEL (1991), S. 175.

444 FREHR, HANS-ULRICH (1994), S. 35; ähnlich auch SCHMIDT, SIMONE (2005), S. 27; SEGHEZZI, DIETER (1998), S. 911.

fes „Total Quality Management“ in seine Bestandteile verdeutlicht diese Herausforderung:[445]

Total steht einerseits für die bereichs- und funktionsübergreifende Einbeziehung aller Mitarbeiter des Unternehmens sowie der Kunden und Lieferanten und andererseits für die Berücksichtigung aller Phasen im Lebenszyklus eines Produktes.[446]

Quality bedeutet ein umfassendes Qualitätsverständnis, unterteilt nach Produkt- und Dienstleistungsqualität, Führungs- und Organisationsqualität, Mitarbeiter- und Zuliefererqualität, Prozess- und Verfahrensqualität. Gute Qualität liegt vor, „wenn der Kunde zurückkommt und nicht das Produkt.“[447]

Management steht für eine Unternehmensführung, in die die Qualitätsstrategie bezogen auf Produkte, Kunden, Mitarbeiter und Prozesse mit dem Ziel der ständigen Verbesserung verankert ist. Nach dieser Auffassung verlagert sich das Qualitätsverständnis von der operativen Ebene immer mehr auf die strategische,[448] wobei das Management die Verantwortung für die kundenbezogene Ausrichtung des Qualitätswesens trägt und eine Vorbildfunktion ausübt.[449]

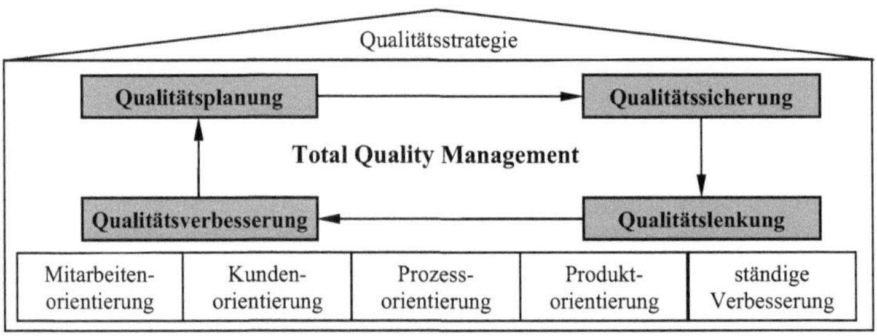

Abbildung 47: Total Quality Management[450]

[445] Vgl. Binner, Hartmut F. (2000), S. 97; Geiger, Walter/Kotte, Willi (2008), S. 78; Kamiske, Gerd F./Wolter, Olaf (2000), S. 103; Schmitt, Robert/Pfeifer, Tilo (2010), S. 54; Rothlauf, Jürgen (2004), S. 50-52.

[446] Vgl. Geiger, Walter/Kotte, Willi (2008), S. 248.

[447] Neumann, Alexander (2005), S. 14; Schmitt, Robert/Pfeifer, Tilo (2010), S. 54; Rothlauf, Jürgen (2004), S. 100.

[448] Vgl. Braun, Tobias/Koch, Jochen (2002), S. 155.

[449] Vgl. Dilg, Christoph (2009), S. 151; Geiger, Walter/Kotte, Willi (2008), S. 248; Rothlauf, Jürgen (2004), S. 60f.

[450] Vgl. Reinhart, Günter/Lindemann, Udo/Heinzl, Joachim (1996), S. 22.

4.3 Zur Messung der Prozessqualität

Da der Kunde die Qualität der Leistung bestimmt, beurteilt er damit indirekt auch die Qualität der Prozesse, die zur Erbringung dieser Leistung notwendig sind. Deshalb ist ein Ansatz zur Messung der Prozessqualität zu entwickeln, der diesem Umstand Rechnung trägt. Als ein prozessbezogenes Qualitätsmaß lässt sich die Differenz definieren, die sich zwischen dem idealen Kundenwert und jenem Kundenwert ergibt, der einem Kunden zugeordnet wird, wenn dieser die Qualität einer Leistung als mangelhaft wahrnimmt. Der ideale Kundenwert wird unter der Prämisse errechnet, dass alle Qualitätsmängel ausgeschaltet sind (fehlerfreies Produkt oder Fehler bleiben unentdeckt).

Zur Operationalisierung jenes Schadens, den ein Unternehmen erleidet, wenn die Qualität vom Kunden als mangelhaft wahrgenommen wird, sind folgende Bedingungen zu beachten:[451] Die Wahrscheinlichkeit für das Auftreten eines Qualitätsfehlers muss größer Null und die Entdeckungswahrscheinlichkeit seitens des Unternehmens kleiner Eins sein. Es muss also ein unternehmensbedingter Qualitätsmängeldurchschlupf vorhanden sein, der die Lieferung von mangelhaften Produkten an den Kunden ermöglicht. Schließlich muss eine Wahrscheinlichkeit größer Null bestehen, dass ein Kunde die Qualitätsmängel überhaupt entdeckt.

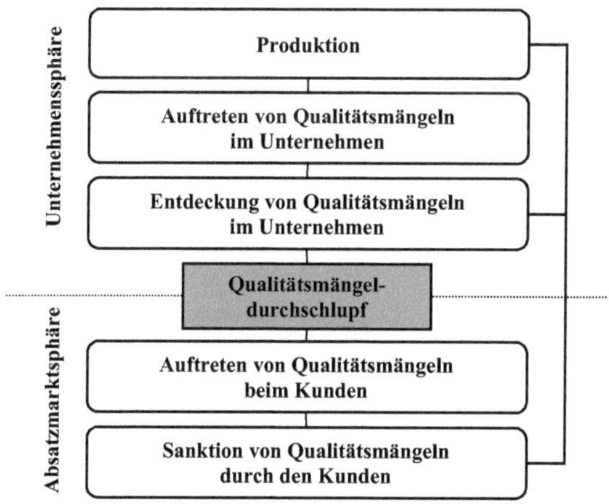

Abbildung 48: Auftreten und Sanktionierung von Qualitätsmängeln[452]

[451] Vgl. Fröhling, Oliver (1996), Sp. 1737.

[452] Vgl. Fröhling, Oliver (1993), S. 552.

Mögliche Reaktionen des Kunden nach der Entdeckung eines Qualitätsmangels und die für das Unternehmen daraus resultierenden Konsequenzen können wie folgt zusammengefasst werden. In einem Fall hat der wahrgenommene Qualitätsmangel nur eine geringe negative Auswirkung auf die Höhe des Kundenwertes (*linke Abbildung*). In einem durchaus möglichen und für den Anbieter schlimmsten Fall verzichtet der Kunde auf weitere Käufe, so dass der Verlauf des Kundenwertes mit der Abszisse übereinstimmt (*mittlere Abbildung*). Es ist aber auch denkbar, dass der Kunde eine bestimmte Fehleranzahl innerhalb eines Zeitraumes toleriert und erst dann alle Geschäftsbeziehungen mit dem Anbieter abbricht (*rechte Abbildung*).

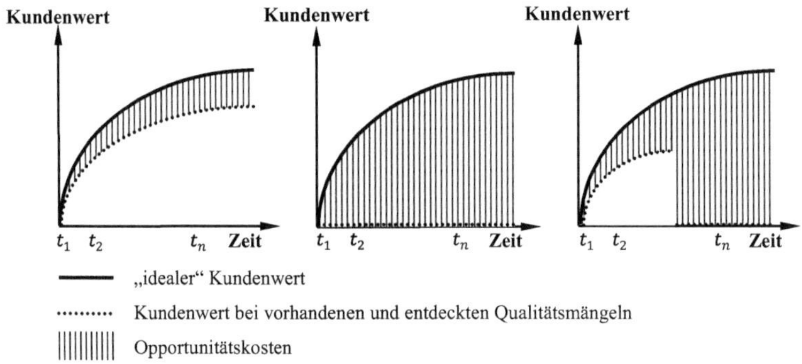

Abbildung 49: Kundenwert und qualitätsbezogene Opportunitätskosten

Die Bestimmung des Kundenwertes ist wegen der Mehrdimensionalität des Begriffs „Kundenwert" und der Vielzahl unterschiedlicher Ermittlungsmöglichkeiten für nahezu jedes Element des Kundenwertes eine sehr komplexe Aufgabe.[453] Ein übliches Verfahren für die Berechnung des Kundenwertes ist das Konzept des *Customer Lifetime Value*.[454] Hier wird der Kunde als ein Investitionsobjekt betrachtet und der Kundenwert nach der Kapitalwertmethode der Investitionsrechnung ermittelt.[455] Demnach errechnet sich der Kundenwert aus der Summe der Barwerte aller dem Kunden direkt zurechenbaren Ein- und Auszahlungen, die während der gesamten Beziehungsdauer durch die mit dem Kunden getätigten Transaktionen verursacht werden.[456] Im Zusammenhang mit der Bewertung der Qualität von Prozessen könnte man Nutzen und Kosten einbeziehen, die für

453 Vgl. ALBERS, SÖNKE/GREVE, GOETZ (2005), S. 432.

454 Vgl. HEIDEMANN, JULIA/KAMPRATH, NORA/GÖRZ, QUIRIN (2009) zu einem Überblick.

455 Vgl. GELBRICH, KATJA/MÜLLER, STEFAN (2006), S. 468f.; HEIDEMANN, JULIA/KAMPRATH, NORA/GÖRZ, QUIRIN (2009), S. 184; HEMPELMANN, BERND/LÜRWER, MARKUS (2003), S. 337.

456 Vgl. HELM, SABRINA/GÜNTER, BERND (2006), S. 22f.; SCHNEIDER, NADINE C. (2007), S. 65f.

das Unternehmen aus der Geschäftsbeziehung mit einem Kunden resultieren. Der Kundenwert berechnet sich in diesem Fall wie folgt:

$$Kundenwert = \sum_{t=1}^{T} \frac{Nutzen_t - Kosten_t}{(1+i)^t}$$

t – Transaktionsperiode

T – Gesamtdauer der Geschäftsbeziehung

i – Kalkulationszinsfuß

$Nutzen_t$ – Nutzen eines Kunden in der t-ten Periode

$Kosten_t$ – Kosten eines Kunden in der t-ten Periode

Die Berechnung des Kundenwertes anhand dieses Grundmodels erscheint – zumindest auf den ersten Blick – einfach und leicht umsetzbar. Sollte es für die erforderlichen Komponenten gelingen, auf Basis von retrospektiven Daten Prognosen über die zeitliche Entwicklung der Kundenbeziehungen abzuleiten, so können die durch das Kundenverhalten bedingten unterschiedlichen Kundenwerte berechnet werden.[457] Dies setzt die Kenntnis der beiden Determinanten des Kundenwertes (Kosten und Nutzen) voraus, auf die nachfolgend eingegangen wird.

4.4 Qualitätskosten

Es gibt kaum eine Veröffentlichung zum Thema „Qualitätsmanagement", die den Begriff „Qualitätskosten" nicht erwähnt. Allerdings existieren unterschiedliche Meinungen, was unter Qualitätskosten zu verstehen ist.[458]

Die DEUTSCHE GESELLSCHAFT FÜR QUALITÄT definiert Qualitätskosten als Kosten, „die vorwiegend infolge von Qualitätsforderungen entstehen, das heißt Kosten, die durch alle Maßnahmen der Fehlerverhütung und der Qualitätsprüfung sowie durch externe und interne Fehler verursacht sind."[459] Qualitätskosten stellen den bewerteten Verbrauch von Gütern und Dienstleistungen dar, der durch Planung, Prüfung, Steuerung und Förderung der Qualität verursacht wird oder den qualitätsbezogenen Maßnahmen zuzuordnen ist. MÄNNEL fasst unter Qualitätskosten alle auf das Verfolgen des Quali-

457 Vgl. ALBERS, SÖNKE/GREVE, GOETZ (2005), S. 433-437; CORNELSEN, JENS (2000) sowie dort angegebene Literaturquellen zu den Möglichkeiten für die Berechnung einzelner Komponenten des Kundenwertes.

458 Vgl. BÄR, KURT (1985), S. 492.

459 DGQ-DEUTSCHE GESELLSCHAFT FÜR QUALITÄT E. V. (1985), S. 13.

tätszieles zurückzuführenden kostenmäßigen Konsequenzen zusammen.[460] Diese Definitionen sind insofern irreführend, als sie unter Qualitätskosten sowohl die Kosten für Qualität als auch die Kosten für Nicht-Qualität zusammenfassen.[461] Dies führt dazu, dass die positiven Investitionen zur Qualitätsverbesserung (Kosten für Qualität) mit den negativen Ausgaben für die Fehlerbeseitigung (Kosten für Nicht-Qualität) vermischt werden, so dass die Beurteilung der qualitätsbezogenen Maßnahmen nicht möglich ist.[462] Eine solche Definition von Qualitätskosten kann zu dem Missverständnis führen, dass die Qualität zusätzliche Kosten verursache. Tatsächlich verursacht nicht die Qualität die Kosten, sondern ihre Nichteinhaltung. „Qualität ist somit nicht ein Kostenproblem, sondern die Lösung eines Problems.“[463] Die verbesserte Qualität führt zu Wettbewerbsvorteilen und zu Einsparungen von Aufwendungen, die aus Qualitätsmängeln resultieren. Dadurch werden die Qualitätskosten überkompensiert, so dass der Umsatz und in der Folge auch der Gewinn steigen.[464]

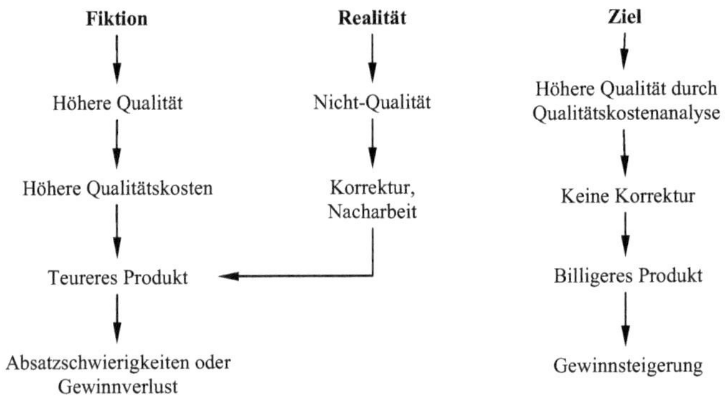

Abbildung 50: Fiktion der Qualitätskostenwirkung[465]

Um die Schwächen dieser irreführenden Definition auszuräumen, hat die SCHWEIZERISCHE ARBEITSGEMEINSCHAFT FÜR QUALITÄTSFORDERUNG eine „negative“ Qualitätskostendefinition eingeführt: „Die Qualitätskosten eines Produktes sind die Differenz zwi-

[460] Vgl. MÄNNEL, WOLFGANG (2000), S. 6.

[461] Vgl. FRÖHLING, OLIVER (1996), Sp. 1736; SEGHEZZI, HANS DIETER (1994), S. 46.

[462] Vgl. BRUHN, MANFRED (2008), S. 494f.; FRIES, STEFAN (1994), S. 60;

[463] TOMYS, ANNE-KATRIN (1995), S. 41; ähnlich BÄR, KURT (1985), S. 494.

[464] Vgl. BRUNNER, FRANZ J. (1991), S. 35; BRUNNER, FRANZ J./WAGNER, KARL W. (2008), S. 248; CAMPANELLA, JACK (1999), S. 9; KAMISKE, GERD F./TOMYS, ANNE-KATRIN (1990), S. 444; OECKING, GEORG (1995), S. 80-86; WERNER, RUDOLF/ZIEGLER, MANFRED (2001), S. 1435; WILDEMANN, HORST (1995), S. I; ZOLLONDZ, HANS-DIETER (2006), S. 111.

[465] Vgl. BRUHN, MANFRED/GEORGI, DOMINIK (1999), S. 3; KAMISKE, GERD F. (1992), S. 123; KERZNER, HAROLD (2008), S. 805; OECKING, GEORG (1995), S. 80.

schen den tatsächlichen Kosten und jenen Kosten, die entstehen würden, wenn keine Fehler bei der Entwicklung, Herstellung und beim Absatz dieses Produktes vorkämen oder vorkommen könnten."[466] MASING schlägt in diesem Zusammenhang die Bezeichnung „Fehlleistungsaufwand" anstelle von „Qualitätskosten" vor.[467] Diesem Begriff folgen auch SEGHEZZI und FRIES, die eine Fehlerkostenrechnung statt eine Qualitätskostenrechnung fordern.[468]

Die Definition der Qualitätskosten hängt unmittelbar damit zusammen, welche Kostenkomponenten den Qualitätskosten zuzuordnen sind.

4.4.1 Tätigkeitsorientierte Gliederung qualitätsbezogener Kosten

Die klassische, tätigkeitsorientierte Gliederung der Qualitätskosten geht auf LESSER zurück,[469] der folgende Qualitätskostenarten vorgeschlagen hat:[470]

- Ausschuss (*scrap*),
- Nacharbeit (*rework*),
- Prüfung (*inspection and test*),
- Wiederherstellung der Kundenzufriedenheit (*customer complaint expense due to defective products*) und
- ergänzende Qualitätsmaßnahmen wie Ausbildung, statistische Analysen im Sinne der Zuverlässigkeitsuntersuchungen, Produktaudit.

Die Weiterentwicklung dieses Ansatzes durch FEIGENBAUM[471] und MASSER[472] hat zu einer „klassischen" Gliederung der Qualitätskosten in *prevention costs*, *appraisal costs* und *failure costs* geführt. Diese Gliederung wurde auch in den deutschsprachigen Raum übernommen und erstmals von der DEUTSCHEN GESELLSCHAFT FÜR QUALITÄT 1973 veröffentlicht.[473] Demgemäß werden die qualitätsbezogenen Kosten in *Fehlerverhü-*

466 SCHWEIZERISCHE ARBEITSGEMEINSCHAFT FÜR QUALITÄTSFÖRDERUNG (1977), S. 10.

467 Vgl. MASING, WALTER (1988), S. 12.

468 Vgl. SEGHEZZI, DIETER/FRIES, STEFAN (1995), S. 87-91.

469 Vgl. LESSER, W. H. (1954), S. 11-14.

470 Vgl. KAMISKE, GERD F./TOMYS, ANNE-KATRIN (1990), S. 444; TOMYS, ANNE-KATRIN (1994), S. 32f. zu einer deutschen Übersetzung.

471 Vgl. FEIGENBAUM, ARMAND V. (1956), S. 99f.

472 Vgl. MASSER, W. J. (1957), S. 5-8.

473 Vgl. DGQ-DEUTSCHE GESELLSCHAFT FÜR QUALITÄT E. V. (1985), S. 10. Mittlerweile wurde die 1973 vorgeschlagene Systematik in der fünften Auflage beibehalten.

tungskosten, *Prüfkosten* und *Fehlerkosten* eingeteilt, wobei sich die Fehlerkosten in *interne* und *externe* Fehlerkosten gliedern.

Zu den *Fehlerverhütungskosten* gehören jene Kosten, die durch fehlerverhütende oder fehlervorbeugende Maßnahmen verursacht werden.[474] Bei der Zuordnung der Qualitätskostenelemente zu den Fehlerverhütungskosten entstehen manchmal Schwierigkeiten.[475] So trägt beispielsweise die systematische Arbeitsplanung zur Verhinderung von Fehlern im Fertigungsprozess bei, ohne dass die damit zusammenhängenden Kosten als Fehlerverhütungskosten ausgewiesen werden.[476]

Die *Prüfkosten* sind die Kosten, die bei der Planung, Durchführung und Auswertung von Prüfungen entstehen, die unterbinden sollen, dass qualitativ mangelhafte Produkte an Kunden ausgeliefert werden.[477] Dabei sind auch die Kosten für das geprüfte Produkt zu berücksichtigen, falls es bei der Prüfung zerstört wird.[478] Die Zusammenfassung von bestimmten Kostenarten zu einem Prüfkostenblock ist willkürlich.[479] So werden unter Prüfkosten sowohl die Kosten erfasst, die entstehen, um die Auslieferung fehlerhafter Produkte zu vermeiden, als auch die Kosten für die Regelprüfungen von Prozessen, die das Entstehen von Fehlern verhindern sollen.[480]

Unter *Fehlerkosten* sind jene Kosten zu verstehen, die durch fehlerhafte Produkte entstehen.[481] In Abhängigkeit davon, ob die Qualitätsmängel vor der Auslieferung an den Kunden oder erst danach festgestellt werden, gliedern sich die Fehlerkosten in *interne*

---

474 Vgl. BRUHN, MANFRED (2008), S. 481; CAMPANELLA, JACK (1999), S. 5; DGQ-DEUTSCHE GESELLSCHAFT FÜR QUALITÄT E. V. (1985), S. 14; FRÖHLING, OLIVER (1996), Sp. 1736; GRYNA, FRANK M. (1988), S. 4.6; GRYNA, FRANK M. (1999), S. 8.7f.; KAMISKE, GERD F. (1992), S. 122; KERZNER, HAROLD (2008), S. 804; KÖHLER, ROBERT W./SCHAEFERS, KLAUS (1992), S. 538; LUNDVALL, DANIEL M. (1974), S. 5-5f.; PALL, GABRIEL A. (1987), S. 39; PORTER, LESLIE J./RAYNER, PAUL (1992), S. 69; SCHMITT, ROBERT/PFEIFER, TILO (2010), S. 506; VENITZ, MARKUS (1992), S. 11.

475 Vgl. DIEBEL, A. u.a. (1990), S. 122f.; PORTER, LESLIE J./RAYNER, PAUL (1992), S. 71f.

476 Vgl. WALTHER, JOHANNES (1993), S. 157.

477 Vgl. BRUHN, MANFRED (2008), S. 482; CAMPANELLA, JACK (1999), S. 5; DGQ-DEUTSCHE GESELLSCHAFT FÜR QUALITÄT E. V. (1985), S. 17; GRYNA, FRANK M. (1988), S. 4.5f.; GRYNA, FRANK M. (1999), S. 8.7; FRÖHLING, OLIVER (1996), Sp. 1736; KAMISKE, GERD F. (1992), S. 122; KERZNER, HAROLD (2008), S. 804; KÖHLER, ROBERT W./SCHAEFERS, KLAUS (1992), S. 538; LUNDVALL, DANIEL M. (1974), S. 5-5; PALL, GABRIEL A. (1987), S. 39; PORTER, LESLIE J./RAYNER, PAUL (1992), S. 70; SCHMITT, ROBERT/PFEIFER, TILO (2010), S. 506f.; VENITZ, MARKUS (1992), S. 12.

478 Vgl. KANDAOUROFF, ANNI (1994), S. 768.

479 Vgl. DANZER, HANS HEINZ (1995), S. 139.

480 Vgl. KANDAOUROFF, ANNI (1994), S. 769; STEINBACH, WALTER (1994), S. 67f.

481 Vgl. BRUHN, MANFRED (2008), S. 484f.; CAMPANELLA, JACK (1999), S. 5; FRÖHLING, OLIVER (1996), Sp. 1736; SCHMITT, ROBERT/PFEIFER, TILO (2010), S. 508f.

und *externe* Fehlerkosten.[482] Die externen Fehlerkosten sind meist dadurch charakterisiert, dass zwischen Fehlerentstehung und Fehlerentdeckung ein großer Zeitraum verstreicht. Dies kann die Erforschung der Fehlerursachen erheblich erschweren. Darüber hinaus können sich externe Fehlerkosten im Unterschied zu internen Fehlerkosten negativ auf Kundenzufriedenheit, Firmenimage, Umsatz, Kooperationsattraktivität etc. auswirken.[483] Externe Fehlerkosten entstehen auch dann, wenn das Produkt zwar allen technischen Anforderungen entspricht, aber kundenspezifische Wünsche nicht erfüllt.[484] Ebenso stellen entgangene Erlöse infolge von Qualitätsmängeln externe Fehlerkosten dar.[485] Die nachfolgende Tabelle gibt einen systematischen Überblick über die erörterten Kostengruppen und die jeweils zugehörigen Kostenelemente:

Qualitätskosten			
Fehlerverhütungskosten	Prüfkosten	Fehlerkosten	
		interne	externe
• Qualitätsplanung • Qualitätsfähigkeitsuntersuchung • Lieferantenbeurteilung und -beratung • Prüfplanung • Qualitätsaudit • Leitung des Qualitätswesens • Qualitätslenkung • Schulung in Qualitätssicherung • Qualitätsförderungsprogramme • …	• Eingangsprüfung • Fertigungsprüfung • Endprüfung • Qualitätsprüfung bei eigenen Außenmontagen • Abnahmeprüfung • Prüfmittel • Instandhaltung von Prüfmitteln • Qualitätsgutachten • Laboruntersuchungen • Prüfdokumentation • …	• Ausschuss • Nacharbeit • Mengenabweichung • Wertminderung • Sortierprüfung • Wiederholungsprüfung • Problemuntersuchung • Qualitätsbedingte Ausfallzeit • …	• Ausschuss • Nacharbeit • Gewährleistung • Produzentenhaftung • …

Tabelle 15: Die traditionelle Dreiteilung der Qualitätskosten[486]

Die tätigkeitsorientierte Dreiteilung der Qualitätskosten schlägt sich in einem Modell zur Ermittlung des Qualitätsoptimums nieder, in dem das Ziel verfolgt wird, die gesam-

482 Vgl. Bruhn, Manfred (2008), S. 485f.; Campanella, Jack (1999), S. 5; DGQ-Deutsche Gesellschaft für Qualität e. V. (1985), S. 19; Gryna, Frank M. (1988), S. 4.5; Gryna, Frank M. (1999), S. 8.4-8.7; Kerzner, Harold (2008), S. 804f.; Köhler, Robert W./Schaefers, Klaus (1992), S. 538; Lundvall, Daniel M. (1974), S. 5-4f.; Pall, Gabriel A. (1987), S. 39; Porter, Leslie J./Rayner, Paul (1992), S. 70; Venitz, Markus (1992), S. 13.

483 Vgl. DGQ-Deutsche Gesellschaft für Qualität e. V. (1985), S. 19.

484 Vgl. Steinbach, Walter (1994), S. 69.

485 Vgl. Steinbach, Walter (1994), S. 68.

486 Vgl. Diebel, A. u.a. (1990). S. 122,124f.; DGQ-Deutsche Gesellschaft für Qualität e. V. (1985), S. 15; Geiger, Walter/Kotte, Willi (2008), S. 275-277; Rauba, Alfred (1988), S. 559.

ten Qualitätskosten zu minimieren.[487] In diesem Modell steigen Prüf- und Fehlerverhütungskosten mit dem steigenden Anteil an fehlerfreien Produkten überproportional an und streben gegen unendlich, je näher man dem 100%-gen Qualitätsgrad kommt. Mit zunehmendem Anteil von fehlerfreien Produkten sinken aber die Fehlerkosten, bis sie beim 100%-gen Qualitätsgrad den Wert Null erreichen. Umgekehrt schlägt sich die Verringerung von Prüfungsaktivitäten und präventiven Maßnahmen zwar in der Senkung von Prüf- und Fehlerverhütungskosten nieder, sie führt aber zu einem überproportionalen Zuwachs an Fehlerkosten als Folge der Zunahme des Anteils fehlerhafter Produkte. Das hieraus resultierende Dilemma zwischen „geringer Kostenverursachung“ und „hohem Wirkungsgrad“ wird gelöst, indem die Summe der gesamten Qualitätskosten minimiert wird.[488] Dadurch lässt sich die Frage beantworten: „Wie viel Qualitätsmanagement ist sinnvoll?“[489] Aus der nachstehenden Abbildung geht deutlich hervor, dass das Kostenminimum nicht bei der fehlerfreien Qualität liegt und im Allgemeinen nicht in dem Punkt, in dem sich die beiden Qualitätskostenkurven schneiden. Dies ist nur dann der Fall, wenn die beiden Kurven die gleiche aber gegensätzliche Steigung aufweisen.

Das Modell zeigt also, dass es wirtschaftlich sinnvoll ist, Fehler zu dulden und dass das Null-Fehler-Ziel unrealisierbar ist.[490] Auch wenn das Modell plausibel erscheint, handelt es sich dabei nicht um eine Gesetzmäßigkeit oder ein empirisch bestätigtes Modell, sondern um ein Modell, das auf Basis von früher verbreiteten Vorstellungen und Annahmen aufgrund theoretischer Überlegungen entwickelt wurde. Diese theoretisch hergeleitete Auffassung ist heutzutage nur schwer zu halten: Zum einen verzeihen weder Kunden noch Konkurrenten fehlerhafte Produkte. Zum anderen lenkt die Minimierung der gesamten Qualitätskosten die Aufmerksamkeit von den entscheidenden Einsparungspotentialen ab, die tatsächlich in den internen und externen Fehlerkosten liegen.[491]

---

487 Vgl. Bruhn, Manfred (2008), S. 474; Danzer, Hans Heinz (1990), S. 113; Dreger, Wofgang (1981), S. 517; Gryna, Frank M. (1988), S. 4.18f.; Lundvall, Daniel M. (1974), S. 5-12f.; Schmitt, Robert/Pfeifer, Tilo (2010), S. 505f.

488 Vgl. Brunner, Franz J. (1988), S. 42; Porter, Leslie J./Rayner, Paul (1992), S. 70; Walther, Johannes (1993), S. 157.

489 Nadig, Linard (1998), S. 1025.

490 Vgl. Kamiske, Gerd F. (1992), S. 122; Porter, Leslie J./Rayner, Paul (1992), S. 73.

491 Vgl. Erbskorn, Silke (1994), S. 349f.; Tomys, Anne-Katrin (1995), S. 45; zu einer ausführlichen Auseinandersetzung mit den Qualitätskostenmodellen, die aus der Dreiteilung der Qualitätskosten resultieren vgl. Plunkett, James J./Dale, Barrie G. (1988)

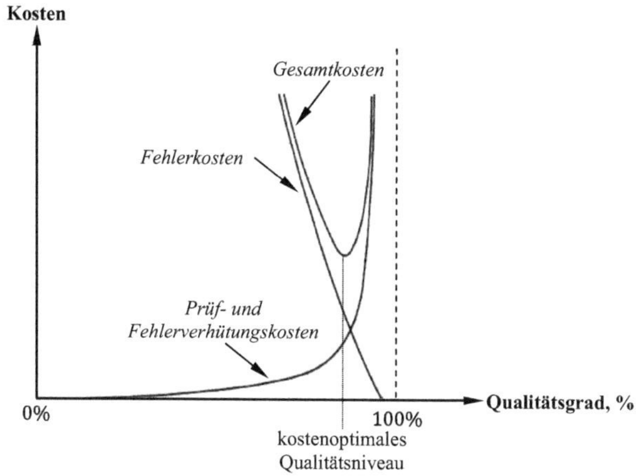

Abbildung 51: Das klassische Modell der Qualitätskostenoptimierung[492]

4.4.2 Wirkungsorientierte Gliederung qualitätsbezogener Kosten

Schwachstellen der traditionellen Dreiteilung der Qualitätskosten[493] haben zu einem Überdenken der Kostenklassifikation beigetragen, das letztendlich zu einer Zweiteilung der Qualitätskosten geführt hat. Gemäß dieser gliedern sich die Qualitätskosten in *Abweichungs-* und *Übereinstimmungskosten.*[494]

Die Abweichungskosten stellen einen zusätzlichen, über die eigentliche Leistungserstellung hinaus notwendigen Ressourcenverbrauch dar.[495] Dieser ergibt sich aus der Nichtübereinstimmung der Prozessergebnisse entlang der Wertschöpfungskette mit den ge-

---

492 Vgl. JURAN, JOSEHP M. (1962), S. 1-10; ähnlich BRUNNER, FRANZ J. (1988), S. 41; DANZER, HANS HEINZ (1990), S. 114; GRYNA, FRANK M. (1988), S. 4-19; HAIST, FRITZ/FROMM, HANSJÖRG (1991), S. 61; KERZNER, HAROLD (2008), S. 806; LUNDVALL, DANIEL M. (1974), S. 5-12; PALL, GABRIEL A. (1987), S. 141; SCHMITT, ROBERT/PFEIFER, TILO (2010), S. 506; TOMYS, ANNE-KATRIN (1994), S. 36; WALTHER, JOHANNES (1993), S. 157; WILDEMANN, HORST (1992b), S. 764;

493 Vgl. stellvertretend dazu GRYNA, FRANK M. (1988), S. 4.9-4.12.

494 Vgl. CROSBY, PHILIP B. (1990), S. 92; BRUHN, MANFRED (2008), S. 489; FRÖHLING, OLIVER (1996), Sp. 1738; KERN, WERNER (1997), S. 359; PORTER, LESLIE J./RAYNER, PAUL (1992), S. 74; SCHMITT, ROBERT/PFEIFER, TILO (2010), S. 510f.; WILDEMANN, HORST (1992b), S. 762. Anstatt der Begriffe „Übereinstimmungskosten" und „Abweichungskosen" werden auch andere Definitionen verwendet. Der Inhalt bleibt aber unberührt. So gliedert beispielsweise BRUNNER (Vgl. BRUNNER, FRANZ J. (1991), S. 35-38) sowie BRUHN (BRUHN, MANFRED (2008), S. 474f.) die Qualitätskosten in Konformitäts- und Nichtkonformitätskosten, SEGHEZZI (SEGHEZZI, DIETER/FRIES, STEFAN (1995), S. 88) unterscheidet seinerseits Wertschöpfungs- und Nichtwertschöpfungskosten, CHOCHOIEK (CHOCHOIEK, SIEGMUND/THELEN, KLAUS (1997), S. 1356- 1357) erwähnt als Qualitätskostenkategorien „Preis der Abweichung" und „Preis der Vorbeugung"

495 Vgl. KERN, WERNER (1997), S. 360; PORTER, LESLIE J./RAYNER, PAUL (1992), S. 74; WILDEMANN, HORST (1995), S. 42.

stellten Anforderungen. Die Abweichungskosten werden in *interne* und *externe Abweichungskosten* unterschieden je nachdem, ob die Mängel noch im Unternehmen oder erst nach der Auslieferung an die Kunden entdeckt und korrigiert werden.[496]

Interne Abweichungskosten entstehen durch alle Maßnahmen, die verhindern sollen, dass mangelhafte Produkte an Kunden ausgeliefert werden. Dazu gehören grundsätzlich Ausschuss, Nacharbeit, Wertminderung, Sortier- und Wiederholungsprüfungen. *Externe Abweichungskosten* werden durch alle Maßnahmen verursacht, die dazu dienen, den Kunden trotz einer Fehlleistung zufrieden zu stellen.

Die Übereinstimmungskosten werden durch präventive Maßnahmen zur Fehlervermeidung verursacht, die überwiegend Gemeinkostencharakter haben.[497] Innerhalb der Übereinstimmungskosten werden drei große Kostenblöcke unterschieden. In den ersten Block fallen die Kosten für Tätigkeiten, die „einen prüfenden oder überwachenden Charakter aufweisen."[498] In diesem Zusammenhang können Aufwendungen für technische Eignungsprüfungen von Verfahren oder Anlagen, Lieferantenbeurteilungen und Audits genannt werden. Im zweiten Block werden „die Kosten der Methodenanwendung"[499] zusammengefasst, wie beispielsweise die Kosten der Durchführung von Quality Function Deployment, Failure Mode and Effects Analysis oder Maschinenfähigkeitsuntersuchungen im Rahmen des Statistical Process Control. In den dritten Block fallen die Schulungs- und Ausbildungskosten.

Wie in der nachfolgenden Abbildung zu sehen ist, werden beim Übergang von der dreigliedrigen zur zweigliedrigen Qualitätskostenklassifikation die Prüfkosten aufgeteilt. Die ungeplanten Prüfkosten, deren Ursache in Fehlern liegt, werden den Fehlerkosten zugerechnet. Die geplanten Prüfkosten, die zur Vermeidung von Fehlern anfallen, werden den Fehlerverhütungskosten zugeordnet.

---

496 Vgl. Nadig, Linard (1998), S. 1025.

497 Vgl. Kern, Werner (1997), S. 359f.; Porter, Leslie J./Rayner, Paul (1992), S. 74; Wildemann, Horst (1995), S. 48f.

498 Wildemann, Horst (1995), S. 49.

499 Wildemann, Horst (1995), S. 49.

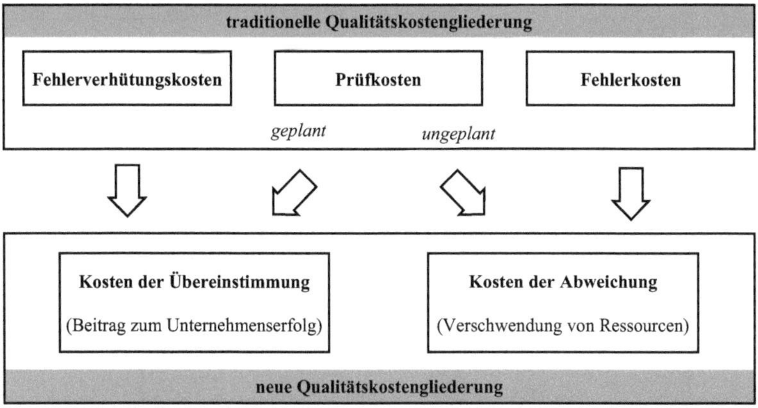

Abbildung 52: Zweiteilung der Qualitätskosten[500]

Durch die vorgenommene Zweiteilung der Qualitätskosten wurde eine klare Trennung der Qualitätskosten erreicht. Es hat sich ein Wandel von dem prüfungsorientieren Dreiteilungssystem zu einem auf präventive Maßnahmen ausgerichteten Zweiteilungssystem vollzogen.[501] Dieser Wandel wird auch durch eine Wunschvorstellung geprägt, gemäß der es möglich sein soll, den höchsten Qualitätsgrad und die niedrigsten Qualitätskosten gleichzeitig zu erreichen.[502] Wie die nachstehende Abbildung veranschaulicht, sinken die gesamten qualitätsbezogenen Kosten, je weniger es fehlerhafte Produkte gibt und erreichen ihr Minimum, wenn alle Produkte fehlerfrei sind. Dies entspricht sowohl der Null-Fehler-Philosophie als auch dem kundenorientierten Qualitätsverständnis. Zwar steigen in diesem Modell die Kosten der Übereinstimmung mit der Verbesserung der Qualität, sie steigen aber nicht so rapide wie beim Vorgängermodell. Darüber hinaus erreichen die Kosten der Übereinstimmung bei der fehlerfreien Qualität einen bestimmten Wert und gehen nicht ins Unendliche wie beim Modell zuvor. Die Kosten der Abweichung nehmen mit der Verringerung des Anteils von fehlerhaften Produkten weniger steil ab als beim vorherigen Modell. Auch wenn dieses Modell den Anspruch erhebt, den Zielkonflikt zwischen der Maximierung der Qualität und der Minimierung der Qualitätskosten überwinden zu können, so muss man konstatieren, dass es sich auch bei diesem Modell um ein nicht empirisch nachgewieses Konstrukt handelt. Schlimmer

500 Vgl. SCHMITT, ROBERT/PFEIFER, TILO (2010), S. 510; TOMYS, ANNE-KATRIN (1994), S. 49; WILDEMANN, HORST (1992b), S. 763;

501 Vgl. GRAF, GERALD (1997), S. 43f.; GRYNA, FRANK M. (1988), S. 4.19.

502 Vgl. GRYNA, FRANK M. (1999), S. 8.22f.

noch ist die Tatsache, dass der hier unterstellte Verlauf der Gesamtkosten nicht einmal durch künstlich generierte Zahlen zu reproduzieren ist. Vielmehr sieht die Gesamtkostenkurve wie ein Hockeyschläger aus, deren Minimum nahe aber nicht exakt im Null-Fehler-Punkt liegt.

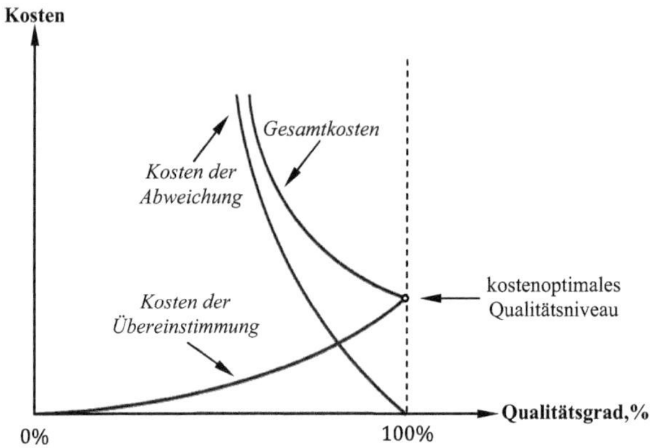

Abbildung 53: Das „modifizierte" Modell der Qualitätskostenoptimierung[503]

4.4.3 Erfassung der Qualitätskosten

Den Ausgangspunkt für die Ermittlung der Qualitätskosten bildet das betriebliche Kosten- und Leistungsrechnungssystem. Es liefert das Zahlenmaterial, das eine Voraussetzung für die Qualitätskostenrechnung darstellt. Daher ist für die Implementierung der Qualitätskostenrechnung grundsätzlich kein zusätzliches Kostenrechnungssystem erforderlich.[504] Jedoch ergibt sich bei der Erfassung von Qualitätskosten das Problem, dass die Qualitätskostenelemente in der Regel im System der betrieblichen Kostenrechnung nicht getrennt vorliegen.[505] Vielmehr bestehen sie aus zahlreichen Kostenarten, die in unterschiedlichen Kostenstellen zu finden sind. So fallen beispielsweise Kosten für die Ursachenanalyse von Qualitätsmängeln beinahe in allen Unternehmensbereichen an.

---

503 Vgl. DANZER, HANS HEINZ (1995), S. 114; GRYNA, FRANK M. (1988), S. 4-19; GRYNA, FRANK M. (1999), S. 8.22; PALL, GABRIEL A. (1987), S. 141; SCHMITT, ROBERT/PFEIFER, TILO (2010), S. 511; WILDEMANN, HORST (1992b), S. 764.

504 Vgl. WICHER, HANS (1992), S. 557.

505 Vgl. CAMPANELLA, JACK (1999), S. 5, 15, 61f.; DGQ-DEUTSCHE GESELLSCHAFT FÜR QUALITÄT E. V. (1985), S. 24f.; GEIGER, WALTER/KOTTE, WILLI (2008), S. 270; NADIG, LINARD (1998), S. 1026; VENITZ, MARKUS (1992), S. 10f.; WICHER, HANS (1992), S. 557.

505 Vgl. DIEBEL, A. u.a. (1990), S. 117.

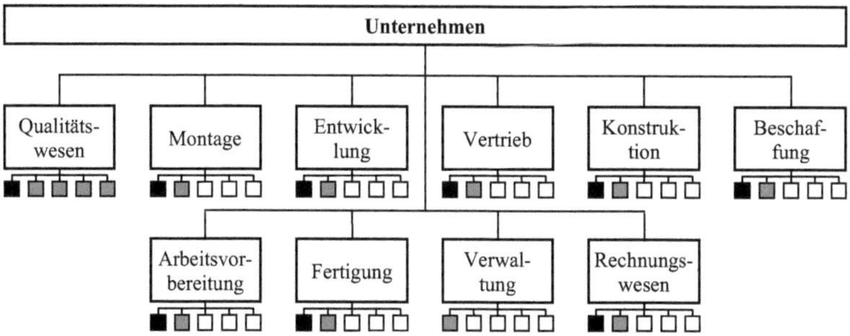

■ – Tätigkeiten, die zur Entstehung der Qualitätskostenart „Ursachenanalyse“ führen
▩ – Tätigkeiten, die zur Entstehung anderer Qualitätskostenarten führen
□ – nicht qualitätsbezogene Tätigkeiten

Abbildung 54: Streuung der Qualitätskosten im Unternehmen

Deshalb besteht das Hauptziel der Qualitätskostenrechnung im Umgliedern der in der regulären Kostenrechnung erfassten Kosten zu qualitätsbezogenen Kostenarten, um qualitätsrelevante Entscheidungen zu unterstützen („Zuordnungsproblem“).[506] Allerdings ist es bei der praktischen Umsetzung einer Qualitätskostenrechnung kaum möglich, sämtliche Qualitätskostenarten zu erfassen, weil dies wegen hoher Granularität zu einem Verstoß gegen das Wirtschaftlichkeitsprinzip der Kostenrechnung führen müsste. In diesem Zusammenhang kann man sich nur der Literaturmeinung anschließen, die empfiehlt, sich auf die Erfassung jener Qualitätskostenarten zu beschränken, die für die unternehmerischen Entscheidungen als besonders relevant betrachtet werden.[507] So darf der Blickwinkel bei der Erfassung von externen Abweichungskosten nicht nur auf längst bekannte Komponenten wie Kulanz- und Gewährleistungsverpflichtungen oder Produkthaftungskosten gerichtet werden, es sind auch die infolge von Qualitätsmängeln entgangenen Deckungsbeiträge (Opportunitätskosten) zu berücksichtigen.[508] Erst durch die Höhe der Opportunitätskosten wird die Kundenbeurteilung der Produktqualität feststellbar.[509] In diesem Zusammenhang sind die Ergebnisse einer Studie des White House Office of Customer Affairs sehr aufschlussreich: 90 von 100 Kunden, die mit der Qua-

[506] Vgl. DIEBEL, A. u.a. (1990), S. 117.

[507] Vgl. GEIGER, WALTER/KOTTE, WILLI (2008), S. 271; VENITZ, MARKUS (1992), S. 11.

[508] Vgl. BRUHN, MANFRED (2008), S. 475; DANZER, HANS HEINZ (1995), S. 131; FRIES, STEFAN (1994), S. 65; HOMBURG, CHRISTIAN/DAUM, DANIEL (1997), S. 19; KÖHLER, ROBERT W./SCHAEFERS, KLAUS (1992), S. 540; SEGHEZZI, DIETER/FRIES, STEFAN (1995), S. 89; SCHMITT, ROBERT/PFEIFER, TILO (2010), S. 669; WILDEMANN, HORST (1995), S. 45.

[509] Vgl. SEGHEZZI, DIETER/FRIES, STEFAN/REINER, THOMAS (1992), S. 55.

lität eines Produktes unzufrieden sind, vermeiden dieses Produkt in der Zukunft.[510] Damit nicht genug: Bereits ein unzufriedener Kunde kann einen Kreis von bis zu 20 potentiellen Kunden durch seine schlechte Erfahrung beeinflussen.[511]

Die Notwendigkeit der systematischen Erfassung von qualitätsbezogenen Opportunitätskosten wird noch deutlicher, wenn diese in das Modell zur Bestimmung des Qualitätskostenminimums einbezogen werden. Dies führt dazu, dass das vermeintliche Qualitätsniveau unter dem tatsächlich realisierten liegt. Diese Überlegungen unterstützt die nachfolgende Abbildung: Sobald die Opportunitätskosten ins Spiel kommen, wird der ursprünglich vermutete optimale Qualitätskostenpunkt *A* zu dem tatsächlichen optimalen Qualitätskostenpunkt *B* verschoben. Daraus lässt sich das Kostensenkungspotential als Differenz zwischen *C* und *D* ablesen, die sich aus den höheren Investitionen in die Fehlerprävention und der daraus folgenden Verringerung der Abweichungs- und Opportunitätskosten ergibt.[512]

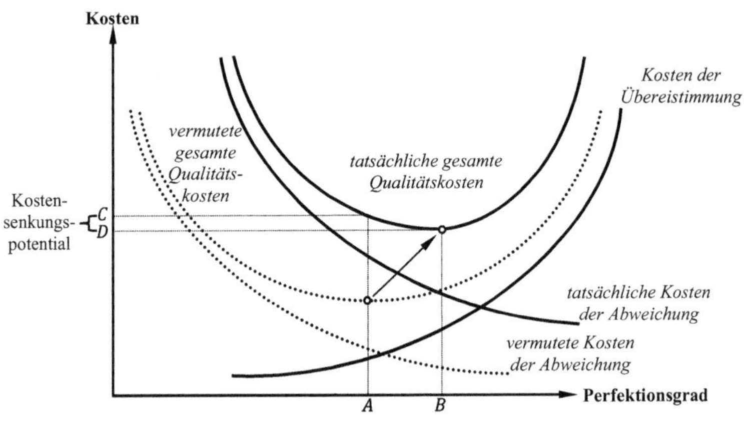

Abbildung 55: Einbeziehung der Opportunitätskosten[513]

Unter Berücksichtigung der Erkenntnis, dass nichts gesteuert werden kann, was nicht gemessen wird, ist es erforderlich, eine fundierte Methode zu entwickeln, mit deren Hilfe die Opportunitätskosten ermittelt werden können. Die Dringlichkeit dieses Appels

---

510 Vgl. Schmitt, Robert/Pfeifer, Tilo (2010), S. 3.

511 Vgl. Schmitt, Robert/Pfeifer, Tilo (2010), S. 3f.

512 Vgl. Homburg, Christian/Daum, Daniel (1997), S. 135; Schmitt, Robert/Pfeifer, Tilo (2010), S. 512.

513 Vgl. Homburg, Christian/Daum, Daniel (1997), S. 136; Schmitt, Robert/Pfeifer, Tilo (2010), S. 512.

lässt sich leichter nachvollziehen, wenn man berücksichtigt, dass die qualitätsbezogenen Kosten, die normalerweise in Unternehmen erfasst werden, nur die Spitze des Eisbergs darstellen.[514]

In den folgenden Ausführungen soll der Aufbau einer Qualitätskostenrechnung nicht diskutiert werden. Er wurde bereits in der einschlägigen Literatur ausreichend gewürdigt.[515] Vielmehr soll zunächst ein Ausweg aus dem angesprochenen Zuordnungsproblem der einzelnen Qualitätskostenelemente durch die Prozesskostenrechnung aufgezeigt werden.[516] Diese soll um eine Zielkostenrechnung erweitert werden, um die Höhe der sich ergebenden Qualitätskosten einer Prüfung zu unterziehen. Anschließend werden exemplarisch zwei Ansätze vorgestellt, welche die Quantifizierung von Opportunitätskosten ermöglichen.

4.4.3.1 Qualitätsbezogene Prozess- und Zielkostenrechnung

Zur Lösung des angesprochenen Zuordnungsproblems bietet es sich an, die Grundsystematik der Prozesskostenrechnung einzusetzen.[517] Um qualitätsbezogene Kostenbestandteile von den nicht qualitätsbezogenen zu trennen, ist ähnlich wie bei der Prozesskostenrechnung eine Tätigkeitsanalyse erforderlich. Sollen beispielsweise die Personalkosten einer Kostenstelle in qualitätsbezogene und nicht qualitätsbezogene Kostenbestandteile getrennt werden, muss Art und Anzahl der durchgeführten Tätigkeiten eines jeden Mitarbeiters bekannt sein. Weist eine Tätigkeit einen Qualitätsbezug auf, dann sind die dafür angefallenen Kosten grundsätzlich den Qualitätskosten zuzurechnen. Weiterhin kann man durch eine solche Tätigkeitsanalyse feststellen, welche qualitätsbezogenen Tätigkeiten den qualitätsbezogenen Personalkostenblock verursacht haben. Um die qualitätsbezogenen Tätigkeiten analog zur Prozesskostenrechnung zu einzelnen qualitätsbezogenen Prozessen zusammenfassen zu können, bedarf es eines geeigneten Prozesskatalogs. Um zu einem solchen Prozesskatalog zu gelangen, müssen die Aufgaben des Qualitätsmanagements in qualitätsbezogene Prozesse untergliedert werden. Dabei

---

514 Vgl. GRYNA, FRANK M. (1999), S. 8.10f.

515 Vgl. aus der Fülle der Literatur DGQ-DEUTSCHE GESELLSCHAFT FÜR QUALITÄT E. V. (1985); HAHNER, AXEL (1981); HERBERG, CHRISTIANE (2000); RAUBA, ALFRED (1988); RAUBA, ALFRED (1990); ROMBERG, STEFAN (1999); SASSE, ALEXANDER (2002); SCHWEIZERISCHE ARBEITSGEMEINSCHAFT FÜR, QUALITÄTSFÖRDERUNG (1977); STEINBACH, WALTER (1985); VENITZ, MARKUS (1992); WENDEHALS, MARION (2000)

516 Vgl. ALTSTADT, MARKUS/WENGLER, MICHAEL (1998), S. 1048-1052; MAYER, REINHOLD/LINGSCHEID, ANDREAS (1993), S. 72-75.

517 Vgl. BRUHN, MANFRED (2008), S. 524f.; NADIG, LINARD (1998), S. 1026; SCHMITT, ROBERT/PFEIFER, TILO (2010), S. 512-514.

kann man sich an der von der Deutschen Gesellschaft für Qualität empfohlenen Gliederung der Qualitätskosten orientieren.[518] Die Bezeichnung der einzelnen Qualitätskostenarten wird als Name für die einzelnen Prozesse des Qualitätsmanagements vergeben. Die Anzahl der unterschiedlichen Qualitätskostenarten bestimmt zugleich auch die Anzahl der qualitätsbezogenen Prozesse. Durch die während der Tätigkeitsanalyse festgestellten Zusammenhänge lassen sich nun die in einer Kostenstelle angefallenen Kosten den einzelnen qualitätsbezogenen Prozessen zuordnen. Die Zuordnung erfolgt analog zur Prozesskostenrechnung auf Basis der durch die einzelnen Tätigkeiten in Anspruch genommenen Mitarbeiterkapazitäten. Damit ist das oben angesprochene Zuordnungsproblem gelöst: Die resultierenden Prozesskosten entsprechen in ihrem Umfang den gesuchten Qualitätskosten gegliedert nach Arten.

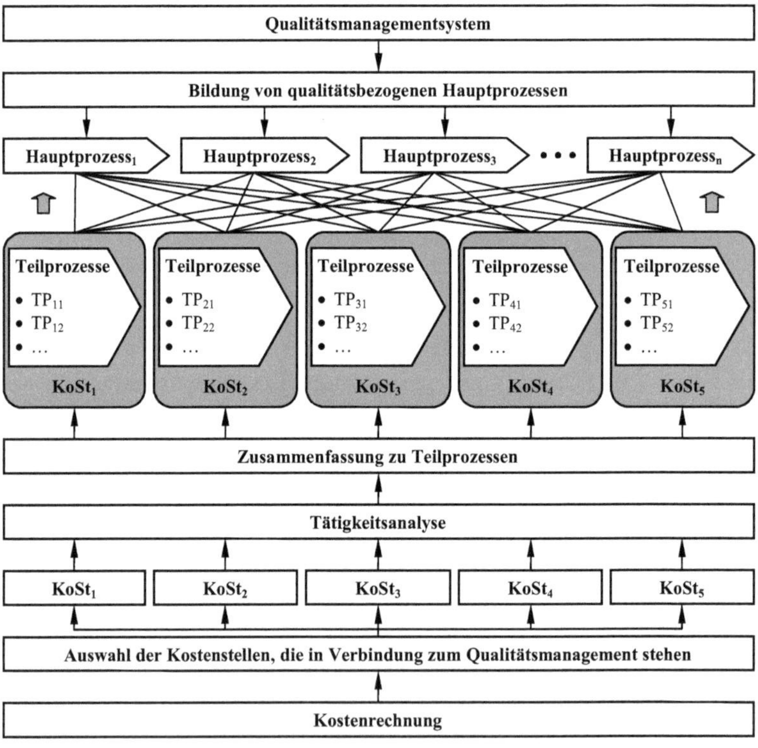

Abbildung 56: Prozesshierarchie des Qualitätsmanagements[519]

518 Vgl. Bär, Kurt (1985), S. 492.

519 In Anlehnung an Bruhn, Manfred/Georgi, Dominik (1999), S. 104.

Die zur Lösung des Zuordnungsproblems vorgeschlagene Vorgehensweise unterscheidet sich grundsätzlich nicht von der Methodik der traditionellen Prozesskostenrechnung. Allerdings wird die hier beschriebene qualitätsbezogene Prozesskostenrechnung nicht für Kalkulationszwecke durchgeführt. Vielmehr besteht ihr Hauptanliegen in der Bestimmung der Höhe der Qualitätskosten gegliedert nach Qualitätskostenarten.

Die Höhe der Qualitätskosten kann in einem weiteren Schritt durch die Zielkostenrechnung überprüft werden,[520] mit der jene qualitätsbezogenen Prozesse identifiziert werden können, die ein hohes Einsparungspotential aufweisen oder die Verbesserungsmaßnahmen erfordern. Im Rahmen des aus Japan stammenden *Target Costing* können die Kosten eines Produktes ausgehend von den an das Produkt gestellten Kundenanforderungen gesteuert werden. Dieses Konzept kann ebenso wie die Prozesskostenrechnung in das Qualitätswesen übernommen werden, um die Qualitätskosten kontrollieren, steuern und optimieren zu können. Dabei entspricht das Produkt des konventionellen Target Costing dem virtuellen Produkt „Qualität", d.h. einem Bündel von Funktionen, anhand derer ein Kunde die Qualität der angebotenen Leistung beurteilt. Die konkrete Vorgehensweise weicht dabei nicht vom klassischen fünfstufigen Modell von TANAKA ab,[521] das in der Folge von HORVATH und SEIDENSCHWARZ in ein achtstufiges Modell umgewandelt wurde.[522]

Im *ersten Schritt* wird ein virtuelles Produkt „Qualität" in seine Funktionen zerlegt. Analog zur klassischen Unterscheidung zwischen harten und weichen Funktionen wird die Einteilung in objektiv messbare und subjektiv messbare Funktionen vorgeschlagen. Die einzelnen Funktionen müssen jetzt definiert und kategorisiert werden.

Im *zweiten Schritt* ist zuerst das Verhältnis zwischen den beiden Funktionsklassen (objektiv und subjektiv) zu ermitteln. Anschließend ist die Gewichtung einzelner Funktionen innerhalb der jeweiligen Klasse vorzunehmen. Das kann für subjektiv messbare Funktionen im Rahmen einer Kundenbefragung erfolgen. Für objektiv messbare Funktionen kann man einen Gruppenbewertungsprozess unter Kostenstellenleitern auf Basis des Analytischen Hierarchischen Prozesses (AHP) vornehmen. Das Ergebnis kann beispielsweise wie folgt aussehen:

520 Vgl. GRIEMERT, SILKE (2000) zum Einsatz der Zielkostenrechnung im Qualitätsmanagement.

521 Vgl. TANAKA, MASAYAU (1989), S. 50f.

522 Vgl. HORVÁTH, PETER/SEIDESCHWARZ, WERNER (1992), S. 145-149.

Objektiv messbare Funktionen	Gewichte	Subjektiv messbare Funktionen	Gewichte
O_1 – Zuverlässigkeit	22%	S_1 – Gebrauchsnutzen	10%
O_2 – Normgerechtigkeit	5%	S_2 – Ausstattung	6%
O_3 – Haltbarkeit	11%	S_3 – Kundendienst	12%
O_1 – Sicherheit	8%	S_4 – Ästhetik	4%
O_1 – Umweltfreundlichkeit	14%	S_5 – Qualitätsimage	8%
Summe	**60%**	**Summe**	**40%**

Tabelle 16: Funktionen der Qualität und ihre Gewichtung

Im *dritten Schritt* sind die in den einzelnen Funktionsbereichen ablaufenden Prozesse zu identifizieren, die einen Beitrag zur Erhöhung der Qualität leisten.

Im *vierten Schritt* sind die Standardkosten des virtuellen Produktes „Qualität" zu ermitteln, indem die Ergebnisse der qualitätsbezogenen Prozesskostenrechnung übernommen werden. Nach dem vierten Schritt kann das Ergebnis wie folgt aussehen:

Qualitätsbezogene Prozesse	Prozesskosten	Prozesskostenanteil
P_1 – Qualitätsplanung	7500 €	7,68%
P_2 – Kundenbefragungen	18000 €	18,42%
P_3 – Lieferantenbeurteilung	6500 €	6,65%
P_4 – Schulung in Qualitätssicherung	27000 €	27,64%
P_5 – Eingangsprüfung	4600 €	4,71%
P_6 – Endprüfung	7700 €	7,88%
P_7 – Instandhaltung von Prüfmitteln	2400 €	2,46%
P_8 – Beschwerdemanagement	24000 €	24,56%
Summe der Qualitätskosten	**97700 €**	**100 %**

Tabelle 17: Standardkosten der Qualität

Im *fünften Schritt* wird die so genannte Produkt-Funktion-Matrix erstellt, in der der Einfluss der qualitätsbezogenen Prozesse auf die Funktionen und somit auf die Qualität insgesamt im Wege einer Schätzung bestimmt wird.

Funktionen / Prozesse	O_1	O_2	O_3	O_4	O_5	S_1	S_2	S_3	S_4	S_5	Σ
Nutzenanteil	**22%**	**5%**	**11%**	**8%**	**14%**	**10%**	**6%**	**12%**	**4%**	**8%**	**100%**
P_1	3,3	0,5	0,55	0,4	1,4	1,0	1,2	0	0,8	0,32	9,47%
P_2	0	0	0	0	1,4	5,0	4,2	0	2,8	0,24	13,64%
P_3	1,54	0,25	1,1	0,8	2,8	0	0	0	0	0,4	6,89%
P_4	6,6	1,6	1,1	0,4	0,7	0,5	0	0	0	0,64	11,54%
P_5	3,3	0,5	3,85	0,4	2,8	0,5	0	0	0	0,4	11,75%
P_6	5,06	1,75	2,97	3,6	3,5	1,0	0	0	0	1,6	19,48%
P_7	1,1	0,25	0,55	1,6	0,42	0,3	0	0	0	0,4	4,62%
P_8	1,1	0,15	0,88	0,8	0,98	1,7	0,6	12	0,4	4,0	22,61%

Tabelle 18: Die Produkt-Funktion-Matrix

Im *sechsten Schritt* werden die Zielkosten jedes qualitätsbezogenen Prozesses und die Zielkostenindizes ermittelt.

Prozesse	P_1	P_2	P_3	P_4	P_5	P_6	P_7	P_8	Σ
Zielkosten-anteil, %	9,47	13,64	6,89	11,54	11,75	19,48	4,62	22,61	**100%**
Zielkosten, €	9252	13326	6731	11274	11479	19031	4513	22089	**97700**
Standard-kostenanteil, %	7,68	18,42	6,65	27,64	4,71	7,88	2,46	24,56	**100%**
Standard-kosten, €	7500	18000	6500	27000	4600	7700	2400	24000	**97700**
Zielkosten-index	**1,23**	**0,74**	**1,04**	**0,42**	**2,29**	**2,47**	**1,88**	**0,92**	

Tabelle 19: Berechnung der Zielkostenanteile und der Zielkostenindizes

Die Zielkostenindizes werden wie folgt ermittelt:

$$Zielkostenindex = \frac{Standardkostenanteil}{Zielkostenanteil}$$

Im *siebten Schritt* erfolgt die Erstellung des Zielkostendiagramms, das im *achten Schritt* ausgewertet wird. Wird der Faktor q, der den Verlauf der Zielkostenzone bestimmt, mit 15 angenommen, ergibt sich folgendes Zielkostendiagramm:

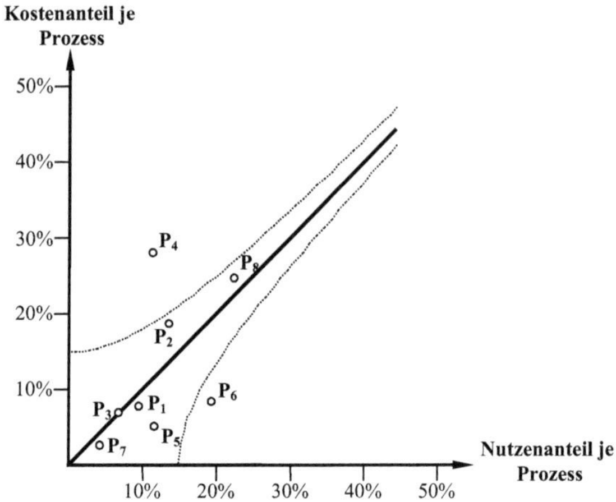

Abbildung 57: Beispiel für das Zielkostendiagramm

Bei der Auswertung des Zielkostendiagramms wird ersichtlich, welche qualitätsbezogene Prozesse zusätzliche Investitionen erfordern (P_6) und bei welchen Prozessen eingespart werden kann (P_4).

4.4.3.2 Bestimmung von Fehlerfolgekosten mittels der Verlustfunktion

Gemäß der klassischen Qualitätsphilosophie tritt ein Fehler und damit ein Verlust erst dann auf, wenn vorgegebene Toleranzgrenzen, nämlich entweder untere Toleranzgrenze (UTG) oder ober Toleranzgrenze (OBG) überschritten werden.[523] TAGUCHI hat dieses traditionelle Gut-Schlecht-Konzept modifiziert. Gemäß dem Konzept von Taguchi führt jede Abweichung von einem vorgegebenen Zielwert zu einer progressiven Vergrößerung des Risikos, einen Verlust zu erleiden.[524] Dieses Risiko umfasst das Risiko eines Funktionsausfalls, das Risiko einer verminderten Zuverlässigkeit oder einer reduzierten Lebensdauer. Das bedeutet, dass ein Hersteller auch dann schon mit Verlusten zu rechnen hat, wenn die Realisierungen des Qualitätsmerkmals noch innerhalb der Toleranzgrenzen liegen.

---

523 Vgl. ALBRIGHT, THOMAS L./ROTH, HAROLD P. (1994), S. 20; CAMPANELLA, JACK (1999), S. 12.

524 Vgl. ALBRIGHT, THOMAS L./ROTH, HAROLD P. (1994), S. 22; PHADKE, MADHAV S. (1990), S. 20; WILDEMANN, HORST (1995), S. 74.

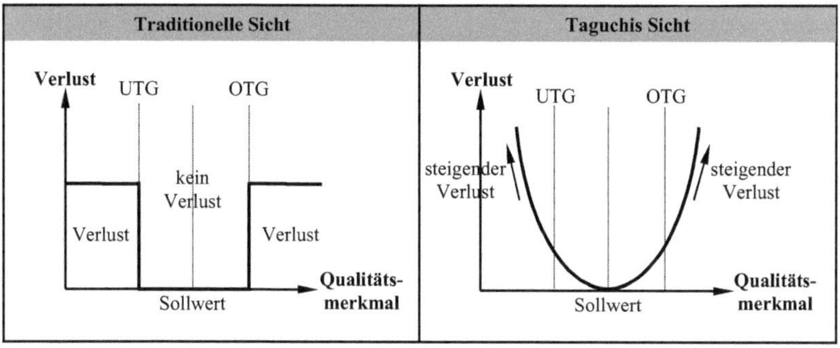

Abbildung 58: Traditionelle Verlustfunktion vs. Verlustfunktion nach TAGUCHI[525]

TAGUCHI versucht mit seinem Konzept, die Fehlerfolgekosten durch eine Funktion zu errechnen: Unter der Annahme, dass positive und negative Abweichungen in gleicher Weise zu einem Verlust führen, drückt eine Parabel die progressive Steigerung des Verlustrisikos bei einer beliebigen Abweichung vom Zielwert aus.[526]

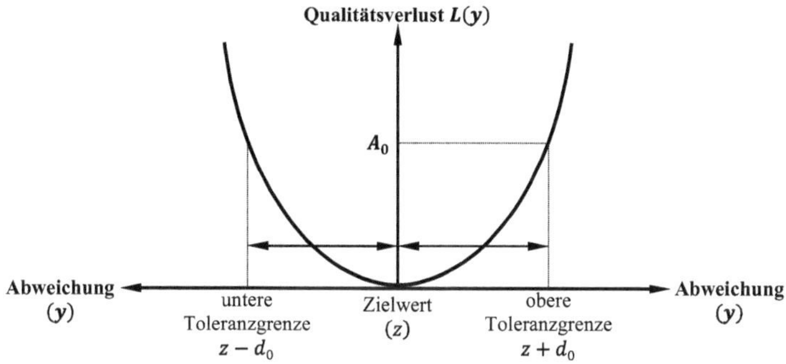

Abbildung 59: Verlustfunktion nach TAGUCHI

Sei L ein Verlust, der sich aus der Abweichung zwischen dem Istwert y und dem Zielwert z einer bestimmten Anforderung ergibt. Da die Gleichung für die Verlustfunktion nicht bekannt ist, aber ihre Form laut Taguchis Ansatz durch eine Parabel ausgedrückt werden kann,[527] soll die Verlustfunktion für die jeweilige Anwendung operationalisiert werden. Für diesen Zweck bietet sich die Taylorreihe an,[528] mit deren Hilfe eine unbe-

---

525 Vgl. CAMPANELLA, JACK (1999), S. 14; LINß, GERHARD (2001), S. 405; PHADKE, MADHAV S. (1990), S. 20.

526 Vgl. ALBRIGHT, THOMAS L./ROTH, HAROLD P. (1992), S. 21; PHADKE, MADHAV S. (1990), S. 21; ROSS, PHILIPP J. (1996), S. 5. WILDEMANN, HORST (1995), S. 75.

527 Vgl. CAMPANELLA, JACK (1999), S. 14.

528 Vgl. TAGUCHI, GENICHI (1989), S. 33, 37.

kannte empirische Funktion $L(y)$ durch eine Potenzreihe, das so genannte Taylorpolynom, approximiert werden kann.[529] Die Approximation geschieht lokal, weil das Taylorpolynom die Funktion $L(y)$ in einer Umgebung von einem bestimmten Punkt z approximiert. Die durch die Taylorreihe im Punkt z approximierte Verlustfunktion $L(y)$ sieht wie folgt aus:

$$L(y) = L(z) + \frac{L'(z)}{1!} \times (y - z) + \frac{L''(z)}{2!} \times (y - z)^2 + \cdots + \frac{L^{(n)}(z)}{n!} \times (y - z)^n =$$
$$= \sum_{t=0}^{n} \frac{L^{(t)}(z)}{t!} \times (y - z)^t$$

$L^{(t)}$ – t-te Ableitung der Verlustfunktion $L(y)$

Soll die allgemeine Gleichung für eine Parabel $f(x) = k \times x^2 + b \times x + c$ anhand der oben vorgestellten Formel für das Taylorpolynom approximiert werden, dann ist das erste Glied des Polynoms $L(z)$ gleich null, denn der Zielwert des Qualitätsmerkmals führt zu keinen Qualitätsverlusten. Das zweite Glied des Polynoms stellt die erste Ableitung der Verlustfunktion $L'(z)$ an der Stelle z dar. Da die Verlustfunktion im Punkt z ihr Minimum hat, gilt, dass ihre erste Ableitung in diesem Punkt notwendigerweise null sein muss. Ab dem vierten Glied (dem Glied mit der dritten Potenz) verschwinden sämtliche Polynomglieder. Denn alle Ableitungen einer parabolischen Funktion ab der dritten Ordnung sind Null. Aus diesen Überlegungen wird ersichtlich, dass nur ein einziges Polynomglied, und zwar das dritte Polynomglied übrigbleibt:

$$L(y) = \frac{L''(z)}{2!} \times (y - z)^2 = \frac{(k \times x^2 + b \times x + c)''}{2!} \times (y - z)^2 = \frac{2 \times k}{2!} \times (y - z)^2$$
$$= k \times (y - z)^2$$

Somit kann der zu erwartende Verlust gemäß dem Taguchi-Ansatz durch die folgende Gleichung approximiert werden: $L(y) = k \times (y - z)^2$

Die Steilheit der Parabel und damit die Höhe der Qualitätsverluste werden mit Hilfe des so genannten Qualitätsverlustkoeffizienten k bestimmt. Für seine Berechnung muss zunächst der qualitätsbezogene Verlust A_0 ermittelt werden, mit dem das Unternehmen bei der Über- bzw. Unterschreitung der festgelegten Toleranzgrenze $(z \pm d_0)$ rechnen

[529] Vgl. BLICKENSDÖRFER-EHLERS, ARNDT u.a. (1980), S. 253-268; HOFFMANN, DIETER (1995), S. 209-220 zu weiteren Ausführungen

muss. Dieser Koeffizient wird durch die Division des ermittelten Verlustes A_0 durch die quadrierte Differenz zwischen Zielwert und Toleranzgrenze ermittelt:[530]

$L(y) = k \times (y - z)^2$ Bei welchem k ist $L(y) = A_0$?

$$\Rightarrow A_0 = k \times (y - z)^2 = k \times d_0^2 \Rightarrow k = \frac{A_0}{d_0^2}$$

Die „klassische" Verlustfunktion Taguchis hat insofern eine erhebliche Schwäche, als sie keine Schiefe hat und eine Symmetrie des Qualitätsverlustes bei einer Abweichung vom Zielwert unterstellt.[531] Um auch asymmetrische Verläufe der Verlustfunktion modellieren zu können, empfiehlt es sich, die Verlustfunktion aus zwei Parabeln mit unterschiedlicher Steilheit zusammenzusetzen, sodass die Verlustfunktion die folgende Form annimmt:[532]

$$L(y) = \begin{cases} k_1 \times (y - z)^2, & bei\, y > z \\ k_2 \times (y - z)^2, & bei\, y < z \end{cases}$$

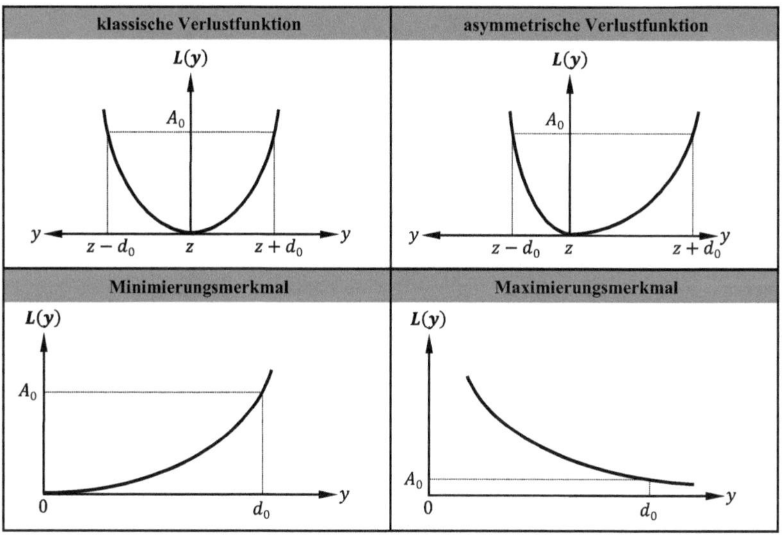

Abbildung 60: Varianten der Verlustfunktionen im Überblick[533]

---

530 Vgl. PHADKE, MADHAV S. (1990), S. 21f.

531 Vgl. PHADKE, MADHAV S. (1990), S. 20, 23.

532 Vgl. PHADKE, MADHAV S. (1990), S. 25.

533 Vgl. PHADKE, MADHAV S. (1990), S. 25.

Für die Operationalisierung einer solchen asymmetrischen Verlustfunktion müssen die Qualitätsverluste sowohl für die Unterschreitung des Zielwertes als auch für die Überschreitung bestimmt werden. Für Qualitätsmerkmale, die keine negativen Werte annehmen können, wird der Zielwert auf die Null gesetzt, sodass das Ziel in der Minimierung der Ausprägung solcher Qualitätsmerkmale (Minimierungsmerkmale) besteht und sich folgende Verlustfunktion ergibt:[534]

$$L(y) = k \times y^2$$

In Analogie zu den Minimierungsmerkmalen gibt es Maximierungsmerkmale.[535] Bei Maximierungsmerkmalen stellt der Wert Null die schlechteste Merkmalsausprägung dar. Hier nehmen die Qualitätsverluste ab, wenn die Merkmalsausprägung steigt. Daher ist der Idealwert solcher Qualitätsmerkmale unendlich. Die Verlustfunktion für Maximierungsmerkmale kann durch folgende Formel wiedergegeben werden:[536]

$$L(y) = k \times \left(\frac{1}{y^2}\right), wobei\ k = A_0 \times d_0^2$$

4.4.3.3 Ermittlung von Opportunitätskosten

Einen möglichen Ansatz zur Ermittlung der qualitätsbezogenen Opportunitätskosten im Sinne von entgangenen Deckungsbeiträgen stellt FRÖHLING dar.[537] Sein Kalkül für die Berechnung entgangener Deckungsbeiträge ist zweistufig und beruht auf drei Dimensionen: Auf einer strategischen Dimension, die sich nach einem kundenorientierten Qualitätsverständnis als Erfolgsfaktor ergibt, auf einer marketingpolitischen Dimension, die durch dynamische Kundenbeziehungen repräsentiert wird, und auf einer kostenwirtschaftlichen Dimension, die Folgekosten zum Ausdruck bringen soll.[538]

In einem ersten Schritt wird der Zeitpunkt ermittelt, in dem die Geschäftsbeziehungen endgültig abgebrochen oder vorübergehend eingefroren wurden. Dazu muss zunächst

---

534 Vgl. ALBRIGHT, THOMAS L./ROTH, HAROLD P. (1994), S. 24; PHADKE, MADHAV S. (1990), S. 23f.; ROSS, PHILIPP J. (1996), S. 17-19.

535 Vgl. PHADKE, MADHAV S. (1990), S. 24; ROSS, PHILIPP J. (1996), S. 18f.

536 Vgl. ALBRIGHT, THOMAS L./ROTH, HAROLD P. (1994), S. 24; PHADKE, MADHAV S. (1990), S. 24.

537 Vgl. FRÖHLING, OLIVER (1993), S. 543-568.

538 Vgl. FRÖHLING, OLIVER (1993), S. 543.

die erwartete Anzahl von Produkten berechnet werden, an denen Kunden Qualitätsmängel entdeckt haben:[539]

$$x_{Qjk} = P(A)_j \times \left(1 - P(E)_{Uj}\right) \times P(E)_k \times x_{Ajk}$$

x_{Qjk} – erwartete Anzahl der in einer Periode an den Kunden k abgesetzten und von diesem entdeckten qualitativ minderwertigen Einheiten einer Produktart j

$P(A)_j$ – die Wahrscheinlichkeit des Auftretens eines Qualitätsmangels bei einem Produkt j

$P(E)_{Uj}$ – die Wahrscheinlichkeit der unternehmensinternen Entdeckung eines Qualitätsmangels bei dem Produkt j

$P(E)_k$ – die Wahrscheinlichkeit der Entdeckung eines Qualitätsmangels vom Kunden

x_{Ajk} – die Anzahl der an den Kunden k abgesetzten Produkte j

Weiterhin wird angenommen, dass der Abbruch der Geschäftsbeziehungen nur dann droht, wenn eine vom Kunden tolerierte Qualitätsmängelgrenze überschritten wurde. Um zu bestimmen, ob das Unternehmen mit dem Abbruch der Geschäftsbeziehung rechnen muss, wird eine spezielle Kennzahl, die so genannte Qualitätsmängelquote QM_j eingeführt, die sich wie folgt berechnen lässt:[540]

$$QM_{jk} = \frac{x_{Qjk}}{x^*_{Qjk}}$$

QM_{jk} – Qualitätsmängelquote hinsichtlich einer Produktart j

x^*_{Qjk} – erwartete Anzahl der in einer Periode an den Kunden k abgesetzten, von diesem entdeckten und tolerierten qualitativ minderwertigen Einheiten einer Produktart j

Ist die Qualitätsmangelquote größer als 1, dann hat das Unternehmen mit dem Abbruch der Geschäftsbeziehungen zu rechnen. In diesem Fall entstehen zwangsläufig die Kosten in Form entgangener Deckungsbeiträge. Der einem Kunden k zurechenbare entgangene Deckungsbeitrag lässt sich bei einer mehrperiodigen Betrachtung wie folgt ermitteln:[541]

$$\Delta DB_{k1} = DB_{k1}^{ist} + \sum_{t=2}^{w} DB_{kt}^{plan}$$

w – letzte prognostizierte Periode der Geschäftsbeziehung,

539 Vgl. Fröhling, Oliver (1993), S. 553.

540 Vgl. Fröhling, Oliver (1993), S. 554.

541 Vgl. Fröhling, Oliver (1993), S. 561.

DB_{kt}^{plan} – die in der Zukunft entgehenden Plan-Deckungsbeiträge des Kunden k, aufsummiert über die Folgeperioden des Betrachtungszeitpunktes $t = 1$

DB_{k1}^{ist} – der entgehende Ist-Deckungsbeitrag in der Periode $t = 1$

Da die Beziehung zwischen einem Kunden und einem Unternehmen eine Kette aus mehreren Kaufvorgängen über mehrere Perioden darstellt und eine periodengenaue Prognose der zukünftigen Deckungsbeiträge problematisch ist, weist der dargestellte Ansatz viele Schwächen auf, die seine Eignung als Instrument des Qualitätscontrollings in Frage stellen.

4.5 Qualitätsnutzen

Um die Wirtschaftlichkeit des Qualitätsmanagements zu beurteilen, reichen die Qualitätskosten alleine nicht aus.[542] Dementsprechend sollten die qualitätsbezogenen Kosten immer zusammen mit dem von ihnen ausgehenden qualitätsbezogenen Nutzen beurteilt werden. Der Qualitätsnutzen umfasst alle Auswirkungen einer Qualitätsinvestition, die zur Verbesserung der angebotenen Leistungsqualität beigetragen haben. Bei diesen Auswirkungen kann es sich um nichtmonetäre Aspekte wie Kundenzufriedenheit und um monetäre Aspekte wie Umsatz handeln.[543] Grundsätzlich wird zwischen dem externen (erlössteigernden) und dem internen (kostensenkenden) Nutzen differenziert.[544]

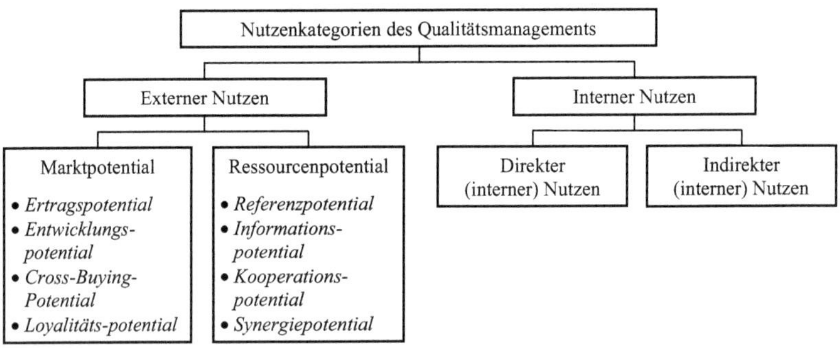

Abbildung 61: Nutzenkategorien des Qualitätsmanagements[545]

---

542 Vgl. TOMYS, ANNE-KATRIN (1995), S. 35.

543 Vgl. BRUHN, MANFRED/GEORGI, DOMINIK (1999), S. 73.

544 Vgl. BRUHN, MANFRED (2008), S. 527f.; BRUHN, MANFRED/GEORGI, DOMINIK (1998), S. 101.

545 Vgl. BRUHN, MANFRED/GEORGI, DOMINIK (1999), S. 77; RUDOLF-SIPÖTZ, ELISABETH (2001), S. 95; TOMCZAK, TORSTEN/RUDOLF-SIPÖTZ, ELISABETH (2006), S. 132.

Bei der Bestimmung des externen Nutzens kann man sich am Kundenwert orientieren. Unter dem Kundenwert wird der Gesamtnutzen verstanden, den ein Anbieter aus einer Geschäftsbeziehung mit einem Kunden zieht.[546] Dieser Nutzen resultiert nicht nur aus den direkten geschäftlichen Transaktionen mit dem Kunden selbst, sondern auch aus den bestimmten Aktivitäten des Kunden, die in indirekter Weise zu weiteren Transaktionen führen. Folglich lassen sich zwei große Blöcke innerhalb der Gesamtdauer der Geschäftsbeziehung unterscheiden.[547] Auf der einen monetären Seite steht der Erlös im Vordergrund, der den primären Gegenstand der Geschäftsbeziehung bildet und als *Marktpotential* aufgefasst wird. Auf der anderen nichtmonetären Seite erfüllt der Kunde, aktiv oder passiv, die Rolle einer „Unternehmensressource", deren Ausmaß als ein *Ressourcenpotential* zu verstehen ist.

Das *Marktpotential* eines Kunden ist der Verkaufserfolg, den sich ein Anbieter aus der Geschäftsbeziehung mit dem Kunden verspricht und der im Wesentlichen durch vier Determinanten beeinflusst wird, nämlich durch das Ertrags-, Entwicklungs-, Cross-Buying- und Loyalitätspotential.[548]

Das *Ertragspotential* eines Kunden stellt den historischen und gegenwärtigen monetären Beitrag des Kunden zum Unternehmenserfolg dar.[549] Auch wenn der retrospektive bzw. gegenwärtige Umsatz oft andere Determinanten überwiegt, beschränkt sich die ökonomische Bedeutung eines Kunden nicht allein auf den akkumulierten Umsatz, der sich aus einer Kundenbeziehung bisher ergeben hat.[550] Das Ertragspotential bezieht sich ausschließlich auf den Absatz und vernachlässigt alle Aspekte, die dem Verkauf vor- oder nachgelagert sind. Das *Entwicklungs-* bzw. *Up-Selling-Potential* eines Kunden umfasst sämtliche mit dem Kunden in der Zukunft realisierten Erträge. Es beschränkt sich allerdings nur auf jene Produktarten, die der Kunde vom Unternehmen bereits erworben hat.[551] Das *Cross-Buying-Potential* drückt das Potential eines Kunden aus, zusätzlich zu den bisher in Anspruch genommenen Leistungen des Anbieters, weitere

546 Vgl. HELM, SABRINA/GÜNTER, BERND (2006), S. 7.

547 Vgl. FRIEDERICHS-SCHMIDT, SILKE (2006), S, 28; GELBRICH, KATJA/MÜLLER, STEFAN (2006), S. 455f.; HEIDEMANN, JULIA/KAMPRATH, NORA/GÖRZ, QUIRIN (2009), S. 193f.; HEMPELMANN, BERND/LÜRWER, MARKUS (2003), S. 338f.; RUDOLF-SIPÖTZ, ELISABETH (2001), S. 94; TOMCZAK, TORSTEN/RUDOLF-SIPÖTZ, ELISABETH (2006), S. 13f.

548 Vgl. TOMCZAK, TORSTEN/RUDOLF-SIPÖTZ, ELISABETH (2006), S. 132-135; 95-107.

549 Vgl. FRIEDERICHS-SCHMIDT, SILKE (2006), S. 31f.

550 Vgl. KRAFFT, MANFRED/MARZIAN, SIEGHARD (1997)

551 Vgl. FRIEDERICHS-SCHMIDT, SILKE (2006), S. 73; SCHNEIDER, NADINE C. (2007), S. 117.

Produkte zu beziehen.[552] Das *Loyalitätspotential* spiegelt den Wunsch eines Kunden wider, die vorhandene Geschäftsbeziehung fortzusetzen.[553]

Das *Ressourcenpotential* setzt sich aus dem Referenz-, Informations-, Kooperations- und Synergiepotential zusammen.[554]

Das Ausmaß, in dem ein Kunde als Referenzgeber gegenüber den aktuellen oder potentiellen Kunden auftritt und somit deren Kaufverhalten beeinflusst, wird als *Referenzpotential* eines Kunden bezeichnet.[555] Für die Bewertung des Referenzpotentials spielen die Faktoren wie der Grad der Meinungsführerschaft (Ausmaß, in dem der Kunde die Kaufentscheidung von anderen Personen beeinflussen), die Größe des sozialen Netzes sowie die aus der eigenen Zufriedenheit mit dem Anbieter resultierende Richtung der Beeinflussung eine entscheidende Rolle.[556]

Das Ausmaß, in dem der Anbieter die von einem Kunden erhaltenen Informationen nutzen kann, wird als *Informationspotential* eines Kunden bezeichnet.[557] Solche Informationen spiegeln sich im Wertzuwachs des Unternehmens durch die Einsparung von Kosten und/oder durch die Erhöhung von Gewinnen wider, indem Verbesserungen eingeleitet oder Innovationen realisiert werden.

Das *Kooperationspotential* eines Kunden resultiert aus dem Wertbeitrag, der aus einer Zusammenarbeit mit dem Kunden oder einer Integration der Wertschöpfungsketten von Anbieter und Nachfrager erwächst.[558] Während das Kooperationspotential jene Synergien beschreibt, die außerhalb des Unternehmens anzutreffen sind, bezieht sich das *Synergiepotential* auf die innerhalb des Unternehmens entstehenden Synergien.[559]

Der *interne* Nutzen resultiert aus der Verbesserung der Leistungserstellung und bezieht sich primär auf die Kostensenkung. In Abhängigkeit davon, ob der erzielte interne Nut-

---

552 Vgl. Friederichs-Schmidt, Silke (2006), S. 105-108; Gelbrich, Katja/Müller, Stefan (2006), S. 456; Homburg, Christian/Schäfer, Heiko (2001), S. 165-170; Schneider, Nadine C. (2007), S. 118.

553 Vgl. Rudolf-Sipötz, Elisabeth (2001), S. 104.

554 Vgl. Rudolf-Sipötz, Elisabeth (2001), S. 108-131; Tomczak, Torsten/Rudolf-Sipötz, Elisabeth (2006), S. 135-139; Rudolf-Sipötz, Elisabeth (2001), S. 108-131.

555 Vgl. Dye, Renée (2001), S. 9-17; Friederichs-Schmidt, Silke (2006), S. 119f.; Gelbrich, Katja/Müller, Stefan (2006), S. 457-459; Schneider, Nadine C. (2007), S. 142f.

556 Vgl. Cornelsen, Jens (2001), S. 204f.; Friederichs-Schmidt, Silke (2006), S. 121.

557 Vgl. Friederichs-Schmidt, Silke (2006), S. 139f.; Gelbrich, Katja/Müller, Stefan (2006), S. 456f.; Stauss, Bernd/Schöller, Andreas (2003), S. 878.

558 Vgl. Friederichs-Schmidt, Silke (2006), S. 145; Schneider, Nadine C. (2007), S. 159; Tomczak, Torsten/Rudolf-Sipötz, Elisabeth (2006), S. 137.

559 Vgl. Schneider, Nadine C. (2007), S. 160; Tomczak, Torsten/Rudolf-Sipötz, Elisabeth (2006), S. 138f.

zen eindeutig einer bestimmten Qualitätsinvestition zugeordnet werden kann oder nicht, lässt sich ein direkter und ein indirekter interner Nutzen unterscheiden. Der direkte Nutzen entsteht durch die Verbesserung von den Prozessen oder der Vermeidung von Fehlern sowie durch die Beseitigung von deren Quellen. Der indirekte Nutzen lässt sich noch weiter danach unterscheiden, ob er einen starken oder einen schwachen Leistungserstellungsbezug hat.

Direkter interner Nutzen	Indirekter interner Nutzen	
	Starker Leistungserstellungsbezug	Schwacher Leistungserstellungsbezug
• Reduzierung des Ausschusses • Reduzierung unkontrollierter Materialverluste • Reduzierung von Nacharbeit	• Reduzierung von Leerlaufzeiten • Reduzierung von Problemuntersuchungen • Reduzierung von Designkorrekturen • Reduzierung von Materialrücksendungen	• Reduzierung der Schulungskosten • Reduzierung der Fluktuationskosten • Reduzierung der Mitarbeiterakquisitionskosten

Tabelle 20: Interne Nutzenkategorien des Qualitätsmanagements[560]

Die Vielfalt an unterschiedlichen Kosten- und Nutzenkomponenten führt zu einer Vielzahl von Verfahrensvarianten, um den Kundenwert nach dem Konzept des Customer Lifetime Value zu bestimmen.[561] Während sich die Kosten eingeleiteter Qualitätsmaßnahmen vergleichsweise einfach erfassen lassen, bereitet die Ermittlung des durch eine Qualitätsinvestition bewirkten Nutzens erhebliche Schwierigkeiten.[562] Zum einen können selbst bedeutsame positive Auswirkungen von Qualitätsinvestitionen nicht eindeutig quantifiziert, sondern nur verbal beschrieben werden. Zum anderen wird die Quantifizierung durch Vielfältigkeit und Verkettung der Auswirkungen behindert. Mangels operationaler Quantifizierungsverfahren ist man praktisch gezwungen, auf nicht quantitative Ansätze wie den SERVQUAL-Ansatz auszuweichen.

4.6 SERVQUAL-Ansatz zur Messung der Prozessqualität

Aus verschiedenen Ansätzen zur Messung der Dienstleistungsqualität hebt sich der SERVQUAL-Ansatz positiv ab. Dies ist vor allem auf seine Übersichtlichkeit, leichte

560 Vgl. Bruhn, Manfred/Georgi, Dominik (1999), S. 77.

561 Vgl. Schneider, Nadine C. (2007), S. 66f. sowie dort angegebene Literatur

562 Vgl. Kamiske, Gerd F./Theden, Philipp (1996), S. 32.

Anwendbarkeit sowie seine weite Verbreitung in der Praxis zurückzuführen.[563] Der SERVQUAL-Ansatz hat seine Wurzeln in dem empirisch entwickelten und erprobten GAP-Modell[564] zur Messung der Dienstleistungsqualität. In den empirischen Untersuchungen hat sich herausgestellt, dass die mangelnde Dienstleistungsqualität primär auf fünf Lücken (Gaps) zurückzuführen ist, die es zu schließen gilt.[565]

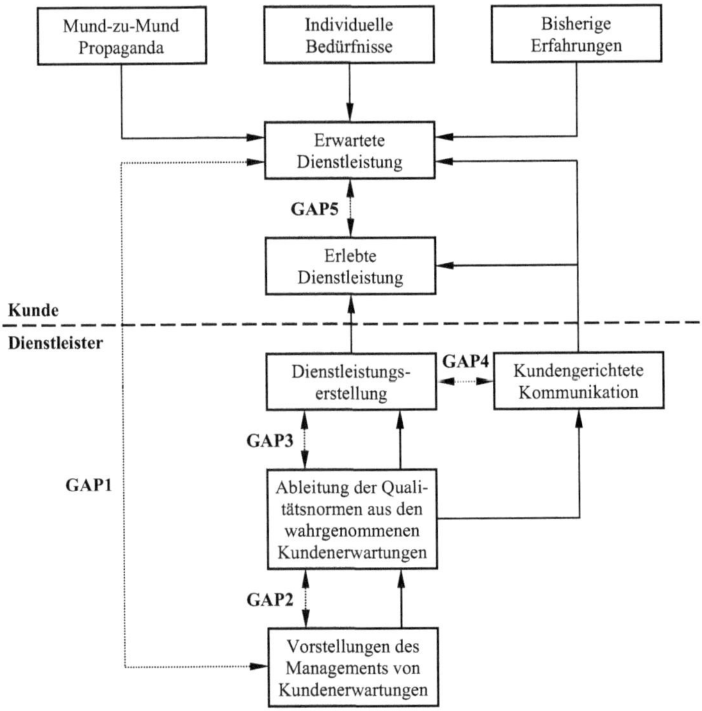

Abbildung 62: GAP-Modell der Dienstleistungsqualität[566]

---

563 Vgl. PARASURAMAN, A./ZEITHAML, VALARIE A./BERRY, LEONARD L. (1988) zur Einzelheiten bei der Entwicklung und der empirischen Überprüfung des SERVQUAL-Ansatzes. Vgl. HENTSCHEL, BERT (1990) zu einer kritischen Auseinandersetzung mit dem SERVQUAL-Ansatz.

564 Vgl. PARASURAMAN, A./ZEITHAML, VALARIE A./BERRY, LEONARD L. (1985); ZEITHAML, VALARIE A./BERRY, LEONARD L./ PARASURAMAN, A. (1988)

565 Vgl. BRUHN, MANFRED (2008), S. 94-104; PARASURAMAN, A./ZEITHAML, VALARIE A./BERRY, LEONARD L. (1985), S. 44-46; ZEITHAML, VALARIE A./BERRY, LEONARD L./ PARASURAMAN, A. (1988), S. 35f.; ZEITHAML, VALARIE A./ PARASURAMAN, A./BERRY, LEONARD L. (1992), S. 51-62.

566 Vgl. BRUHN, MANFRED (2008), S. 92; ZEITHAML, VALARIE A./BERRY, LEONARD L./A., PARASURAMAN (1988), S. 36; ZEITHAML, VALARIE A./ PARASURAMAN, A./BERRY, LEONARD L. (1992), S. 62. PARASURAMAN, A./ZEITHAML, VALARIE A./BERRY, LEONARD L. (1985), S. 44.

Die *erste Lücke* lässt sich auf die Diskrepanz zurückführen, die zwischen den Vorstellungen des Dienstleisters über die Kundenerwartungen und den tatsächlichen Kundenerwartungen besteht. Die *zweite Lücke* bezeichnet die Diskrepanz zwischen den Vorstellungen des Dienstleisters über die Kundenerwartungen und den daraus abgeleiteten Qualitätsstandards. Die *dritte Lücke* resultiert daraus, dass die erbrachte Leistung nicht den bestehenden Qualitätsstandards entspricht. Die *vierte Lücke* entsteht, wenn das kundengerichtete Versprechen des Dienstleisters hinsichtlich der Leistungserbringung nicht eingehalten wird. Die als Differenz zwischen der erwarteten und der erlebten Dienstleistung definierte *fünfte Lücke* ist eine zentrale Größe des GAP-Modells, weil sie zum einen von den restlichen Lücken entscheidend beeinflusst wird.[567] Zum zweiten beschreibt die fünfte Lücke die Qualität der Dienstleistung aus Kundensicht,[568] was dem anwenderbezogenen Qualitätsbegriff entspricht, der dieser Arbeit zugrunde liegt. Der SERVQUAL-Ansatz ermöglicht die Operationalisierung dieser Lücke, um ein Maß zur Steuerung der Dienstleistungsqualität zu erhalten. Die Erfassung von Erwartungen und Wahrnehmungen erfolgt einzeln für jedes qualitätsrelevante Kriterium anhand einer siebenstufigen Doppelskala, die wie folgt aussehen kann:

	Lehne ich vollkommen ab						Stimme ich vollkommen zu
Erwartung	1	2	3	4	5	6	7
Wenn hervorragende Service-Provider versprechen, etwas zu einem bestimmten Termin zu erledigen, wird der Termin eingehalten.							
Wahrnehmung	1	2	3	4	5	6	7
Das Versprechen eines Service-Providers, die Leistung zu einem bestimmten Termin zu erbringen, wurde eingehalten.							

Tabelle 21: Beispiel für Skala im SERVQUAL-Ansatz[569]

Die resultierende Abweichung zwischen der Erwartung und der Wahrnehmung ermöglicht einen Rückschluss, ob die Erwartungen von Kunden bezüglich eines Qualitätskriteriums erfüllt, nicht erfüllt oder übertroffen werden.[570] Das Ergebnis der Differenzbildung kann dabei die ganzzahligen Ausprägungen aus dem Intervall $[-6; +6]$ anneh-

567 Vgl. Parasuraman, A./Zeithaml, Valarie A./Berry, Leonard L. (1985), S. 46; Zeithaml, Valarie A./ Parasuraman, A./Berry, Leonard L. (1992), S. 62f.

568 Vgl. Parasuraman, A./Zeithaml, Valarie A./Berry, Leonard L. (1985), S. 42.

569 Vgl. Zeithaml, Valarie A./Parasuraman, A./Berry, Leonard L. (1992), S. 211.

570 Vgl. Parasuraman, A./Zeithaml, Valarie A./Berry, Leonard L. (1985), S. 46f.; Zeithaml, Valarie A./Parasuraman, A./Berry, Leonard L. (1992), S. 39.

men. Ein höherer Wert impliziert dabei eine höhere Qualität des aus der Kundenperspektive zu bewertenden Kriteriums.

Die Autoren des SERVQUAL-Ansatzes empfehlen, in die Messung der Qualität 22 Fragen (Items) einzubeziehen,[571] die einer von fünf Qualitätsdimensionen zugeordnet sind.[572] Im Einzelnen handelt es sich bei diesen Qualitätsdimensionen um:

- die Bewertung des physischen Umfeldes (*Tangibles*), wobei eine besondere Aufmerksamkeit der technischen Ausstattung sowie dem allgemeinen Erscheinungsbild der Räumlichkeiten und des Personals zukommt,
- die Bewertung der Zuverlässigkeit bei der Leistungserbringung (*Reliability*),
- die Bewertung der Einsatzbereitschaft, Kunden umgehend zu bedienen und ihnen zu helfen (*Responsiveness*),
- die Bewertung des Fachwissens, der Höflichkeit und der Vertrauenswürdigkeit des Personals (*Assurance*) und
- die Bewertung des Einfühlungsvermögens des Personals und seiner Bereitschaft, jedem Kunden eine individuelle Aufmerksamkeit zu widmen (*Empathy*).

Die kundenspezifischen Urteile werden zu Mittelwerten in jeder Dimension verdichtet. Aus den resultierenden fünf Mittelwerten kann auch der Gesamtmittelwert als Globalmaß für die Qualität der angebotenen Leistung berechnet werden.

---

571 Vgl. Parasuraman, A./Zeithaml, Valarie A./Berry, Leonard L. (1988), S. 38f.; Zeithaml, Valarie A./Parasuraman, A./Berry, Leonard L. (1992), S. 39.

572 Vgl. Zeithaml, Valarie A./Berry, Leonard L./Parasuraman, A. (1988), S. 45; Zeithaml, Valarie A./ Parasuraman, A./Berry, Leonard L. (1992), S. 40, 202-204.

„Es ist nicht wenig Zeit, die wir haben, sondern es ist viel Zeit, die wir nicht nutzen."

Lucius Annaeus Seneca

5 Zeit als Messgröße der Prozessleistung

Die Berücksichtigung des Faktors „Zeit" als einen strategischen Erfolgsfaktor soll es den Unternehmen ermöglichen, eine gewinnbringende Wettbewerbsposition in jenen Märkten einzunehmen, wo dies mittels der Erfolgsfaktoren „Kosten" und „Qualität" nicht bzw. nicht mehr möglich ist. Die auf Zeit setzenden Unternehmen beherrschen auch jene Wettbewerbsstrategien, in denen die herkömmlichen Erfolgsfaktoren „Kosten" und „Qualität" eine wichtige Rolle spielen.[573] Aber sie sind in der Lage, durch ihre Schnelligkeit, Flexibilität und Reaktionsfähigkeit, „die Grenzen herkömmlichen Wettbewerbs zu sprengen und sich den neuen Herausforderungen zu stellen, die das Marktgeschehen von morgen prägen werden."[574] Diese Fähigkeiten schlagen sich im Begriff „economies of speed"[575] nieder, der jene Vorteile umfasst, die ein Unternehmen realisieren kann, wenn es schneller als die anderen ist.[576] All das führt zum Wechsel eines alten Paradigmas, bei dem vor allem nicht die großen Unternehmen die kleinen, sondern die schnellen Unternehmen die langsamen fressen:[577] „Warum? Because speed kills the competition".[578] Der Wettbewerb der Zukunft heißt auch deshalb Zeitwettbewerb,[579] weil sich die Schnelligkeit kaum kopieren lässt.[580]

573 Vgl. BOGASCHEWSKY, RONALD (1998), S. 4; GLASER, KATJA (2000), S. 175; GEMÜNDEN, HANS GEORG (1993), S. 73-75.

574 STALK, GEORGE (1993a), S. 560.

575 Vgl. CHANDLER, ALFRED D. (1977), S. 281.

576 Vgl. BÜHNER, ROLF (1990), S. 29-43; HOLTBRÜGGE, DIRK (1999), S. 528; KLENTER, GUIDO (1995), S. 29f.; SIMON, HERMANN (1989), S. 72.

577 Vgl. OERTEL, HORST ADOLF/ABRAHAM, HANS-WERNER (1998), S. 65; SOMM, EDWIN (1992), S. 90; WIEDERIN, ELMAR (1992), S. 71; WILKENING, HANS-RÜDIGER (1995), S. 153-164; ZUR BONSEN, MATTHIAS (1992), S. 13.

578 O. V. (1989a), S. 33.

579 Vgl. BOWER, JOSEPH L./HOUT, THOMAS M. (1989), S. 68; GÖTZ, KLAUS/LACKNER, CHRISTIAN (1996), S. 17; GRUHLER, WOLFRAM (1991), S. 123; MEYER, CHRISTOPHER (1994), S. 10; STALK, GEORGE (1989), S. 40; STRIENING, HANS-DIETER (1995b), S. 35.

580 Vgl. LINGG, HANSRUEDI (1992), S. 75.

5.1 Triebkräfte des Zeitwettbewerbs

Die allgemeine Beschleunigung aller Marktprozesse hat die Notwendigkeit offenbart, Unternehmensprozesse zu beschleunigen, weshalb das Management seine Aufmerksamkeit auf die Zeit als Wettbewerbsfaktor gelenkt hat.[581] Für die Beschleunigung der Unternehmensprozesse spricht auch die Tatsache, dass eine Prozessinnovation von der Konkurrenz nur schwer nachzuahmen ist.[582] Zu diesem Sinneswandel haben insbesondere die Erfolge japanischer Unternehmen beigetragen, die durch ihre schnelle Produktentwicklung und Fertigung sowie durch schnellen Vertrieb in einigen Branchen ihre Konkurrenz verdrängt haben: „Denn überlegtes Zeitmanagement ermöglichte den japanischen Spitzenunternehmen, Kosten zu senken, breitere Produktpaletten anzubieten, größere Marktsegmente abzudecken und die technische Raffinesse ihrer Produkte zu steigern."[583]

Diese Beobachtung zeigt, dass das Potential des Erfolgsfaktors „Zeit" kaum ausgeschöpft ist.[584] Das große Ausmaß des verborgenen Potentials erklärt sich dadurch, dass der Zeitverbrauch so gut wie nie mit einer derartigen akribischen Genauigkeit analysiert und kontrolliert wurde, wie dies bei Kosten, Qualität oder Umsätzen der Fall war.[585] Darüber hinaus stellt die Zeit ein sehr schwieriges Phänomen dar, das insbesondere in den Wirtschaftswissenschaften kaum erforscht ist.[586] Diese Vernachlässigung wurde durch die Tatsache begünstigt, dass die Zeit des Individuums beschränkt ist, dass sie nicht gespart, produziert, gelagert, gekauft oder regeneriert werden kann und dass sich die vergangene Zeit nicht nachholen lässt.[587] Das letzte Argument wird auch von FORD bekräftigt, der gesagt hat, dass sich die Zeitverschwendung von der Materialverschwendung dadurch unterscheidet, dass die erste unwiederbringlich ist.[588]

Der Bedeutungszuwachs des Faktors „Zeit" lässt sich auch auf die permanente Verkürzung der Produktlebenszyklen zurückführen.[589] Dahinter steht der immer schneller wer-

---

581 Vgl. STALK, GEORGE (1989), S. 37.

582 Vgl. GEMÜNDEN, HANS GEORG (1993), S. 92.

583 ISTVAN, RUDYARD L. (1993), S. 560.

584 Vgl. BAUER, HANS B. (1992), S. 103; BRAUN, JOCHEN (1996), S. 13; HAMMER, MICHAEL (1995), S. 97. MIEHLER, GEORG (1998), S. 1; WIEDERIN, ELMAR (1992), S. 81.

585 Vgl. STALK, GEORGE (1993a), S. 542.

586 Vgl. SIMON, HERMANN (1989), S. 71.

587 Vgl. SIMON, HERMANN (1989), S. 72.

588 Vgl. HÄSSIG, KURT (1994), S. 251.

589 Vgl. STRIENING, HANS-DIETER (1995b), S. 37f.

dende technische Wandel sowie die erheblich gestiegenen Investitionen in Forschung und Entwicklung. Diese Investitionen ermöglichen zwar das schnelle „Erfinden" von neuen Produkten, lassen aber gleichzeitig die auf dem Markt vorhandenen Produkte schnell veralten. Diese Entwicklung wird insofern verschärft, als sich auf gesättigten Märkten zusätzliche Umsätze und Deckungsbeiträge überhaupt nur durch neue Produkte erzielen lassen.[590] Unternehmen kämpfen dafür, als erster auf dem Markt zu sein, weil die Pionierrolle sehr lukrative Aussichten verspricht. Dies treibt die Unternehmen dazu, mehr neue Produkte in das Produktportfolio aufzunehmen.[591] Bemerkenswert ist in diesem Zusammenhang die Aussage des Vorstandsvorsitzenden der Siemens AG, KASKE aus dem Jahr 1990, wonach 50% des Umsatzes auf jene Produkte entfallen, die fünf Jahre davor noch gar nicht existiert haben.[592] Des Weiteren passen sich viele Unternehmen einfach der Konkurrenz an, indem sie die von Konkurrenten verfolgten Strategien nachahmen.[593] Dies ist ein weiterer Grund, warum die Unternehmen immer schneller und schneller werden.

Die Märkte sind durch eine gewaltige Vielfalt an Produktvarianten, durch verkürzte Produktlebenszyklen, durch die Forderung nach kürzeren Lieferzeiten sowie durch Globalisierung und Internationalisierung geprägt. Sie weisen eine zunehmende Dynamik auf,[594] die durch Innovationen in der Informations- und Kommunikationstechnologie noch weiter verstärkt wird. Die steigende Dynamik und die Individualisierung des Bedarfs haben zur Erhöhung der Komplexität geführt,[595] weil sich in dieser turbulenten Wettbewerbswelt keine dauerhaften Strategien in Bezug auf einzelne Abnehmergruppen bestimmen lassen.[596] Die Globalisierung des Wettbewerbs hat zur Erhöhung der vorhandenen und der potentiellen Konkurrenz sowie der Substitutionsprodukte beigetragen, was die Komplexität des Unternehmensumfeldes ebenfalls ansteigen ließ. Solche Entwicklungen erfordern ständige und vor allem schnelle Anpassungen an die veränderten Markt- und Umweltbedingungen und an die Kundenanforderungen, um die Existenz des Unternehmens nachhaltig zu sichern. Daraus resultiert ein wachsender Koordinations-

---

590 Vgl. GEMÜNDEN, HANS GEORG (1993), S. 71f.

591 Vgl. VOIGT, KAI-INGO (1998), S. 118.

592 Vgl. GEMÜNDEN, HANS GEORG (1993), S. 69; VEIL, PETER (1999), S. 33.

593 Vgl. HINZE, JENS PETER (2005), S. 41.

594 Vgl. BOGASCHEWSKY, RONALD (1998), S. 2; WILLENBACHER, KURT (1991), S. 4.

595 Vgl. PICOT, ARNOLD/REICHWALD, RALF/NIPPA, MICHAEL (1988), S. 112f.

596 Vgl. ZACHARIAS, CHRISTOPH (1998), S. 29.

aufwand.[597] Deshalb brauchen die Unternehmen mehr Zeit für die Bewältigung der Komplexitätsfolgen. Der für die Anpassung benötigte Zeitraum übersteigt aber die am Markt tolerierte Reaktionszeit.[598] Daraus resultiert das als Zeitschere bekannte Phänomen.

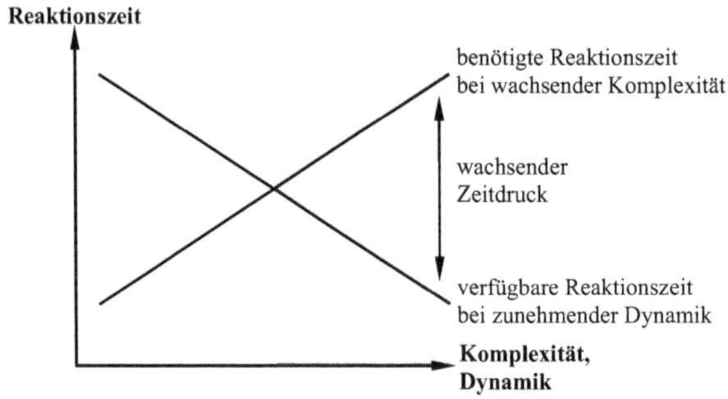

Abbildung 63: Zeitschere im Zeitwettbewerb[599]

5.2 Zeitbezogene Kundenwünsche als Grundlage für eine Strategie

Zeitbezogene Wettbewerbsvorteile ergeben sich, wenn ein Unternehmen imstande ist, zeitrelevante Kundenwünsche besser zu erfüllen als die Konkurrenz,[600] was allerdings das Vorhandensein eines zeitsensiblen Marktes voraussetzt.[601] „Ziel ist eine Geschwindigkeitssteigerung, die zu mehr Nutzen für Abnehmer führt",[602] wobei die Schnelligkeit, mit der die Kundenwünsche erfüllt werden, die wichtigste Determinante der zeitorientierten Strategien ist. Darauf aufbauend kann das Unternehmen mithilfe des Faktors „Zeit" diejenigen potentiellen Kunden erobern, die zeitbezogene Bedürfnisse haben. In diesem Zusammenhang ist für viele Unternehmen, insbesondere aus dem Dienstleistungssektor,[603] die Kenntnis der zeitbezogenen Bedürfnisse überlebenswichtig, weil die Beschleunigung von Prozessen ohne Berücksichtigung von zeitbezogenen Kundenbedürfnissen nicht unbedingt zum Erfolg führt.[604] Die Bedürfnisse sind als Gefühl eines

597 Vgl. GÖTZ, KLAUS/LACKNER, CHRISTIAN (1996), S. 18.

598 Vgl. HAMPRECHT, MARKUS (1995), S. 112.

599 Vgl. SCHÄFER, CHRISTIAN (2001), S. 56; STRIENING, HANS-DIETER (1995b), S. 39.

600 Vgl. HÄSSIG, KURT (1994), S. 252.

601 Vgl. HÄSSIG, KURT (1994), S. 262.

602 LEDER, THOMAS (1992), S. 185.

603 Vgl. STAUSS, BERND (1991), S. 81-89.

604 Vgl. HINZE, JENS PETER (2005), S. 44.

Mangels zu verstehen, die das Bestreben auslösen, diesen Mangel zu beseitigen.[605] Im Zusammenhang mit dem Faktor „Zeit“ lassen sich folgende Bedürfniskategorien unterscheiden: Bedürfnis nach Zeiteinsparung, Bedürfnis nach Pünktlichkeit, Bedürfnis nach Zeitflexibilität und Bedürfnis nach Aktualität bzw. Novität.[606]

Der Wunsch eines Kunden, Zeit einzusparen, führt dazu, dass immer mehr Kunden die Leistungen derjenigen Unternehmen bevorzugen, welche diese Leistungen am schnellsten erbringen können. Dieses Verhalten deutet auf die Bereitschaft der Kunden hin, für kürzere Lieferzeiten bzw. für die sofortige Lieferbereitschaft einen höheren Preis zu entrichten. Solche Kunden messen ihren Geldausgaben wesentlich weniger Nutzen bei als der eingesparten Zeit:[607] Sie reagieren zeitsensibel und nicht preissensibel. Für solche Kunden hängt der Nutzen einer Leistung entscheidend vom Zeitpunkt ihrer Bereitstellung ab.[608] Als Beispiele für die erfolgreiche Berücksichtigung dieses Bedürfnisses können Schnellimbiss, Pizza Express, Sofort-Bilder-Service, Federal Express, Sofort-Reparatur, Crash-Kurs, Instant-Kaffee, Express check-in in Flughäfen erwähnt werden.[609]

Das Gefühl der Zeitknappheit kann auch dann entstehen, wenn die benötigte Zeit für die auszuführenden Aktivitäten die zur Verfügung stehende Zeit überschreitet. Deshalb ergibt sich die Zeiteinsparung bei diesem subjektiven Zeitdefizit aus der Mehrfachnutzung der Zeit.[610] Die Mehrfachnutzung der Zeit liegt dann vor, wenn während der Nutzung einer Leistung gleichzeitig eine weitere Leistung in Anspruch genommen werden kann.

Das Bedürfnis nach Pünktlichkeit korreliert mit dem Bedürfnis nach Zeiteinsparung. Der durch Unpünktlichkeit verursachte Zeitverlust kann im schlimmsten Fall Zeiteinsparungen sogar überkompensieren. Das Bedürfnis nach Pünktlichkeit ist ein fester Bestandteil im unternehmerischen Alltag, wenn z.B. Unternehmen ihre Produktion nach dem Just-in-Time-Prinzip gestaltet haben. Dadurch sollen die Lagerbestände an Roh-, Hilfs- und Betriebsstoffen, sowie an unfertigen und fertigen Erzeugnissen und die damit verbundenen Kapitalbindungskosten niedrig gehalten werden. Gleichzeitig müssen aber

605 Vgl. Kotler, Philip/Bliemel, Friedhelm (1999), S. 8.

606 Vgl. Bitzer, Marc Robert (1992), S. 54-61.

607 Vgl. Klenter, Guido (1995), S. 109; Stauss, Bernd (1991), S. 81;

608 Vgl. Götzer, Klaus Georg (1991), S. 112.

609 Vgl. Dichtl, Erwin/Leach, Mark (1997), S. 49.

610 Vgl. Nerger, Michael (2004), S. 99; Stauss, Bernd (1991), S. 85.

die Fertigstellungstermine eingehalten werden. Wird eine Bestellung nicht pünktlich geliefert, kann das ganze Unternehmen unter Umständen lahm gelegt werden.[611] Im engen Zusammenhang mit dem Bedürfnis nach Pünktlichkeit stehen die drei folgenden Größen: Lieferzeit, Liefertreue und Lagerbestände. Üblicherweise vermutet man, dass große Lagerbestände und lange Lieferzeiten eine hohe Liefertreue ermöglichen. Ebenso wird unterstellt, dass hohe Kapitalbindungskosten durch die Mehrerlöse überkompensiert werden, die entstehen, wenn aufgrund der Termineinhaltung die Kundenbindung erhöht wird. Überraschenderweise besteht zwischen den drei Größen Lieferzeit, Liefertreue und Lagerbestände kein enger Zusammenhang, weil hohe Lagerbestände keine kürzeren Lieferzeiten garantieren und lange Lieferzeiten noch kein Garant für eine hohe Liefertreue sind.[612]

Viele Unternehmen ignorieren auch, dass ein Wettbewerbsvorteil nicht allein durch die Transaktionsdauer zustande kommt, sondern auch weiterer Zeitaufwand berücksichtigt werden muss, der dem Kunden entsteht.[613] Die Rede ist von Such- und Entscheidungszeiten, Transfer- und Abwicklungs-, Entsorgungs- und Wartezeiten, deren Dauer in den meisten Fällen die Dauer der Transaktion übersteigt und die Bewertung der Unternehmensleistung entscheidend beeinflusst.[614]

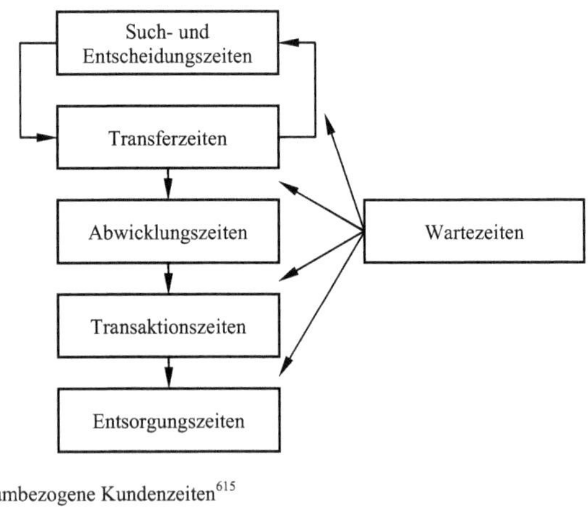

Abbildung 64: Kauf- und konsumbezogene Kundenzeiten[615]

---

611 Vgl. Stuttgarter Zeitung von 4.7.1998, S. 13.

612 Vgl. Wiederin, Elmar (1992), S. 64.

613 Vgl. Kirschbaum, Volker (1995), S. 40.

614 Vgl. Stauss, Bernd (1991), S. 82.

615 Vgl. Schäfer, Christian (2001), S. 86.

Bei der Verfolgung einer zeitbezogenen Strategie kommt den Wartezeiten eine besondere Bedeutung zu. Wartezeiten werden vom Kunden immer länger wahrgenommen, als sie tatsächlich sind. Kunden wollen, dass Wartezeiten möglichst schnell vergehen. Deshalb entscheiden sich Kunden sehr oft spontan und ohne Bedenken dafür, eine weitere entgeltliche Leistung in Anspruch zu nehmen, um dadurch die als lästig und langweilig empfundene Wartezeit „schneller" vergehen zu lassen.[616] Die Unternehmen können dieses Kundenverhalten nutzen, um durch zusätzliches Leistungsangebot die Kundenwünsche nach Aktivität und Unterhaltung während des Wartens zu befriedigen.[617] Eine solche Strategie kann nicht nur zu weiteren Umsätzen führen, sie kann auch gegenwärtige Umsätze sichern: Denn ein Kunde kann wegen einer zu langen Wartezeit auf ein beabsichtigtes Geschäft verzichten und zur Konkurrenz wechseln. Die Wartezeit ist für den Kunden umso bedeutender, je dringlicher sein Bedürfnis ist, die Zeit im eigenen Sinne zu disponieren.

Die nachfolgende Tabelle gibt einen Überblick über mögliche zeitspezifische Fragestellungen im Rahmen des „kundenbezogenen Produktlebenszyklus", die das Unternehmen berücksichtigen muss:

Phasen	Relevante Fragestellungen
Kauf	• Wie lange dauert es, das benötigte Produkt zu finden? • Wirkt der Verkaufsort ansprechend und ist er leicht zugänglich? • Wie schnell lässt sich der geplante Kauf tätigen?
Auslieferung	• Wie viel Zeit nimmt die Auslieferung des Produkts in Anspruch? • Wie zeitaufwändig ist das Auspacken und Installieren des neuen Produkts?
Gebrauch	• Erfordert die Verwendung des Produkts eine Schulung oder Unterstützung von Experten? • Lässt sich das Produkt leicht verstauen, wenn es nicht benutzt wird? • Wie nutzbringend ist das Produkt bezüglich der Zeit aufgrund seiner Eigenschaften und Funktionen?
Komplemente	• Werden weitere Produkte und Dienstleistungen, damit dieses Produkt seinen vorgesehenen Zweck erfüllt? • Sofern das der Fall ist, wie zeitaufwendig und teuer ist die Anschaffung diese Komponente?
Wartung	• Muss das Produkt extern gewartet werden? • Wie bequem sind die Instandhaltung und die Aufrüstung des Produktes?
Entsorgung	• Entstehen beim Gebrauch des Produkts Abfälle? • Wie aufwändig ist die Entsorgung des Produktes bzw. seiner Abfälle?

Tabelle 22: Einige Beispiele zu zeitbezogenen Fragen beim Kauf eines Produktes [618]

[616] Vgl. Kirschbaum, Volker (1995), S. 41.

[617] Vgl. Stauss, Bernd (1991), S. 87.

[618] Vgl. Kim, Chan W./Mauborgne, Renée (2001), S. 89.

Eine wichtige Rolle spielt dabei die Entsorgungsdimension, die aus dem wachsenden Umweltbewusstsein der Kunden und der verschärften Gesetzeslage erwächst und neue Potentiale im Wettbewerb öffnet.[619] Hierbei kommt es oft auf die Schnelligkeit der Entsorgung an.

Zeitflexibilität bedeutet, dass der Kunde in der Lage ist, seine Zeit im Einklang mit seinen Wünschen einzuteilen, ohne sich an Vorgaben eines Dritten anpassen zu müssen. Da der Kunde selbst entscheiden kann, was er wann erledigen möchte, verringert sich die subjektiv empfundene Zeitknappheit.[620] Dieses Bedürfnis wurde von Tankstellen erkannt, die rund um die Uhr eine ganze Warenpalette anbieten, die nichts mit dem Auto zu tun hat. Dadurch nehmen Sie den Supermärkten ein Stück vom „Umsatzkuchen". Im Weiteren lassen sich Geldautomaten, Onlinebankdienstleistungen, Online-Shops oder zeitversetztes Fernsehen als Dienstleistungen nennen, durch die das Bedürfnis nach Zeitflexibilität berücksichtigt wird.

Das letzte zeitbezogene Bedürfnis ist das Bedürfnis nach Aktualität und Novität. Aktualität beruht auf dem Wunsch des Kunden, immer auf dem neuesten Stand der Entwicklungen zu sein und über das aktuelle Wissen zu verfügen.[621] Der heutige Kunde findet sich mit der Rolle des Nachzüglers sehr ungern ab. Der Wettkampf um kürzere Zeiten bei der Produktentwicklung resultiert aus diesem Bedürfnis. Allerdings sind auch Pro und Kontra sorgfältig abzuwägen, wenn es um die Frage geht, der Erste am Markt zu sein.

Das Pionierunternehmen kann zu seinem Vorteil erhebliche Eintrittsbarrieren errichten, die umso schwerer zu überwinden sind, je spezifischer der Zeitvorteil ist.[622] Insbesondere sind solche Eintrittsbarrieren am schwierigsten zu durchbrechen, die aus Beziehungen mit Marktpartnern resultieren, deren Unternehmenspolitik auf die Erzielung gemeinsamer Zeitvorteile ausgerichtet ist. Die nachfolgende Tabelle gibt einen Überblick über die wichtigsten im Schrifttum genannten Eintrittsbarrieren.

---

619 Vgl. Schulte, Rolf (1996), S. 141.

620 Vgl. Nerger, Michael (2004), S. 100f.

621 Vgl. Schäfer, Christian (2001), S. 81f.

622 Vgl. Zacharias, Christoph (1998), S. 123.

Eintrittsbarrieren	Ableitbare Schlussfolgerungen
Kostenvorteile der angestammten Wettbewerber	Fixkostendegression und Erfahrungskurveneffekte wirken auf anhaltende Produktionsmengensteigerungen hin.
Produktdifferenzierung	Die durch Werbung, Kundenservice, Produktvorteile oder früheren Markteintritt entstandene Konsumentenloyalität hält Konsumenten vom Anbieterwechsel ab.
Kapitalerfordernisse	Zur Erschließung und Bearbeitung neuer Märkte bestehen sehr häufig hohe Investitionserfordernisse.
Anbieterwechselkosten	Wechselkosten auf eine neue Produktvariante erschweren den Kunden die Entscheidung für einen Anbieterwechsel
Zugang zu Absatzkanälen	Pioniere verfolgen oft intensive Distributionsstrategien und besetzen die wichtigsten Absatzkanäle.
Staatliche Politik	Politische Maßnahmen können die Zahl der aktiven Wettbewerber beeinflussen.
Werbung	Intensive Werbeanstrengungen der Etablierten bauen eine hohe Produktloyalität auf.
Forschung & Entwicklung	Ständige Technologieverbesserungen bewirken Produkt- und Prozessvorteile der Etablierten.
Preis	Niedrigpreisstrategien der Etablierten können Neueinsteiger aufgrund von Kostennachteilen vom Markteintritt abhalten.
Technologiewechsel	Insbesondere in Hochtechnologiemärkten kann ein möglicher Technologiewechsel die Kostenvorteile der etablierten Anbieter nachhaltig verändern.
Anbieterkonzentration	Es ist leichter in hochkonzentrierte als in gering konzentrierte Märkte einzutreten. Mit zunehmenden Konzentrationsgrad steigt der aus der Marktabschottung resultierende Nutzen.
Markenname und Markenzeichen	Eine (gewöhnlich schwache) Barriere, die für Neuankömmlinge gilt, die auf bereits profilierte Altmarken treffen.
„sunk costs"	Sunk costs sind beim Markteintritt entstandene Kosten, die beim Marktaustritt nicht wieder zurückgewonnen werden können. Sie können ebenfalls zu Monopolgewinnen als auch zu Ressourcenfehlallokationen der Etablierten führen.
Verkaufsanstrengungen	Intensive Verkaufsanstrengungen der Etablierten können die Nachfragefunktionen barrierebildend verändern.
Anbieterreaktionen auf neue Markteintritte	Potentielle Gegenmaßnahmen der Etablierten stellen nur dann eine Eintrittsbarriere dar, wenn sie die Erwartungen des Eintrittswilligens beeinflussen.
Strategisch wichtige und rare Ressourcen	Der exklusive Zugang zu raren Ressourcen kann für deren Besitzer absolute Kostenvorteile bewirken.

Tabelle 23: Die wichtigsten Eintrittsbarrieren im Überblick[623]

Nicht immer ist dasjenige Unternehmen das erfolgreichste, das neue Produkte am schnellsten entwickelt, denn zum Erfolg braucht das Unternehmen nicht nur eine schnelle Forschung und Entwicklung, sondern durchdachte marktbezogene Zeitstrate-

623 Vgl. KARAKAYA, FAHRI/STAHL, MICHAEL J. (1989), S. 81f.; VON DER OELSNITZ, DIETRICH (1997), S. 202f.

gien.[624] So wird die Beschleunigung von Forschungs- und Entwicklungsprozessen oft durch einen negativen Effekt, die so genannte Kannibalisierung, begleitet.[625] Dieser Effekt beschreibt die Situation, bei der ältere Produkte Umsätze zugunsten jüngerer Produkte verlieren, obwohl sie durchaus in der Lage wären, genügend Umsätze zu realisieren, wenn die Konkurrenz seitens neuer Produktgenerationen nicht bestünde.[626] Durch die frühzeitige Einführung neuer Produkte überholen sich Anbieter quasi selbst.[627] Dabei kann es in manchen Situationen durchaus ratsam sein, sich selbst zu kannibalisieren, bevor es andere tun.[628]

Durch den unten abgebildeten Teufelskreis des Zeitwettbewerbs können die Unternehmen in eine Beschleunigungsfalle geraten, aus der es so gut wie kein Entkommen gibt.

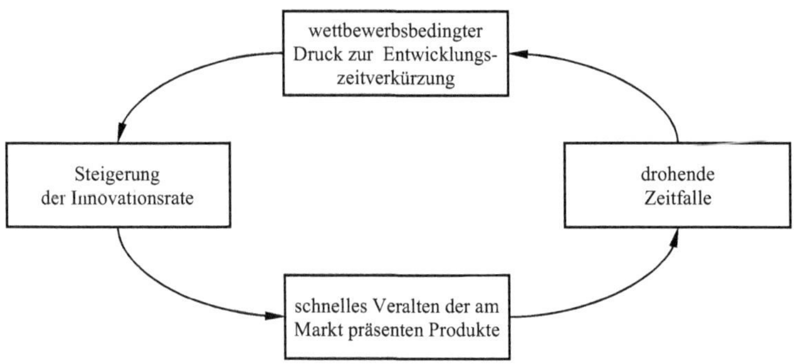

Abbildung 65: Teufelskreis des Time-to-market-Wettbewerbes[629]

VON BRAUN hat sich mit langfristigen Folgen der zunehmenden Verkürzung von Entwicklungs- und Produktlebenszyklen auseinandergesetzt. Er ist zu dem Schluss gekommen, dass die potentiellen Schäden bei der Verfolgung einer solchen Strategie den daraus entstehenden Nutzen überwiegen.[630]

Unternehmen sind oft mit der Situation konfrontiert, dass die Entscheidungsprozesse der Konsumenten, ein bestimmtes Produkt zu kaufen, langsamer verlaufen als die unternehmensinternen Innovationszyklen. Das kann dazu führen, dass der Kunde das ge-

624 Vgl. COOPER, ROBERT G./KLEINSCHMIDT, ELKO J. (1987), S. 169-184; O. V. (1989a), S. 38; SCHMELZER, HERMANN J./BUTTERMILCH, KARL-HEINZ (1988), S. 49; VON DER OELSNITZ, DIETRICH (2000), S. 199.

625 Vgl. HINZE, JENS PETER (2005), S. 22f., 59; HOFFRITZ, JUTTA (1996), S. 131.

626 Vgl. PERILLIEUX, RENÉ (1989), S. 25.

627 Vgl. HOLTBRÜGGE, DIRK (1999), S. 530.

628 Vgl. HOFFRITZ, JUTTA (1996), S.131.

629 Vgl. FISCHER, JOCHEN (2000), S. 137.

630 Vgl. VON BRAUN, CHRISTOPH-FRIEDRICH (1994), S. 119-192.

wünschte Produkt auf dem Markt einfach nicht mehr findet. Zu schnelle Innovationszyklen können auch dazu führen, dass kurz nach dem Erscheinen eines innovativen Produktes eine weitere Neuentwicklung von der Konkurrenz angekündigt wird, die das Produkt des Pionierunternehmens veraltet aussehen lässt. Dabei „überspringt" der Kunde das Pionierprodukt mit dem Ziel, das verbesserte Produkt zu kaufen. Dieses Verhalten wird als *Leapfrogging* bezeichnet.[631]

Auch der Erstkauf eines Produktes kann ein Leapfrogging sein, wenn der Käufer das aktuell innovativste Produkt nicht kauft, sondern seine Kaufentscheidung zugunsten einer neuen, bald zu erwartenden Produktgeneration verschiebt. Dieses Verhalten wird oftmals durch Unternehmen selbst begünstigt, indem sie Innovationen zu früh ankündigen.[632] Dabei werden nicht nur auf dem Markt befindliche Konkurrenzprodukte als veraltet angesehen, sondern auch eigene.[633] Vorankündigungen können jedoch benutzt werden, um Konsumenten vom Kauf der Konkurrenzprodukte abzuhalten, wenn ein Unternehmen zurzeit keine konkurrenzfähigen Produkte anbieten kann.[634] Ferner dienen Vorankündigungen auch zur Bedarfsweckung vor oder bei der Produkteinführung.[635]

Für den Anbieter birgt das Leapfrogging die Gefahr in sich, dass er für diese Produktgeneration nicht einmal die Forschungs- und Entwicklungsinvestitionen erwirtschaften kann. Deshalb kann es auch vorteilhaft sein, wenn Anbieter einzelne Produktgenerationen mit dem Ziel überspringen, ihre Bemühungen und Ressourcen auf die Entwicklung solcher Produkte konzentrieren zu können, die von Kunden als „echte" Innovationen angesehen werden.[636]

Der Beschleunigungswahn bringt nicht nur hohe Kosten mit sich, er ist auch in der Regel mit einem hohen technologischen Risiko verbunden. Dieses kann zu Qualitätsmängeln führen,[637] die nicht nur alle erhofften Pioniervorteile zunichtemachen können,[638] sondern die sich auch auf die bereits auf dem Markt gebrachten Produkte auswirken

---

631 Vgl. GIERL, HERIBERT (1997), S. 1074; POHL, ALEXANDER (1996a), S. 247-249; VON DER OELSNITZ, DIETRICH (1998), S. 29.

632 Vgl. HINZE, JENS PETER (2005), S. 23f.

633 Vgl. HOLTBRÜGGE, DIRK (1999), S. 530.

634 Vgl. POHL, ALEXANDER (1996a), S. 248.

635 Vgl. o. V. (1989b), S. 52.

636 Vgl. POHL, ALEXANDER (1996b), S. 8.

637 Vgl. BUCHHOLZ, WOLFGANG (1998), S. 28; MIKUS, BARBARA (2000), S. 11.

638 Vgl. RHUMBLER, FELIX (1992), S. 33.

können.[639] „Man möchte erster sein, kann es sich aber nicht leisten, mit einem unreifen Produkt auf den Markt zu kommen".[640] Als Beispiel ist an dieser Stelle der dramatische Anstieg der Rückrufaktionen im Automobilbereich zu nennen, deren Ursache auf dem Verzicht zurückzuführen sein dürfte, Neuwagen sorgfältig und zeitaufwendig zu testen.

Der Konkurrent, der die Erfahrungen des Pioniers übernimmt, aber dessen Fehler vermeidet, hat durchaus Chancen, den Markt für sich zu gewinnen.[641] Dabei ist hervorzuheben, dass sich die Nachahmer mit weniger technologischen und nachfragebezogenen Risiken auseinandersetzen müssen als es der Pionier musste.[642] Die vom Pionier erhofften Erfahrungskurveneffekte können nicht realisiert werden, wenn es den Nachahmern gelingt, mit durchdachteren und technologisch ausgereifteren Produkten den Pionier „zu überholen, ohne diesen einholen zu müssen".[643] Letztendlich haben die Nachahmer die Option, das neue Produkt zu imitieren. Dadurch fallen bei ihnen deutlich geringere Forschungs- und Entwicklungskosten an als beim Pionier. Darüber hinaus sparen die Nachahmer die Kosten der Markterschließung und der Überwindung von Käuferwiderständen, die Kosten für das Genehmigungsverfahren und die Kosten für die Einhaltung bestimmter Vorschriften.[644] Die Nachahmer können auch die Entwicklungs- und Personalkosten sparen, indem sie dem Pionier das einschlägige Personal abwerben.[645] Diese kostenbezogenen Nachahmervorteile[646] werden in der einschlägigen Literatur als Free-rider-Effekte[647] bezeichnet und können im Preiskampf gegen den Pionier eingesetzt werden. Free-rider-Effekte verhelfen nicht nur zu Kosteneinsparungen, sondern grundsätzlich zum Zugang aller Erfahrungen, die vom Pionier nicht geheim gehalten werden können.[648]

Im Unterschied zu den bisher behandelten zeitbezogenen Bedürfniskategorien gibt es auch Beispiele dafür, dass Kunden schnelle Prozesse ablehnen: Hierbei schätzen Kunden zeitliche Ausdehnung des Produktes oder der Leistungserbringung.[649] Beispielswei-

639 Vgl. Meyer, Jürgen (1994), S. 77.
640 o. V. (1989a), S. 33.
641 Vgl. Buchholz, Wolfgang (1998), S. 25; Rhumbler, Felix (1992), S. 27.
642 Vgl. Gruhler, Wolfram (1991), S. 127; Schewe, Gerhard (1994), S. 1000.
643 Vgl. Hinze, Jens Peter (2005), S. 29, 111; Schulte, Rolf (1996), S. 157.
644 Vgl. Hinze, Jens Peter (2005), S. 111; Schewe, Gerhard (1994), S. 1001.
645 Vgl. Clement, Michael/Litfin, Thorsten/Vanini, Sven (1998), S. 210.
646 Vgl. von der Oelsnitz, Dietrich (1998), S. 26.
647 Vgl. Buchholz, Wolfgang (1998), S. 28; Voigt, Kai-Ingo (1998), S. 179.
648 Vgl. zu Knyphausen-Aufseß, Dodo (2000), S. 131.
649 Vgl. Schulte, Rolf (1996), S. 168.

se möchte ein Patient vom Arzt nicht wie auf dem Fließband behandelt werden.[650] Ebenfalls steigt die Kundenzufriedenheit mit der Lebensdauer eines Haushaltsgerätes.

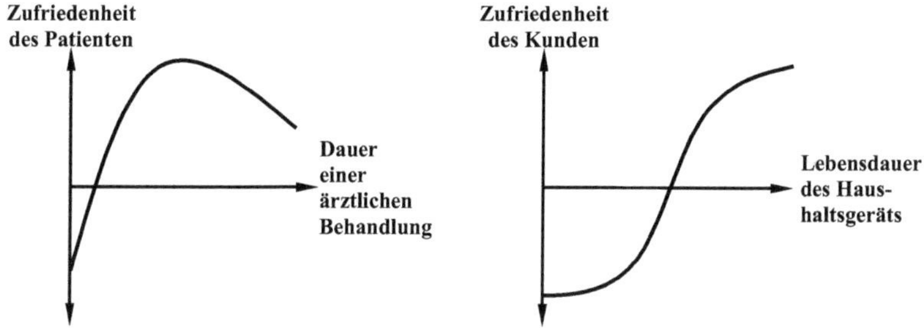

Abbildung 66: Beeinflussung der Kundenzufriedenheit durch die Zeitdauer[651]

Darüber hinaus kann ein Kunde ein weiteres zeitbezogenes Bedürfnis befriedigen wollen, nämlich das Bedürfnis nach Zeitvertreib.[652] Denken wir nur an Konzerte, Sportveranstaltungen, Computerspiele, Ausstellungen etc.

5.3 Drei Zeitspannen im Zeitwettbewerb

Hat das Unternehmen zeitrelevante Kundenwünsche festgestellt, sollte es diese in seiner Zeitstrategie berücksichtigen. Um diese Herausforderung zu meistern, sollte das Unternehmen die folgenden drei Zeitspannen aktiv gestalten, die ihm helfen, die Dauer zwischen der Identifizierung der Kundenwünsche und ihrer Befriedigung zu reduzieren: Time to React, Time to Serve und Time to Market.[653]

Die erste die Reaktionsfähigkeit des Unternehmens charakterisierende Zeitspanne ist die Dauer zwischen der Veränderung von Kundenbedürfnissen und der Anpassung der Unternehmensstrategie auf diese Veränderungen, so genannte Reaktionszeit oder *Time to React*.[654] Die Reaktionszeit darf nicht mit Geschwindigkeit verwechselt werden. Die Reaktionszeit beinhaltet bereits die Geschwindigkeit, indem sie zeigt, wie schnell sich ein Unternehmen an die veränderten Kundenwünsche und Umweltentwicklungen an-

650 Vgl. STAUSS, BERND (1991), S. 84.

651 Vgl. STAUSS, BERND (1991), S. 84.

652 Vgl. STAUSS, BERND (1991), S. 81.

653 Vgl. BUSCHER, UDO (2000), S. 223; FUHRMANN, BERNHARD (1998), S. 197-202; VEIL, PETER (1999), S. 35; WILLENBACHER, KURT (1991), S. 4.

654 Vgl. BOGASCHEWSKY, RONALD (1998), S. 4; BUSCHER, UDO (2008), S. 117; FUHRMANN, BERNHARD (1998), S. 201; OERTEL, HORST ADOLF/ABRAHAM, HANS-WERNER (1998), S. 67; STEINBACH, RALF F. (1997), S. 110.

passen kann.[655] Die veränderten Kundenwünsche können für das Unternehmen im Extremfall sogar eine tiefgreifende Restrukturierung seiner Prozesse oder eine globale Veränderung seines Produktprogramms erfordern. In diesem Fall muss das Unternehmen sowohl produkt- als auch prozessflexibel sein.[656] Eine hohe Flexibilität ermöglicht es dem Unternehmen, neue Produkte schneller auf den Markt zu bringen und das Sortiment zu vergrößern.[657] So muss der Beschaffungsbereich flexibel auf Rohstoffverknappung und -verteuerung reagieren können. Der Fertigungsbereich muss sich flexibel an die neuen Technologien anpassen können. Generell wird ein Unternehmen nur dann überleben, wenn seine Anpassungsgeschwindigkeit größer oder gleich als die Veränderungsgeschwindigkeit der Umwelt ist.[658]

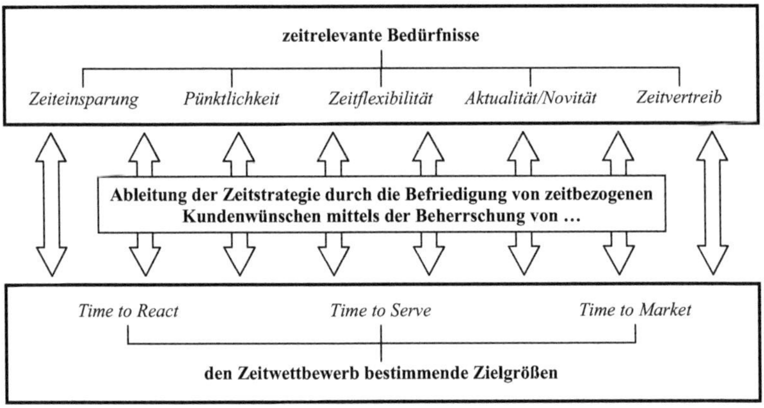

Abbildung 67: Entscheidende Zielgröße im Zeitwettbewerb[659]

Die zweite Zeitspanne, die so genannte *Time to Serve* umfasst die Zeit, die vom Zeitpunkt des Auftragseingangs bis zum Zeitpunkt der Auftragsauslieferung vergeht.[660] Diese Zeitspanne ist ein Maß dafür, wie schnell Kundenwünsche erfüllt werden können. Sie wirkt sich wesentlich auf die Erweiterung des Kundenstammes sowie auf die nachhaltige Sicherung der Marktposition des Unternehmens aus. Unternehmen sollten sich bemühen, kundenspezifische Leistungen in einer so kurzen Zeit zu erstellen, dass ihre Lieferzeit kaum länger ist als die Lieferung einer „Massenware" vom Lager. Time to

655 Vgl. Veil, Peter (1999), S. 41.

656 Vgl. Fischer, Thomas F. (1993), S. 61; Rutt, Heinrich N. (1990), S. 72.

657 Vgl. Istvan, Rudyard L. (1993), S. 564; Willenbacher, Kurt (1991), S. 6.

658 Vgl. Simon, Hermann (1989), S. 79.

659 Geändert entnommen aus Hässig, Kurt (1994), S. 249f. und Nerger, Michael (2004), S. 116.

660 Vgl. Buscher, Udo (2008), S. 119; Mikus, Barbara (2000), S. 12.

Serve stellt die Beschleunigung von Prozessen in den Mittelpunkt der Betrachtung. STALK berichtet, dass sich die Produktivität der Arbeit und die Produktivität des Umlaufvermögens mit jeder Viertelung der Durchlaufzeit verdoppeln kann, wobei sich bis zu 20% der ursprünglichen Kosten einsparen lassen.[661]

Die dritte als *Time to Market* bezeichnete Zeitspanne dient als Maß für die Dauer der Innovationsprozesse im Unternehmen und erfasst die Periode zwischen dem Beginn eines neuen Entwicklungsprojektes und dem Markteintritt des entwickelten Produktes.[662] Für die Entwicklung technisch innovativer Produkte und deren Austesten vor dem Markteintritt brauchen Unternehmen Zeit, die sie allerdings nicht immer zur Verfügung haben. Eine ausgereifte und schnelle Innovationspolitik ist ein wesentlicher Bestandteil einer erfolgreichen Unternehmenspolitik, weil sie einen zeitgerechten Markteintritt garantiert und einen unmittelbaren Einfluss auf den wirtschaftlichen Erfolg eines Unternehmens hat.[663] Dies wurde auch in empirischen Untersuchungen nachgewiesen.[664]

Alle drei genannten Zeitspannen weisen komplizierte Wechselwirkungen zueinander auf: Um sich schnell an veränderte Kundenbedürfnisse anpassen zu können, müssen Unternehmen neben den Entwicklungsdauern neuer Produkte auch alle anderen unternehmerischen Tätigkeiten verkürzen, damit die durch schnelle Reaktions- und kurze Entwicklungszeit gewonnenen Vorteile nicht durch Verluste in den Produktions-, Vertriebs- oder Serviceprozessen verlorengehen.

5.4 Prozessdurchlaufzeit und ihre Bestandteile

Die Durchlaufzeit wird in der Regel fertigungsbezogen definiert als die Zeitspanne, während der das Produkt den Fertigungsbereich bzw. eine Betriebsabteilung durchläuft.[665] Übertragen auf einzelne Prozesse charakterisiert die Durchlaufzeit die gesamte Zeitspanne, in der ein Produkt den Weg zwischen der Eingangs- und der Ausgangsschnittstelle eines Prozesses zurücklegt. Die Verkürzung der Durchlaufzeit setzt voraus,

---

661 Vgl. STALK, GEORGE (1993b), S. 575.

662 Vgl. BOGASCHEWSKY, RONALD (1998), S. 6; BUCHHOLZ, WOLFGANG (1998), S. 21; BUSCHER, UDO (2008), S. 117.

663 Vgl. KATTLER, THOMAS (1994), S. 32.

664 Vgl. BILLERBECK, HOLGER (2003), S. 29f.; FISCHER, JOCHEN (2000), S. 93; GEMÜNDEN, HANS GEORG (1993), S. 87; SIMON, HERMANN (1989), S. 86; zur Kritik der PIMS-Empirie vgl. VON DER OELSNITZ, DIETRICH (2000), S. 205-209.

665 Vgl. KALUZA, BERND/KLENTER, GUIDO (1993), S. 69; STOMMEL, HEINZ JOSEF/KUNZ, DIETER (1973), S. 6.

dass ihre einzelnen Komponenten bekannt sind. Die Ursachenanalyse der auf die einzelnen Komponenten entfallenen Dauer sollte die Einsparpotentiale offenlegen. Grundsätzlich lässt sich die Durchlaufzeit in folgende Bestandteile zerlegen: *Transportzeit*, *Liegezeit*, *Bearbeitungszeit*, *Rüstzeit* und *Kontrollzeit*.[666]

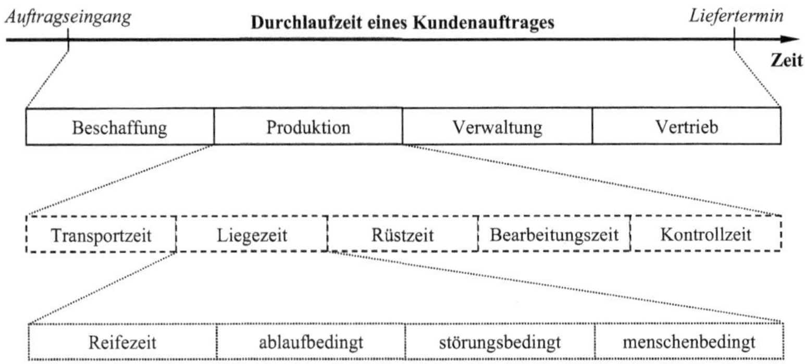

Abbildung 68: Komponenten der Durchlaufzeit eines Kundenauftrages[667]

Transportzeit kann als die Zeitspanne definiert werden, die benötigt wird, um die Produkte zwischen den einzelnen Arbeitsvorgängen zu den Bearbeitungs-, Kontroll- und Liegeplätzen zu befördern. Da es sich bei der Transportzeit um eine nicht wertschöpfende Komponente der Durchlaufzeit handelt, ist ihre Minimierung durch richtige Organisation des innerbetrieblichen Transportwesens anzustreben.

Während der *Liegezeit* befindet sich das Produkt innerhalb des Produktionsbereichs, ohne dass ein Arbeitsfortschritt im Sinne der Wertschöpfung erzielt wird. Diese Komponente der Durchlaufzeit lässt sich nur sehr ungenau als eine Schätzgröße planen, weil sie meist durch plötzliche und unvorhersehbare Störfaktoren verursacht wird. Die Liegezeit kann technisch oder verfahrensbedingt notwendig sein, wenn z.B. ein Produkt nach seiner Fertigung bis zur Erreichung seiner Verkaufsfähigkeit noch reifen muss oder wenn das Produkt getrocknet oder abgekühlt werden muss. Während der Reifezeit erhöht sich die Wertschöpfung des Produktes ohne Einsatz des Produktionsfaktors „Arbeit".

---

666 Vgl. Kaluza, Bernd/Klenter, Guido (1993), S. 68-71; Klenter, Guido (1995), S. 102-104; Reichwald, Ralf/Sachenbacher, Hans (1996), Sp. 365f.; Stommel, Heinz Josef/Kunz, Dieter (1973), S. 7-10; Voigt, Kai-Ingo (1998), S. 60f.

667 Vgl. Voigt, Kai-Ingo (1998), S. 60.

Unter der arbeitsablaufbedingten Liegezeit sind alle Wartezeiten zu subsumieren, die vor oder nach der Bearbeitung anfallen und als Fehler der Fertigungsplanung angesehen werden können. Sind die Einsatzfaktoren „Mensch", „Betriebsmittel" und „Material" zeitlich nicht aufeinander abgestimmt, entsteht ein Engpass, der arbeitsablaufbedingte Liegezeiten verursacht. In diesem Zusammenhang ist zu berücksichtigen, dass sich die Liegezeiten bei den einzelnen Arbeitsplätzen mit zunehmender Kapazitätsauslastung exponentiell erhöhen.[668]

Die störungsbedingten Liegezeiten sind auf die Ausfälle der Betriebsmittel, das Fehlen von Hilfsmitteln oder unerwartet eingetretene Schadensfälle zurückzuführen. Die aus dem Personalverhalten (z.B. Erkrankung, Arbeitspause, grundlose Untätigkeit) resultierenden Liegezeiten sind als menschenbedingte Liegezeiten zu qualifizieren.

Die *Rüstzeit* ist eine Größe zur Charakterisierung des Zeitbedarfs, der für die Vor- und Nachbereitung bzw. Umrüstung der Betriebsmittel bei der Bearbeitung eines einzelnen Produktes anfällt. Die *Bearbeitungszeit* ist die Zeitspanne für die reine Bearbeitung eines Produktes. Weil die Bearbeitungszeit immer zu einem Arbeitsfortschritt führt, wird sie auch als Wertschöpfungszeit bezeichnet. Die *Kontrollzeit* ist die Zeitdauer für die Durchführung aller Maßnahmen zur Feststellung, ob das erzeugte Produkt regelkonform hergestellt wurde und den Qualitätsnormen entspricht. Dabei kann die Qualitätsüberwachung entweder während der einzelnen Arbeitsschritte oder nach der Fertigstellung des Produktes erfolgen.

Eine rein fertigungsbezogene Definition der Durchlaufzeit muss im Zeitalter der Prozessorientierung als zu eng angesehen werden.[669] Es lohnt sich nicht, die Durchlaufzeit ausschließlich in den direkten Bereichen zu verkürzen, während die Prozesse in den indirekten Bereichen vernachlässigt werden. Was bringt eine Zeitverkürzung im Produktionsbereich, wenn diese Einsparungen in den indirekten Bereichen verloren gehen und dadurch nicht zum Unternehmenserfolg beitragen?[670] Den ersten Durchbruch zur Ausdehnung der fertigungsorientierten Durchlaufzeit schaffte Toyota, indem es die indirekten Bereiche „Verkauf" und „Vertrieb" in die zeitorientierte Wettbewerbsstrategie integriert hat.[671] Dem Management von Toyota war aufgefallen, dass der Vertrieb alle in

668 Vgl. Stommel, Heinz Josef/Kunz, Dieter (1973), S. 29.

669 Vgl. Buscher, Udo (2008), S. 117f.

670 Vgl. Augustin, Siegfried (1990), S. 108f.; Hinze, Jens Peter (2005), S. 45.

671 Vgl. Stalk, George (1993a), S. 550f.

der Produktion erzielten Zeit- und Kostenvorteile zunichte gemacht hat: Toyota benötigte für die Produktion eines Autos weniger als zwei Tage, während für den Verkauf zwischen 15 und 26 Tage nötig waren. Dabei entfielen auf die Vertriebskosten zwischen 20% und 30% der Selbstkosten. Das waren mehr als Toyota brauchte, um einen Wagen zu produzieren.

Bei einem Vergleich zwischen der fertigungsorientierten Durchlaufzeit und der Durchlaufzeit in den unterstützenden Bereichen stellt sich in den meisten Fällen heraus, dass die Durchlaufzeit in den indirekten Bereichen deutlich höher ist als die Durchlaufzeit im Fertigungsbereich.[672] Es sind Fälle bekannt, dass der Anteil der Durchlaufzeit in den Prozessen, die der Produktion vor- bzw. nachgelagert sind, an der Gesamtdurchlaufzeit 99% beträgt.[673] Deshalb ist in allen Geschäftsprozessen eine kürzere Durchlaufzeit anzustreben.[674] Die Forderung, die Durchlaufzeit nicht nur auf die Fertigungsprozesse, sondern auf den gesamten Prozess zu beziehen, hat letztendlich zum Begriff „Total Cycle Time" geführt.[675]

Die Total Cycle Time impliziert, dass die Durchlaufzeit des gesamten Prozesses der Auftragsabwicklung gemessen wird.[676] Sie umfasst die Zeitspanne ab dem Zeitpunkt, zu dem der Kunde seine Kaufabsicht bekanntgegeben hat, bis zum Zeitpunkt der Leistungsübergabe.[677] Diese Zeitspanne kann auch die Dauer der eventuell erforderlichen Serviceleistungen (z.B. Montage) sowie die Dauer bis zur vollständigen Bezahlung der Rechnung enthalten. Das Konzept der Total Cycle Time hilft, die zeitlichen Einsparpotentiale zu identifizieren, die oft mit einer veralteten Ablauforganisation zusammenhängen.[678] Alle Methoden, Techniken, Instrumente und Maßnahmen, die auf die Verkürzung der Total Cycle Time abzielen, werden unter dem Begriff „Time Based Management" zusammengefasst.[679]

---

672 Vgl. Blank, Georg Stephan (1998), S. 136 sowie dort angegebene Literaturquellen.

673 Vgl. Seifert, Hans (1992), S. 265. Eversheim, Walter (1995), S. 29.

674 Vgl. Miehler, Georg (1998), S. 3.

675 Vgl. Schulte-Zurhausen, Manfred (2005), S. 76; Reichwald, Ralf/Sachenbacher, Hans (1996), Sp. 362f., 368f.

676 Vgl. Striening, Hans-Dieter (1989), S. 324.

677 Vgl. Fromm, H. (1992), S. 9; Hässig, Kurt (1994), S. 259; Hinterhuber, Hans H./Matzler, Kurt (1995), S. 137; Krummenacher, Stefan (1995), S. 57; Seifert, Hans (1992), S. 269; Somm, Edwin (1992), S. 85; Willenbacher, Kurt (1991), S. 6.

678 Vgl. Seifert, Hans (1992), S. 268.

679 Vgl. Hostettler, Christian (1997), S. 42f. sowie dort angegebene Literatur.

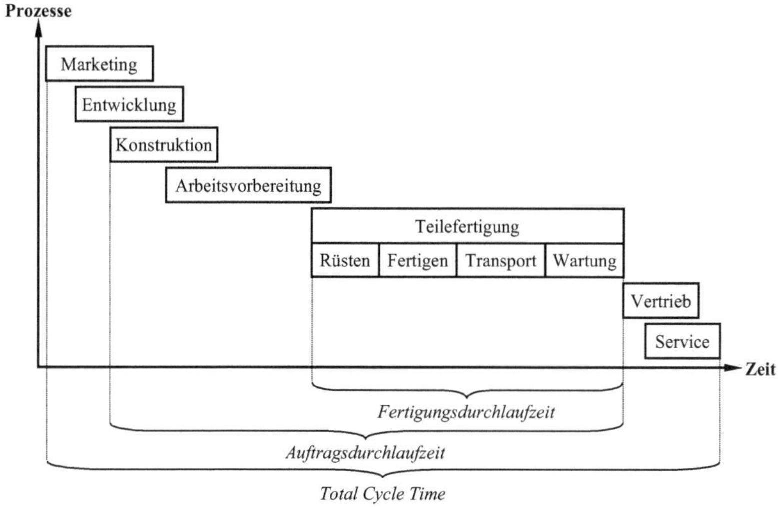

Abbildung 69: Total Cycle Time eines Prozesses[680]

Ausgehend vom Grundsatz, dass die gesamte unternehmerische Wertschöpfungskette und nicht nur einzelne ihrer Glieder beschleunigt werden sollen, ist es für eine erfolgreiche Umsetzung der Maßnahmen zur Reduktion der Total Cycle Time von großer Bedeutung, die Lieferanten und Kunden einzubeziehen.[681] Deshalb wird bei solchen Partnerschaften von strategischen Allianzen gesprochen.[682]

5.5 Möglichkeiten zur Zeitreduktion

Die Knappheit der Zeit tritt insbesondere dann deutlich hervor, wenn die Zeitspanne bis zum vereinbarten Liefertermin kleiner ist, als die zur Erfüllung des Auftrags erforderliche Zeit. Daraus entsteht ein auch als Durchlaufzeitlücke bezeichnetes Zeitdefizit.[683]

---

680 Vgl. BLANK, GEORG STEPHAN (1998), S. 137.

681 Vgl. BOWER, JOSEPH L./HOUT, THOMAS M. (1989), S. 69; MEYER, CHRISTOPHER (1994), S. 35, 247-249; OERTEL, HORST ADOLF/ABRAHAM, HANS-WERNER (1998), S. 65-84; SEIFERT, HANS/STEINER, MICHAEL (1995), S. 22; STEINBACH, RALF F. (1997), S. 114; WIEDERIN, ELMAR (1992), S. 72.

682 Vgl. BOGASCHEWSKY, RONALD (1998), S. 9.

683 Vgl. BUSCHER, UDO (2008), S. 119.

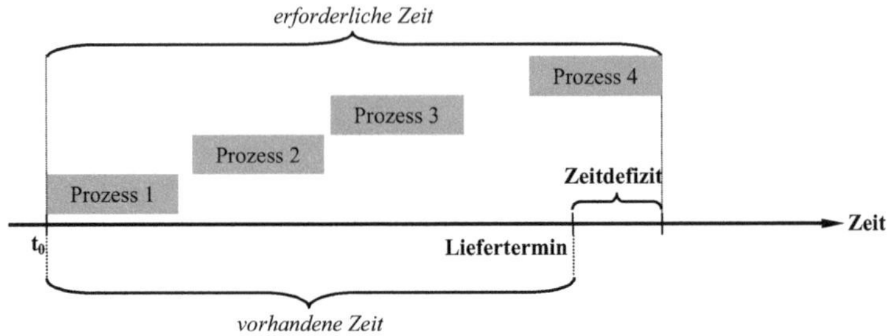

Abbildung 70: Zeitdefizit

Die Erarbeitung von Maßnahmen zur Schließung der Durchlaufzeitlücke sollte mit der Erhebung des Ist-Zustandes beginnen. Dabei werden die Informationen über die tatsächliche Länge einzelner Abläufe inklusive der nichtwertschöpfenden und wertmindernden Zeitintervalle erhoben. Hierzu können die einschlägigen REFA-Methoden einen wertvollen Beitrag leisten. Anschließend empfiehlt es sich, die so genannten Zeittreiber zu ermitteln. Mit ihrer Hilfe sollen jene Unternehmensbereiche identifiziert werden, die den höchsten Beitrag zur Schließung der Durchlaufzeitlücke leisten können.

HAMPRECHT unterscheidet in diesem Zusammenhang folgende drei Kategorien von Zeittreibern: aufbau-, ablauf- oder entwicklungsbezogene Zeittreiber.[684] Während *aufbaubezogene* Zeittreiber durch die jeweilige Aufbauorganisation, also durch die Zuordnung von Aufgaben, Aktionsobjekten und Aktionsträgern bedingt sind, sind *ablaufbedingte* Zeittreiber im Zusammenhang mit der Nutzung der organisatorischen Potentiale zu sehen. *Entwicklungsbezogene* Zeittreiber sind jene zeitlichen Einflussfaktoren, die schon während des Entwicklungsprozesses eines Produktes festgelegt wurden und den zeitlichen Ablauf der gesamten Leistungserbringung beeinflussen. Die nachfolgende Abbildung verdeutlicht diese Überlegungen.

Im Allgemeinen lassen sich die folgenden Möglichkeiten zur Bewältigung des Zeitdefizits nennen, die auch in einer Kombination miteinander eingesetzt werden können. Zum einen kann die Ausführungsdauer einzelner Tätigkeiten durch den Einsatz neuerer Technologien wie Computer Integrated Manufacturing (CIM) vermindert werden.[685] Dabei wird die Aktivitätsmenge je Zeiteinheit erhöht.[686]

684 Vgl. HAMPRECHT, MARKUS (1995), S. 117f.

685 Vgl. WILDEMANN, HORST (1992a), S. 18.

686 Vgl. VOIGT, KAI-INGO (1998), S. 69.

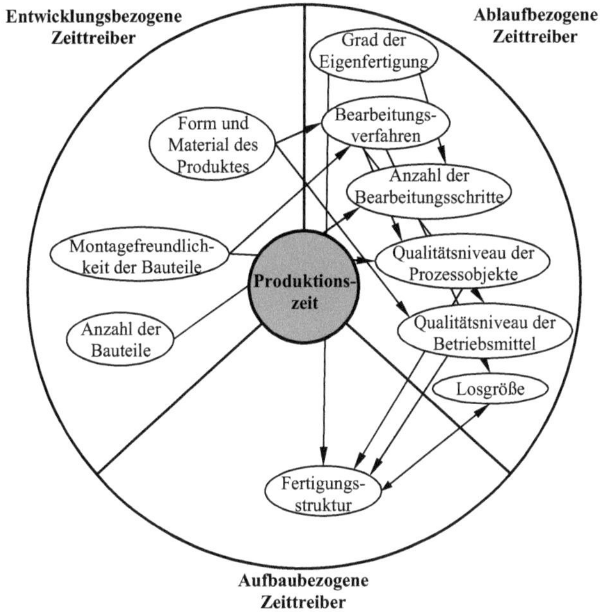

Abbildung 71: Mögliche Zeittreiber eines fiktiven Produktionsprozesses[687]

Zum zweiten liegt ein sehr großes Potential zur Zeitreduzierung in der Reduktion der Zeitpuffer.[688] Zeitpuffer entstehen aufgrund der mangelnden Abstimmung zwischen den einzelnen Unternehmensbereichen. Sie sind eine unerwünschte Begleiterscheinung von funktionsorientierten Unternehmensorganisationen mit zahlreichen Schnittstellen. Zeitpuffer sind Zeitintervalle, die nicht zur Wertschöpfung beitragen. Verkürzen der Durchlaufzeit ist eher mit „weniger Warten“ als mit „schneller Arbeiten“ gleichzusetzen.[689]

Aus der nachfolgenden Abbildung wird deutlich, dass der Zeitanteil der wertschöpfungserhöhenden Bearbeitungszeit nur bei 10% der gesamten Durchlaufzeit liegt. 85% der Durchlaufzeit entfallen dabei auf die arbeitsablaufbedingte Liegezeit und auf Übergangszeiten. Angesichts des bemerkenswert großen Anteils der Leerzeiten ist leicht zu erkennen, dass sich eine Verkürzung der Durchlaufzeit primär durch die Reduzierung

687 Vgl. Hamprecht, Markus (1995), S. 119.

688 Vgl. Lardi, Daniele/Langmoen, Roland (1992), S. 49; Patt, Cornelius (1995), S. 127; Striening, Hans-Dieter (1995b), S. 35.

689 Vgl. Lardi, Daniele/Langmoen, Roland (1992), S. 50; Somm, Edwin (1992), S. 87; Stalk, George (1993a), S. 547; von Ghyczy, Tiha (1989), S. 94.

der Liegezeiten und insbesondere der Übergangszeiten erreichen lässt.[690] Zudem dürften Bearbeitungs-, Transport- und Kontrollzeiten infolge vielfältiger Optimierungsmaßnahmen ihr „natürliches" Minimum erreicht haben.

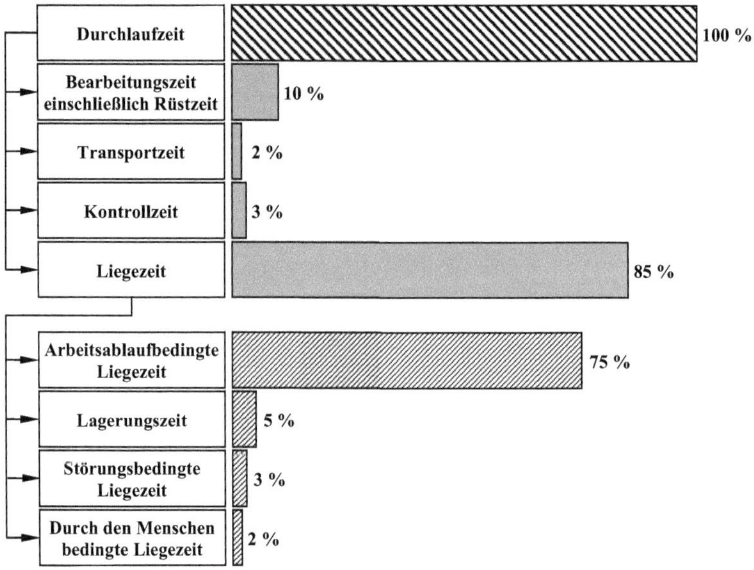

Abbildung 72: Relative Anteile der Zeitkategorien[691]

Als dritte Maßnahme zur Zeitverkürzung ist die Überlappung oder das Parallelisieren von Prozessen zu nennen.[692] Eine Überlappung von zwei Prozessen führt dazu, dass die innerhalb des ersten Prozesses fertig gestellten Produkte direkt dem nächsten Prozess zur Weiterverarbeitung übergeben werden, bevor noch alle innerhalb des ersten Prozesses zu bearbeitenden Produkte fertiggestellt sind. Diese Vorgehensweise verkürzt die Durchlaufzeit im Vergleich zu einem rein sequentiellen Vorgehen.[693] Werden einzelne Teile eines Auftrages auf funktionsgleichen Anlagen bearbeitet oder stehen zur Ausführung verschiedener Aufträge mehrere Produktionslinien zur Verfügung, wird durch Parallelbearbeitung, auch Arbeitssplittung genannt, die Durchlaufzeit verkürzt. Die Parallelbearbeitung setzt aber das Vorhandensein von mehreren Betriebsanlagen voraus und

690 Vgl. Miehler, Georg (1998), S. 4.

691 Vgl. Stommel, Heinz Josef/Kunz, Dieter (1973), S. 12.

692 Vgl. Buscher, Udo (2008), S. 128-131; Corsten, Hans (1999), S. 458f.; Patt, Cornelius (1995), S. 123.

693 Vgl. Bogaschewsky, Ronald (1998), S. 7f.

führt zur Erhöhung der Rüstzeiten. Eine weitere Reduzierung der Durchlaufzeit lässt sich erreichen, wenn die Rüstprozesse an einzelnen Betriebsanlagen gestartet werden, bevor das Produkt diese Betriebsanlagen erreicht hat.

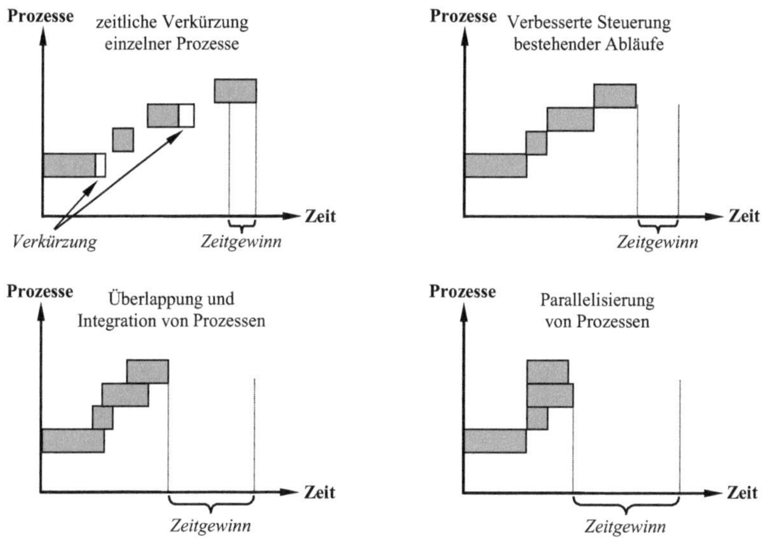

Abbildung 73: Grundsätzliche Möglichkeiten zur Zeitreduktion[694]

Als vierte Maßnahme zur Verkürzung der Total Cycle Time ist schließlich der Ansatz der Simultanbearbeitung zu nennen. Dieser Ansatz erfordert, dass der Gesamtprozess in einzelne voneinander unabhängige Prozesse zerlegt werden kann, die nicht unbedingt nacheinander durchgeführt werden müssen.[695] WILDEMANN berichtet in diesem Zusammenhang über beachtenswerte Erfolge in den so genannten „flexiblen Fabriken", die durch einen hohen Grad an Fertigungssegmentierung gekennzeichnet sind.[696]

5.6 Das Konzept der Zeitkostenrechnung

Die Zeitkostenrechnung soll die Implementierung von zeitorientierten Wettbewerbsstrategien unterstützen, indem sie es ermöglicht, den Zusammenhang zwischen den Faktoren „Zeit", „Kosten" und „Erlöse" festzustellen und zu quantifizieren.[697] Sie soll die

694 Vgl. MILBERG, JOACHIM (1991), S. 25.

695 Vgl. PATT, CORNELIUS (1995), S. 123f.

696 Vgl. WILDEMANN, HORST (1989), S. 51-54.

697 Vgl. SEIFERT, HANS (1992), S. 265; GÜNTHER, THOMAS (1998), S. 179.

Vorteilhaftigkeit von Zeitstrategien messbar machen. Des Weiteren soll sie die Beantwortung der Frage ermöglichen, ob und inwieweit die Dauer der Wertschöpfungsprozesse einen Einfluss auf die Höhe der Kosten hat.[698] Die zentrale Aufgabe der Zeitkostenrechnung besteht darin, „den Anteil der zeitgetriebenen Kosten an den Gesamtkosten zu quantifizieren und aufgeschlüsselt nach *Zeitkostenarten* darzulegen".[699]

Entsprechend dieser Aufgabe werden alle Kostenarten im Rahmen der Zeitkostenrechnung in zeitrelevante (zeitabhängige) und zeitneutrale Kosten eingeteilt.[700] Das Unterscheidungskriterium ist dabei die Abhängigkeit der Kostenhöhe von der Länge der Durchlaufzeit. Als Beispiele für zeitabhängige Kosten können Fertigungslöhne, Kapitalbindungskosten, zeitabhängige Opportunitätskosten sowie Konventionalstrafen bei der Nichteinhaltung der Liefertermine genannt werden. Zu den zeitneutralen Kosten gehören beispielsweise Kosten für Patente, Lizenzen und Versicherungen.

Weiterhin lassen sich innerhalb der zeitabhängigen Kosten zwei weitere Gruppen unterscheiden.[701] Zum einen sind das die zeitabhängigen Kosten mit einem eindeutig feststellbaren Zeittreiber, von dem die Höhe der Kosten abhängt. Die Höhe dieser Kosten kann eindeutig festgestellt werden, weil diese Kostengruppe durch einen funktionalen Zusammenhang $K = k(t)$ zwischen der benötigten Zeit und den angefallenen Kosten charakterisiert ist.[702] Beispielsweise werden Strafen für die Nichteinhaltung von Lieferterminen (Pönale) vertraglich in Form von Klauseln vereinbart. Diese Klauseln lassen sich als mathematische Funktion in Abhängigkeit von der Zeit formulieren.

Zum anderen kommen innerhalb der zeitabhängigen Kosten solche Kostenkategorien vor, bei denen eine Zeitabhängigkeit unterstellt werden kann, wenngleich kein eindeutiger Zeittreiber festzustellen ist. Diese Kosten lassen sich deshalb schätzen. Dazu gehören beispielsweise Opportunitätskosten in Form entgangener Deckungsbeiträge. Solche fallen an, wenn ein Kunde, der mit der Unpünktlichkeit der Lieferung unzufrieden ist, zur Konkurrenz wechselt. Als weiteres Beispiel wären Opportunitätskosten zu nennen, die aus einem verspäteten Markteintritt resultieren.

---

698 Vgl. FISCHER, JOCHEN (2000), S. 151; GÜNTHER, THOMAS (1998), S. 181.

699 GÜNTHER, THOMAS (1998), S. 182.

700 Vgl. COENENBERG, ADOLF G./FISCHER, THOMAS M./GÜNTHER, THOMAS (2009), S. 667; GÜNTHER, THOMAS (1998), S. 182.

701 Vgl. COENENBERG, ADOLF G./FISCHER, THOMAS M./GÜNTHER, THOMAS (2009), S. 667f.; GÜNTHER, THOMAS (1998), S. 182f.

702 Vgl. COENENBERG, ADOLF G./FISCHER, THOMAS M./GÜNTHER, THOMAS (2009), S. 667; KIRSCHBAUM, VOLKER (1995), S. 37.

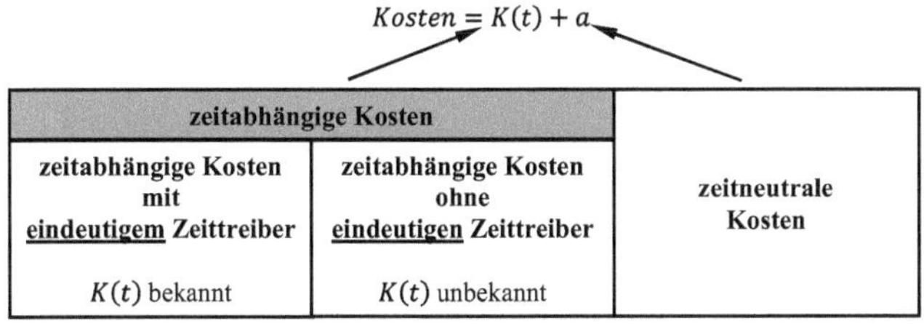

Abbildung 74: Zeitrelevante und -neutrale Kostenarten[703]

Schließlich werden zeitabhängige Kosten in Abhängigkeit vom Ziel der Zeitstrategie, nämlich der Verkürzung der Prozessdurchlaufzeit oder der Reduzierung der Varianz in verschiedene Zeitkostenarten gegliedert.[704] Im Zusammenhang mit der Verkürzung der mittleren Durchlaufzeit werden Kosten der Beschleunigung von Wertschöpfungsprozessen und Kostenreduktionspotentiale infolge der Beschleunigung unterschieden.[705] Diese Unterscheidung ist offensichtlich inkonsistent, denn Kostenreduktionspotentiale haben den Charakter von Ersparnissen im Sinne von Opportunitätserlösen. Dennoch werden sie hier als Kostenart aufgeführt. Des Weiteren wird im einschlägigen Schrifttum nicht deutlich, welchen Zweck diese Klassifizierung verfolgt. Im Zusammenhang mit der Verkürzung der Varianz werden Zeiteinhaltungskosten und Zeitabweichungskosten unterschieden.

Zeitrelevante Kosten (mit bzw. ohne Zeittreiber)		
Kosten der Beschleunigung von Wertschöpfungsprozessen	Kostenreduktionspotentiale infolge der Beschleunigung	**bezüglich des Durchlaufzeitmittelwertes**
Zeiteinhaltungskosten	Zeitabweichungskosten	**bezüglich der Durchlaufzeitrelevanz**

Tabelle 24: Klassifikation zeitrelevanter Kosten[706]

Wegen der Ungereimtheiten, die diese Klassifikation enthält, wird von einer detaillierten Darstellung Abstand genommen.

Zusammenfassend lässt sich feststellen, dass das vorgestellte Konzept der Zeitkostenrechnung zum einen Aufschluss darüber geben kann, welchen Anteil die Zeitkosten an

703 Vgl. Coenenberg, Adolf G./Fischer, Thomas M./Günther, Thomas (2009), S. 667; Günther, Thomas/Fischer, Thomas (2000), S. 280.

704 Vgl. Buscher, Udo (2008), S. 128, Coenenberg, Adolf G./Fischer, Thomas M./Günther, Thomas (2009), S. 668; Günther, Thomas/Fischer, Thomas (2000), S. 286.

705 Vgl. Coenenberg, Adolf G./Fischer, Thomas M./Günther, Thomas (2009), S. 668; Günther, Thomas (1998), S. 184.

706 Vgl. Günther, Thomas/Fischer, Thomas (2000), S. 282.

den Gesamtkosten haben. Hängt der überwiegende Teil der Kosten von der Durchlaufzeit und ihrer Streuung ab, dann ist „Zeit“ ein wesentlicher Erfolgsfaktor für die Ausgestaltung der Wettbewerbsstrategie des Unternehmens. Die Offenlegung der relativen und absoluten Zeitkosten soll dem Management helfen, seine Mitarbeiter hinsichtlich der Wettbewerbsrelevanz des Faktors „Zeit“ zu sensibilisieren. Zum anderen ermöglicht die Zeitkostenrechnung die Identifikation von zeitsensiblen Bereichen und Prozessen. Zeitorientierte Kennzahlen können dem Management Auskunft über die Entwicklung der zeitrelevanten Größen geben und zur Planung eingesetzt werden.

Die im Schrifttum dargestellte Zeitkostenrechnung stellt einen ersten rudimentären Versuch dar, den Zusammenhang zwischen den Erfolgsfaktoren „Zeit“ und „Kosten“ in Form einer Erfolgsrechnung abzubilden. Denn durch die Unterteilung der Kosten in zeitrelevante und zeitneutrale Kosten, was als die zentrale Aufgabe der Zeitkostenrechnung angesehen wird, können lediglich die Auswirkungen der zeitverkürzenden Maßnahmen auf die einzelnen Kostenarten gezeigt werden. Für eine solche Beurteilung müssten allerdings alle zeitabhängigen Kosten erfasst werden können, was bei vielen wesentlichen Kostenarten mangels geeigneter Zeittreiber zu kaum überwindbaren Problemen führt. Tatsächlich beschränkt sich das Konzept der Zeitkostenrechnung auf eine Erweiterung der herkömmlichen Kostenartenrechnung um eine Zeitkostenartenrechnung, so dass die Auswirkungen von zeitstrategischen Maßnahmen auf die Stückkosten der einzelnen Produkte nicht beurteilt werden können. Darüber hinaus liefert dieses Instrument keine Unterstützung bei der Entscheidung, welcher der zur Auswahl stehenden Zeitstrategien der Vorzug zu geben ist. Durch die Vernachlässigung der Auswirkungen von zeitstrategischen Maßnahmen auf die Erlöse zeigt die Zeitkostenrechnung eine weitere Schwäche, denn die Wirtschaftlichkeit einer Zeitstrategie ist nur durch die simultane Berücksichtigung von Kosten und Erlösen zu beurteilen.

> „1. Alles ist ein System
> 2. Alles ist Teil eines größeren Systems
> 3. Das ganze Universum besteht aus einer Anzahl von Systemen
> 4. All diese Systeme sind unglaublich kompliziert und unüberschaubar. Jede andere Vorstellung ist bloß Illusion und in der Begrenztheit der menschlichen Erkenntnisfähigkeit begründet.“
>
> John Gall[707]

6 Grundlagen von System Dynamics

Hinter dem Untersuchungsobjekt der Betriebswirtschaftslehre, nämlich dem Unternehmen, lässt sich ein komplexes System erkennen, zu dessen Elementen unter anderem die im Unternehmen ablaufenden Prozesse gehören. Das Verhalten eines solchen Systems ändert sich mit der Zeit und wird durch zahlreiche Zufallsereignisse geprägt. Es ist deshalb von einer dynamischen, nichtlinearen und stochastischen Natur. Darüber hinaus weisen die Systemelemente wechselseitige Interaktionen auf, bei denen Verzögerungen, die das Systemverhalten entscheidend beeinflussenden, vorhanden sind. Um ein solches System der Analyse im Rahmen eines Entscheidungsprozesses zugänglich zu machen, bedarf es einer geeigneten Methodik. Nach herrschender Meinung stellt System Dynamics eine solche Methodik dar.

6.1 Vom linearen zum systemischen Denken

Obwohl sich „Komplexität“ in der betriebswirtschaftlichen Literatur zu einem Standardbegriff entwickelt hat, lassen die meisten Publikationen offen, wie man das Phänomen der Komplexität methodisch fundiert bewältigen kann. In der Betriebs- und in der Volkswirtschaftslehre ist häufig das Argument anzutreffen, das zu lösende Problem sei zu komplex und müsse vereinfacht werden.[708] Demgemäß wurden stark reduzierte Modellwelten geschaffen, in denen die Komplexität, die das Realproblem auszeichnet und mitunter sogar hervorgerufen hat, kaum in Erscheinung tritt. Die mit der Modellentwicklung einhergehende Spezialisierung hat sicherlich zur Weiterentwicklung innerhalb der jeweiligen Disziplinen beigetragen,[709] aber auch zu einer Zerstörung der Kommuni-

[707] GALL, JOHN (1979), S. 97.

[708] Vgl. MALIK, FREDMUND (1986), S. 184f.

[709] Vgl. BOULDING, KENNETH E. (1975), S. 16.

kation zwischen den einzelnen Disziplinen geführt.[710] Deshalb fehlt es bei der Problemanalyse der realen Phänomene allzu oft an einer ganzheitlichen Perspektive. Eine solche herzustellen, gilt als eine der wichtigsten Zielsetzungen des System Dynamics.[711] So zeigt beispielsweise die nachstehende Abbildung, dass zur fundierten Analyse eines relativ einfachen Sachverhaltes mehrere betriebswirtschaftliche Spezialgebiete zusammengeführt werden müssen: Steigende Stückkosten schlagen sich in einem höheren Angebotspreis nieder. Höhere Angebotspreise lassen die Nachfrage sinken. Eine niedrigere Nachfrage senkt die Kapazitätsauslastung und diese wiederum führt im Rahmen der Kalkulation dazu, dass die Fixkosten auf eine niedrigere Stückzahl umgelegt werden, wodurch die Stückkosten steigen. Die Spezialisierung innerhalb der Betriebswirtschaftslehre hat dazu geführt, dass die erwähnten einzelnen Ursache-Wirkungs-Beziehungen Gegenstand unterschiedlicher Teildisziplinen geworden sind. Dabei ist die Zirkularität der Ursache-Wirkungs-Beziehungen in den Hintergrund getreten, so dass insbesondere Anfänger Gefahr laufen, diese zu übersehen.

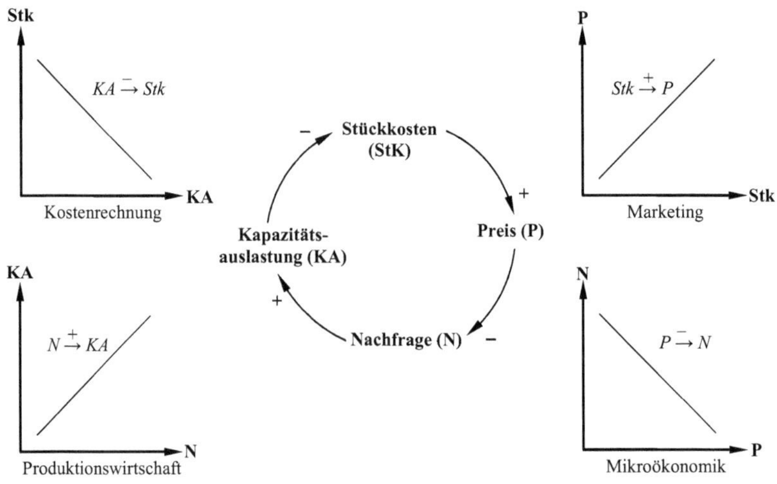

Abbildung 75: Das System „Betriebswirtschaftslehre“ und seine Teile[712]

Viele Sachverhalte aus den Wirtschaftswissenschaften haben eine derart komplexe Natur, so dass die aus den Naturwissenschaften bekannte Methode: Zerlegung eines Systems in einfache Teilsysteme, Analyse dieser Teilsysteme und Übertragung der gewon-

[710] Vgl. Ulrich, Hans/Probst, Gilbert J. B. (1995), S. 16.

[711] Vgl. Boulding, Kenneth E. (1975), S. 16.

[712] Vgl. Milling, Peter (2002), S. 23.

nenen Teilergebnisse durch Aggregation auf das Gesamtsystem, nicht mehr funktioniert.[713] Diese These soll anhand des folgenden Beispiels bekräftigt werden: Aus der Analyse der einzelnen Quadrate, aus denen sich das untere Bild zusammensetzt, hinsichtlich Größe, Fläche und Farbe lässt sich nicht erkennen, was man aus der ganzheitlichen Perspektive sieht, nämlich das Bild von ABRAHAM LINCOLN.

Abbildung 76: Computerbild von Abraham Lincoln[714]

Diese Aussage wird durch ein altes häufig zitiertes Gleichnis bekräftigt: Sechs Blinde sollen einen ausgewählten Körperteil eines Elefanten untersuchen und beschreiben, wie der Elefant aussieht. Je nachdem welchen Körperteil sie abgetastet haben, kommen die Blinden zu völlig verschiedenen Ergebnissen. Der erste Blinde erkennt im Rüssel des Elefanten eine Schlange, der zweite im Stoßzahn einen Speer, der dritte im Ohr des Elefanten einen Fächer und so weiter.

Abbildung 77: Die Blinden und der Elefant

713 Vgl. GOMEZ, PETER (1981), S. 16; PROBST, GILBERT J. B. (1981), S. XIV, 10; RÖPKE, JOCHEN (1977), S. 28.

714 Vgl. VESTER, FREDERIC (2007), S. 54.

Des Weiteren wird die erwähnte Zerstörung der ganzheitlichen Perspektive innerhalb der Betriebswirtschaftslehre dadurch begünstigt, dass das menschliche Denken durch lineare Kausalketten geprägt ist.[715] Dabei wird unterstellt, dass sich eine Wirkung auf jeweils eine Ursache in der Vergangenheit zurückführen lässt und eine Ursache immer eine einzelne Wirkung in der Zukunft hat. Das Ergebnis dieser Denkweise kann folgendermaßen aussehen:

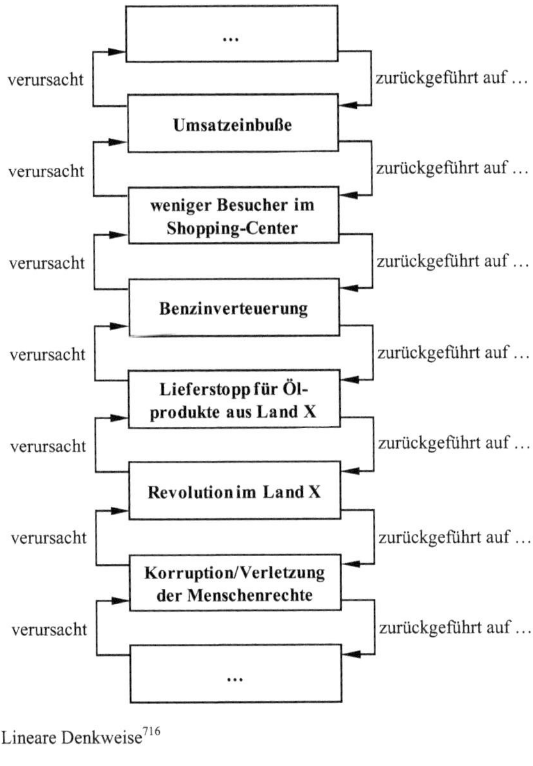

Abbildung 78: Lineare Denkweise[716]

Die lineare Denkweise entspricht im Kern folgender Vorgehensweise:[717] Man vergleicht den gewünschten Zustand mit der gegebenen Situation und stellt eine Diskrepanz fest. Diese Diskrepanz stellt das zu lösende Problem dar. Man entwickelt eine Lösung, ergreift entsprechende Maßnahmen und erwartet, dass das gewünschte Ergebnis eintritt.

715 Vgl. DE ROSNAY, JOËL (1979), S. 96; DUTTA, AMITAVA/ROY, RAHUL (2005), S. 247; OSSIMITZ, GÜNTHER (2000), S. 53; ULRICH, HANS/PROBST, GILBERT J. B. (1995), S. 36-38.

716 Vgl. PÜMPIN, CUNO (1980), S. 67.

717 Vgl. FORRESTER, JAY W. (1980), S. 12f.; LYNEIS, JAMES M. (1980), S. 10-15; RICHARDSON, GEORGE P./PUGH, ALEXANDER L. III (1981), S. 5-8; STERMAN, JOHN D. (2001), S. 11-13.

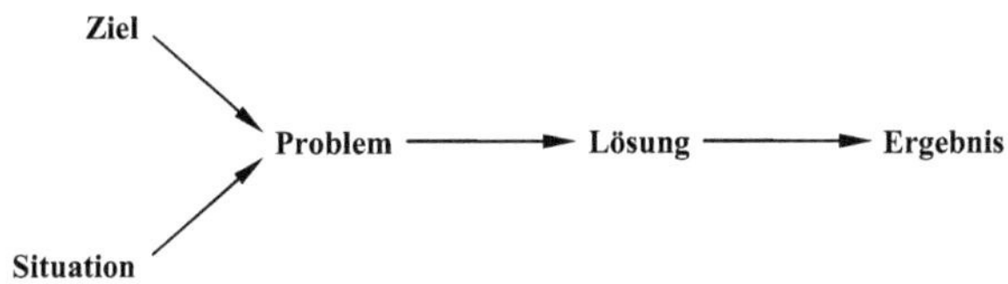

Abbildung 79: Linearer Ansatz des Problemlösens[718]

Es darf nicht übersehen werden, dass die getroffenen Maßnahmen neben den für die Problemlösung relevanten Systemelementen auch andere beeinflussen können: Die Eingriffe ins System wirken sich durch die innewohnende Dynamik auf andere Systemelemente aus, die man entweder nicht kennt oder nicht zu beeinflussen beabsichtigt. Diese Systemelemente können ihrerseits versuchen, eigene Ziele durch entsprechende Maßnahmen zu erreichen. Die daraus resultierenden Effekte können die ursprünglich eingeleiteten Maßnahmen derart stören, dass das erwartete Ergebnis nicht eintritt. Darüber hinaus kann die auf das Problemlösen gerichtete Aktion in einem komplexen System auch Nebeneffekte verursachen, mit denen man nicht gerechnet hat und die das ursprüngliche Problem sogar noch verschärfen können.[719]

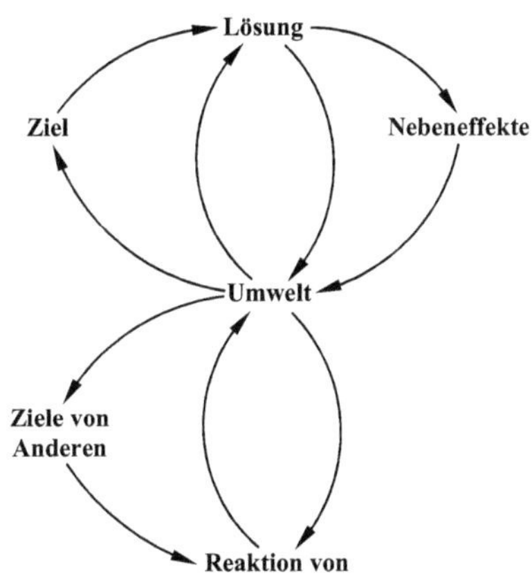

Abbildung 80: Systemischer Ansatz des Problemlösens[720]

718 Vgl. STERMAN, JOHN D. (2001), S. 13.

719 Vgl. DUTTA, AMITAVA/ROY, RAHUL (2005), S. 245f.; HONEGGER, JÜRG (2001), S. 277; MALIK, FREDMUND (1986), S. 25; SENGE, PETER M. u.a. (1994), S. 104; STERMAN, JOHN D. (2001), S. 12; VESTER, FREDERIC (1991), S. 82; VESTER, FREDERIC (2002), S. 22; Ein empirisches Beispiel einer solchen Situation findet man bei LEVIN, GILBERT/HIRSCH, GARY (1972), S. 861-873.

720 Vgl. STERMAN, JOHN D. (2001), S. 14.

Umgelegt auf die Betriebswirtschaftslehre müsste der systemische Ansatz des Problemlösens folgerichtig dazu führen, dass man nicht nur das Unternehmen selbst, sondern auch seine Umwelt und insbesondere seine Konkurrenten bei der Problemanalyse und bei der Entwicklung von Lösungsansätzen berücksichtigt. Wie sich insbesondere im Schrifttum zum strategischen Management zeigt, ist ein solcher Übergang vom linearen zum systemischen Denken in der Betriebswirtschaftslehre in Ansätzen durchaus feststellbar.[721]

In der folgenden Tabelle werden lineares und systemisches Denken anhand ihrer wichtigsten Charakteristika einander gegenübergestellt. Einzelne, bisher noch nicht erläuterte Aspekte werden in den weiteren Ausführungen zu diskutieren sein.

Lineares Denken	Systemisches Denken
Trennung zwischen Ursache und Wirkung	Berücksichtigung von Wechselwirkungen
Vernachlässigung von Wechsel- und Rückwirkungen	Beachtung kybernetischer Rückkopplungsschleifen: „Bumerang-Effekt“[722]
Beziehungen werden in linearer bzw. linearisierter Form untersucht	Nicht-lineare Beziehungen werden untersucht
Untersuchung der Natur der Wechselwirkungen	Untersuchung der Ergebnisse der Wechselwirkungen
Begrenzt auf einzelne Disziplinen	Fächer- und disziplinübergreifend
Ergebnisse der Eingriffe sind reversibel	Berücksichtigung der Irreversibilität von Eingriffen
Zeit und Verzögerungen werden vernachlässigt	Zeit und Verzögerungen werden ausdrücklich berücksichtigt
Fraktionierte (reduktionale) Analyse der Einzelteile im Sinne: Fokus auf Teile	Ganzheitliche (holistische) Analyse von Systemzusammenhängen im Sinne Fokus auf das Ganze
Kurzfristiges Denken	Langfristiges Denken
Von der Umwelt isolierte Analyse	Umwelt ist ein wichtiger Teil der Analyse
Systemerscheinungen sind unabhängig von ihrer Dauer reversibel	Berücksichtigung von Dauer und Integration von Systemerscheinungen
Vorhersagbarkeit und Optimierbarkeit des Systems in Anlehnung an die Mechanik	Unmöglichkeit der Prognose und der Erreichung des Optimums aufgrund der evolutionären Entwicklung des Systems
Ergebnis: Genaue, detaillierte Modelle aber gleichzeitig kaum für Entscheidungen in der realen komplexen Welt nutzbar	Ergebnis: Modelle, die als endgültige Wissensgrundlagen nicht ausreichend sind, aber für Entscheidungen in der realen Welt erfolgreich genutzt werden können.

Tabelle 25: Lineares vs. Systemisches Denken[723]

[721] Vgl. PORTER, MICHAEL E. (1995); PORTER, MICHAEL E. (2000)

[722] Vgl. GOMEZ, PETER (1981), S. 47.

6.2 System und System Dynamics

Es gibt verschiedenste Definitionen des Begriffs „System“.[724] Alle diese Begriffe haben unabhängig von der Wissenschaftsdisziplin, aus welcher die ausgewählte Definition stammt, eine markante Gemeinsamkeit: Ein System ist eine Menge von Elementen (Komponenten, Subsystemen) zusammen mit den zwischen diesen bestehenden Relationen. Im Einzelnen lassen sich folgende Merkmale ableiten:[725]

- Ein System setzt sich aus mehreren Systemteilen zusammen. So lässt sich beispielsweise ein Konzern, der aus mehreren Tochtergesellschaften besteht als System auffassen. Jede Tochtergesellschaft setzt sich ihrerseits aus mehreren Abteilungen zusammen, die sich wiederum aus Teams konstituieren, die durch die Zusammenarbeit von einzelnen Mitarbeitern gebildet werden.
- Die Systemteile sind in einem internen Netzwerk organisiert, d.h. sie sind nicht unverbunden, sondern miteinander vernetzt. So sind auch die zu einem Konzern gehörenden Unternehmen durch den konzerninternen Leistungsaustausch untereinander vernetzt.
- Ein System verändert sich, sobald Teile entfernt oder hinzugefügt werden. So löst sowohl der Verkauf eines Konzernunternehmens als auch der Zukauf eines externen Unternehmens Veränderungen innerhalb des Konzerns aus.
- Ein System ist mehr als die Summe seiner Teile.[726] Dieses Phänomen der Superadditivität besagt, dass jedes als Ganzheit aufgefasste System Eigenschaften besitzt, die auf der Ebene der Subsysteme nicht zu finden sind.[727] Umgekehrt lassen sich die Eigenschaften eines Systems als Ganzes nicht aus den Eigenschaften seiner Tei-

---

723 Stark verändert aus DE ROSNAY, JOËL (1979), S. 95f.

724 Vgl. ACEL, PETER PAUL (1996), S. 11; BOSSEL, HARTMUT (1994), S. 16; COYLE, ROBERT G. (1996), S. 4; DE ROSNAY, JOËL (1979), S. 80; GOMEZ, PETER (1981), S. 42; FLECHTNER, HANS JOCHIM (1966), S. 353; FORRESTER, JAY W. (1972b), S. 9; FRANKEN, ROLF/FUCHS, HERBERT (1974), S. 27; HASSENSTEIN, BERNHARD (1972), S. 30; HONEGGER, JÜRG/VETTINGER, HANS (2003), S. 19; MÜLLER, KLAUS (1996), S. 199-204; O'CONNOR, JOSEPH/MCDERMONT, IAN (2003), S. 22; PROBST, GILBERT J. B. (1981), S. 111; ROBERTS, NANCY u.a. (1983), S. 5; RÖPKE, JOCHEN (1977), S. 14; SCHACKERT, HANS ROLF (1980), S. 7; SCHMALENBACH, CHRISTOF (2007), S. 70; SCHWARZ, RAINER (2002), S. 64; ULRICH, HANS/PROBST, GILBERT J. B. (1995), S. 30; WILMS, FALKO E. P. (2001), S. 62-64.

725 Vgl. O'CONNOR, JOSEPH/MCDERMONT, IAN (2003), S. 23.

726 Vgl. NAGEL, ERNST (1970); RÖPKE, JOCHEN (1977), S. 25; WILMS, FALKO E. P. (2001), S. 70.

727 Vgl. HASSENSTEIN, BERNHARD (1972), S. 30, 33; RÖPKE, JOCHEN (1977), S. 26; VESTER, FREDERIC (2002), S. 32.

le ableiten.[728] In der Betriebswirtschaftslehre werden in diesem Zusammenhang die bekannten Synergieeffekte angesprochen, die erst durch die Interaktion von isolierten Systemteilen (Stand-alone-Unternehmen) entstehen.

- Jedes System hat eine klar definierte Systemgrenze, die das System von dessen Umwelt abtrennt. Durch diese Grenzziehung müssen gegebenenfalls Relationen aufgetrennt werden, die einzelne Systemelemente mit der Umwelt verbinden. Es hängt vom Untersuchungsziel, dem Wissen und den intellektuellen Fähigkeiten des Beobachters ab, was zu einem System gehört und was nicht. Deshalb ist ein System das Ergebnis der subjektiven, problemorientierten Vorstellung eines Beobachters,[729] wobei der Mensch nicht als passiver Beobachter, sondern aktiv als Systemkonstrukteur fungiert.[730]
- Ein System ist durch seine zeitliche Entwicklung, die so genannte Systemdynamik (das Systemverhalten) gekennzeichnet: Das System geht im Zeitverlauf von einem Zustand in einen anderen über. Die Dynamik des Systems „Unternehmen" beruht auf drei grundlegenden Determinanten: auf den Strategien und Maßnahmen des Unternehmens, auf den Aktionen der Wettbewerber und auf dem Verhalten der Umwelt.
- Für das Systemverhalten ist die Anordnung der Systemteile entscheidend,[731] weil das Verhalten aus der Struktur des Systems resultiert.[732] Jede Strukturänderung bewirkt die Veränderung des Systemverhaltens. Ändert man beispielsweise die Ablauforganisation eines Unternehmens, dann können dadurch die Kostensenkungspotentiale realisiert oder die Prozessqualität verbessert werden.

FORRESTER, der geistige Vater des System Dynamics,[733] hat der breiten Öffentlichkeit auf sehr verständliche und einfache Weise die Prinzipien seines Ansatzes näher gebracht, indem er die Interaktionen zwischen Elementen solcher Systeme wie Unternehmen,[734] Städte[735] und Planet Erde[736] analysiert und das daraus resultierende Verhalten

---

[728] Vgl. O'CONNOR, JOSEPH/MCDERMONT, IAN (2003), S. 27.

[729] Vgl. ASHBY, WILLIAM ROSS (1976), S. 16; GOMEZ, PETER (1981), S. 20; KULLA, B. (1987), S. 4; MIHRAM, ARTHUR G. (1972), S. 215; NIEMEYER, GERHARD (1977), S. 38; O'CONNOR, JOSEPH/MCDERMONT, IAN (2003), S. 86f.; WEINBERG, GERALD M. (1975), S. 52f.; WILMS, FALKO E. P. (2001), S. 19f.

[730] Vgl. WEBER, KARLHEINZ P. (1979), S. 79; WILMS, FALKO E. P. (2001), S. 25.

[731] Vgl. COYLE, ROBERT G. (1977), S. 3.

[732] Vgl. PIDD, MICHAEL (2004), S. 250.

[733] Zur Entstehung von System Dynamics vgl. FORRESTER, JAY W. (1995), S. 4-16.

[734] Vgl. FORRESTER, JAY W. (1972a)

prognostiziert hat. Er vertritt die der Kybernetik entnommene Auffassung, dass die dem Anschein nach verschiedenen Systeme gemeinsame Entwicklungsmuster hinsichtlich der Systemstrukturen, des Systemverhaltens und der Reaktionen auf Störungen im Sinne des menschlichen Eingriffes haben, deren Aufdeckung im Sinne „des Seins und des Werdens eines Systems“[737] allen Wissensgebieten und Fachrichtungen bei der Entwicklung der einheitlichen Lösungsansätze vom großen Nutzen sein könnte.[738] Ausgehend aus dieser Hypothese hat SENGE das Konzept der Systemarchetypen vorgestellt, wobei er einige Grundmuster, so genannte Archetypen, entwickelt hat, nach denen sich typische Probleme von Systemen in der realen Welt einschließlich Unternehmen entwickeln und erklären lassen.[739]

In seinem Ansatz distanzierte sich FORRESTER von den damals weit verbreiteten Methoden des Operations Research, weil durch diese die Reaktionen der anderen Akteure des Systems und der Systemsumgebung nicht berücksichtigt werden konnten und das Unternehmen nicht als etwas Ganzes betrachtet wurde.[740] Er hat die für Operations Research typische Frage „Welche Lösung ist die beste?“ durch die Frage „Was passiert, wenn ...“ ersetzt.

Der Begriff „System Dynamics“ macht unmissverständlich klar, worum es bei dieser Disziplin geht. Lapidar gesagt befasst sie sich mit den Problemen von Systemen in der zeitlichen Entwicklung. Diese Probleme sind dynamischer Natur, d.h. sie verändern sich mit der Zeit. Diese Veränderung betrifft nicht nur die Systemelemente, sondern auch die zwischen diesen bestehenden Beziehungen.

6.3 Komplexität vs. Kompliziertheit

System Dynamics befasst sich mit der Analyse und Gestaltung nicht irgendwelcher, sondern vor allem komplexer Systeme, weil die in komplexen Systemen enthaltenen Interaktionen zwischen den Systemelementen die zielorientierte Gestaltung mit her-

735 Vgl. FORRESTER, JAY W. (1973)

736 Vgl. FORRESTER, JAY W. (1971a)

737 Vgl. PROBST, GILBERT J. B. (1981), S. XIII.

738 Vgl. DUTTA, AMITAVA/ROY, RAHUL (2005), S. 248; MALIK, FREDMUND (1986), S. 169; MILLING, PETER (1984), S. 507; SANDROCK, JÖRG (2006), S. 65; ULRICH, HANS/PROBST, GILBERT J. B. (1995), S. 19.

739 Vgl. SENGE, PETER M. (2003), S. 118-142, 455-471.

740 Vgl. FORRESTER, JAY W. (1975), S. 73f.

kömmlichen Mitteln verwehren. Dabei sollte Komplexität nicht mit Kompliziertheit verwechselt werden.[741]

Jedes System lässt sich grundsätzlich durch seine Struktur bzw. Art der Zusammensetzung (Kombinationsbeziehung) und sein Verhalten bzw. Art der Veränderlichkeit (Interaktionsbeziehung) im Zeitablauf beschreiben.[742] Während die Systemstruktur den Kompliziertheitsgrad des Systems ausmacht, bestimmt das Systemverhalten das Komplexitätsniveau. Die Erhöhung des Kompliziertheitsgrades führt nicht zum Entstehen von Komplexität.[743] Der entscheidende Unterschied zwischen diesen Begriffen verbirgt sich in der Dynamik des Systems:[744] Weist ein System innerhalb eines Zeitintervalls vielfältige Zustände auf, die zum größten Teil auf die im System innewohnende Eigendynamik zurückzuführen sind, dann ist ein solches System komplex.[745] Deshalb wird auch zwischen der *Komplexität des Details* und der *dynamischen Komplexität* unterschieden.[746] Die Häufigkeit und die Stärke der Systemänderung sowie deren Vorhersehbarkeit können ebenfalls als Komplexitätsmaß angesehen werden. Das komplexe System führt ein Eigenleben, weil sich die vorhandenen Wechselbeziehungen zwischen den Systemelementen ständig ändern[747] und dadurch das Systemverhalten bestimmen. In Abhängigkeit von der Kompliziertheit und der Komplexität ergibt sich folgender Raster zur Klassifikation von Systemen.

---

741 Vgl. BRONNER, ROLF (1992), Sp. 1121f.; HONEGGER, JÜRG (2008), S. 31-35; HONEGGER, JÜRG/VETTINGER, HANS (2003), S. 21-23; ULRICH, HANS/PROBST, GILBERT J. B. (1995), S. 57-65; VESTER, FREDERIC (2002), S. 26; WILKE, HELMUT (1987), S. 11-18.

742 Vgl. BAETGE, JÖRG (1974), S. 11; NIEMEYER, GERHARD (1977), S. 46.

743 Vgl. HONEGGER, JÜRG/VETTINGER, HANS (2003), S. 21.

744 Vgl. DE ROSNAY, JOËL (1979), S. 85.

745 Vgl. HONEGGER, JÜRG/VETTINGER, HANS (2003), S. 22; MALIK, FREDMUND (1986), S.185f.; ULRICH, HANS (1970), S. 116f.

746 Vgl. O'CONNOR, JOSEPH/MCDERMONT, IAN (2003), S. 31f.

747 Vgl. HONEGGER, JÜRG (2001), S. 276; DE ROSNAY, JOËL (1979), S. 75; VESTER, FREDERIC (2002), S. 16; WEHRHEIM, MICHAEL/KÖNIG, ULRICH-KARL (2007), S. 1320.

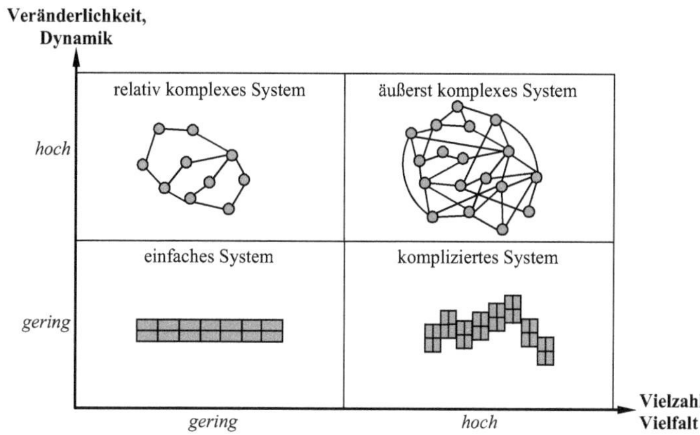

Abbildung 81: Kompliziertheit vs. Komplexität[748]

Für die *einfachen* Systeme ist charakteristisch, dass sie sich meist aus ähnlichen Systemelementen zusammensetzen, zwischen denen kaum Wechselbeziehungen bestehen. Das Systemverhalten ist durch geringfügige Änderungshäufigkeiten und geprägt. Da die Unsicherheit bezüglich des Systemverhaltens vernachlässigbar gering ist, lässt es sich durch analytische Methoden verstehen und prognostizieren.

Komplizierte Systeme weisen im Unterschied zu den einfachen Systemen eine Fülle an unterschiedlichen Elementen auf, so dass die Wechselbeziehungen zwischen ihnen in Zahl und Vielfalt zunehmen. Dennoch entwickelt sich ein kompliziertes System aufgrund geringfügiger Systemdynamik nach einem bestimmten Muster. Die Analyse dieses Verhaltensmusters ist durch statistische oder ökonometrische Methoden möglich, weil die individuellen Eigenschaften der Systemelemente meist vernachlässigt werden können. Ein kompliziertes System lässt sich beherrschen, indem man es in einzelne Teilsysteme für die Analyse zerlegt und diese analysiert. Bei komplizierten Systemen lässt sich von der Lösung der Teilprobleme auf die Lösung des gesamten Problems schließen.

Das Hauptmerkmal der *relativ komplexen Systeme* ist eine geringe Anzahl an Elementen, zwischen denen sich ständig ändernde Wechselbeziehungen existieren. Da diese Wechselbeziehungen aus wenigen Systemelementen hervorgehen, sind sie noch überschaubar und logisch strukturierbar. Wegen des meist zufälligen Zustandekommens der

---

748 Vgl. RÖPKE, JOCHEN (1977), S. 257; ULRICH, HANS/PROBST, GILBERT J. B. (1995), S. 61; ZSIFKOVITS, HELMUT/KRENN, BARBARA (2007), S. 57.

Wechselwirkungen ist aber das Verhalten von solchen Systemen nur schwer vorhersehbar.[749]

Bei den *äußerst komplexen* Systemen ist die Anzahl an Elementen und Wechselbeziehungen sowie die Anzahl der möglichen Systemzustände so groß, dass es nicht möglich ist, das System zu analysieren und dessen Verhalten zu prognostizieren.[750] Dieser Umstand wird noch zusätzlich dadurch erschwert, dass sich auch die Wechselbeziehungen zwischen den Systemelementen im Zeitverlauf ändern können. Die Analyse und Prognose des Systemverhaltens durch das Zerlegen des Gesamtsystems in Teilsysteme, Analysieren der Teilsysteme und Zusammensetzen der Analyseergebnisse zu einem Gesamtergebnis wird hier im Regelfall versagen. Deshalb besteht der einzige Ausweg, derartige Systeme in ihrem Verhalten vorherzusagen, im Einsatz jener Methoden und Werkzeuge, die Systemtheorie, Kybernetik und System Dynamics bereitstellen. Die meisten Probleme, die sich einem Manager stellen, zeichnen sich sowohl durch Kompliziertheit als auch durch Komplexität aus.

6.4 Gründe für das Entstehen komplexer dynamischer Systeme

Warum entstehen überhaupt Systeme, die so komplex sind, dass ihre rationale Gestaltung die menschliche Informationsverarbeitung überfordert?[751] Im Großen und Ganzen lassen sich hierfür folgende Gründe anführen:[752]

- *Kontinuierliche Veränderlichkeit der Umwelt*: Das einzige „Beständige" in der Welt ist die Veränderung. Dabei vollziehen sich diese Veränderungen in unterschiedlichen Zeitdimensionen. Während beim Aufbau eines erfolgreichen Unternehmens unter Umständen Jahrzehnte verstreichen können, kann dessen Niedergang in wenigen Wochen erfolgen.
- *Enge Wechselbeziehungen*: Die Elemente eines Systems existieren nicht per se, sondern sie weisen Wechselbeziehungen zu anderen Elementen innerhalb und au-

749 Vgl. Wilms, Falko E. P. (2001), S. 53.
750 Vgl. Roberts, Edward B. (1978), S. 6.
751 Vgl. Dutta, Amitava/Roy, Rahul (2005), S. 246; Sterman, John D. (2001), S. 12.
752 Vgl. Sterman, John D. (2001), S. 12.

ßerhalb des Systems auf. Deshalb hat jede Handlung in einem komplexen System eine Auswirkung auf das Ganze.[753]

- *Feedback*: Durch das Vorhandensein der Wechselbeziehungen zwischen den Systemelementen kommt es zum so genannten Feedback, bei dem eine Ursache über eine Kette von Wirkungen auf sich selbst zurückwirkt.
- *Nichtlinearität*:[754] Ursache und Wirkung stehen selten in einer linearen Abhängigkeit zueinander.[755] Vielmehr existieren nichtlineare Abhängigkeiten im System, die zu einem nichtlinearen Systemverhalten führen. Nur das Verständnis der nichtlinearen Abhängigkeiten zwischen Systemelementen ermöglicht das Verständnis des Systemverhaltens. Während man früher infolge der geringen Rechenkapazität gezwungen war, nichtlineare Systemphänomene zu linearisieren, um diese annähernd berechnen zu können, ist durch die Entwicklung der IT-Technologien diese Notwendigkeit heutzutage nicht mehr gegeben.
- *Historische Abhängigkeit*: Das Systemverhalten in der betrachteten Periode wird entscheidend vom Systemzustand der Vorperioden geprägt, wobei die Entwicklung des Systemverhaltens in der Regel unumkehrbar ist.
- *Selbstorganisation und Anpassungsfähigkeit*: Jedes System „lernt" in der zeitlichen Entwicklung, sich durch den Aufbau von sich selbst regulierenden Regelkreisen (Homöostase) zu organisieren, um zu überleben.
- *Zeitliches und räumliches Auseinanderklaffen zwischen Ursache und Wirkung*:[756] Oftmals macht sich die Ursache erst mit einer gewissen Verzögerung bemerkbar. Zudem tritt sie häufig an einer anderen Stelle im System auf als erwartet. Deshalb werden die tatsächlich wirkenden Systemhebel oft nicht erkannt und unwissentlich missbraucht.

753 Vgl. Vester, Frederic (2002), S. 25.

754 Zum Phänomen der Nichtlinearität vgl. Kovach, Ladis D. (1960)

755 Vgl. Forrester, Jay W. (1973), S. 108; Forrester, Jay W. (1975), S. 81; Vester, Frederic (2002), S. 41.

756 Vgl. O'Connor, Joseph/McDermont, Ian (2003), S. 17; Senge, Peter M. (2003), S. 82f.; Stevenson, Richard (1993), S. 101; Vester, Frederic (2002), S. 16.

- *Kontra-intuitives Verhalten:*[757] Entscheidungen, die mit der Absicht getroffen werden, das Systemverhalten zu verbessern, gehen oft schief oder verschlechtern sogar die Situation.[758] Es ist ein oft zu beobachtendes Phänomen, dass sich der Systemzustand selbst durch unbegründete, intuitive Eingriffe kurzfristig verbessert, bevor er sich später drastisch verschlechtert.[759] Man könnte dieses Systemverhalten nicht treffender beschreiben, als es SENGE sagt: „Die Lösungen von gestern sind die Probleme von heute".[760]
- *Verhaltenssensitivität*: Komplexe dynamische Systeme reagieren oft bereits auf kleinste Änderungen unvorhersehbar und hoch sensibel. Da in der realen Welt alles untereinander vernetzt ist, könnte im Extremfall sogar das Flattern eines Schmetterlings einen Hurrikan verursachen.[761] Umgekehrt können selbst große Parameteränderungen das grundlegende Verhaltensmuster des Systems nicht erschüttern.[762]

6.5 Werkzeuge des System Dynamics

System Dynamics stellt eine Reihe von Werkzeugen zur Verfügung, mit deren Hilfe die Auswirkungen des Eingriffs in das System untersucht werden können.[763] Dabei handelt es sich im Einzelnen um: verbale Beschreibungen, Ursache-Wirkungs-Diagramme, Bestand-Fluss-Diagramme und mathematische Gleichungen. Verbale Beschreibungen und Ursache-Wirkungs-Diagramme stellen rein qualitative Werkzeuge dar, die durch quantitative Werkzeuge wie Bestand-Fluss-Diagramme und mathematische Gleichungen erweitert werden können, um zum besseren Systemverständnis zu gelangen.

---

757 Vgl. CAMPBELL, BRUCE (2000), S. 41; FORRESTER, JAY W. (1971b), S. 52-68; LYNEIS, JAMES M. (1980), S. 3; O'CONNOR, JOSEPH/MCDERMONT, IAN (2003), S. 41-44; ROBERTS, EDWARD B. (1978), S. 6; SENGE, PETER M. (2003), S. 76-78; VESTER, FREDERIC (2002), S. 47.

758 Vgl. STERMAN, JOHN D. (2001), S. 12; VESTER, FREDERIC (2002), S. 103-115.

759 Vgl. FORRESTER, JAY W. (1973), S. 112; LA ROCHE, ULRICH/SIMON, MARTIN (1998), S. 51; O'CONNOR, JOSEPH/MCDERMONT, IAN (2003), S. 221; OSSIMITZ, GÜNTHER (2000), S. 56; SENGE, PETER M. (2003), S. 78f.; VON EIFF, WILFRIED (1991b), S. 348.

760 SENGE, PETER M. (2003), S. 75.

761 Vgl. O'CONNOR, JOSEPH/MCDERMONT, IAN (2003), S. 110.

762 Vgl. RICHARDSON, GEORGE P./PUGH, ALEXANDER L. III (1981), S. 281-286.

763 Vgl. DUTTA, AMITAVA/ROY, RAHUL (2005), S. 248; LYNEIS, JAMES M. (1999), S. 37.

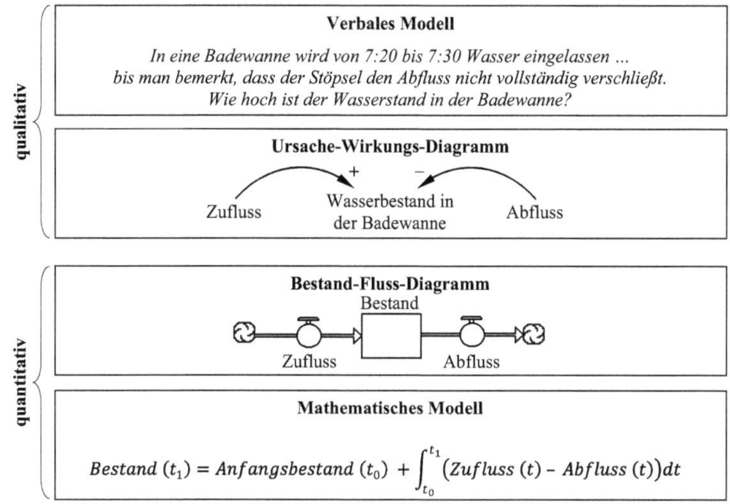

Abbildung 82: Darstellungsmöglichkeiten der dynamischen Modelle

Ein verbales Modell stellt eine umgangssprachliche textliche Beschreibung eines Systems dar.[764] Das Ursache-Wirkungs-Diagramm stellt einen gerichteten Knoten-Kanten-Graph dar. Während die Knoten die Systemelemente verkörpern, stellen die Kanten die Wechselbeziehungen zwischen den Systemelementen dar. Dabei zeigt der Pfeil die Richtung einer Wirkung an. Die quantitative Richtung einer Wirkung wird durch das Polaritätszeichen (Plus oder Minus) abgebildet. Im Unterschied zu den rein qualitativen Ursache-Wirkungs-Diagrammen haben in einem Bestand-Fluss-Diagramm sämtliche Systemelemente eine numerische Ausprägung. Die Richtung eines Pfeils deutet darauf hin, dass eine Größe für die Berechnung einer anderen Größe als Inputvariable benutzt wird. Die Verknüpfung zweier Größen in einem Bestand-Fluss-Diagramm erfolgt durch mathematische Gleichungen.[765] Diese Gleichungen haben durch die Integration über die Zeit die Form von Differential- oder Differenzengleichungen.[766]

---

764 Vgl. Koller, Horst (1966), S. 96.

765 Vgl. Roberts, Edward B. (1978), S. 23f.

766 Vgl. Wehrheim, Michael/König, Ulrich-Karl (2007), S. 1320.

6.5.1 Verbale Beschreibung

Mit Hilfe einer verbalen Beschreibung[767] fällt es nicht schwer, ein System auf verständliche Art und Weise abzubilden. Solche verbalen Modelle sind Ausdruck subjektiver mentaler Modelle. Ein verbales Modell kann von einem Leser missverstanden werden,[768] weil die Interpretation von mentalen Modellen nicht eindeutig ist. Es empfiehlt sich, die verbale Systembeschreibung durch Zeitreihendiagramme zu unterstützen. Selbst dann, wenn historische Daten fehlen, erleichtert eine Zeitreihendarstellung der erwarteten Systementwicklung das Verständnis. In diesem Falle beruht die Zeitreihenentwicklung auf dem mentalen Modell des Systemkonstrukteurs.

Aufgrund ihres linearen Aufbaus ist es mit einer verbalen Beschreibung alleine nicht gut möglich, die für dynamische Systeme typischen zirkulären Wechselbeziehungen auszudrücken.[769] Dies wird durch die folgende oftmals zu beobachtende Unbestimmtheit von Ursache und Wirkung weiter erschwert:[770] Je nachdem, wo man mit der Beschreibung beginnt (Ei oder Henne?), ergeben sich widersprüchliche Resultate hinsichtlich der Identifikation der Ursache oder der Wirkung. Da eine verbale Beschreibung stets eine sequentielle Reihenfolge verlangt, wird der Eindruck erweckt, dass die zuerst genannte Aussage eine Ursache beschreibt.

Darüber hinaus eignet sich eine verbale Beschreibung nur beschränkt für die Darstellung mathematischer Verknüpfungen zwischen Systemelementen. Wie es eine fast unlösbare Aufgabe ist, ein gewöhnliches Gesicht anhand einer verbalen Beschreibung zu erkennen, so ist es auch kaum möglich, das Systemverhalten mittels einer verbalen Beschreibung zu verstehen und zu antizipieren.[771] Deshalb verlangt eine verbale Beschreibung nach einer Unterstützung durch Ursache-Wirkungs-Diagram-me.

[767] Vgl. Ossimitz, Günther (2000), S. 64.

[768] Vgl. Forrester, Jay W. (1972b), S. 75.

[769] Vgl. Senge, Peter M. u.a. (1994), S. 100.

[770] Vgl. Vester, Frederic (2002), S. 159.

[771] Vgl. Vester, Frederic (2002), S. 144.

6.5.2 Ursache-Wirkungs-Diagramme

6.5.2.1 Denken in Rückkopplungsschleifen

Obwohl die ersten System-Dynamics-Modelle ohne Zuhilfenahme von Ursache-Wirkungs-Diagrammen erstellt wurden, streitet heute niemand ab, wie wichtig ein Ursache-Wirkungs-Diagramm für die Darstellung eines Systems ist. Getreu dem Motto „Ein Bild sagt mehr als tausend Worte“ kann ein Ursache-Wirkungs-Diagramm selbst ein komplexes System, dessen verbale Beschreibung mehrere Seiten beansprucht, wie z.B. das Weltmodell von FORRESTER, bereits auf einer Seite verständlich machen.

Komplexe Systeme sind durch geschlossene Wirkungskreise geprägt, in denen jedes Element mit anderen Elementen in Beziehung steht. Eine solche Beziehung wird als zirkuläre Kausalität bezeichnet.[772] Die Dynamik eines Systems setzt das Vorhandensein von Rückkopplungsbeziehungen zwischen den Systemelementen voraus.[773] Hinzu kommt, dass sich auch die Rückkopplungsbeziehungen im Zeitverlauf ändern können. Wie oben gezeigt wurde, stellt ein komplexes System ein Netzwerk dar, dessen Elemente sich über mehrere Stufen hinweg beeinflussen können: Denn sobald das System an einer Stelle gestört wird, beeinflusst diese Störung – infolge der Vernetzung – sämtliche, auch die entferntesten Systemelemente. Folglich verändern sich alle Teile des Systems und wirken auf den ursprünglichen Auslöser der Störung zurück.[774] Dadurch schließt sich der Kreis der Änderungen im System. Dieses Prinzip wird als Rückkopplung oder als Feedback bezeichnet.

---

772 Vgl. VON EIFF, WILFRIED (1991b), S. 348.

773 Vgl. SHERWOOD, DENNIS (2003), S. 78.

774 Vgl. GRÖßLER, ANDREAS (2007), S. 75; NIEMEYER, GERHARD (1977), S. 31; O'CONNOR, JOSEPH/MCDERMONT, IAN (2003), S. 45; ROBERTS, EDWARD B. (1978), S. 7; ROBERTS, NANCY u.a. (1983), S. 16; WILMS, FALKO E. P. (2001), S. 62.

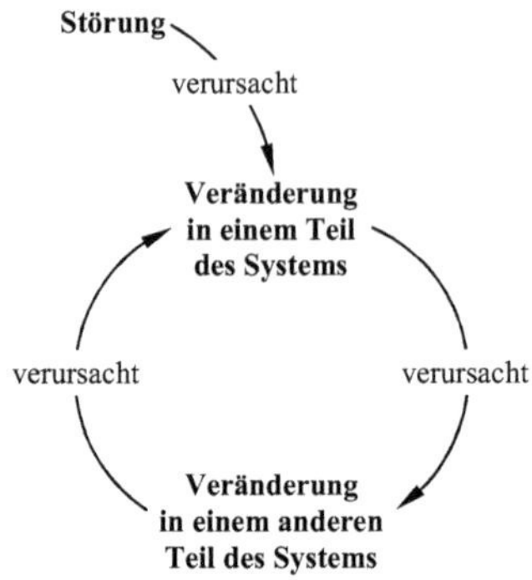

Abbildung 83: Kreislauf der Ursache und Wirkung

Um den Begriff der Rückkopplung zu verdeutlichen, soll folgendes Beispiel dienen: In Hochschulen ist das Konzept der Evaluation der Lehrveranstaltungen sehr verbreitet. Studierende werden gebeten, eine Lehrveranstaltung zu beurteilen. Die Evaluationsergebnisse können dabei zweierlei bewirken: Beflügelt durch eine positive Kritik wird der Dozent versuchen, sich beim nächsten Mal zu übertreffen. Eine ähnliche auf Verbesserung orientierte Reaktion kann man auch im Falle einer negativen Kritik erwarten. Eher selten, aber durchaus möglich, ist die Situation, dass der Dozent durch eine negative Kritik dermaßen demotiviert wird, dass die Qualität der Lehrveranstaltungen weiter sinkt.

Abbildung 84: Einfaches Ursache-Wirkungs-Diagramm

Nachdem die Beziehungen zwischen den Systemelementen hergestellt sind, soll nun die Richtung dieser Beziehungen bestimmt werden. Anhand der Richtung lässt sich das Systemverhalten qualitativ erklären. Im abgebildeten Ursache-Wirkungs-Diagramm lässt sich noch nicht erkennen, wie der Dozent mit einer konstruktiven Kritik umgeht: Negative Kritik kann den Dozenten sowohl motivieren als auch demotivieren. Im ersten Fall handelt es sich um eine eskalierende bzw. verstärkende Rückkopplung, d.h. Ursache und Wirkung sind gleichgerichtet. Steigt die Ursache, so nimmt auch die Wirkung zu. Vermindert sich die Ursache, so sinkt auch die Wirkung. Im zweiten Fall handelt es sich um eine dämpfende oder stabilisierende Rückkopplung, bei der Ursache und Wirkung einander entgegengerichtet sind. In der einschlägigen Literatur wird die eskalierende Rückkopplung auch als positive und die dämpfende Rückkopplung als negative bezeichnet,[775] was zu Missinterpretationen führen kann: Bei positiven Rückkopplungen muss es sich nicht um etwas „Positives" und bei negativen Rückkopplungen nicht um etwas „Negatives" handeln. Bei einer verstärkenden Rückkopplung wird der Kopf eines Pfeils mit einem Pluszeichen (+) und bei einer stabilisierenden Rückkopplung mit einem Minuszeichen (−) versehen.[776] Angewendet auf das in der nachstehenden Abbildung dargestellte Ursache-Wirkungs-Diagramm sind zwei Fälle zu unterscheiden:

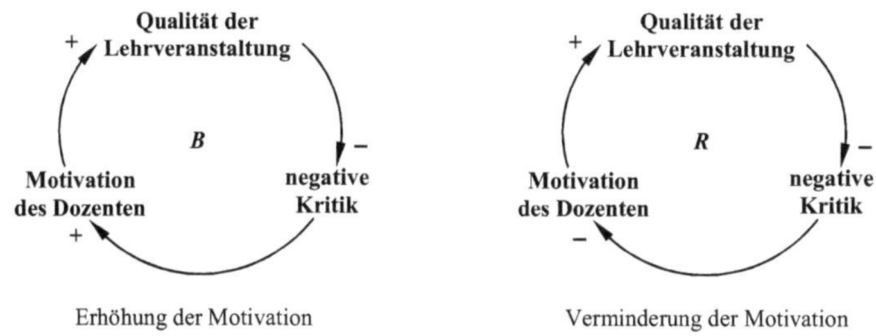

Abbildung 85: Stabilisierende vs. verstärkende Rückkopplung

Im ersten Fall wirkt die Lehrveranstaltungskritik auf den Dozenten motivierend, so dass er sich bemüht, das Qualitätsniveau der Lehrveranstaltung so stark anzuheben, dass sich eine negative Kritik erübrigt. Im zweiten Fall wirkt die Lehrveranstaltungskritik auf den Dozenten demotivierend, so dass ein Teufelskreis entsteht: Die Demotivation des Dozenten führt zu einer immer weiteren Verschlechterung der Lehrqualität. Dies wiederum führt zu einer neuerlichen Kritik durch die Studierenden, und der Kreislauf beginnt von vorne.

Damit die Entwicklungsrichtung eines Feedbackkreises sofort ersichtlich ist, hat es sich eingebürgert, in die Mitte einer eskalierenden Schleife den Buchstaben *R* (*reinforcing*) zu setzen und in die Mitte einer stabilisierenden Schleife den Buchstaben *B* (*balan-*

---

775 Vgl. Coyle, Robert G. (1996), S. 6f.; Forrester, Jay W. (1975), S. 80; Richardson, George P./Pugh, Alexander L. III (1981), S. 7, 26; Roberts, Edward B. (1978), S. 12; de Rosnay, Joël (1979), S. 89f.; Sherwood, Dennis (2003), S. 83-85; von Eiff, Wilfried (1991b), S. 350; Wilms, Falko E. P. (2001), S. 61.

776 Vgl. stellvertretend Roberts, Edward B. (1978), S. 11f.

cing).[777] Um die Entwicklungsrichtung festzustellen, sollte man die von einer Variablen ausgehende Störung durch den ganzen Feedbackkreis bis zur ursprünglichen „Störvariablen“ verfolgen. Wirkt diese Störung auf sich selbst verstärkend zurück, dann besitzt dieser Feedbackkreis einen eskalierenden Charakter. Im anderen Falle handelt es sich um einen stabilisierenden Feedbackkreis.[778] Das Verhalten eines Feedbackkreises lässt sich auch aus den Polaritäten der einzelnen Kausalbeziehungen ableiten, die diesen Kreis bilden. Dabei genügt es, die negativen Polaritätszeichen innerhalb des Feedbackkreises zu zählen:[779] Ist die Anzahl ungerade, dann handelt es sich um einen stabilisierenden Feedbackkreis, andernfalls hat man es mit einem eskalierenden Feedbackkreis zu tun.

Aus diesem Beispiel geht hervor, dass es nur zwei Arten von Wirkungen gibt: eskalierende und stabilisierende.[780] Eine dritte Art der Wirkung existiert nicht: Führt die Veränderung einer Größe (Steigerung oder Verminderung) nicht zu der Veränderung einer anderen Größe (Steigerung oder Verminderung), dann lässt sich daraus schlussfolgern, dass es zwischen diesen Größen gar keine Verbindung gibt.[781]

Es liegt nahe zu vermuten, dass alle eskalierenden oder stabilisierenden Prozesse nach einem Muster von statten gehen. Jede Umdrehung einer eskalierenden Rückkopplungsschleife führt entweder zu einem beschleunigten Wachstum oder zu einem beschleunigten Schrumpfen. Dazu ein klassisches Beispiel:[782] Während der Zeiten des kalten Krieges standen sich zwei Supermächte, USA und Sowjetunion, gegenüber. Das Ergebnis dieses Widerstreites war das Wettrüsten, das letztendlich zu einem solchen Waffenarsenal auf beiden Seiten geführt hat, dass damit unser Planet mehrmals ausgelöscht werden könnte. Wie es dazu kommen konnte, lässt sich aufgrund des Ursache-Wirkungs-Diagramms leicht erklären.

---

777 Vgl. Lane, David C. (2000), S. 243; Anstelle des Wortes “balancing” wird auch das Wort “compensating” oder „controlling“ verwendet vgl. Davies, Martin (1996), S. 219f.; Roberts, Nancy u.a. (1983), S. 24.

778 Vgl. Coyle, Robert G. (1977), S. 159; Roberts, Edward B. (1978), S. 12.

779 Vgl. Richardson, George P./Pugh, Alexander L. III (1981), S. 27f.; Roberts, Edward B. (1978), S. 13.

780 Vgl. Dutta, Amitava/Roy, Rahul (2005), S. 251; Honegger, Jürg (2001), S. 278; O'Connor, Joseph/McDermont, Ian (2003), S. 52; Senge, Peter M. (2003), S. 102.

781 Vgl. Sherwood, Dennis (2003), S. 87.

782 In Anlehnung an Senge, Peter M. (2003), S. 105.

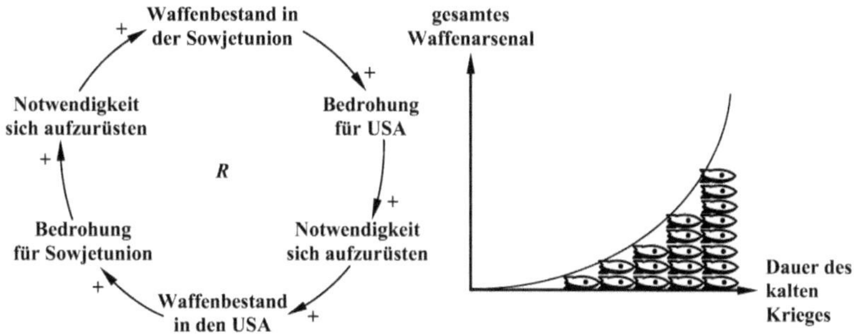

Abbildung 86: Teufelskreis des Wettaufrüstens[783]

Sobald eine der Seiten mit der Aufstockung ihres Waffenarsenals bzw. mit der Entwicklung neuer Waffen begonnen hatte, erfuhr davon prompt die andere Seite und fühlte sich bedroht. Die bedrohte Seite wollte an Sicherheit gewinnen, indem sie sich ihrerseits wappnete. Davon ging eine Bedrohung für andere Seite aus, und der Schneeball rollte weiter …

Bei eskalierenden Rückkopplungen muss es sich nicht unbedingt um etwas nicht Gewünschtes, also nicht um einen so genannten „Teufelskreis“ handeln. Eskalierende Rückkopplungen können ebenso zu positiven Ergebnissen führen, indem sie einen so genannten „Tugendkreis“ bilden:[784]

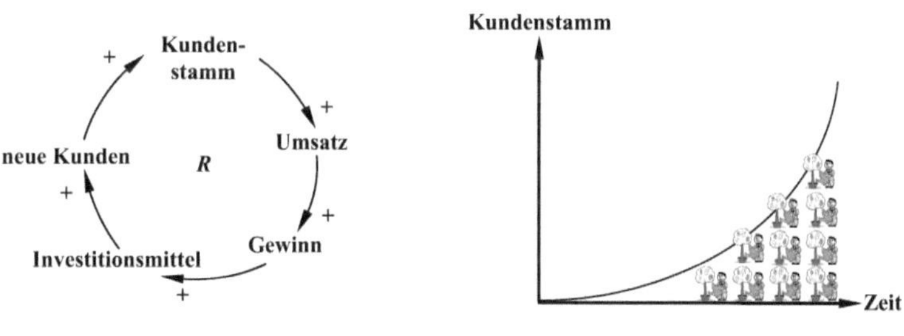

Abbildung 87: Tugendkreis des Unternehmenswachstums[785]

Die Größe des Kundenstamms beeinflusst den erwirtschafteten Umsatz und den resultierenden Gewinn. Je mehr Gewinn erzielt wird, umso mehr Finanzmittel stehen dem Unternehmen zur Verfügung, um neue Kunden durch Werbung, Verbesserung der Pro-

783 In Anlehnung an Milling, Peter (2002), S. 16f.; Senge, Peter M. (2003), S. 106.

784 Vgl. Sherwood, Dennis (2003), S.103f.

785 In Anlehnung an Sherwood, Dennis (2003), S. 106.

duktqualität und sonstige Investitionen zu gewinnen. Der Zuwachs an neuen Kunden führt zur Vergrößerung des aktuellen Kundenstammes, so dass der Tugendkreis aufs Neue durchlaufen wird.

Wie Bäume nicht in den Himmel wachsen, so ist jedes Wachstum natürlichen Grenzen ausgesetzt. Das Wachstum kann sich verlangsamen, stoppen oder sich sogar umkehren. Werden einem System durch stabilisierende Rückkopplungen Grenzen gesetzt, strebt die Systementwicklung einem Gleichgewichtzustand zu. Beispielsweise bildet die Marktkapazität eine natürliche Grenze für das Wachstum des Kundenstamms. Ein Unternehmen kann nur so viele Kunden haben, wie der Markt zulässt. Neue Kunden werden aus dem Kundenpotential gewonnen, das sich als Differenz zwischen der Marktkapazität und dem aktuellen Kundenstamm ergibt. Je mehr Kunden das Unternehmen gewinnt, desto weniger potentielle Kunden verbleiben am Markt und umso schwerer wird es dem Unternehmen fallen, neue Kunden zu gewinnen. Das anfängliche Wachstum wird immer langsamer und endet, sobald die Marktkapazität ausgeschöpft ist.

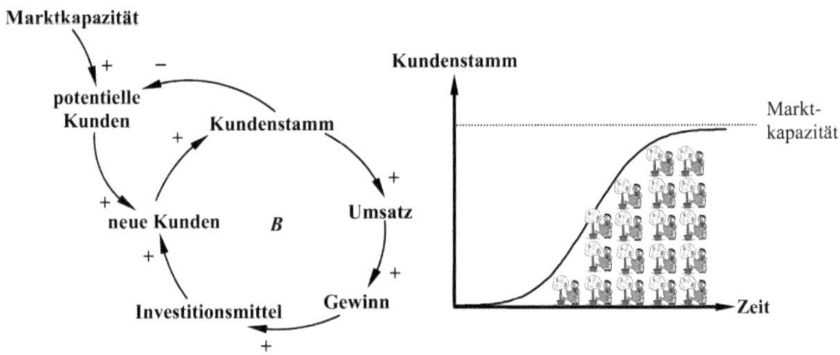

Abbildung 88: Beschränktes Wachstum

Wenn das betrachtete System von der logistischen Kurve abkommt, die in diesem Fall für das natürliche Wachstum typisch ist und dabei einen absoluten Grenzwert überschreitet, ist mit einem Systemkollaps zu rechnen. Um diesen Kollaps zu vermeiden, sollte man zulassen, dass sich das Wachstum verlangsamt und das System unter dem tolerierbaren Maximum bleibt.[786]

[786] Vgl. Vester, Frederic (1991), S. 88.

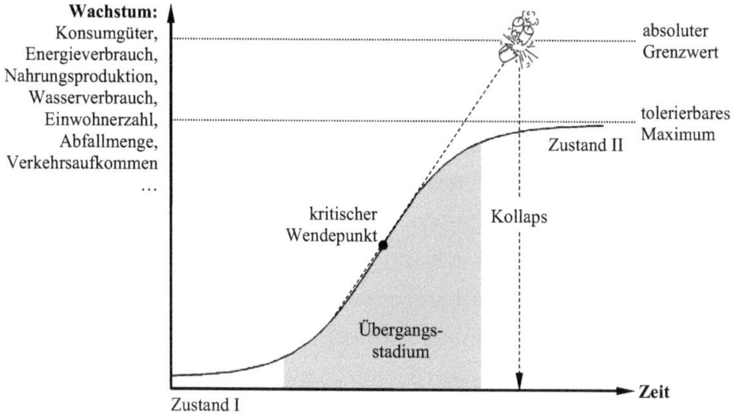

Abbildung 89: Systemkollaps als Folge des „künstlich" geförderten Wachstums[787]

6.5.2.2 Berücksichtigung von Verzögerungen

Systeme mit stabilisierenden Rückkopplungen erreichen früher oder später einen Ziel- oder Sollwert. Liegen Verzögerungen vor, d.h. eine Ursache entfaltet ihre Wirkung erst später und nicht sofort, pendelt sich das System auf den Zielwert von zwei Seiten ein. Es entsteht ein Schwingungsverhalten, eine so genannte Oszillation. In einigen Fällen führen aber die Verzögerungen zu immer größeren Schwankungen und somit zu einer immer größer werdenden Abweichung vom Zielwert.

Grundsätzlich besteht zwischen Ursache und Wirkung stets eine Verzögerung.[788] Entweder ist die Verzögerung so kurz, dass sie nicht wahrgenommen wird oder sie bleibt unwissentlich unberücksichtigt. Die Auswirkungen von Verzögerungen wurden durch FORRESTER bei General Electric entdeckt, als er bei einem Projekt auf Nachfrageschwankungen aufmerksam wurde, die nicht auf konjunkturelle Ursachen zurückgeführt werden konnten.

Ein interessantes Beispiel für die Auswirkung der Verzögerungen auf Systemakteure liefert das berühmte „Beer Game".[789] In diesem Spiel wird das Verhalten von den Beteiligten einer Beschaffungskette aufgezeigt, das aus Schwankungen der Nachfrage resultiert. Es wird ersichtlich, dass die mangelhafte Berücksichtigung der Verzögerung zwi-

[787] Vgl. VESTER, FREDERIC (2007), S. 82.
[788] Vgl. SENGE, PETER M. (2003), S. 114.
[789] Vgl. SENGE, PETER M. (2003), S. 39-71.

schen der Bestellung und der Auslieferung (das bestellte Bier kann nicht sofort geliefert werden) schon bei geringen Änderungen der Nachfrage Schwankungen im Bestellverhalten verursacht. Diese Oszillation verstärkt sich zunehmend auf dem Weg zum Bierhersteller.

Mit den Auswirkungen solcher Verzögerungen werden wir jeden Tag in unserem Leben konfrontiert: Stellen Sie sich vor, Sie stellen sich unter die Dusche und drehen den Warmwasserhahn auf. Das Wasser bleibt einige Sekunden lang kalt. Sie werden ungeduldig und drehen den Hahn noch stärker auf. Das Wasser wird allmählich warm und mit einer gewissen Verspätung sogar unerträglich heiß. Sie drosseln das Heißwasser und drehen den Kaltwasserhahn stark auf. Aber auch hier lässt die Korrektur der Wassertemperatur auf sich warten, weshalb Sie den Kaltwasserhahn noch mehr aufdrehen, und eine Weile später werden Sie durch eiskalte Wasserstrahlen überrascht. Daraufhin beginnt Ihr Prozess der Regulierung der Wassertemperatur von vorne, bis sich irgendwann endlich die gewünschte Wassertemperatur einstellt.

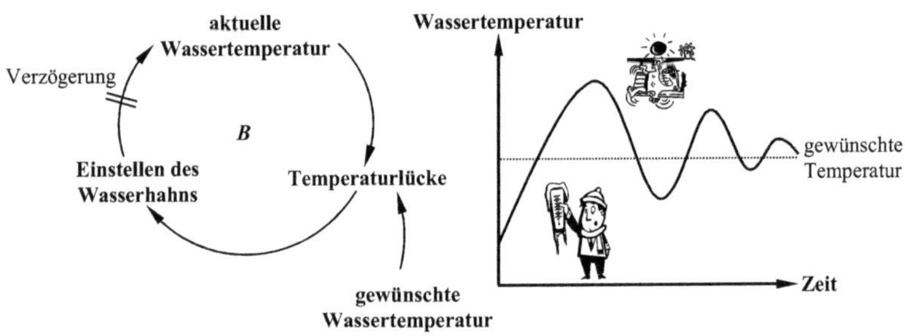

Abbildung 90: Auswirkungen der Verzögerung auf den Systemzustand

6.5.2.3 Probleme mit Ursache-Wirkungs-Diagrammen

Die Feststellung der Verknüpfung zwischen den Systemelementen und der Art der Verknüpfung – eskalierend oder stabilisierend – sind für die Interpretation des jeweiligen Diagramms und eine spätere Überführung in ein Simulationsmodell von entscheidender Bedeutung. Insbesondere bereitet das Polarisieren von Wirkungsrichtungen mit (+) oder (–) oft große Schwierigkeiten,[790] wie nachfolgend demonstriert werden soll. Das nachstehende Ursache-Wirkungs-Diagramm besteht aus zwei Rückkopplungsschleifen,

[790] Vgl. Lane, David C. (2000), S. 244; Roberts, Nancy u.a. (1983), S. 34f.

die als klassische Beispiele für eskalierende und stabilisierende Rückkopplungen dienen.

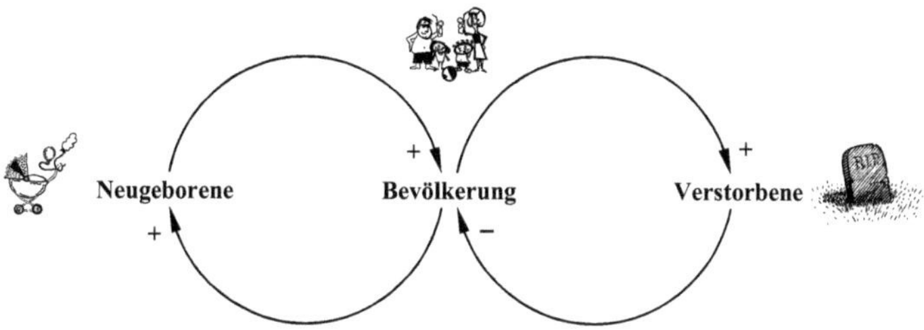

Abbildung 91: Entwicklung der Bevölkerung

An der Behauptung, dass das Bevölkerungswachstum zu mehr Neugeborenen führt, die wiederum die Bevölkerung steigen lassen, gibt es nichts auszusetzen. Deshalb werden die Pfeile mit einem (+) versehen, was bedeutet, dass die Erhöhung einer Ursache die Wirkung verstärkt bzw. die Senkung der Ursache die Wirkung vermindert: Das Diagramm lässt sich dann so interpretieren, dass die Bevölkerung sinkt, wenn die Anzahl der Neugeborenen zurückgeht. Dies trifft indes nicht zu. Denn auch bei einer Verringerung der Anzahl der Neugeborenen wächst die Bevölkerung weiter. Daraus lässt sich folgern, dass die Veränderung der Anzahl der Neugeborenen (Ursache) nicht immer die gleichgerichtete Veränderung der Bevölkerung (Wirkung) bewirkt. Analog verhält es sich bei der anderen Rückkopplung. Solange die Anzahl der Verstorbenen wächst, ist ihre mit einem (−)versehene Wirkung auf die Bevölkerung widerspruchsfrei. Sinkt aber die Anzahl der Verstorbenen, dann ließe sich (−) so interpretieren, dass die Bevölkerung infolgedessen steigt, was jedoch offensichtlich einen Widerspruch darstellen würde: Tatsächlich vermindert sich die Bevölkerung weiter.

Was ist die Ursache der aufgezeigten Interpretationsprobleme? Die Symbole (+) und (−) in einem Ursache-Wirkungs-Diagramm können unzutreffend interpretiert werden, wenn die Ursache-Wirkungs-Beziehung zwei verschiedene Variablenarten,[791] nämlich Zustandsgrößen (*level*) mit Zustandsänderungen (*rate*) verknüpft.[792] Mathematisch gesehen stellt die Änderung einer Zustandsgröße innerhalb eines Zeitintervalls die erste Ableitung jener Funktion nach der Zeit dar, die die Entwicklung dieser Zustandsgröße beschreibt. Die Veränderung der ersten Ableitung, die zweite Ableitung also, schlägt

[791] Vgl. DAVIES, MARTIN (1996), S. 219; WEHRHEIM, MICHAEL/KÖNIG, ULRICH-KARL (2007), S. 1319.

[792] Vgl. RICHARDSON, GEORGE P. (1986), S. 160.

sich in der Krümmung der Funktion nieder, aber nicht darin, ob die Funktion selbst steigt oder sinkt.

Um diese Erklärungen leichter nachvollziehen zu können, soll ein Beispiel aus dem Alltag dienen: Man lässt Wasser in die Badewanne ein. Bei einem konstanten Wasserzufluss – man betätigt den Wasserhahn nur einmal – steigt der Wasserpegel proportional zur Zeit. Wächst dagegen der Wasserzufluss – man dreht den Wasserhahn alle paar Sekunden immer mehr auf – dann erhöht sich der Wasserpegel in der Badewanne immer schneller. Dreht man zunächst das Wasser voll auf und drosselt anschließend die Wasserzufuhr kontinuierlich, dann fließt immer weniger Wasser pro Zeiteinheit in die Badewanne. In allen diesen Fällen steigt das Wasser in der Badewanne, auch wenn sich die Ursache dafür (Wasserzufluss) vermindert. Im „schlimmsten" Fall wird der Wachstumsprozess des Wasserpegels in der Badewanne gestoppt, wenn der Wasserhahn abgedreht wird.

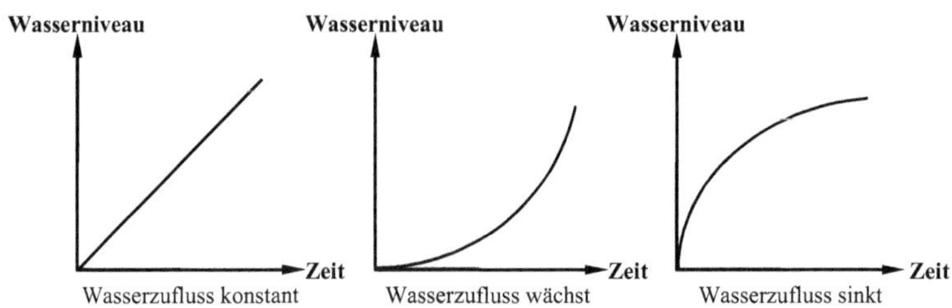

Abbildung 92: Variabilität einer Zustandsgröße in Abhängigkeit von der Zustandsänderung[793]

Daher empfiehlt es sich, eine andere, verbesserte Faustregel für die Bestimmung der Richtungswirkung durch die Symbole (+) und (−) zu benutzen:[794] Eine Ursache *X* hat dann eine verstärkende Wirkung auf *Z*, wenn jede Art der Veränderung (sowohl die Vergrößerung als auch die Verminderung) von *X* zu einer Vergrößerung von *Z* führt. Entsprechend dieser Regel hat die Ursache *X* dann eine stabilisierende Wirkung auf *Z*, wenn jede Art der Veränderung von *X* zu einer Verminderung von *Z* führt. Dabei muss aber beachtet werden: Wenn eine Zustandsgröße durch mehrere Ursachen unterschiedlich beeinflusst wird, dann kann auch mit Hilfe der verbesserten Faustregel nicht eindeutig festgelegt werden, ob es sich um eine eskalierende oder stabilisierende Wirkung handelt.

---

793 In Anlehnung an Richardson, George P. (1986), S. 161.

794 Vgl. Richardson, George P. (1986), S. 161.

Ähnliche Probleme tauchen auf, wenn es darum geht, das Verhalten einer Feedbackschleife als verstärkend oder stabilisierend zu beurteilen. Dazu ein klassisches Beispiel:[795] Man stelle sich eine Familienfehde zwischen Hatfields und McCoys vor. Da diese Fehde schon ziemlich lange andauert, haben sich beide Seiten entschlossen, in einem letzten Kampf eine endgültige Entscheidung herbeizuführen. Dabei ist jede Partei auf sich selbst angewiesen, d.h. es gibt keine Hilfe von außen. Eine solche Situation könnte wie folgt aussehen:

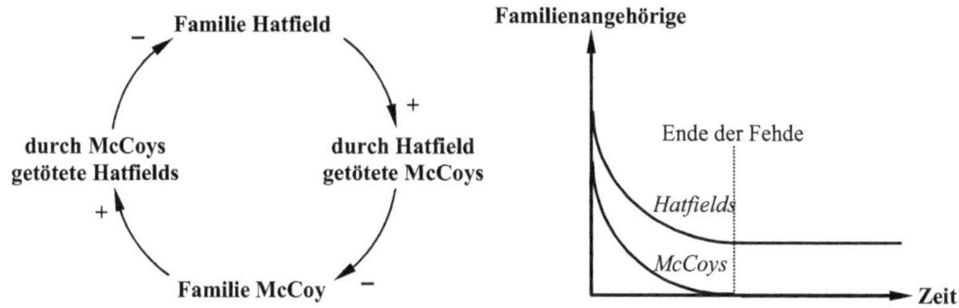

Abbildung 93: Das mögliche Ursache-Wirkungs-Diagramm einer Familienfehde[796]

Durch die Anwendung der verbesserten Faustregel zur Festlegung der Polaritäten (+) und (−) entsteht das oben abgebildete Ursache-Wirkungs-Diagramm mit folgenden Verknüpfungen: Sowohl die Vergrößerung der Anzahl der Hatfields als auch deren Verminderung führt dazu, dass mehr McCoys getötet werden. Deshalb erhält diese Rückkopplung ein (+). Unabhängig davon, ob mehr oder weniger McCoys getötet werden, führt jede Veränderung stets zur Verminderung der Anzahl der McCoys. Daher wird diese Rückkopplung mit einem (−) versehen. Durch analoge Überlegungen schließt sich der Kreis. Da die aus allen Ursache-Wirkungs-Beziehungen gebildete Feedbackschleife eine gerade Anzahl von Minuszeichen enthält, ist diese Schleife nach der geläufigen Definition verstärkend in dem Sinne, dass mit jeder Umdrehung immer weniger Familienmitglieder auf beiden Seiten überleben. Analysiert man die Entwicklung der Anzahl der Familienangehörigen anhand eines Zeitreihendiagramms, so erkennt man, dass das System gegen einen Grenzwert konvergiert. Sobald eine der beiden Familien ausgestorben ist, ändert sich die Anzahl der Angehörigen der gegnerischen Familie nicht mehr. Ein solches Verhalten ist aber für die stabilisierenden Feedbackschleifen typisch. Insofern hat die Modellierung einer verstärkenden Feedbackschleife

795 Vgl. RICHARDSON, GEORGE P. (1986), S. 167f.

796 In Anlehnung an RICHARDSON, GEORGE P. (1986), S. 167.

ein stabilisierendes Verhalten erzeugt. Dieses extreme Beispiel sollte die Schwierigkeiten aufzeigen, denen man bei der Feststellung der Polarität von Feedbackschleifen begegnen kann.[797]

6.5.2.4 Systematische Vorgehensweise bei der Erstellung von Ursache-Wirkungs-Diagrammen

Unter Berücksichtigung der aufgezeigten Probleme empfiehlt es sich, bei der Erstellung eines Ursache-Wirkungs-Diagramms auf folgende Weise vorzugehen:[798] In einem ersten Schritt werden die Problemvariablen identifiziert, deren Verhalten erklärt werden soll oder für deren Steuerung Maßnahmen erarbeitet werden sollten. In einem zweiten Schritt gilt es, jene Variablen (Ursachen) zu ermitteln, die sich auf die Problemvariablen entscheidend auswirken. Diese Variablen werden mit den Problemvariablen durch Pfeile verbunden, wobei der Pfeilkopf mit einem Plus- oder Minuszeichen versehen wird, um die Natur der Wirkungsrichtung darzustellen. In einem dritten Schritt werden jene Variablen bestimmt, auf die sich die Problemvariablen auswirken. In einem letzten Schritt ist zu überprüfen, ob zwischen den bisher identifizierten Variablen Beziehungen bestehen. Dieser Schritt führt im Allgemeinen zur Bildung von geschlossenen Rückkopplungskreisen. Das folgende Diagramm gibt eine Zusammenfassung der vier erläuterten Vorgehensschritte.

[797] Vgl. RICHARDSON, GEORGE P. (1986), S. 168.

[798] Vgl. VENNIX, JAC A. M. (1996), S. 119f.; In der einschlägigen Literatur werden auch weitere Methoden diskutiert wie z.B. The List Extension Method und The Entity/State/Transition Method. Vgl. COYLE, ROBERT G. (1977), S. 72-77; COYLE, ROBERT G. (1996), S. 31-36.

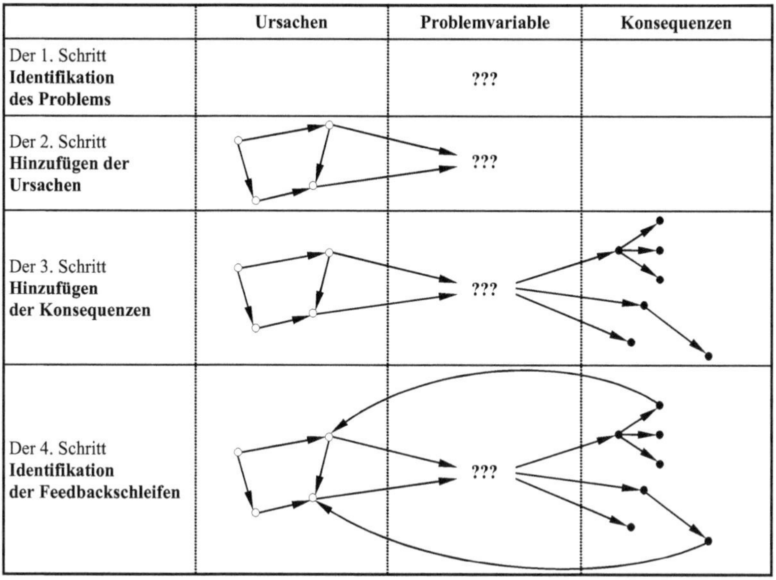

Abbildung 94: Erstellung eines Ursache-Wirkungs-Diagramms[799]

6.5.3 Bestand-Fluss-Diagramme

Jeder Geschäftsführer braucht zur Führung seines Unternehmens eine Fülle an Informationen wie etwa Informationen über Lagerbestände an fertigen und unfertigen Erzeugnissen sowie an Rohstoffen, über den Bestand an kurzfristigen Forderungen und Verbindlichkeiten, über die Anzahl der Stammkunden und der Konkurrenten, über die Preise der Konkurrenz, über produktbezogene Selbstkosten etc. Diese Größen, die das System „Unternehmen" zu jedem Zeitpunkt beschreiben, werden im Rahmen des System Dynamics als Zustands- bzw. Bestandsgrößen bezeichnet.[800] Von den Zustandsgrößen zu unterscheiden sind die Flussgrößen, welche die Änderungen von Zustandsgrößen bewirken. Da nur Flussgrößen den Systemzustand verändern können, erzeugen sie das dynamische Verhalten jedes Systems.

Die Zustandsgrößen beeinflussen, wie sich das System in der Zukunft entwickelt, weil ihr aktueller Wert als Startwert für die Berechnung des Systemzustands in den nächsten

799 Vgl. VENNIX, JAC A. M. (1996), S. 120.

800 Vgl. BOSSEL, HARTMUT (1994), S. 19; FORRESTER, JAY W. (1972b), S. 100; FORRESTER, JAY W. (1975), S. 87.

Perioden benutzt wird.[801] So wird z.B. der jährliche Zinsertrag bei einem festverzinslichen Konto immer weiter steigen, weil der Kontostand (Zustandsgröße) durch die Gutschrift von jährlich aufgelaufenen Zinsen größer wird und sich damit auch die Zinsen der nächsten Periode (Zustandsänderung) erhöhen. Als weiteres Beispiel lässt sich der Fall nennen, dass ein Unternehmen ein Anlagegut degressiv abschreibt: Der jährliche Abschreibungsbetrag (Zustandsänderung) wird bei konstantem Degressionsfaktor sinken, weil sich der Restwert des Anlagegutes (Zustandsgröße) vom Jahr zu Jahr vermindert. Zustandsgrößen dokumentieren „die Geschichte“ des Systems: Zustandsgrößen werden in aller Regel nicht kontinuierlich, sondern nur zu diskreten Zeitpunkten festgestellt. Während der Messung der Zustandsgrößen entwickelt sich das System weiter, so dass man de facto auf Daten der Vergangenheit zurückgreift, wenn die Messergebnisse vorliegen.

Die nachstehende Tabelle gibt einen Überblick über einige typische Bestands- und Flussgrößen in einem Unternehmen.

Bestandsgrößen	Typische Zuflüsse	Typische Abflüsse
Lagerbestand	Käufe, Wareneingänge	Verkäufe, Schwund
Mitarbeiter	Einstellungen	Abgänge
Wert des Anlagevermögen	Käufe, Zuschreibungen	Verkäufe, Abschreibungen
Kundenstamm	Kundenakquisition	Kundenverluste
Wissen	Schulung und Erfahrung	„menschliches Vergessen“
Preis	Preissteigerung	Preissenkung
Zinssatz	Zinserhöhung	Zinssenkung
Steuersatz	Steuererhöhung	Steuersenkung
Markenimage	Steigerung des Images	Rückgang des Images
Kontostand	Zubuchungen	Abbuchungen
Rückstellungen	Bildung einer Rückstellung	Auflösung einer Rückstellung

Tabelle 26: Beispiele für Zustands- und Flussgrößen in einem Unternehmen[802]

Die Schwierigkeiten, denen man bei der Unterscheidung zwischen Bestands- und Flussgrößen begegnet,[803] kann man bewältigen, indem man sich vorstellt, dass sich die Zeit

801 Vgl. Gröbler, Andreas (2007), S. 76.

802 Vgl. Sherwood, Dennis (2003), S. 317.

803 Vgl. Sweeney, Linda Booth/Sterman, John D/Sterman, John D. (2000) zum empirischen Nachweis für diese Schwierigkeiten

im System nicht verändert, weil sie vorübergehend „ausgeschaltet“ wird.[804] Die Größen, die beim „Systemstillstand“ in Erscheinung treten, sind – abgesehen von Hilfsgrößen – Zustandsgrößen. Hilfsgrößen sind von Zustandsgrößen zu unterscheiden:[805] Die Entwicklungsursachen von Hilfsgrößen liegen meistens außerhalb des Systems. Sie unterliegen auch einer Änderung im Zeitverlauf und stellen deshalb eine von der Zeit abhängige Größe dar. So handelt es sich beim oben genannten Degressionsfaktor und beim Jahreszins um solche Hilfsgrößen.

Jene Größen, die erst beim „Einschalten der Zeit“ in Erscheinung treten, stellen Flussgrößen dar. Weiterhin muss man bei der Identifikation der Bestandsgrößen berücksichtigen, dass sie zu jedem Zeitpunkt eine Akkumulation von Flussgrößen darstellen. Bestandsgrößen können nur durch Flussgrößen und niemals durch andere Bestandsgrößen verändert werden.[806] Deshalb müssen Bestandsgrößen mindestens einen Zufluss oder einen Abfluss besitzen, bei denen es sich jeweils um eine Flussgröße handelt. Während also Bestandsgrößen zeitpunktbezogen sind, sind Flussgrößen zeitraumbezogen. Sie werden ausschließlich durch Bestandsgrößen und nicht durch andere Flussgrößen gesteuert.[807]

Stimmt bei einer Bestandsgröße zu einem Betrachtungszeitpunkt die Zuflussmenge mit der Abflussmenge nicht überein, dann entsteht eine Verzögerung im System.[808] Die Zustandsgrößen stellen eine Art Zwischenlager dar.[809] So produziert ein Unternehmen im Allgemeinen nicht exakt jene Menge, die es zu diesem Zeitpunkt absetzen kann. Infolge dessen kommt es zu Bestandsveränderungen.

Die nachfolgende Abbildung sollte mehr Klarheit darüber bringen, welche Systemparameter existieren und wie sie voneinander zu unterscheiden sind. Die Hilfsvariablen (z.B. Zinssatz) transformieren häufig Informationen über Bestandsgrößen (z.B. Kontostand) in Flussgrößen (z.B. Zinsen),[810] wie dies der innere Kreis in der Abbildung veranschaulicht. Im Gegensatz zu den durchgezogenen Linien, die einen materiellen Fluss

---

804 Vgl. BOSSEL, HARTMUT (1994), S. 19f.; NIEMEYER, GERHARD (1973), S. 157; RICHARDSON, GEORGE P./PUGH, ALEXANDER L. III (1981), S. 176f.; ROBERTS, EDWARD B. (1978), S. 19; STERMAN, JOHN D. (2000), S. 199f.

805 Vgl. ROBERTS, EDWARD B. (1978), S. 19f.

806 Vgl. FORRESTER, JAY W. (1972b), S. 94; RICHARDSON, GEORGE P./PUGH, ALEXANDER L. III (1981), S. 262f.; STERMAN, JOHN D. (2000), S. 81.

807 Vgl. FORRESTER, JAY W. (1972b), S. 98f.

808 Vgl. FORRESTER, JAY W. (1972b), S. 99; OSSIMITZ, GÜNTHER (2000), S. 80.

809 Vgl. BOSSEL, HARTMUT (1994), S. 19.

810 Zu weiteren Ausführungen vgl. COYLE, ROBERT G. (1996), S. 85f.

zeigen, stellen die gestrichelten Linien den Informationsfluss dar. Das Integralzeichen steht für kumulative Wirkung, mit der die Flussgröße auf die Bestandsgröße einwirkt. Der äußere Kreis erklärt die Funktionsweise der drei Systemparameter (Bestands-, Fluss- und Hilfsgröße) im zeitlichen Zusammenhang. Während die Vergangenheitsanalyse aufzeigt, wie man den gegenwärtigen, durch die Bestandsgröße charakterisierten Zustand erreicht hat, beschreibt die punktierte Linie die logische Fortschreibung der Vergangenheit in die Zukunft. Aus der Gegenüberstellung zwischen der Fortschreibung der Vergangenheit mit der gewünschten zukünftigen Entwicklung ergeben sich die Maßnahmen, die in der Gegenwart ergriffen werden müssen, um einen gewünschten zukünftigen Zustand zu erreichen.

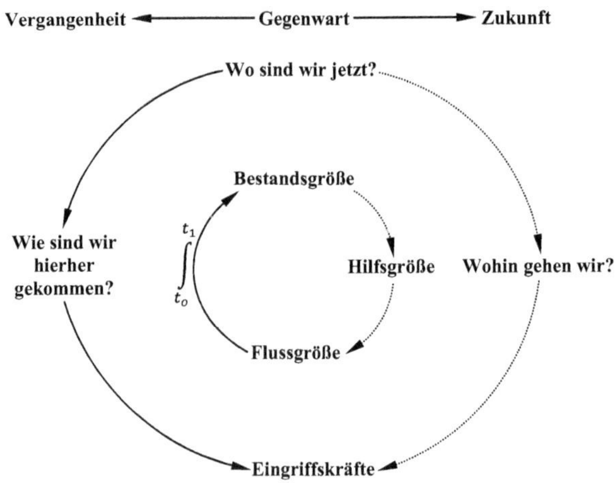

Abbildung 95: Systemparameter[811]

Bestandsgrößen werden in den Bestands-Fluss-Diagrammen als Rechtecke abgebildet, die einen Behälter mit einem messbaren Bestand verkörpern sollen.[812] Flussgrößen werden durch rohrartige (doppelte oder dicke) Pfeile mit einem Ventil dargestellt. Geht dabei der Pfeil in den Behälter hinein, dann symbolisiert diese Flussgröße einen Zufluss. Bei einem aus dem Behälter hinausgehenden Pfeil handelt es sich um einen Abfluss. Die Modell- bzw. Systemgrenzen werden durch Wolken abgebildet, die entweder am Anfang oder am Ende eines Pfeils platziert werden, der eine Flussgröße darstellt. Wolken haben keine Kapazitätsbeschränkung. Hilfsgrößen werden durch einen Kreis

811 Vgl. Coyle, Robert G. (1996), S. 85.

812 Zu weiteren Ausführungen vgl. Roberts, Edward B. (1978), S. 20-22.

oder durch einen Text ohne Umrandung abgebildet. Informationsflüsse werden in Bestands-Fluss-Diagrammen durch dünne Pfeile ohne Ventile symbolisiert. Dadurch soll der Unterschied hervorgehoben werden, der zwischen Flussgrößen existiert, die Bestände verändern, und Flussgrößen, die Informationen ablesen oder weiterreichen.

6.5.4 Mathematische Gleichungen

Ohne Einbeziehung der Mathematik sind die bisher diskutierten Werkzeuge, nämlich die verbale Beschreibung, die Ursache-Wirkungs-Diagramme und die Bestand-Fluss-Diagramme nahezu wertlos.[813] Obwohl diese eine große Hilfe bei der Visualisierung der Systemstruktur leisten, kann man aus ihnen nicht ablesen, wie sich das System verhalten wird.[814] Diese Fragestellung ist insbesondere bei betriebswirtschaftlichen Systemen von Bedeutung, weil hier oft mehrere Dutzend Variablen berücksichtigt werden müssen, die sich zu vielen Feedbackschleifen zusammensetzen. Ein solches System nur mit Hilfe der menschlichen Intuition zu durchschauen, ist fast unmöglich.[815] Erst mit Hilfe von mathematischen Gleichungen wird die Systemstruktur zum Leben „erweckt". Die mathematischen Gleichungen liefern eine Zeitreihendarstellung des Systemverhaltens, die man analysieren kann. Der Wert einer Bestandsgröße Z_t zum Zeitpunkt t wird ausgehend von einem Anfangsbestand Z_0 zum Zeitpunkt $t = 0$ bestimmt, indem dieser Anfangsbestand um das Integral der Differenzen zwischen Zuflüssen und Abflüssen zu jedem Zeitpunkt s innerhalb des Intervalls $[0; t]$ vergrößert bzw. vermindert wird.[816]

$$Z_t = Z_0 + \int_0^t [Zufluss(s) - Abfluss(s)]ds$$

Bekanntlich wird in der Mathematik für die Berechnung eines Integrals eine infinitesimale Breite für die Größe dt benutzt. Da Digitalrechner mit einer infinitesimalen Breite nicht rechnen können, muss man die Berechnungsschrittweite dt auf einen Wert $\Delta t > 0$ festlegen.[817] Die der Systembeschreibung zugrunde liegenden Differentialgleichungen werden durch diesen Schritt zu Differenzengleichungen. Demzufolge stellt das im Wege

813 Zu mathematischen Modellen vgl. KOLLER, HORST (1966), S. 96f.

814 Vgl. BOSSEL, HARTMUT (1994), S. 21; LYNEIS, JAMES M. (1999), S. 42f.; ROBERTS, EDWARD B. (1978), S. 6; ROBERTS, NANCY u.a. (1983), S. 221; SENGE, PETER M. u.a. (1994), S. 200-203.

815 Vgl. LYNEIS, JAMES M. (1980), S. 3, 15; RICHARDSON, GEORGE P./PUGH, ALEXANDER L. III (1981), S. 7; ROBERTS, EDWARD B. (1978), S. 6.

816 Vgl. STERMAN, JOHN D. (2000), S. 194.

817 Vgl. ROBINSON, STEWART (2003), S. 25.

einer Simulation berechnete Integral lediglich eine Approximation der theoretisch richtigen Lösung dar, deren Qualität von dem gewählten Integrationsverfahren abhängt.

„Die Tatsache, dass ein Lehrsatz wie 'Man verändere jeweils nur einen Faktor' ein Jahrhundert lang anerkannt wurde, beweist, dass die Wissenschaftler im wesentlichen mit der Erforschung solcher Systeme befasst waren, die dieser Methode zugänglich waren; denn für komplexe Systeme ist sie meist völlig unbrauchbar.“

William Ross Ashby [818]

7 Ablauf einer Simulationsstudie

Jedes Unternehmen kann als ein Gebilde aus zusammenhängenden Prozessen aufgefasst werden, die mit der Zeit aufgrund der Veränderungen im Wettbewerbsumfeld angepasst werden müssen, um konkurrenzfähig zu bleiben. Zur Minimierung der mit den Änderungen einhergehenden Risiken und zur optimalen Nutzung der sich bietenden Chancen kann die dynamische Simulation von Geschäftsprozessen beitragen.

Der Verein Deutscher Ingenieure definiert die Simulation als „... ein Verfahren zur Nachbildung eines Systems mit seinen dynamischen Prozessen in einem experimentierbaren Modell, um zu Erkenntnissen zu gelangen, die auf die Wirklichkeit übertragbar sind. Im weiteren Sinne wird unter Simulation das Vorbereiten, Durchführen und Auswerten gezielter Experimente mit einem Simulationsmodell verstanden.“

In der einschlägigen Literatur finden sich zahlreiche Vorschläge darüber, wie eine Simulationsstudie verlaufen soll.[819] Trotz scheinbar vorhandener Unterschiede lässt sich ein idealtypisches Ablaufschema zur Durchführung einer Simulationsstudie erkennen.[820] Anschließend werden die einzelnen Arbeitsschritte einer Simulationsstudie auf Basis von Empfehlungen detailliert dargestellt, die sich gemäß der einschlägigen Literatur in der Simulationspraxis bewährt haben.

---

818 Ashby, William Ross (1974), S. 21.

819 Vgl. Acel, Peter Paul (1996), S. 55; Balci, Osman (1989), S. 63; Brink, Alfred (1989), S. 681f.; Carson II, John S. (2005), S. 19-22; Coyle, Robert G. (1996), S. 10-13; Gass, Saul I. (1983), S. 607f.; Hlupic, Vlatka/Robinson, Stewart (1998), S. 1366; Law, Averill M. (2006), S. 60; Pedgen, Dennis C./Shannon, Robert E./Sadowski, Randall P. (1995), S. 12; Randers, Jorgen (1980), S. 118f.; Richardson, George P./Pugh, Alexander L. III (1981), S. 16; Robinson, Stewart (2003), S. 51-54; Wenzel, Sigrid u.a. (2008), S. 5-8, 36.

820 Vgl. Giaglis, George M. (1999), S. 166.

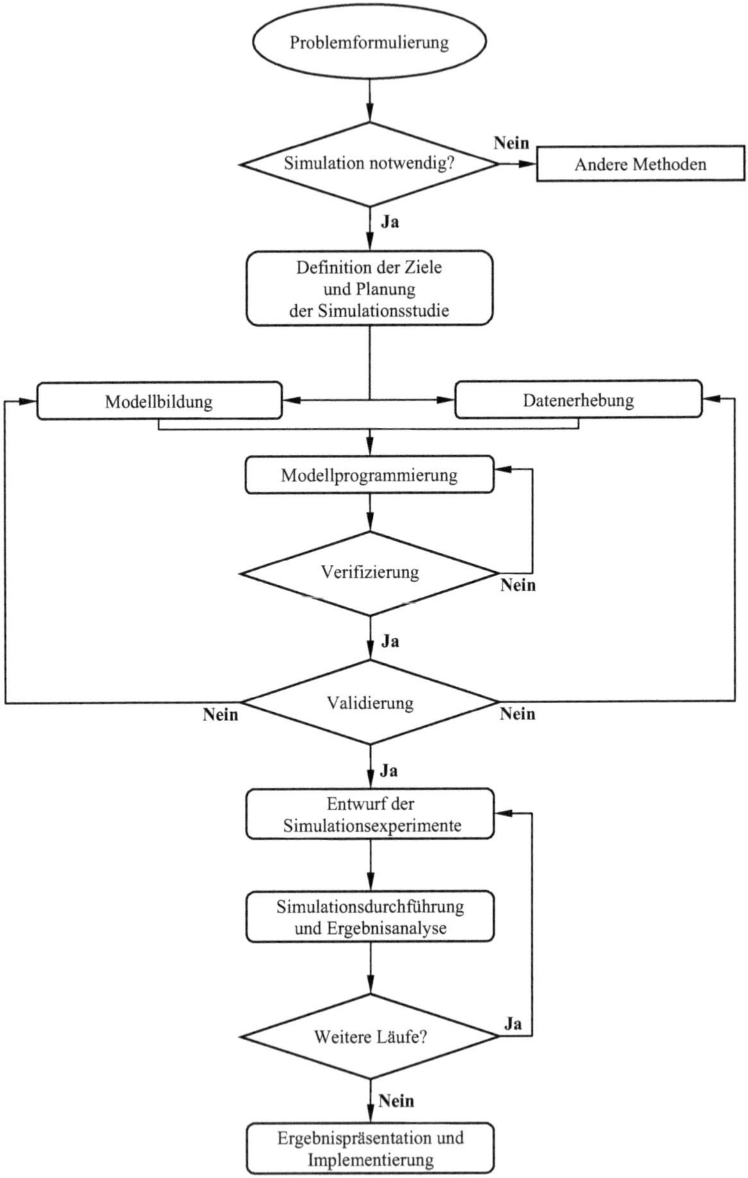

Abbildung 96: Ablaufschema einer Simulationsstudie[821]

[821] Vgl. Banks, Jerry (1998), S. 16.

7.1 Problemformulierung

Das Hauptziel einer Simulationsstudie besteht darin, einen Beitrag für das Verständnis und die Lösung eines komplexen Problems zu leisten, indem die Ursachen des Problems aufgedeckt werden und systematisch nach Wegen ihrer Beseitigung gesucht wird.[822] Deshalb ist der System-Dynamics-Ansatz problemorientiert und beginnt immer mit der Formulierung eines Problems. Im Großen und Ganzen lassen sich folgende Ziele nennen, die mit einer Simulationsstudie üblicherweise verfolgt werden:

Ziel	Beschreibung
Bewertung	Bewertung eines Vorschlags, der auf eine Systemänderung abzielt
Vergleich	Vergleich von konkurrierenden Systemen oder Gestaltungsstrategien
Prognose	Vorhersage der Entwicklung eines ganzen System oder seiner Variablen
Sensitivitätsanalyse	Identifikation jener Variablen, auf deren Änderung ein System empfindlich reagiert
Optimierung	Bestimmung jener Ausprägungen von Systemvariablen, unter denen das betrachtete System das bestmögliche Ergebnis liefert
Systembeziehung	Feststellung des dem System zugrunde liegenden Mechanismus
Engpassanalyse	Feststellung von Engpässen sowie Aufdeckung von deren Ursachen

Tabelle 27: Überblick über Ziele einer Simulationsstudie[823]

Ein Problem hat seine Wurzeln in einer Diskrepanz zwischen einem gewünschten und dem tatsächlichen Zustand.[824] Da dieser wahrgenommene Problemzustand auf mentalen Modellen und subjektiven Zielvorgaben basiert, kann nicht ausgeschlossen werden, dass es sich um eine Fehldeutung des Problems handelt, die auf einer unzutreffenden Interpretation von Ursache und Wirkung beruht.[825] Auch sehen Entscheidungsträger meist nur die Symptome, die sich z.B. als Umsatz- oder Rentabilitätsrückgang äußern, nicht aber die zugrunde liegenden Ursachen. Dementsprechend darf das von einem Entscheidungsträger kommunizierte Problem nicht ohne nähere Analyse als Aufgabenstellung für eine Simulationsstudie übernommen werden.[826] Es empfiehlt sich darüber hinaus, im Prozess der Problemformulierung möglichst viele Mitarbeiter einzubeziehen, um ein objektiviertes, personenübergreifendes mentales Modell zu entwickeln. Gegebenenfalls

822 Vgl. Davies, Martin (1996), S. 228; von Eiff, Wilfried (1991b), S. 348.

823 Vgl. Pedgen, Dennis C./Shannon, Robert E./Sadowski, Randall P. (1995), S. 14.

824 Vgl. Quade, Edward S. (1980), S. 23; Ulrich, Hans/Probst, Gilbert J. B. (1995), S. 116f.; Watson, Charles E. (1976), S. 88; Wilms, Falko E. P. (2001), S. 60.

825 Vgl. Forrester, Jay W. (1972b), S. 19; Pedgen, Dennis C./Shannon, Robert E./Sadowski, Randall P. (1995), S. 13; Watson, Charles E. (1976), S. 88-91.

826 Vgl. Quade, Edward S. (1980), S. 25.

ist es erforderlich, externe Experten beizuziehen, um das formulierte Problem zu überprüfen bzw. bei der Problemformulierung zu helfen. Manchmal können neue Erkenntnisse über die Natur des Problems erst später, nach einer intensiven Beschäftigung mit dem Sachverhalt gewonnen werden, so dass die Problemstellung der Simulationsstudie in einem rekursiven Vorgehen neu formuliert bzw. präzisiert werden muss.[827]

Oft leistet eine graphische Aufbereitung des vorhandenen Zahlenmaterials in dieser Phase gute Dienste. Auch wenn keine empirischen Daten vorliegen, sollte der Auftraggeber einer Simulationsstudie in der Lage sein, das grundsätzliche Problemverhalten aufzuzeigen.[828] So bietet es sich beispielsweise an, eine Unternehmenskrise anhand der zeitlichen Umsatzentwicklung graphisch darzustellen. In einem weiteren Schritt der Problempräzisierung ließen sich weitere Größen hinzuziehen, wie Entwicklung der Verbindlichkeiten und Forderungen, der Herstellkosten, der Cash-Flows und des Marktanteils. Diese historischen Daten lassen sich auch in die Zukunft projizieren, um die voraussichtliche Unternehmensentwicklung aufzuzeigen, insbesondere für den Fall, dass nichts unternommen wird.

Da der Endbenutzer des Simulationsmodells nur in den seltensten Fällen das Modell selbst entwickelt, hat er dafür Sorge zu tragen, dass das festgestellte Problem und das daraus abgeleitete Modellierungsziel klar definiert sind und vom Modellentwickler verstanden werden. Anderenfalls besteht die Gefahr, dass der Modellentwickler eine unzutreffende Abgrenzung des zu modellierenden Systems von der Umwelt vornimmt oder einen falschen Detaillierungsgrad wählt.[829] Eine schlechte Abstimmung zwischen Auftraggeber und Modellentwickler ist einer der häufigsten Gründe, warum Simulationsprojekte scheitern.[830] Zur ersten Phase der Simulationsstudie gehört auch, dass der Auftraggeber neben den Zielsetzungen auch die Nebenbedingungen offenlegt, die bei der Erarbeitung eines Lösungsansatzes zu beachten sind.[831]

---

827 Vgl. CARSON II, JOHN S. (2005), S. 19.

828 Vgl. SENGE, PETER M. u.a. (1994), S. 122-124.

829 Vgl. LAW, AVERILL M. (1991), S. 16; RANDERS, JORGEN (1980), S. 136; SADOWSKI, DEBORAH A./STURROCK, DAVID T. (2006), S. 71; SALT, JOHN D. (1993), S. 2; WENZEL, SIGRID u.a. (2008), S. 115.

830 Vgl. ANNINO, JOSEPH S./RUSSELL, EDWARD C. (1979), S. 138; CHWIF, LEONARDO/BARRETO, MARCOS RIBEIRO PEREIRA/PAUL, RAY J. (2000), S. 450f.; MUSSELMAN, KENNETH J. (1994), S. 88.

831 Vgl. LYNEIS, JAMES M. (1999), S. 40; QUADE, EDWARD S. (1980), S. 27, 29.

7.2 Prüfung der Simulationswürdigkeit

Nachdem die Problemstellung feststeht, gilt es zu überprüfen, ob die Simulation überhaupt das richtige Werkzeug ist, um das festgestellte Problem zu lösen.[832]

Der sicherste Weg, um zu verlässlichen Informationen über das Systemverhalten zu gelangen, besteht in der Durchführung von Experimenten im realen System.[833] Von realen Experimenten wird man indes immer dann absehen, wenn diese zu unsicher, zu gefährlich, unwirtschaftlich oder gar illegal wären.[834] Sind beispielsweise Unternehmensprozesse neu zu gestalten, dann sollte man die dazu notwendigen Experimente nicht am realen System, dem Unternehmen, sondern ersatzweise an einem Unternehmensmodell durchführen.[835] Das experimentelle „Herumprobieren“ am Realsystem ist auch dann nicht ratsam, wenn damit gerechnet werden muss, dass das betreffende System gestört oder sogar zerstört wird. Darüber hinaus ist der Einsatz der Simulation dann nicht zu empfehlen, wenn sich das Problem mit dem gesunden Menschenverstand oder mit Hilfe von analytischen Methoden[836] lösen lässt.[837]

Oft benötigen Simulationsmodelle eine Fülle an Inputdaten. Fehlen diese Daten, weil ihre Erhebung unmöglich, unpraktisch, unwirtschaftlich ist oder sie nicht einmal geschätzt werden können, dann ist die Simulation ebenfalls kein geeignetes Instrument. Weitere Fälle, in denen vom Einsatz der Simulation abzuraten ist, sind die fehlende Möglichkeit, das Modell zu verifizieren oder zu validieren oder überzogene Erwartungen seitens des Auftragsgebers.[838]

Schließlich ist zu beachten, dass eine Simulationsstudie mehr erfordert als die bloße Umsetzung eines Modells mit Hilfe eines geeigneten Softwarewerkzeugs. Vielmehr sind dazu weitere Fähigkeiten, wie die Erstellung eines konzeptuellen Modells, die Va-

---

832 Vgl. Banks, Jerry/Gibson, Randall (1997), S. 30-32; Bertsche, Dory/Crawford, Christopher/Macadam, Stephen E. (1996), S. 56f.; Carson II, John S. (2005), S. 18; Sadowski, Deborah A./Sturrock, David T. (2006), S. 68; Wenzel, Sigrid u.a. (2008), S. 14-16.

833 Vgl. Schmalenbach, Christof (2007), S. 67f.

834 Vgl. Brink, Alfred (1989), S. 681; Schmalenbach, Christof, S. 67f.; Warren, James R./Crosslin, Robert L./MacArthur, Paul James (1995), S. 39.

835 Vgl. Giaglis, George M./Paul, Ray J./Hlupic, Vlatka (1999), S. 223. Robinson, Stewart (2003), S. 8f.

836 Vgl. Koller, Horst (1966), S. 97-100 zum Vergleich der analytischen Verfahren mit der Simulation

837 Vgl. Aguilar, Marc/Rautert, Tankred/Pater, Alexander J. G. (1999), S. 1390; Koller, Horst (1966), S. 100; Schmalenbach, Christof, S. 68f.; Swain, James J. (1995), S. 64.

838 Vgl. Aguilar, Marc/Rautert, Tankred/Pater, Alexander J. G. (1999), S. 1390f.

lidierung und Verifizierung, die Durchführung von statistischen Analysen bei der Datenerhebung und Ergebnisinterpretation, die Erstellung von Versuchsplänen und die Durchführung von Experimenten, die Projektsteuerung etc. notwendig. Fehlen diese Fähigkeiten, dann sollte man von einer Simulationsstudie absehen.[839]

7.3 Zieldefinition und Projektplanung

In diesem Schritt sind jene Ziele zu formulieren, die durch die Simulationsstudie erreicht werden sollen. Sämtliche Ziele sollten nach Möglichkeit quantifiziert werden,[840] um den Zielerreichungsgrad beurteilen zu können. Sollen mit einer Simulationsstudie beispielsweise Maßnahmen erarbeitet werden, um die durchschnittliche Wartezeit von Kunden zu reduzieren, so sollte im Vorfeld feststehen, um wie viel Prozent die Ist-Wartezeit verringert werden muss oder wie viel Minuten die Soll-Wartezeit höchstens betragen darf. Darüber hinaus sollte man bereits zu diesem Zeitpunkt klären, wie festzustellen ist, ob das Simulationsmodell die Zielsetzungen des Auftraggebers erfüllt.[841] Der Projektplan einer Simulationsstudie sollte Informationen über das Budget, das erforderliche Personal, die notwendigen Ressourcen wie Hard- und Software, sowie die Fertigstellungstermine der einzelnen Projektschritte enthalten. Im Übrigen gelten hier alle Grundsätze des Projektmanagements.

7.4 Modellbildung

In dieser Phase erfolgt die Überführung eines mentalen abstrakten Modells in ein konzeptuelles Modell. Ein konzeptuelles Modell wird definiert als eine von der Simulationssoftware unabhängige Beschreibung des Simulationsmodells, die Ziele, erforderliche Input- und gewünschte Outputdaten, den Modellinhalt mit dem Detaillierungsgrad und Systemgrenzen sowie Annahmen und Vereinfachungen enthält.[842] Während die Annahmen die Unkenntnis und die Ungewissheit bezüglich des realen Systems zu kom-

839 Vgl. Annino, Joseph S./Russell, Edward C. (1979), S. 138; Pedgen, Dennis C./Shannon, Robert E./Sadowski, Randall P. (1995), S. 9; Warren, James R./Crosslin, Robert L./MacArthur, Paul James (1995), S. 39f.

840 Vgl. Tumay, Kerim (1996), S. 94; Warren, James R./Crosslin, Robert L./MacArthur, Paul James (1995)

841 Vgl. Forrester, Jay W. (1973), S. 113.

842 Vgl. Robinson, Stewart (2003), S. 65.

pensieren suchen, haben Vereinfachungen die Reduzierung der Komplexität des realen Systems zum Ziel.

Eine der größten Schwierigkeiten in dieser Phase bereiten die Abgrenzung des Systems von der Umwelt,[843] die Beschreibung der Auswirkungen der Umwelt auf das System[844] sowie die Festlegung des erforderlichen Detaillierungsgrades.[845] In diesem Zusammenhang unterscheidet WARD zwischen der Transparenz (*transparency*) und der konstruktiven Einfachheit (*constructive simplicity*).[846]

Die Transparenz eines Modells wird durch den Modellbenutzer festgestellt und ist daher subjektiv. Sie hängt im Wesentlichen von folgenden Faktoren ab: von der allgemeinen Ausbildung, von der Erfahrung im Umgang mit Modellierungsmethoden, vom Interesse am zu lösenden Problem und nicht zuletzt von den Fähigkeiten des Modellentwicklers, das Modell dem Benutzer zu präsentieren und zu erklären. Dementsprechend kann ein Modell einem Benutzer als transparent und einem anderen als völlig undurchsichtig erscheinen.[847]

Die konstruktive Einfachheit ist ein Merkmal des Modells: Sie wird entscheidend durch seinen Detaillierungsgrad, durch die Anzahl der Modellvariablen, durch die Natur der Wechselbeziehungen zwischen den Modellvariablen und durch den Grad der Unsicherheit determiniert.

Bei der Erstellung jedes Modells hat man einen Zielkonflikt zu lösen:[848] Zum einen sollte man das Modell so einfach wie möglich, zum anderen so genau wie möglich gestalten. Dabei ist zu beachten, dass das Modell imstande sein soll, die aufgeworfenen Fragen zu beantworten und nicht das reale System in der präzisesten Weise wiederzugeben.[849] Unerfahrene Modellentwickler neigen oft dazu, das reale System und nicht das gestellte Problem zu modellieren.[850] Es ist eine Utopie zu glauben, mit einem Modell

---

843 Vgl. SCHWARZ, RAINER (2002), S. 69; ULRICH, HANS (1975), S. 36; WEHRHEIM, MICHAEL/KÖNIG, ULRICH-KARL (2007), S. 1321.

844 Vgl. ESCHENBACHER, PETER/SCHMIDT, BERNDT (1987), S. 35; FRANTZ, FREDERICK K. (1995), S. 1413.

845 Vgl. BERTSCHE, DORY/CRAWFORD, CHRISTOPHER/MACADAM, STEPHEN E. (1996), S. 55; BROOKS, ROGER J./TOBIAS, ANDREW M. (1996), S. 2; LAW, AVERILL M. (1991), S. 16; WARD, STEPHEN C. (1989), S. 143.

846 Vgl. WARD, STEPHEN C. (1989), S. 142-144.

847 Vgl. SALT, JOHN D. (1993), S. 1.

848 Vgl. PEDGEN, DENNIS C./SHANNON, ROBERT E./SADOWSKI, RANDALL P. (1995), S. 32f.

849 Vgl. GIAGLIS, GEORGE M./PAUL, RAY J./HLUPIC, VLATKA (1999), S. 225; PEDGEN, DENNIS C./SHANNON, ROBERT E./SADOWSKI, RANDALL P. (1995), S. 15, 33.

850 Vgl. CAMPBELL, BRUCE (2000), S. 40.

eine vollständige Abbildung des realen Systems erreichen zu können,[851] denn die Anzahl der in der Realität vorhandenen endogenen und exogenen Größen kann über alle Grenzen gehen. Zur Modellvereinfachung steht eine Reihe von Abstraktionstechniken zur Verfügung.[852]

Generell wird empfohlen, mit kleinen, einfachen Modellen zu starten.[853] Gegebenenfalls kann später eine Verfeinerung des Modells vorgenommen werden.[854] Die Notwendigkeit zur Modellverfeinerung lässt sich durch Sensitivitätsanalysen bestimmen.[855] Wenn es abzusehen ist, dass das Modell sehr umfangreich werden wird, sollte man es in Submodelle zerlegen, die später zu einem Gesamtmodell zusammengefügt werden können. Obwohl Simulationsstudien meistens eingesetzt werden, um äußerst komplexe Probleme zu lösen, muss sich der Komplexitätsgrad des zu lösenden Problems nicht in der Komplexität des Modells widerspiegeln: Mitunter lässt sich auch hochkomplexes Systemverhalten durch eine geringe Anzahl an Modellvariablen erklären.[856] PIDD fordert in diesem Zusammenhang: „Model Simple; Think Complicated“.[857]

Einfache Modelle haben mehrere Vorteile.[858] Man braucht weniger Zeit bei ihrer Erstellung und bei der Durchführung von Experimenten. Zudem erfordern sie weniger Inputdaten. Ihre Pflege während des Modelllebenszyklus verursacht nur einen geringen Aufwand. Es fällt leichter, ein einfaches Modell zu verwerfen und durch ein neues zu ersetzen, als sich von einem aufwendig erstellten Modell zu trennen.[859] Darüber hinaus eignen sich einfache Modelle wegen ihrer hohen Transparenz hervorragend für Ausbildungszwecke. Je verständlicher ein Modell ist, desto leichter fällt die Entscheidung be-

---

851 Vgl. ROBERTS, EDWARD B. (1978), S. 6.

852 Vgl. FRANTZ, FREDERICK K. (1995), S. 1415-1419 zu einem Überblick über Abstraktionstechniken.

853 Vgl. BRATLEY, PAUL/BOX, BENNETT L./SCHRAGE, LINUS E. (1987), S. 6; LAW, AVERILL M. (2007), S. 249; PEDGEN, DENNIS C./SHANNON, ROBERT E./SADOWSKI, RANDALL P. (1995), S. 32; PIDD, MICHAEL (2004), S. 246.

854 Vgl. CHWIF, LEONARDO/BARRETO, MARCOS RIBEIRO PEREIRA/PAUL, RAY J. (2000), S. 452; FISHMAN, GEORGE S. (1978), S. 3; PIDD, MICHAEL (1996), S. 722f.; PIDD, MICHAEL (1999), S. 123f.; TANK-NIELSEN, CARSTEN (1980), S. 188.

855 Vgl. LAW, AVERILL M. (1991), S. 18; LAW, AVERILL M. (1993), S. 918; MUSSELMAN, KENNETH J. (1994), S. 91.

856 Vgl. QUADE, EDWARD S. (1980), S. 41; VESTER, FREDERIC (2002), S. 55.

857 Vgl. PIDD, MICHAEL (1996), S. 721; PIDD, MICHAEL (1999), S. 121.

858 Vgl. BROOKS, ROGER J./TOBIAS, ANDREW M. (1996), S. 2; SALT, JOHN D. (1993), S. 1-3; TANK-NIELSEN, CARSTEN (1980), S. 189; WARD, STEPHEN C. (1989), S. 144-151.

859 Vgl. FISHMAN, GEORGE S. (1978), S. 4.

züglich dessen Glaubwürdigkeit und desto wahrscheinlicher ist die Umsetzung der aus dem Modell abgeleiteten Empfehlungen.[860]

Bei der Festlegung des Detaillierungsgrades sollte man den resultierenden Datenbedarf nicht aus den Augen verlieren: In einem Simulationsmodell lassen sich nur Variablen abbilden, für die auch Daten vorhanden sind bzw. geschätzt werden können.[861] Umgekehrt sollte der Überfluss an Daten nicht zur Erstellung eines komplexen Modells verleiten.[862] Für die Verringerung des Detaillierungsgrads empfiehlt es sich, Systemelemente mit gleichen oder ähnlichen Eigenschaften zu gruppieren. Selten auftretende Ereignisse können weggelassen werden. Obwohl es keine Regel für die Festlegung des Detaillierungsgrades gibt,[863] ist es wichtig, dass sich der Modellentwickler mit dem Auftraggeber über den Detaillierungsgrad einigt. Ebenso kann es hilfreich sein, bezüglich des Detaillierungsgrades und der Modellgrenze die Meinung eines externen Experten einzuholen. Oft spielen bei der Bestimmung des Detaillierungsgrades zeitliche und finanzielle Restriktionen eine große Rolle.

Die Abgrenzung eines zu modellierenden Systems sollte dazu führen, dass die zum System gehörenden Elemente möglichst wenige Beziehungen zu den Elementen außerhalb des Systems aufweisen. Deshalb sollten vorhandene Rückkopplungsbeziehungen grundsätzlich nicht durchtrennt werden.[864] In diesem Zusammenhang besagt eine Faustregel: „Die Anzahl der Beziehungen zwischen den Elementen des Systems soll größer sein als die zwischen dem System und seiner Umgebung.“[865] Eine Variable gehört dann zum System, wenn sie selbst ein Produkt von Systemvariablen ist.[866] Bei der richtigen Abgrenzung ergibt sich ein System, dass eigenständig „lebensfähig“ (autonom) ist und das das Verhalten des realen Systems nachahmt. Eine gute Hilfestellung zur Systemabgrenzung kann ein Ursache-Wirkungs-Diagramm leisten.

---

860 Vgl. BROOKS, ROGER J./TOBIAS, ANDREW M. (1996), S. 9; PIDD, MICHAEL (1999), S. 122; QUADE, EDWARD S. (1980), S. 40f.

861 Vgl. ACEL, PETER PAUL (1996), S. 36; ANNINO, JOSEPH S./RUSSELL, EDWARD C. (1979), S. 138; FRANTZ, FREDERICK K. (1995), S. 1413; LAW, AVERILL M. (1991), S. 16; LAW, AVERILL M. (1993), S. 918; WARD, STEPHEN C. (1989), S. 144f.

862 Vgl. LAW, AVERILL M. (1993), S. 918.

863 Vgl. LAW, AVERILL M. (1991), S. 16.

864 Vgl. RICHARDSON, GEORGE P./PUGH, ALEXANDER L. III (1981), S. 42f.; DE ROSNAY, JOËL (1979), S. 106f.; SCHWARZ, RAINER (2002), S. 69;

865 Vgl. KOELLE, HEINZ HERMANN (1975), S. 179.

866 Vgl. FORRESTER, JAY W. (1975), S. 85.

Da die Erstellung eines Modells problemorientiert verläuft, werden jene Elemente bewusst nicht ins Modell übernommen, die für das mit dem Modell verfolgte Ziel irrelevant bzw. vernachlässigbar sind.[867] Dennoch fürchten Modellentwickler, eine vermeintlich wichtige Variable auszulassen und neigen im Zweifelsfall dazu, eher zu viele als zu wenige Variablen und Wechselbeziehungen ins Modell aufzunehmen.[868] Dieses Verhalten wird in der Simulationspraxis als „include-all-Syndrom“ bezeichnet.[869]

Bei der Reduzierung der Modellkomplexität ist die Verkleinerung des Detaillierungsgrades der Einengung der Modellgrenze vorzuziehen.[870] Sind innerhalb eines zu lösenden Problems mehrere alternative Systeme miteinander zu vergleichen, dann können solange Modellvereinfachungen ohne negative Auswirkungen auf das Vergleichsergebnis vorgenommen werden, bis die Vereinfachungen sämtliche Alternativen in gleicher Weise betreffen. So kann man z.B. bei der Modellierung eines Herstellungsprozesses bei allen zu analysierenden Alternativen die Maschinenausfälle vernachlässigen, solange diese den gleichen Effekt auf den Herstellungsprozess haben.

7.5 Datenerhebung

Die Aussagekraft und die Glaubwürdigkeit eines Modells wird durch die Qualität der ins Modell eingehenden Informationen (Inputdaten) entscheidend beeinflusst. Die für die Simulationsstudie erforderlichen Daten können grundsätzlich in drei Gruppen eingeteilt werden:[871] Zum einen gibt es vorläufige Daten, die ohne allzu große Sorgfalt und Genauigkeit erhoben und aufbereitet werden. Diese sind notwendig, damit der Auftraggeber dem Modellentwickler das Problem und dessen Ursachen kommunizieren kann. Zum zweiten sind Inputdaten notwendig, um das Modell zu parametrisieren. Zum dritten sollten empirische Daten verfügbar sein, um das Modell zu validieren.[872]

---

867 Vgl. Annino, Joseph S./Russell, Edward C. (1979), S. 138; Baldenweg, Dirk K. (2006), S. 134; Frantz, Frederick K. (1995), S. 1414; Giaglis, George M./Paul, Ray J./Hlupic, Vlatka (1999), S. 225; Law, Averill M. (1993), S. 917; Milling, Peter (1984), S. 510; Richardson, George P./Pugh, Alexander L. III (1981), S. 62f.; Robinson, Stewart (2003), S. 89; Schmalenbach, Christof (2007), S. 70.

868 Vgl. Bertsche, Dory/Crawford, Christopher/Macadam, Stephen E. (1996), S. 55.

869 Vgl. Chwif, Leonardo/Barreto, Marcos Ribeiro Pereira/Paul, Ray J. (2000), S. 450; Pedgen, Dennis C./Shannon, Robert E./Sadowski, Randall P. (1995), S. 15; Quade, Edward S. (1980), S. 33f.

870 Vgl. Randers, Jorgen (1980), S. 138.

871 Vgl. Robinson, Stewart (2003), S. 96.

872 Vgl. Pidd, Michael (1996), S. 725f.; Carson II, John S. (1989), S. 554;

Oft fehlen die genannten Daten, weil sie nicht gesammelt werden können oder weil ihre Gewinnung sehr aufwendig ist oder weil das zu untersuchende System noch gar nicht existiert. In solchen Fällen müssen die Daten geschätzt oder aus vergleichbaren Systemen gewonnen werden.[873] Ebenfalls können die Herstellercharakteristika oder natürliche Grenzen des Inputprozesses behilflich sein.[874]

Wenn die Daten geschätzt werden müssen, dann ist man auf die Expertise von Fachleuten angewiesen. Expertenurteile lassen sich grundsätzlich als Punkt- oder als Intervallschätzung erheben, wobei die Intervallschätzung verwendet werden kann, um eine Gleich-, eine Dreiecks- oder eine Betaverteilung zu schätzen.[875] In der genannten Reihenfolge steigt nicht nur die Genauigkeit der Schätzung, sondern auch die Anforderungen an das Beurteilungsvermögen des Experten. Am einfachsten ist es, Experten Mittelwerte für den zu entsprechenden Sachverhalt schätzen zu lassen. Allerdings bilden solche Punktschätzungen die Schwankungsbreite nicht ab. Sind große Schwankungen um den Mittelwert zu erwarten, empfiehlt es sich, zusätzlich zum Mittelwert auch ein Maß für die Streuung zu erfragen.

Dies kann durch Plus-/Minusabweichungen (mittlere Streuung) oder unter Angaben von Minimum und Maximum erfolgen. Über einem solchen Intervall lässt sich nun eine Wahrscheinlichkeitsverteilung definieren. Im einfachsten Fall kann man annehmen, dass die Datenausprägungen auf diesem Intervall mangels genauerer Erkenntnisse gleichwahrscheinlich auftreten. Aus diesem Grund wird die Gleichverteilung häufig auch als „distribution of maximum ignorance“ genannt.[876] Die Gleichverteilung stellt allerdings eine unrealistische Annahme dar, weil die Datenausprägungen in der Regel nicht mit gleicher Wahrscheinlichkeit auftreten.

Gelingt es, den Experten zu bewegen, neben dem Minimum (pessimistischer Wert) und dem Maximum (optimistischer Wert) auch noch den wahrscheinlichsten Wert (Modus) anzugeben, dann lässt sich anhand dieser drei Parameter eine Dreiecksverteilung spezifizieren, die in ihrer Aussage naturgemäß einer Gleichverteilung überlegen ist.

---

873 Vgl. GIAGLIS, GEORGE M./PAUL, RAY J./HLUPIC, VLATKA (1999), S. 226; VINCENT, STEPHEN (1998), S. 89.

874 Vgl. BANKS, JERRY u.a. (2005), S. 336; BILLER, BAHAR/NELSON, BARRY L. (2002), S. 39.

875 Vgl. BANKS, JERRY u.a. (2005), S. 336; BILLER, BAHAR/NELSON, BARRY L. (2002), S. 40; KELTON, DAVID W. (1984), S. 92; LAGUNA, MANUEL/MARKLUND, JOHAN (2005), S. 339-342; LAW, AVERILL M. (2007), S. 370; PEDGEN, DENNIS C./SHANNON, ROBERT E./SADOWSKI, RANDALL P. (1995), S. 38-41; ROBINSON, STEWART (2003), S. 107; VINCENT, STEPHEN (1998), S. 89f.

876 Vgl. PEDGEN, DENNIS C./SHANNON, ROBERT E./SADOWSKI, RANDALL P. (1995), S. 45.

Obwohl die Dreiecksverteilung relativ leicht zu kommunizieren und zu schätzen ist, hat sie den Nachteil, dass sie bei den drei Parametern (Minimum, Modus, Maximum) sprunghafte Übergänge induziert, während solche in der Natur kaum auftreten. Hier liegt der große Vorteil der Beta-Verteilung gegenüber der Dreiecksverteilung, denn mit ihrer Hilfe lassen sich die Übergänge kontinuierlich gestalten. Zudem kann die Dichtefunktion der Beta-Verteilung in Abhängigkeit von den Parametern α und β ein großes Spektrum an unterschiedlichen Verlaufsformen annehmen.

Selbstverständlich erhöht es nicht gerade die Glaubwürdigkeit eines Modells, wenn man bei der Parametrisierung des Simulationsmodells auf geschätzte Daten zurückgreifen muss. Denn empirische Untersuchungen haben ergeben, dass das Schätzvermögen des Menschen durch vielfaltige Wahrnehmungsverzerrungen (*biases*) gestört sein kann, selbst wenn sie mit dem zu schätzenden Sachverhalt vertraut sind.[877] Deshalb sollten geschätzte Daten grundsätzlich dokumentiert und einer Sensitivitätsanalyse unterzogen werden,[878] um den Auftraggeber auf potentielle Risiken aufmerksam zu machen.[879]

Wenn das zu untersuchende System real existiert und die Datenerhebung mit einem vertretbaren Ressourcenaufwand durchgeführt werden kann, dann kann die theoretische Wahrscheinlichkeitsverteilung, die diesem empirischen Datensatz genügt, mit Hilfe der bekannten Anpassungstests wie dem Chi-Quadrat-Test, dem Kolmogoroff-Smirnoff-Test oder dem Anderson-Darling-Test bestimmt werden.[880]

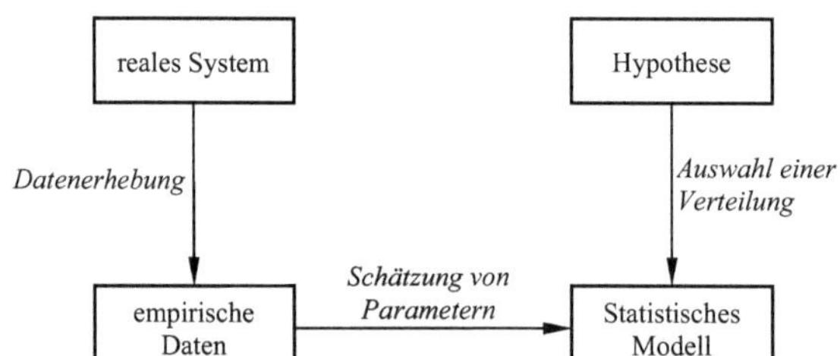

Abbildung 97: Vorgehensweise bei der Durchführung eines Anpassungstests[881]

877 Vgl. Tversky, Amos/Kahnemann, Daniel (1974), S. 1124-1131.

878 Vgl. Law, Averill M. (1993), S. 919.

879 Vgl. Robinson, Stewart (2003), S. 98; Tank-Nielsen, Carsten (1980), S. 188; Weiß, Matthias u.a. (2004), S. 245.

880 Vgl. Elizandro, David/Taha, Hamdy (2008), S. 23-26; Hartung, Joachim (2009), S. 182-189.

881 Vgl. Vincent, Stephen (1998), S. 78.

Um zu einer Hypothese über die Verteilung der Inputdaten zu gelangen, empfiehlt es sich, ein Häufigkeitsdiagramm aufzustellen, mit dessen Hilfe sich der Verteilungstyp identifizieren lässt.[882] Dabei kommt es auf die Anzahl der Intervalle im Häufigkeitsdiagramm an: Sind diese zu breit, dann wird das Häufigkeitsdiagramm zu grob, und die empirischen Details gehen verloren. Ist die Intervallbreite zu schmal, dann ist das Diagramm zu genau und kann zu Schwierigkeiten bei der Aufstellung einer Hypothese führen. Man sollte bei der Aufstellung eines solchen Häufigkeitsdiagramms mehrere Intervallbreiten testen, bis man optisch ein zufriedenstellendes Ergebnis gefunden hat.

Die Gegenüberstellung eines empirischen Histogramms mit der Dichtefunktion einer theoretischen Verteilung sowie die Gegenüberstellung einer empirischen Verteilungsfunktion mit seinem theoretischen Pendant ermöglicht eine graphische Kontrolle hinsichtlich der aufgestellten Hypothese.[883] Eine weitere heuristische Methode besteht in der graphischen Aufbereitung der Differenzen zwischen der empirischen und der theoretischen Verteilungsfunktion für jeden einzelnen Beobachtungswert.[884] Je näher die daraus resultierende Punktwolke zur Null liegt, desto besser war die Hypothese. Quantil-Plots und Box-Plots können ebenfalls in der Phase der Hypothesenbildung eingesetzt werden. Diese sind besonders hilfreich bei der Feststellung, ob die Dichtefunktion symmetrisch oder schief (links- bzw. rechtsschief) ist.[885]

Da einige Verteilungen in der Regel für ganz bestimmte Zwecke eingesetzt werden, ist die Kenntnis der Natur der Verteilung bei der Hypothesenbildung sicherlich von Vorteil.[886] So modelliert man die Zwischenankunftszeit zwischen zwei Ereignissen gewöhnlich durch die Exponentialverteilung. Durch die Weibullverteilung können die Überlebenschancen einer Spezies oder eines Gutes geschätzt werden. Des Weiteren gibt die Analyse der zu untersuchenden realen Inputvariablen Aufschluss darüber, ob es sich dabei um eine diskrete oder eine stetige Variable handelt, ob sie negative Werte annehmen können und ob sie auf ein bestimmtes Intervall beschränkt sind. Durch diese Information lässt sich der Kreis der in Frage kommenden Verteilungen einschränken.

---

882 Vgl. Banks, Jerry u.a. (2005), S. 310; Robinson, Stewart (2003), S. 113; Law, Averill M. (2007), S. 318-320.

883 Vgl. Biller, Bahar/Nelson, Barry L. (2002), S. 37; Elizandro, David/Taha, Hamdy (2008), S. 21f.

884 Vgl. Law, Averill M. (2007), S. 331-334.

885 Vgl. Law, Averill M. (2007), S. 320-326.

886 Vgl. Banks, Jerry u.a. (2005), S. 314-316; Biller, Bahar/Nelson, Barry L. (2002), S. 36; Kelton, David W. (1984), S. 92; Law, Averill M./Kelton, David W. (2000), S. 299-326; Pidd, Michael (2004), S. 243; Robinson, Stewart (2003), S. 112.

Grundsätzlich ist zu fordern, dass alle notwendigen Inputdaten bereitgestellt werden können. Dennoch ist es eher die Regel als die Ausnahme, dass Inputdaten ohne sorgfältige Prüfung auf Aktualität, Repräsentativität und Richtigkeit an den Modellentwickler weitergeleitet werden.[887] Aus diesem Grund sollten die Inputdaten vor ihrem Einsatz einer Validierung unterzogen werden.[888] Man kann nicht immer davon ausgehen, dass die Inputdaten mit der Zielsetzung gesammelt wurden, die mit dem Ziel der Simulationsstudie übereinstimmt. Werden die Daten durch Mitarbeiter des Auftraggebers gesammelt, sollte überprüft werden, ob der jeweilige Mitarbeiter ein Motiv hat, die Daten zu manipulieren oder zu fälschen. Die Daten der Vergangenheit müssen sich nicht unbedingt auf die zukünftige Entwicklung übertragen lassen.[889] Dies ist insbesondere dann der Fall, wenn es in der jüngsten Vergangenheit zu Strukturbrüchen oder Restrukturierungsmaßnahmen gekommen ist.

Darüber hinaus existieren weitere Gründe, warum die Inputdaten einer Plausibilitätsprüfung unterzogen werden sollten.[890] Bei den vom Auftraggeber gelieferten Inputdaten könnte es sich nicht um empirisch erhobene, sondern um gewünschte oder vorgegebene Soll-Daten handeln.[891] Die Daten könnten in anderer Reihenfolge dokumentiert worden sein als sie beobachtet wurden. Die Inputdaten könnten zu Gruppen verdichtet worden sein, obwohl für die Simulationsstudie Detaildaten erforderlich sind (z.B. Monats- statt Tagesdaten). Die bereitgestellten Inputdaten könnten sich tatsächlich auf einen anderen Sachverhalt beziehen: Während z.B. die Simulationsstudie darauf gerichtet ist, die Beschwerdebearbeitung in der Filiale *A* zu untersuchen, wurden die Inputdaten aus der Filiale *B* bereitgestellt.

Anpassungstests dürfen gemäß der statistischen Methodenlehre nur dann eingesetzt werden, wenn die empirischen Daten unabhängig voneinander sind. Deshalb empfiehlt es sich, die bereitgestellten Inputdaten auf Unabhängigkeit zu testen oder zumindest durch ein Korrelationsdiagramm visuell zu überprüfen.[892]

---

887 Vgl. LAW, AVERILL M. (2006), S. 65f.; WENZEL, SIGRID u.a. (2008), S. 37.

888 Vgl. GASS, SAUL I. (1983), S. 612f.; LANDRY, MAURICE/MALOUIN, JEAN-LOUIS/ORAL, MUHITTIN (1983), S. 214; PIDD, MICHAEL (1996), S. 725; SCHELLENBERGER, ROBERT E. (1974), S. 646f.

889 Vgl. ALTMAN, STANLEY M. (1980), S. 51.

890 Vgl. CARSON II, JOHN S. (2002), S. 54; LAW, AVERILL M. (2007), S. 254; LEEMIS, LAWRENCE M./PARK, STEPHEN K. (2006), S. 403; VINCENT, STEPHEN (1998), S. 59f.

891 Vgl. WENZEL, SIGRID u.a. (2008), S. 124.

892 Vgl. HARTUNG, JOACHIM (2009), S. 675-678; LAW, AVERILL M. (2007), S. 312-315; VINCENT, STEPHEN (1998), S. 61-63.

Ferner sollte eine Überprüfung der Inputdaten auf serielle Autokorrelation durchgeführt werden. Eine solche Überprüfung findet für verschiedene Ordnungen k (lags) statt. So bedeutet z.B. die serielle Autokorrelation dritter Ordnung ($k = 3$), dass alle möglichen Paare (X_i; X_{i+3}) aus der empirischen Zeitreihe X_1, X_2, X_3, ... analysiert werden. Strebt die serielle Kovarianz für alle k gegen Null, dann ist dies ein Indiz, dass die Daten voneinander unabhängig sind. In der Praxis findet eine solche Autokorrelationsanalyse meist bis zur Ordnung $k = 10$ statt.[893]

Heutzutage gibt es viele Statistikpakete, die dem Modellentwickler die Analyse der Inputdaten erleichtern. Nichtsdestoweniger sollte der Modellentwickler die Ergebnisse der automatisch generierten Anpassungstests nicht blind übernehmen.[894] Naturgemäß liefern flexible Verteilungen wie die Beta-, die Gamma- oder die Pearson-Verteilung die besten Testergebnisse. Dennoch kann es sein, dass sie der Natur des abzubildenden Sachverhaltes widersprechen.

Weitere Methoden zur visuellen Überprüfung der Verteilungsannahmen sind der Quantilgraph (Q-Q-Plot)[895] und der Wahrscheinlichkeitsgraph (P-P-Plot).[896] Ein P-P-Plot stellt die erwartete kumulative Wahrscheinlichkeit einer vermuteten Verteilung der beobachteten kumulativen Wahrscheinlichkeit einer empirischen Verteilung gegenüber. Bei einer perfekten Anpassung sollten die Punkte auf der Winkelhalbierenden liegen. In einem Q-Q-Plot werden die Quantile einer theoretischen Verteilung mit den Quantilen der empirischen Verteilung verglichen. Auch hier sollten die resultierenden Punkte im Idealfall auf der Winkelhalbierenden liegen.

Versagen alle Versuche, die empirischen Inputdaten durch eine theoretische Verteilung zu approximieren, besteht die Möglichkeit, auf eine so genannte diskrete oder empirische Verteilung zurückzugreifen,[897] die im Endeffekt aus dem empirischen Häufigkeitsdiagramm der Inputdaten gewonnen wird. Beispiele, bei denen der Einsatz der empiri-

---

893 Vgl. VINCENT, STEPHEN (1998), S. 62.

894 Vgl. BILLER, BAHAR/NELSON, BARRY L. (2002), S. 37f.

895 Vgl. BANKS, JERRY u.a. (2005), S. 316-319; HARTUNG, JOACHIM (2009), S. 847-849.

896 Vgl. KELTON, DAVID W. (1984), S. 93; LAW, AVERILL M. (2007), S. 334-341; HARTUNG, JOACHIM (2009), S. 191f.; VINCENT, STEPHEN (1998), S. 81-83.

897 Vgl. BANKS, JERRY u.a. (2005), S. 279-283; HARTUNG, JOACHIM (2009), S. 27-31, 839f.; KELTON, DAVID W. (1984), S. 93.

schen Verteilung angebracht ist, sind insbesondere Verteilungen mit einer unterbrochenen oder Verteilungen mit einer mehrgipfligen Dichtefunktion (Mischverteilung).[898]

Allerdings weisen empirische Verteilungen auch erhebliche Nachteile auf, die ihren Einsatz fragwürdig erscheinen lassen:[899] Die Datenqualität, die durch eine empirische Verteilung bereitgestellt wird, hängt vollständig von der Qualität der Stichprobe ab, aus der sie gewonnen wurde. Daraus folgt, dass die Wahrscheinlichkeit, mit der die empirische Verteilung die Realität wiedergibt, gleich null ist, weil nicht anzunehmen ist, dass sich die Punktwerte, aus denen sich die Stichprobe zusammensetzt, in der Realität identisch wiederholen. Geringe Stichprobenumfänge können dazu führen, dass selten vorkommende Ereignisse, und so auch extreme Werte an den Schwänzen der Dichtefunktion, nicht in die Stichprobe gelangen. In ihrer Standardform können empirische Verteilungsfunktionen also nur beschränkte Verteilungen darstellen, was der Natur des zu simulierenden Sachverhalts zuwider laufen kann. Weiterhin erfordert die Anwendung von (diskreten) empirischen Verteilungen auf stetige Sachverhalte die lineare Interpolation zwischen zwei diskreten Werten. Wegen all dieser Gründe sollte man auf den Einsatz von empirischen Verteilungen verzichten und nach Möglichkeit auf theoretische Verteilungen zurückgreifen.

Im Übrigen ist zu berücksichtigen, dass sich die Parameter der ermittelten Verteilung mit der Zeit ändern können, also nicht stationär sind.[900] Beispielsweise lässt sich die Zwischenankunftszeit von Kunden grundsätzlich durch eine Exponentialverteilung approximieren. Bei Warteschlangenproblemen ist davon auszugehen, dass es auch zu Stoß- und Flautezeiten kommen kann, und sich der Parameter der Exponentialverteilung im Laufe eines Tages verändert. Um einen solchen Sachverhalt zu modellieren, müssen die Verteilungsparameter (hier die Ankunftsrate) während der Simulation an die realen Gegebenheiten angepasst werden. Dazu kann es zweckmäßig sein, die Simulationszeit in Zeitintervalle mit unterschiedlichen Ankunftsraten einzuteilen und die Ankunftsrate innerhalb eines Zeitintervalls konstant zu halten. Um die Ankunftsraten für die einzelnen Zeitintervalle zu schätzen, geht man wie folgt vor: Für die einzelnen Zeitintervalle j wird die Anzahl der Ankünfte O_{ij} über einen längeren Zeitraum (n Tage mit $1 \leq i \leq n$)

---

898 Vgl. LAW, AVERILL M. (2007), S. 320.

899 Vgl. VINCENT, STEPHEN (1998), S. 73f.

900 Vgl. BANKS, JERRY u.a. (2005), S. 334f.; KELTON, DAVID W. (1984), S. 94; MIHRAM, ARTHUR G. (1972), S. 150.

erhoben. Dann kann die geschätzte Ankunftsrate $\hat{\lambda}_j(t)$ für ein Zeitintervall j mit der Länge Δt wie folgt berechnet werden:[901]

$$\hat{\lambda}_j(t) = \frac{1}{n \times \Delta t} \times \sum_{i=1}^{n} O_{ij}$$

Unterscheiden sich die Ankunftsraten von benachbarten Zeitintervallen nur geringfügig, dann können diese Zeitintervalle zusammengelegt werden.

7.6 Modellprogrammierung

Am Ende dieser Phase soll ein Abbild des realen Systems, das so genannte Modell, das die zur Wiedergabe des Systemverhaltens erforderlichen Informationen wie Systemteile, deren Eigenschaften und Wechselwirkungen enthält, vorliegen. Das abstrakte Modell wird als Basis für die Erstellung eines Simulationsmodells genutzt, das das reale Modell in den wesentlichen Charakteristika wiedergeben muss.[902] Erst im Simulationsmodell wird die Wirkung von den während des Modellierungsprozesses getroffenen Annahmen ersichtlich.[903] Modelle können grundsätzlich nach verschiedenen Kriterien klassifiziert werden.[904] Für Simulationsmodelle sind insbesondere folgende Klassifikationsmerkmale von Bedeutung:

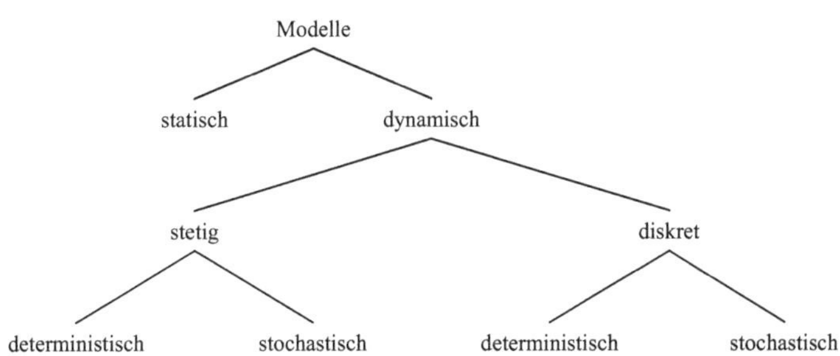

Abbildung 98: Klassifikationsmerkmale der Simulationsmodelle

901 Vgl. Banks, Jerry u.a. (2005), S. 335.

902 Vgl. Eschenbacher, Peter/Schmidt, Berndt (1987), S. 29.

903 Vgl. Sandrock, Jörg (2006), S. 73.

904 Vgl. Niemeyer, Gerhard (1973), S. 20; Pedgen, Dennis C./Shannon, Robert E./Sadowski, Randall P. (1995), S. 5f; Mihram, Arthur G. (1972), S. 3-11; Niemeyer, Gerhard (1977), S. 58-61; Bossel, Hartmut (1994), S. 37-39; Koller, Horst (1966), S. 100-106.

Je nachdem, ob ein Simulationsmodell das Systemverhalten abbildet oder nicht, spricht man von dynamischen oder statischen Modellen. Dynamische Modelle zeigen die Veränderungen des abgebildeten Systems im Zeitablauf. Demgegenüber können statische Modelle nur den Systemzustand zu einem bestimmten Zeitpunkt beschreiben.

Ein weiteres Klassifikationsmerkmal von Simulationsmodellen betrifft die Skalierung der Zeit. Hinsichtlich dieses Merkmals wird zwischen stetigen und diskreten Modellen unterschieden.[905] Bei den stetigen Simulationsmodellen ändert sich der Modellzustand stetig mit der Zeit. Im Gegensatz zu stetigen Simulationsmodellen, bei denen sich der Systemzustand innerhalb eines Zeitintervalls unendlich oft ändern kann, erfolgt bei diskreten Modellen nur eine begrenzte endliche Anzahl an Systemänderungen. In diskreten Simulationsmodellen ändert sich der Zustand des Systems nicht kontinuierlich, sondern nur dann, wenn ein Ereignis eintritt.[906] So stellt beispielsweise das Eintreffen eines neuen Kundenauftrags ein Ereignis dar. Das Eintreten eines Ereignisses kann weitere Ereignisse oder Aktivitäten auslösen. Nachdem ein neuer Kundenauftrag generiert wurde, bestimmt das Simulationsmodell den Zeitpunkt, zu dem der nächste Kundenauftrag eintrifft. Bei diskreten Simulationsmodellen ist die Dauer zwischen zwei Ereignissen im Allgemeinen nicht äquidistant und nicht im Voraus bestimmbar.[907]

Ein drittes Klassifikationsmerkmal von Simulationsmodellen ist die Vorausbestimmbarkeit der Änderungen des Systemzustands. Bei deterministischen Simulationsmodellen lässt sich der Folgezustand des Systems aus dem vorherigen Zustand eindeutig herleiten. Bei stochastischen Simulationsmodellen ist eine solche Schlussfolgerung nicht möglich. Deterministische Modelle beinhalten keine zufällig zustande kommenden Ereignisse, d.h. alle Inputdaten, die in das Modell eingehen, sind eindeutig definiert. Da Ereignisse meistens stochastischer Natur sind, sind diese zufallsbehaftet und im Voraus nicht definierbar. Um stochastisches Verhalten abzubilden, ist es notwendig, den Eintritt von Ereignissen mit einer Wahrscheinlichkeitsverteilung zu beschreiben. Der Output bei solchen Modellen ist ebenfalls durch Unsicherheit geprägt und von stochastischer Natur.

905 Vgl. Zeigler, Bernard P. (1976), S. 22; Pedgen, Dennis C./Shannon, Robert E./Sadowski, Randall P. (1995), S. 6; Elizandro, David/Taha, Hamdy (2008), S. 5; Pidd, Michael (2004), S. 25-27.

906 Vgl. Carson II, John S. (2005), S. 16; Schmalenbach, Christof (2007), S. 70.

907 Vgl. Brink, Alfred (1989), S. 680.

Um ein dynamisches Simulationsmodell zu erstellen, gibt es zahlreiche Softwarepakete.[908] Für die vorliegende Dissertation wurde die Software ExtendSim in der Version 7.0.6 gewählt, auf deren wichtigste Charakteristika im Weiteren eingegangen werden soll.[909] ExtendSim gehört zu einer Gruppe von grafischen Simulationspaketen, die sich durch eine große Bedienungsfreundlichkeit auszeichnen. Mit ExtendSim lassen sich sowohl stetige als auch diskrete Simulationsmodelle erstellen. Ein Simulationsmodell in ExtendSim wird gebaut, indem die einzelnen Blöcke per Maus auf die gewünschte Stelle innerhalb der Modellierungsfläche gezogen und durch Verbindungslinien miteinander verbunden werden. Bei einem Block handelt es sich um einen Baustein, der entweder einen Teilprozess oder einen Berechnungsschritt repräsentiert. So gibt es beispielsweise einen Block für die Simulation einer Warteschlange, einen Block für die Anwendung der verschiedenen mathematischen Funktionen und einen Block für die Visualisierung der Simulationsergebnisse. ExtendSim stellt eine Vielzahl an unterschiedlichen Blöcken zur Verfügung, die in Bibliotheken organisiert sind. Auch wenn die in ExtendSim eingebaute Programmiersprache ModL es ermöglicht, die vorgefertigten Blöcke an individuelle Anforderungen anzupassen und sogar neue Blöcke zu erstellen, erfordert die Erstellung eines Simulationsmodells in ExtendSim üblicherweise keine Programmierkenntnisse. Große und komplexe Modelle können überschaubar dargestellt werden, indem Teile des Modells zu einem hierarchischen Block zusammengefügt werden. Bei hierarchischen Blöcken handelt es sich also um Sub-Modelle, die andere Blöcke – auch andere hierarchische Blöcke – enthalten können.

Die meisten Blöcke verfügen über Konnektoren (connectors). Durch diese können Simulationsobjekte (items) in den Block gelangen und den Block verlassen. Des Weiteren ermöglichen die Konnektoren die Eingabe von Informationen in einen Block, die das Verhalten des Blocks beeinflussen, sowie das Auslesen von Informationen aus dem Block. Entlang der Verbindungslinien, die zwischen zwei Blöcken erstellt wurden, bewegen sich Simulationsobjekte (items). Ihre Bewegung vom Block zu Block kann visuell durch die Animation des Simulationsmodells verfolgt werden. Ebenso ermöglichen die Verbindungslinien, neben den items auch Werte (values) von Block zu Block weiterzureichen.

---

908 Vgl. Jansen-Vullers, Monique H./Netjes, Mariska (2006); Swain, James J. (1995) zu einem Überblick über die Simulationssoftware für das Prozesscontrolling.

909 Vgl. zu ausführlicher Information über ExtendSim Diamond, Bob u.a. (2010); Krahl, David (2009); Krahl, David (2008). Unter www.extendsim.com kann man zusammen mit der kostenlosen Demoversion einen ExtendSim User Guide herunterladen.

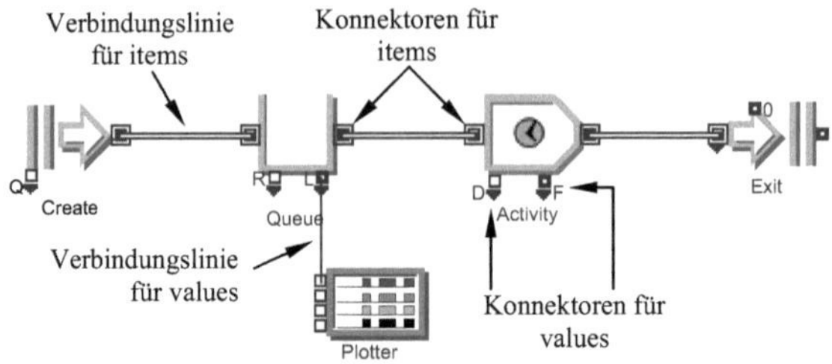

Abbildung 99: Wichtigste Elemente eines Simulationsmodells in ExtendSim

ExtendSim lässt zu, beliebige Modellelemente wie Tabellen, Grafiken und Textfelder sowie Eingabe- und Ausgabefelder aus dem Blockmenü zu kopieren und an einer bestimmten Stelle im Modell zu platzieren. Da durch das „Klonen" der Modellelemente weiterhin eine Verbindung zu den ursprünglichen Modellelementen besteht, kann insbesondere die Eingabe von Inputparametern sowie das Verfolgen von Simulationsergebnissen erleichtert werden.

Die Parametrisierung der Modellvariablen erfolgt im Blockmenü. ExtendSim stellt 34 Wahrscheinlichkeitsverteilungen zur Verfügung, um die stochastische Natur von Inputvariablen abzubilden. Darüber hinaus besteht die Möglichkeit, eine diskrete empirische Verteilung zu definieren. Um zu gewährleisten, dass die durchgeführten Simulationsläufe voneinander stochastisch unabhängig sind, kann der Anfangswert für den im Modell benutzten Zufallszahlengenerator randomisiert werden.

Ein Datenaustausch zwischen ExtendSim und anderen Anwendungen wie Tabellenkalkulation, Datenbanken oder Textverarbeitung ist ebenfalls möglich. Dabei besitzt ExtendSim die Möglichkeit, eigene Datenbanken zu erstellen und auf diese zurückzugreifen. In ExtendSim ist die Statistiksoftware Stat::Fit integriert, die die Datenaufbereitung und Datenanalyse unterstützt. Beispielsweise lassen sich dadurch theoretische Verteilungen an empirisch erhobene Daten anpassen. Die in ExtendSim erstellten Simulationsmodelle können einer Sensitivitätsanalyse unterzogen werden. Des Weiteren besteht die Möglichkeit, Zielgrößen mittels eines eingebauten Moduls (evolutionary optimizer) zu optimieren.

7.7 Verifizierung und Validierung

7.7.1 Einführende Gedanken zur Verifizierung und Validierung

Im Allgemeinen dient die Phase der Verifizierung der Überprüfung der logischen Strukturgültigkeit[910] und der Überprüfung, ob der Prozess der Modellerstellung fehlerfrei verlief und das Modell wie beabsichtigt arbeitet.[911] Die Modellverifizierung soll die Frage beantworten: „*Ist das Modell richtig?*".[912] Dabei wird nicht die Richtigkeit des Modells an sich geprüft, sondern die Richtigkeit der Überführung des Modells aus einer Beschreibungsart in eine andere,[913] z.B. die Überführung eines konzeptuellen Modells in das ausführbare Modell.

Demgegenüber soll die Validierung eine Antwort darauf geben, ob das erstellte Modell seiner Zwecksetzung gerecht wird[914] und ob es als Substitut für das reale System genutzt werden kann.[915] Deshalb erfolgt die Bewertung der Validität eines Modells jeweils in Bezug auf das vom Auftraggeber vorgegebene Ziel.[916] Ein und dasselbe Modell kann für den einen Zweck als valide und für einen anderen als nicht valide eingestuft werden.[917]

In der einschlägigen Literatur wird häufig abgelehnt, ein Modell durch das Prädikat „*valide/nicht valide*" zu charakterisieren.[918] Entsprechend der berühmt gewordenen

---

910 Vgl. Bossel, Hartmut (1994), S. 92; Kulla, B. (1987), S. 10.

911 Vgl. Berens, Wolfgang/Delfmann, Werner/Schmitting, Walter (2004), S. 139; Carson II, John S. (2002), S. 52; Pedgen, Dennis C./Shannon, Robert E./Sadowski, Randall P. (1995), S. 129; Schmidt, Bernd (1987), S. 59.

912 Vgl. Balci, Osman (2003), S. 150.

913 Vgl. Carson II, John S. (1989), S. 552; Giaglis, George M./Paul, Ray J./Hlupic, Vlatka (1999), S. 226; Rabe, Markus/Spieckermann, Sven/Wenzel, Sigrid (2008), S. 14; Robinson, Stewart (1997), S. 53; Schlesinger, Stewart (1979), S. 104.

914 Vgl. Balci, Osman (2003), S. 150; Sargent, Robert G. (2005), S. 130; Schlesinger, Stewart (1979), S. 104.

915 Vgl. Banks, Jerry u.a. (2005), S. 354; Brink, Alfred (1989), S. 682; Dutta, Amitava/Roy, Rahul (2005), S. 256; Eschenbacher, Peter/Schmidt, Berndt (1987), S. 28; Gass, Saul I. (1981), S. 341; Law, Averill M. (2007), S. 244; Pedgen, Dennis C./Shannon, Robert E./Sadowski, Randall P. (1995), S. 129; Richardson, George P./Pugh, Alexander L. III (1981), S. 311f.; Sargent, Robert G. (2005), S. 130; Quade, Edward S. (1980), S. 34; van Horn, Richard L. (1969), S. 233.

916 Vgl. Balci, Osman (1995), S. 148-149; Barlas, Yaman (1996), S. 184; Law, Averill M. (2007), S. 244; Nermann, Charles F. (1967), S. 217; Richardson, George P./Pugh, Alexander L. III (1981), S. 310f.; Pedgen, Dennis C./Shannon, Robert E./Sadowski, Randall P. (1995), S. 20;

917 Vgl. Nermann, Charles F. (1967), S. 217-220 zur Beeinflussung der Modellvalidität durch das Ziel

918 Vgl. Balci, Osman (1995), S. 148; Banks, Jerry u.a. (2005), S. 361; Barlas, Yaman (1996), S. 187f.; Coyle, Geoff/Exelby, David (2000), S. 28; Kleindorfer, George B./O'Neill, Liam/Ganeshan, Ram (1998), S. 1088; Ossimitz, Günther (2000), S. 58; Rabe, Markus/Spieckermann, Sven/Wenzel, Sigrid (2008), S. 1.

Aussage von BOX: „All models are wrong; some models are useful“[919] wird stattdessen vorgeschlagen, ein Modell nicht als valide, sondern als glaubwürdig (*credible*) zu beurteilen. Ein Simulationsmodell ist dann als valide einzustufen, wenn der Auftraggeber ihm Glaubwürdigkeit (*confidence*) schenkt.[920]

Obwohl im auf der Abbildung 104 vorgestellten Schema zum Ablauf einer Simulationsstudie die Phasen der Verifizierung und Validierung getrennt dargestellt wurden, können Verifizierungs- und Validierungstests meist nicht getrennt durchgeführt werden. Es ist dabei von nachrangigem Interesse, welche der Tests die Fehler und deren Ursachen entdecken.[921] Des Weiteren sollte durch dieses Schema nicht der Eindruck erweckt werden, dass Verifizierung und Validierung erst nach der Erstellung eines Simulationsmodells durchgeführt werden. Sie sind in allen Phasen der Simulationsstudie zu finden und werden iterativ durchgeführt.[922] Darüber hinaus können Verifizierung und Validierung verursachen, dass die Systemgrenzen, der Detaillierungsgrad oder das Aggregationsniveau der Variablen geändert werden müssen. Aus dem Projektmanagement ist allgemein bekannt, dass die Beseitigung von Fehlern umso weniger kostet, je früher sie entdeckt werden. Da die Kosten der Fehlerbeseitigung mit dem Fortschritt der Simulationsstudie exponentiell wachsen, sollte mit dem Validierungsprozess bereits bei der Problemformulierung begonnen werden.[923] Hierbei ist sicherzustellen, dass das Problem in sich widerspruchsfrei und vollständig formuliert ist.

SCHLESINGER hat in diesem Zusammenhang den Begriff *„dynamische Validität“* eingeführt und gefordert, dass ein Modell nicht nur im Erstellungszeitpunkt, sondern auch über seinen gesamten Verwendungszeitraum vertrauenswürdig und verwertbar bleibt.[924] Ändern sich die dem Modell zugrunde gelegten Daten oder Annahmen, dann sind die Inputdaten und gegebenenfalls auch die Modellstruktur zu korrigieren. Streng genom-

---

919 BOX, GEORGE E. P. (1979), S. 202.

920 Vgl. GASS, SAUL I. (1983), S. 611.

921 Vgl. WEIß, MATTHIAS u.a. (2004), S. 247; WENZEL, SIGRID u.a. (2008), S. 33.

922 Vgl. BALCI, OSMAN (1994), S. 215-217; BALCI, OSMAN (1995), S. 148; BANKS, JERRY u.a. (2005), S. 354; BARLAS, YAMAN (1996), S. 184; CARSON II, JOHN S. (1989), S. 552; LAW, AVERILL M. (2006), S. 58; LAW, AVERILL M. (2007), S. 244; ROBINSON, STEWART (1997), S. 54; ROBINSON, STEWART (2003), S. 212; Eine umfangreiche Beschreibung der Verifizierungs- und Validierungsaktivitäten innerhalb jeder Phase der Simulationsstudie findet sich in RABE, MARKUS/SPIECKERMANN, SVEN/WENZEL, SIGRID (2008), S. 136-191.

923 Vgl. BARLAS, YAMAN (1996), S. 184; LANDRY, MAURICE/MALOUIN, JEAN-LOUIS/ORAL, MUHITTIN (1983), S. 212.

924 Vgl. GASS, SAUL I. (1981), S. 344; GASS, SAUL I. (1983), S. 615; GASS, SAUL I./THOMPSON, BRUCE W. (1980), S. 652; LAW, AVERILL M. (2007), S. 224.

men sollte ein bereits validiertes Modell immer dann revalidiert werden, wenn neue Erkenntnisse vorliegen, die zur Korrektur des ursprünglichen Modells geführt haben. Darüber hinaus sollte man das Modell in regelmäßigen Zeitabständen einer erneuten Validierung unterziehen, denn die Kosten einer periodischen Revalidierung sind in der Regel vernachlässigbar, verglichen mit den Kosten einer fehlerhaften Entscheidung, die durch ein nicht valides Modell verursacht werden.[925]

Verifizierung und Validierung eines Simulationsmodells haben präventiven Charakter. Sie sollen folgenden drei Fehlerarten vorbeugen:[926]

- Fehler 1. Art: Diese beziehen sich auf den Fall, dass ein Modell fälschlicherweise als nicht glaubwürdig eingestuft wird. Das mit dieser Fehlerart verbundene Risiko wird als Modellentwicklerrisiko bezeichnet.
- Fehler 2. Art: Diese lassen sich beobachten, wenn ein Modell als glaubwürdig beurteilt wird, obwohl dies nicht zutrifft. Das entsprechende Fehlerrisiko wird auch als Modellbenutzerrisiko bezeichnet.
- Fehler 3. Art: Ein solcher liegt vor, wenn statt des zu lösenden Problems ein anderes gelöst wird.[927]

Um die drei genannten Fehlerarten zu vermeiden, empfiehlt es sich, einen unparteiischen Dritten, einen so genannten Simulationsauditor zu beauftragen, die Glaubwürdigkeit des Modells zu überprüfen.[928] Auch wenn das Modell alle angewandten Verifizierungs- und Validierungstests erfolgreich durchlaufen hat, bedeutet das nur, dass keine Fehler und Inkonsistenzen aufgedeckt werden konnten und nicht, dass es sich bei diesem Modell um ein absolut unanfechtbares Abbild der Realität handelt.[929]

---

925 Vgl. Carson II, John S. (1989), S. 556.

926 Vgl. Balci, Osman (1994), S. 215; Balci, Osman (1995), S. 150; Pidd, Michael (2004), S. 241.

927 Vgl. Law, Averill M. (2007), S. 255; Mitroff, Ian. I./ Featheringham, T. R. (1974), S. 383-393; Sadowski, Deborah A./Sturrock, David T. (2006), S. 68f.; Watson, Charles E. (1976), S. 89-91.

928 Vgl. Robinson, Stewart (2003), S. 221; Sargent, Robert G. (2005), S. 131; Whitner, Richard B./Balchi, Osman (1989), S. 562.

929 Vgl. Carson II, John S. (2002), S. 52; Martis, Morvin Savio (2006), S. 40; Rabe, Markus/Spieckermann, Sven/Wenzel, Sigrid (2008), S. 2; Randers, Jorgen (1980), S. 129f.

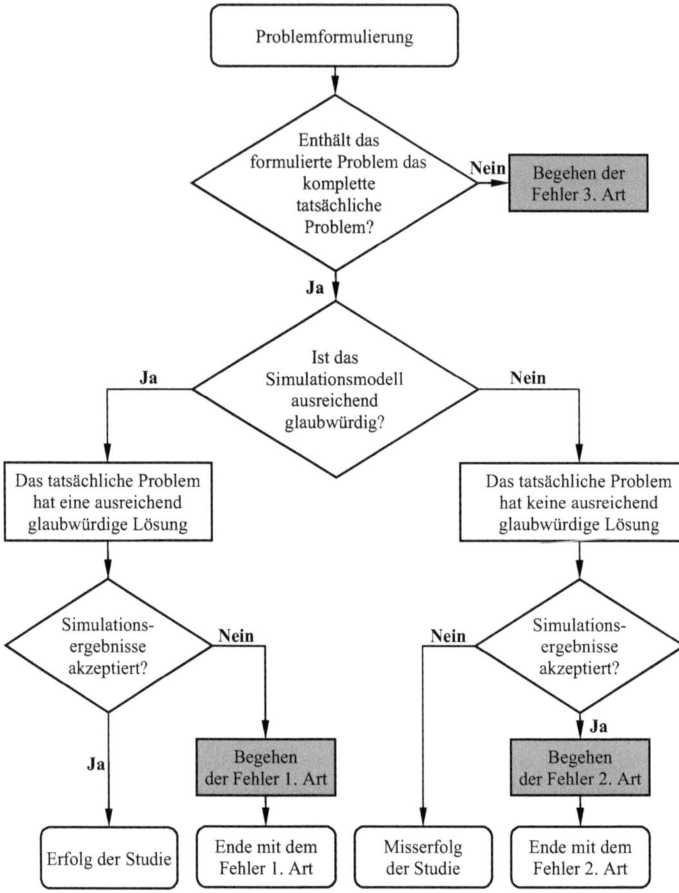

Abbildung 100: Fehler der 1., 2. und 3. Art in der Simulationsstudie[930]

Die Ausgestaltung des Validierungsprozesses wurde maßgeblich von den drei folgenden Strömungen der Erkenntnistheorie, dem Rationalismus, dem Empirismus und dem Positivismus beeinflusst.[931] Die Rationalisten gehen davon aus, dass ein Modell das Ergebnis logischer Deduktion aus einer Menge von Prämissen darstellt, unabhängig davon, ob diese empirisch überprüft werden können oder nicht. Ihrer Meinung nach ist es nicht notwendig, die Prämissen zu überprüfen. Es reiche aus, diese zu formulieren, weil je-

930 Vgl. BALCI, OSMAN (1998), S. 350; BALCI, OSMAN/NANCE, RICHARD E. (1985), S. 81.

931 Vgl. KLEINDORFER, GEORGE B./O'NEILL, LIAM/GANESHAN, RAM (1998), S. 1089-1092; NAYLOR, THOMAS H./FINGER, J. M. (1967), S. 93-95; PEDGEN, DENNIS C./SHANNON, ROBERT E./SADOWSKI, RANDALL P. (1995), S. 149; SHANNON, ROBERT E. (1975), S. 212-215.

dermann wisse, ob sie richtig sind oder nicht. Im Gegensatz zum Rationalismus lehnen die Empiriker jene Annahmen und Prämissen ab, die weder durch ein reales Experiment noch durch die Analyse von empirischen Daten bestätigt werden können. Gemäß den Positivisten soll ein valides Modell die zukünftige Entwicklung des zu modellierenden Systems möglichst treffsicher vorhersagen können. Dabei sind die Struktur und die getroffenen Annahmen von nachrangiger Bedeutung.

NAYLOR und FINGER betonen in ihrem klassischen Aufsatz, dass der Validierungsprozess die Grundzüge der drei genannten Strömungen enthalten soll.[932] Der von ihnen entwickelte mehrstufige Validierungsprozess hat die moderne „Validierungslehre" nachhaltig beeinflusst. Die erste Stufe dieses Validierungsprozesses besteht in der Formulierung der theoretischen Annahmen und Hypothesen, die es ermöglichen, das Verhalten des Systems abzubilden. In der zweiten Stufe werden Experten herangezogen, um die dem Modell zugrunde liegenden Annahmen auf empirischem Weg zu überprüfen. Die dritte Stufe beschäftigt sich mit der Frage, ob das Modell in der Lage ist, die zukünftige Entwicklung des Systems zu prognostizieren. Dabei wird ein Vergleich zwischen den simulierten und den empirischen zukunftsbezogenen Daten angestrebt.

7.7.2 Überblick über Validierungs- und Verifizierungstechniken

Da es keinen absolut objektiven Validierungstest gibt, existiert eine große Anzahl an Validierungstechniken.[933] Bei den Validierungstechniken lassen sich grob zwei Gruppen unterscheiden: Strukturtests und Verhaltenstests. Während die Verhaltenstests als *Black-Box-Tests* bezeichnet werden, gelten die Strukturtests als *White-Box-Tests*.[934] Diese Bezeichnungen repräsentieren den Untersuchungsgegenstand der jeweiligen Tests. Im ersten Fall ist nur das Verhalten des Modells ohne seine Struktur (*black box*) von Interesse. Im zweiten Fall wird die Struktur des Modells (*white box*) überprüft. Das valide Modell soll nicht nur das Verhalten des realen Systems reproduzieren, sondern auch erklären können, wie das Systemverhalten überhaupt zustande kommt.[935] Auch wenn ein Modell empirische Daten reproduzieren kann, bedeutet das nicht, dass seine

---

932 Vgl. NAYLOR, THOMAS H./FINGER, J. M. (1967), S. 95-97.

933 Vgl. BALCI, OSMAN (1998), S. 355, der über 70 Verifizierungs- und Validierungstechniken aufzählt.

934 Vgl. PIDD, MICHAEL (2004), S. 240, 242; ROBINSON, STEWART (2003), S. 211; WHITNER, RICHARD B./BALCHI, OSMAN (1989), S. 564.

935 Vgl. ZEIGLER, BERNARD P. (1976), S. 5.

innere Modellstruktur mit der Struktur des realen Systems übereinstimmt.[936] Da das Modellverhalten aus der Modellstruktur resultiert,[937] können grundsätzlich verschiedene Modellstrukturen zu „empirisch gültigen“ Ergebnissen führen.[938] Dieser Zusammenhang zwischen Modellstruktur und Modellverhalten lässt sich anhand des folgenden Beispiels nachvollziehen:

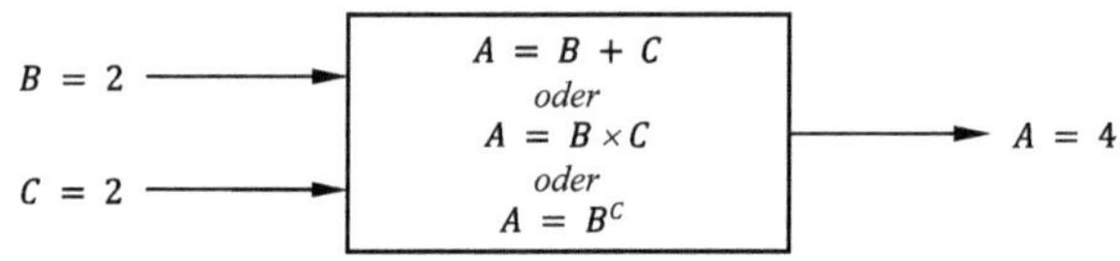

Abbildung 101: Modellstruktur und Modellverhalten[939]

Anhand der Inputdaten $B = 2$ und $C = 2$ lässt sich nicht entscheiden, auf welche innere Modellstruktur der Output $A = 4$ zurückgeführt werden kann. Während im vorliegenden Fall die Aufgabestellung so einfach ist, dass eine Variation der Inputdaten genügt, um auf die innere Modellstruktur zu schließen, reicht eine Input-Output-Analyse im Allgemeinen nicht aus, um die innere Struktur eines Modells zu identifizieren. Aus diesen Überlegungen folgt, dass Strukturtests vor Verhaltenstests durchgeführt werden sollten.[940]

Bei den Strukturtests ist zwischen *direkten* und *indirekten Strukturtests* zu unterschieden.[941] Direkte Strukturtests überprüfen das Modell, indem die Modellstruktur mit Erkenntnissen über die Struktur des realen Systems verglichen wird, ohne die Beziehungen zwischen der Modellstruktur und dem Modellverhalten zu berücksichtigen.[942] Indirekte Strukturtests schließen vom beobachteten Modellverhalten auf die Modellstruktur und werden daher auch als strukturorientierte Verhaltenstests bezeichnet. Indirekte Strukturtests benötigen im Gegensatz zu den direkten Strukturtests die Durchführung von Simulationsläufen, um das Modellverhalten beobachten zu können.

---

936 Vgl. Brooks, Roger J./Tobias, Andrew M. (1996), S. 4.

937 Vgl. Richardson, George P./Pugh, Alexander L. III (1981), S. 15.

938 Vgl. Berens, Wolfgang/Delfmann, Werner/Schmitting, Walter (2004), S. 139; Bossel, Hartmut (1994), S. 29.

939 Vgl. Robinson, Stewart (2003), S. 220.

940 Vgl. Barlas, Yaman (1996), S. 188; Pidd, Michael (2004), S. 250; Shreckengost, Raymond C. (1985), S. 64.

941 Vgl. Barlas, Yaman (1996), S. 189f.

942 Vgl. Forrester, Jay W./Senge, Peter M. (1980), S. 212.

Wie oben erwähnt, beinhaltet der Validierungsprozess mehrere Schleifen und Modellkorrekturen. Dabei müssen nicht alle Tests mehrmals durchgeführt werden. Wurde beispielsweise das Modell mit direkten und indirekten Strukturtests erfolgreich getestet, ist es aber bei den musterorientierten Verhaltenstests gescheitert, dann werden nach der Fehlerbehebung die Strukturtests nicht noch einmal durchgeführt – es sei denn die innere Modellstruktur wurde geändert.[943]

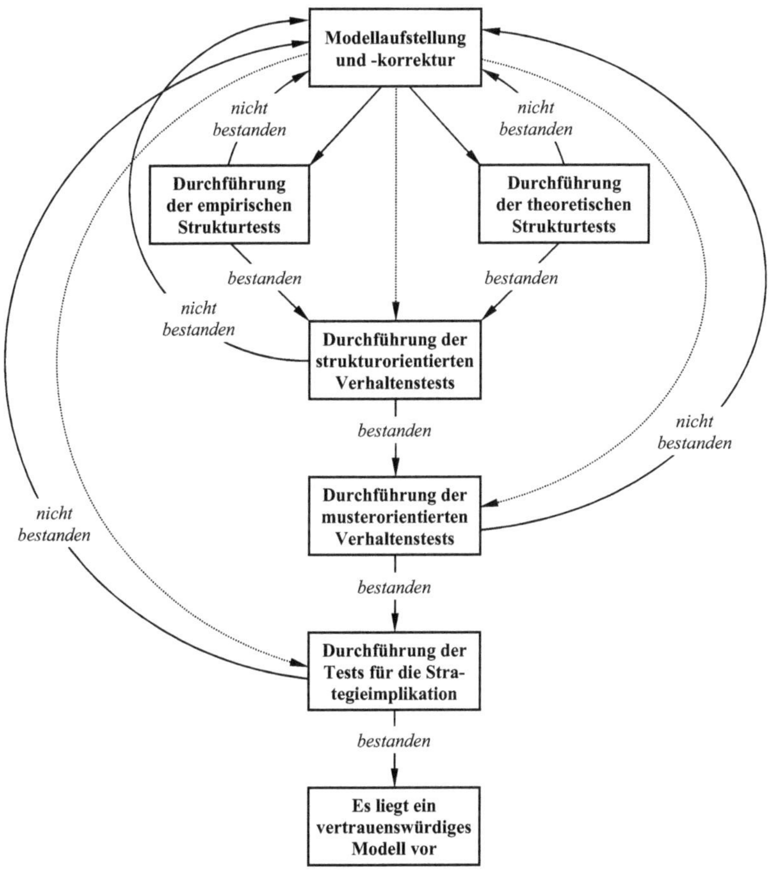

Abbildung 102: Der Ablauf des Validierungsprozesses[944]

[943] Vgl. BARLAS, YAMAN (1996), S. 193.

[944] Vgl. BARLAS, YAMAN (1996), S. 194.

7.7.2.1 Direkte Strukturtests

Zu den direkten Strukturtests zählen unter anderem Tests, wie der Strukturverifikationstest, der Parameterverifikationstest, der direkte Extremwerttest und der Dimensionskonsistenztest.

Im Rahmen des *Strukturverifikationstests*[945] wird die Modellstruktur einerseits empirisch durch den Vergleich mit der Struktur des realen Systems bzw. mit Informationen überprüft, die dem realen System entnommen werden können.[946] Hierbei ist sicherzustellen, dass jene Struktur des Realsystems ausgewählt wird, die dem Modellzweck am besten dient.[947] Andererseits kann die Gültigkeit der Modellstruktur auch theoretisch beurteilt werden, indem man auf das Wissen zurückgreift, das über das Realsystem vorhanden ist.[948] Dabei sind die Erkenntnisse der im Modell benutzten Disziplinen heranzuziehen.[949] Hier sollten unter anderem die Modellstruktur, die getroffenen Annahmen hinsichtlich des mathematischen Funktionstyps (linear, exponentiell etc.), die Annahmen bezüglich des Inhalts der Variablen und Parameter sowie die unterstellten Wechselbeziehungen zwischen den Systemelementen überprüft werden.[950] Der Strukturverifikationstest wird wegen der beschränkten Möglichkeiten, qualitative, im realen System beobachtete Abhängigkeiten für den Vergleich mit der Modellstruktur zu quantifizieren, als besonders schwierig eingestuft.[951]

Des Weiteren findet eine Überprüfung des gewählten Detaillierungsgrads sowie der Modellgrenzen statt, ohne dass es einer Ausführung der Simulation bedarf.[952] Es wird geprüft, ob der Aggregationsgrad des Modells angemessen ist und ob alle zweckrelevanten Strukturen aus dem realen System in das Modell übernommen wurden. Mit steigendem Problemverständnis werden die Modellgrenzen in der Regel geändert. Insbesondere sind die Modellgrenzen entsprechend anzupassen, wenn das Simulationsziel vom Auftraggeber geändert wurde.

---

945 Vgl. Forrester, Jay W./Senge, Peter M. (1980), S. 212.

946 Vgl. Sargent, Robert G. (2005), S. 135; Sterman, John D. (2000), S. 863-866.

947 Vgl. Forrester, Jay W./Senge, Peter M. (1980), S. 213.

948 Vgl. Barlas, Yaman (1996), S. 189f.

949 Vgl. Randers, Jorgen (1980), S. 129.

950 Vgl. Schellenberger, Robert E. (1974), S. 646.

951 Vgl. Barlas, Yaman (1996), S. 190.

952 Vgl. Forrester, Jay W./Senge, Peter M. (1980), S. 214f.; Sterman, John D. (2000), S. 859, 861f.

In der Praxis haben sich mehrere Arten des Strukturverifikationstests herausgebildet. Bei einem strukturierten Durchgehen (*structured walkthrough*)[953] werden alle mit dem System vertrauten Personen beauftragt, getroffene Annahmen und Hypothesen sowie die quantitativen Gleichungen des Simulationsmodells kritisch zu hinterfragen. Im Rahmen einer Begutachtung (*review*) wird beurteilt, ob die Modellstruktur mit den vereinbarten Standards, Zielen und Rahmenbedingungen des Auftraggebers konform ist.[954]

Mit einem *Parameterverifikationstest*[955] werden zwei Ziele verfolgt: Zum einen die konzeptuelle und zum anderen die formale Richtigkeit der Parameter. Die konzeptuelle Überprüfung der Parameter besteht in der Identifikation jener Elemente des realen Systems, die mit den Modellelementen übereinstimmen oder zumindest durch die Modellelemente repräsentiert werden. Die Überprüfung der formalen Richtigkeit erstreckt sich auf die Bezeichnungen und Ausprägungen der numerischen Modellgrößen.[956] Die größten Schwierigkeiten bereiten dabei die weichen Daten. Die mit ihrer Quantifizierung verbundenen Probleme können teilweise durch eine Sensitivitätsanalyse gelöst werden.[957] Werden bei der Änderung eines weichen Parameters nur geringe Abweichungen im Modellverhalten beobachtet, dann ist das Modell in Bezug auf diesen Parameter unsensibel. Eine solche Modellstruktur ist trotz der Unschärfe bei der Quantifizierung von weichen Faktoren als valide einzustufen.[958]

Der *Dimensionskonsistenztest*[959] überprüft, ob die Maßeinheit für jede im Modell benutzte Variable richtig definiert ist und ob das Wertespektrum, das sich aus den Formeln ergibt, in der Realität überhaupt auftritt.[960] Dimensionale Inkonsistenzen können auf Tippfehler, inverse Verhältnisse, fehlende Zeiteinheiten etc. hindeuten. Vielmehr aber decken solche auf die Maßeinheiten bezogenen Fehler Mängel im Verständnis der internen Modellstruktur auf.[961]

---

953 Vgl. CARSON II, JOHN S. (1989), S. 557; LAW, AVERILL M. (2007), S. 249, 256; PEDGEN, DENNIS C./SHANNON, ROBERT E./SADOWSKI, RANDALL P. (1995), S. 131; WHITNER, RICHARD B./BALCHI, OSMAN (1989), S. 561.

954 Vgl. WHITNER, RICHARD B./BALCHI, OSMAN (1989), S. 562.

955 Vgl. FORRESTER, JAY W./SENGE, PETER M. (1980), S. 212f.; NERMANN, CHARLES F. (1967), S. 222.

956 Vgl. KULLA, B. (1987), S. 10; RANDERS, JORGEN (1980), S. 127-129; STERMAN, JOHN D. (2000), S. 866f.

957 Vgl. TANK-NIELSEN, CARSTEN (1980), S. 187.

958 Vgl. TANK-NIELSEN, CARSTEN (1980), S. 192.

959 Vgl. FORRESTER, JAY W./SENGE, PETER M. (1980), S. 215f.

960 Vgl. BARLAS, YAMAN (1996), S. 191; MARTIS, MORVIN SAVIO (2006), S. 42; STERMAN, JOHN D. (2000), S. 866.

961 Vgl. STERMAN, JOHN D. (2000), S. 866.

Im Modell benutzte Gleichungen können auch durch einen *direkten Extremwerttest*[962] verifiziert werden, indem kontrolliert wird, ob die Gleichungen bei extremen, aber möglichen Werten zu sinnvollen Ergebnissen führen.[963] Grundsätzlich sollen sich Modelle auch unter extremen Rahmenbedingungen nachvollziehbar und realistisch verhalten. Das unter Normalbelastung verifizierte Modell kann sich bei der Belegung mit Werten außerhalb des Normalen als völlig unbrauchbar erweisen. Bei dem direkten Extremwerttest werden für die Inputvariablen jeweils maximale oder minimale Werte, Nullwerte oder unendlich gesetzt und die daraus resultierenden Gleichungsergebnisse mit den analytisch hergeleiteten Ergebnissen verglichen.[964] Diese Belegung sollte nicht nur isoliert für einzelne Variablen, sondern gleichzeitig für alle Inputs vorgenommen werden. Dieser Test erfolgt ohne Ausführung des Simulationsmodells.[965]

7.7.2.2 Indirekte Strukturtests

Durch indirekte Strukturtests wird überprüft, ob die Modellstruktur in ihrer bisher entwickelten Form in ausreichendem Maße den gewünschten Zweck erfüllt, indem das Simulationsmodell ausgeführt und das erzeugte Verhaltensmuster untersucht wird. Zu indirekten Strukturtests zählen unter anderem folgende Tests: der indirekte Extremwerttest, der strukturorientierte Verhaltenssensitivitätstest, der Verhaltensanomalietest, der Integrationsfehlertest, der verhaltensorientierte Systemgrenzenadäquanztest, der Test der internen Validität und der Generalisierungstest.

Beim *indirekten Extremwerttest*[966] wird überlegt, wie sich das reale System unter extremen Bedingungen verhält und ob das Modell unter diesen Bedingungen die erwarteten Verhaltensmuster zeigt.[967] Bei vielen Realsystemen existiert eine konkrete Vorstellung davon, welche Folgen auftreten, wenn die Systemparameter Extremwerte annehmen. Durch geschickte Setzung der Modellparameter kann erreicht werden, dass einige Modellteile ausgeblendet werden und das Modellverhalten noch besser prognostizierbar wird. Handelt es sich um ein stochastisches Modell, kann eine Vereinfachung des indirekten Extremwerttests auch erzielt werden, indem das Simulationsmodell in ein deter-

962 Vgl. FORRESTER, JAY W./SENGE, PETER M. (1980), S. 213f.

963 Vgl. MARTIS, MORVIN SAVIO (2006), S. 42; STERMAN, JOHN D. (2000), S. 869f.

964 Vgl. BARLAS, YAMAN (1996), S. 191.

965 Vgl. PIDD, MICHAEL (2004), S. 243f.

966 Vgl. FORRESTER, JAY W./SENGE, PETER M. (1980), S. 221f.

967 Vgl. CARSON II, JOHN S. (1989), S. 557; SANDROCK, JÖRG (2006), S. 132-135; SARGENT, ROBERT G. (2005), S. 134; SCHELLENBERGER, ROBERT E. (1974), S. 650; STERMAN, JOHN D. (2000), S. 869f.

ministisches Modell transformiert wird. Zur Reduktion des Testaufwands sollte man die Belegung von Modellparametern mit unsinnigen Kombinationen von vornherein ausschließen.

Der *strukturorientierte Verhaltenssensitivitätstest*[968] identifiziert in einem ersten Schritt jene Parameter, auf deren Änderungen das reale System hochempfindlich reagiert. In einem zweiten Schritt wird überprüft, ob auch das Simulationsmodell von den Änderungen dieser Parameter ähnlich beeinflusst wird. Dabei wird zwischen der qualitativen und der quantitativen Verhaltenssensitivität unterschieden, d.h. die Ergebnisse der Sensitivitätsanalyse müssen nicht nur qualitativ plausibel sein, sondern dem Verhalten des realen Systems auch quantitativ entsprechen.[969] Im ersten Fall wird kontrolliert, ob das grundlegende Modellverhalten auf die Parameteränderungen ähnlich reagiert wie das reale System. Im zweiten Fall muss das Ausmaß der Sensitivität zwischen Modell und Realität in etwa übereinstimmen.[970]

Durch den *Verhaltensanomalietest*[971] wird überprüft, ob die Modellannahmen zu Modellzuständen führen können, die dem realen System widersprechen. Tritt bei der Änderung einer Annahme oder eines Anfangswertes eine Anomalie, wie etwa ein negativer Lagerbestand auf, dann sinkt dadurch die Glaubwürdigkeit der getroffenen Annahme.

Der *Integrationsfehlertest* untersucht die Länge des Zeitschritts (*delta t*) bei stetigen Simulationsmodellen. Bewirkt beispielsweise die Halbierung des Zeitschritts eine bedeutsame Änderung im Modellverhalten, so ist dies ein Indiz dafür, dass die bisher gewählte Schrittlänge zu groß war.

Der *verhaltensorientierte Systemgrenzenadäquanztest*[972] beantwortet die gleiche Frage wie der bereits erwähnte Strukturverifikationstest, nämlich ob alle wichtigen, das Modellverhalten beeinflussenden Parameter im Modell enthalten sind und ob der Detaillierungsgrad im Modell richtig gewählt wurde.[973] Der Unterschied zwischen den beiden genannten Tests besteht in der Art und Weise, wie geprüft wird. Beim verhaltensorien-

968 Vgl. FORRESTER, JAY W./SENGE, PETER M. (1980), S. 222f.

969 Vgl. RICHARDSON, GEORGE P./PUGH, ALEXANDER L. III (1981), S. 278; SARGENT, ROBERT G. (2005), S. 134; SHRECKENGOST, RAYMOND C. (1985), S. 67; STERMAN, JOHN D. (2000), S. 883; TANK-NIELSEN, CARSTEN (1980), S. 190.

970 Vgl. ROBINSON, STEWART (2003), S. 218.

971 Vgl. FORRESTER, JAY W./SENGE, PETER M. (1980), S. 220; STERMAN, JOHN D. (2000), S. 880f.

972 Vgl. FORRESTER, JAY W./SENGE, PETER M. (1980), S. 222; RICHARDSON, GEORGE P./PUGH, ALEXANDER L. III (1981), S. 279-281; SHRECKENGOST, RAYMOND C. (1985), S. 65.

973 Vgl. STERMAN, JOHN D. (2000), S. 861-863.

tierten Systemgrenzenadäquanztest wird die Simulation ausgeführt, beim Strukturverifikationstest hingegen nicht. Beim verhaltensorientierten Systemgrenzenadäquanztest wird überprüft, ob sich das Modellverhalten bei Erweiterung bzw. Einengung der Systemgrenzen ändert. Diese Vorgehensweise hilft, die kleinsten Grenzen festzustellen, innerhalb derer sich ein Systemverhalten erzeugen lässt, das dem realen System entspricht.[974] Das Gleiche gilt für den Detaillierungsgrad.

Der *Test der internen Validität* findet bei stochastischen Simulationen Anwendung.[975] Hiermit wird überprüft, ob die Wiederholung von Simulationsläufen zu vergleichbaren Ergebnissen führt, wenn die Startwerte der Zufallszahlengeneratoren verändert werden.[976] Werden gravierende Schwankungen zwischen den Ergebnissen einzelner Simulationsläufe festgestellt, kann dies auf Fehler in der Modellstruktur, aber auch auf eine fehlerhafte Funktionsweise des Zufallsgenerators hinweisen.

Der *Generalisierungstest* soll überprüfen, ob sich das entwickelte Simulationsmodell auf andere strukturähnliche Realsysteme verallgemeinern lässt, wenn lediglich Parameteranpassungen vorgenommen werden.[977]

Die logische Struktur des Modells kann auch durch *Animation* überprüft werden.[978] Mittels Animation lassen sich die Zustandsänderungen von Modellgrößen oder die Bewegungen von Objekten durch das Modell während der Simulation – ähnlich wie in einem Film – auf dem Bildschirm verfolgen und mit den getroffenen Annahmen bzw. dem realen System vergleichen.[979] Durch eine geeignete Wahl von Systemparametern lassen sich die Pfade vorbestimmen, auf denen die Simulationsobjekte durch das Modell wandern sollen. Während des Simulationslaufs kann dann überprüft werden, ob sich die Simulationsobjekte tatsächlich entlang der vorausbestimmten Pfade bewegen.[980] Sämtliche Informationen über die Bewegungen von Simulationsobjekten lassen sich auch in

---

974 Vgl. Schmidt, Bernd (1987), S. 58; Tank-Nielsen, Carsten (1980), S. 189.

975 Vgl. Nermann, Charles F. (1967), S. 220f.; Rabe, Markus/Spieckermann, Sven/Wenzel, Sigrid (2008), S. 105; Sargent, Robert G. (2005), S. 134.

976 Vgl. Balci, Osman (1995), S. 149; Law, Averill M. (2007), S. 249.

977 Vgl. Forrester, Jay W./Senge, Peter M. (1980), S. 220f.; Martis, Morvin Savio (2006), S. 42; Sterman, John D. (2000), S. 881.

978 Vgl. Carson II, John S. (1989), S. 554; Law, Averill M. (2007), S. 264; Rabe, Markus/Spieckermann, Sven/Wenzel, Sigrid (2008), S. 95-97; Robinson, Stewart (2003), S. 216; Sargent, Robert G. (2005), S. 134 Swain, James J. (1995), S. 64; Whitner, Richard B./Balchi, Osman (1989), S. 564.

979 Vgl. Balci, Osman (1989), S. 68; Sargent, Robert G. (2005), S. 134; Whitner, Richard B./Balchi, Osman (1989), S. 564-565.

980 Vgl. Rabe, Markus/Spieckermann, Sven/Wenzel, Sigrid (2008), S. 57.

Form eines elektronischen Protokolls, in einer so genannten Trace-Datei festhalten, um sie später in allen Einzelheiten analysieren zu können.[981]

7.7.2.3 Musterorientierte Verhaltenstests

Die wichtigsten Tests, die zu musterorientierten Verhaltenstests gehören, sind der Verhaltensreproduktionstest und der Verhaltensvorhersagetest.

Bei den *Verhaltensreproduktionstests* wird die reproduzierende Validität beurteilt,[982] indem überprüft wird, ob das Modell die in der Realität beobachteten Daten und das Verhalten des realen Systems erzeugen kann.[983] Zunächst soll das Modell in einem iterativen Prozess, der so genannten Kalibrierung, so eingestellt werden, dass es einen Teil der empirischen Daten möglichst genau reproduziert.[984] Der restliche Teil der Daten wird im weiteren Verlauf als Vergleichsbasis benutzt, um die Approximationsgüte festzustellen. Hier bietet sich der Einsatz von Anpassungstests und weiteren statistischen Methoden an.[985] Ein und derselbe Datensatz darf nicht gleichzeitig für die Kalibrierung und für die Validierung verwendet werden.[986] Der Einsatz der klassischen Anpassungstests ist an verschiedene Voraussetzungen gebunden. Unter anderem dürfen die Daten weder autokorreliert noch kreuzkorreliert sein. Tatsächlich sind aber die Simulationsdaten häufig auto- und kreuzkorreliert.

Nichtsdestoweniger ist dieser Test sehr beliebt und wird zu Unrecht für ausreichend angesehen, um die Modellvalidität nachzuweisen. Grundsätzlich sollte das Modell selbst dann nicht abgelehnt werden, wenn es an einem solchen Anpassungstest scheitert.[987] Wichtiger noch als die quantitative Analyse der Verhaltensreproduktion ist die qualitative Analyse des simulativ erzeugten Verhaltensmusters. Hierfür empfiehlt es

---

981 Vgl. BANKS, JERRY u.a. (2005), S. 359f.; LAW, AVERILL M. (2007), S. 249; RABE, MARKUS/SPIECKERMANN, SVEN/WENZEL, SIGRID (2008), S. 107.

982 Vgl. GASS, SAUL I. (1983), S. 611.

983 Vgl. FORRESTER, JAY W./SENGE, PETER M. (1980), S. 217-219; LAW, AVERILL M. (2006), S. 63; LAW, AVERILL M. (2007), S. 259-262; ROBINSON, STEWART (1997), S. 57; ROBINSON, STEWART (2003), S. 217f.; SHRECKENGOST, RAYMOND C. (1985), S. 66.

984 Vgl. BALCI, OSMAN (1989), S. 64; BANKS, JERRY u.a. (2005), S. 361; BERTSCHE, DORY/CRAWFORD, CHRISTOPHER/MACADAM, STEPHEN E. (1996), S. 55; LAW, AVERILL M. (2007), S. 263.

985 Vgl. stellvertretend LAW, AVERILL M. (2007), S. 265-273; STERMAN, JOHN D. (2000), S. 874-880.

986 Vgl. ALTMAN, STANLEY M. (1980), S. 45; BANKS, JERRY u.a. (2005), S. 361; LAW, AVERILL M. (2007), S. 367; RABE, MARKUS/SPIECKERMANN, SVEN/WENZEL, SIGRID (2008), S. 111.

987 Vgl. BARLAS, YAMAN (1996), S. 194.

sich, auf grafische Vergleiche mit Hilfe von Histogrammen, auf Box-Plots,[988] auf XY-Diagramme[989] und auf andere Mustererkennungsmethoden zurückzugreifen.[990] Bei der Analyse des qualitativen Verhaltensmusters kommt es insbesondere auf die Analyse von systemrelevanten Trajektorien (Bewegungspfad von Systemvariablen entlang der Zeit) an: Anzahl und Häufigkeit von auffälligen Ereignissen, Zeitpunkt und Richtung der Wendepunkte, Zusammenhänge zwischen den Verlaufsformen und Mustern von mehreren systemrelevanten Trajektorien, Amplituden und Frequenz der Schwingungen.

Einen alternativen Ansatz zur Überprüfung der Verhaltensreproduktion schlägt SCHRUBEN mit dem Turing-Test vor.[991] Dabei sollen Experten die künstlich erzeugten von den realen Daten unterscheiden. Können die Experten die beiden Datensätze nicht voneinander unterscheiden, ist das ein starkes Indiz für die Vertrauenswürdigkeit des Simulationsmodells.

Ergänzend fordert FORRESTER, dass das Simulationsmodell mit einem Referenzmodell verglichen werden soll.[992] Als solche Referenzmodelle kommen analytische Modelle, Warteschlangen- oder andere Simulationsmodelle in Betracht, die für ähnliche Systeme entwickelt wurden und bereits validiert sind. Dabei muss das Simulationsmodell mit diesen Referenzmodellen vergleichbar gemacht werden, indem beispielsweise die Annahmen vereinfacht oder die stochastischen Variablen in deterministische transformiert werden. Wenn es die Ressourcen zulassen, bietet sich die Entwicklung eines zweiten Modells durch ein anderes Entwicklerteam an, das als Referenzmodell dienen kann.[993] Oft ist auch das Einholen fremder Expertenmeinungen zur Beurteilung des Modellverhaltens (*face validity*)[994] förderlich, um das Vertrauen in das zu validierende Modell zu erhöhen.[995]

---

988 Vgl. HARTUNG, JOACHIM (2009), S. 835-838.

989 Vgl. SARGENT, ROBERT G. (1996), S. 345-351.

990 Vgl. D'AGOSTINO, RALPH B. (1986), S. 7-52.

991 Vgl. BANKS, JERRY u.a. (2005), S. 378; LAW, AVERILL M. (2007), S. 262; SCHRUBEN, LEE W. (1980), S. 101-105; VAN HORN, RICHARD L. (1969), S. 241f.

992 Vgl. FORRESTER, JAY W. (1972b), S. 78; LAW, AVERILL M. (2007), S. 263f.; ROBINSON, STEWART (2003), S. 219; SARGENT, ROBERT G. (2005), S. 134.

993 Vgl. ROBINSON, STEWART (1997), S. 58.

994 Vgl. NERMANN, CHARLES F. (1967), S. 221f.; PEDGEN, DENNIS C./SHANNON, ROBERT E./SADOWSKI, RANDALL P. (1995), S. 150f.

995 Vgl. BANKS, JERRY u.a. (2005), S. 362; GASS, SAUL I. (1983), S. 611; LAW, AVERILL M. (2007), S. 263; SARGENT, ROBERT G. (2005), S. 134.

Da das Ziel eines Simulationsmodells oft darin besteht, passende Antworten auf zukünftige Ereignisse zu finden, ist es notwendig, die Prognosefähigkeit des Modells durch den *Verhaltensvorhersagetest* zu überprüfen.[996] Dadurch wird die prognostizierende Validität festgestellt.[997] Insgesamt setzen diese Tests die Existenz eines realen Systems voraus, weil die Modellvorhersagen endgültig nur am realen System überprüft werden können. Bei diesem Test wird allerdings nicht die Fähigkeit des Modells bewertet, punktgenaue Prognosen zu liefern. Vielmehr stellt sich die Frage, ob es mit diesem Modell möglich ist, qualitative Aussagen über das zukünftige Verhaltensmuster und das Auftreten von bestimmten Ereignissen in der Zukunft zu treffen.

7.7.2.4 Tests für die Überprüfung der Auswirkungen von strategischen Entscheidungen

Mittels Tests zur Überprüfung der Auswirkungen von Strategien (*Tests of policy implications*),[998] wird die Nützlichkeit des Modells als Werkzeug zur Entscheidungsunterstützung überprüft. Diese Tests untersuchen weder die Modellstruktur noch das Modellverhalten, sondern mögliche Auswirkungen von strategischen Entscheidungen auf das Realsystem. Dabei wird die durch eine Strategieänderung bewirkte Verhaltensänderung des realen Systems mit der durch das Modell vorausgesagten Verhaltensänderung verglichen.[999] Im Fokus steht die Beantwortung der Frage, ob die Modellempfehlungen vertrauenswürdig sind.[1000]

Der *Systemverbesserungstest*[1001] überprüft, ob das Simulationsmodell tatsächlich dazu beigetragen hat, das Verhalten des realen Systems zu verbessern. Denn ein Simulationsmodell wird im Allgemeinen eingesetzt, um Maßnahmen aufzuspüren, die das reale System verbessern. Nach der Umsetzung der simulativ entwickelten Verbesserungsmaßnahmen werden die Modellergebnisse mit den Ergebnissen des realen Systems verglichen (Beurteilung der Implementierungsvalidität).[1002] Aber auch dann, wenn die vom

---

996 Vgl. Banks, Jerry u.a. (2005), S. 363; Law, Averill M. (2007), S. 263; Sargent, Robert G. (2005), S. 135; Shreckengost, Raymond C. (1985), S. 67.

997 Vgl. Gass, Saul I. (1983), S. 612; Zeigler, Bernard P. (1976), S. 5.

998 Vgl. Forrester, Jay W./Senge, Peter M. (1980), S. 224-226; Richardson, George P./Pugh, Alexander L. III (1981), S. 350.

999 Vgl. Shreckengost, Raymond C. (1985), S. 68f.

1000 Vgl. Richardson, George P./Pugh, Alexander L. III (1981), S. 350.

1001 Vgl. Forrester, Jay W./Senge, Peter M. (1980), S. 224; Sterman, John D. (2000), S. 887-889.

1002 Vgl. Gass, Saul I. (1983), S. 615.

Modell prognostizierten Ergebnisse in der Realität eintreten, wird oft in Zweifel gezogen, dass die erzielten Verbesserungen tatsächlich auf die vom Modell vorgeschlagenen Maßnahmen zurückgehen. Deshalb beschäftigt sich der Systemverbesserungstest auch mit der Frage, ob die beobachtete Verhaltensänderung tatsächlich durch die umgesetzte Strategie ausgelöst wurde. Allerdings ist bei der Durchführung dieses Tests zu bedenken, dass die meisten Systeme lange Zeit brauchen, bis die Auswirkungen der getroffenen Maßnahmen feststellbar sind. Folglich beansprucht die Durchführung eines solchen Tests einen entsprechend langen Zeitraum.

Im Rahmen des *Tests zur Prognose der Verhaltensänderung* (*changed-behavior-prediction test*)[1003] wird die Tauglichkeit des Modells untersucht vorherzusagen, wie sich das Verhalten des Realsystems verändert, wenn die ursprüngliche Strategie geändert wird. Es wird also nicht das Systemverhalten, sondern die Art und Weise der Verhaltensänderung untersucht. Ein solcher Test kann auf zweierlei Arten durchgeführt werden: Die erste Art, den Test durchzuführen, besteht in der Beobachtung des realen Systems, um festzustellen, welche Verhaltensänderung ein Strategiewechsel zur Folge hatte. Anschließend wird im Simulationsmodell überprüft, ob der im Realsystem beobachtete Strategiewechsel eine ähnliche Verhaltensänderung hervorruft. Die zweite Art, diesen Test durchzuführen, verzichtet auf die Beobachtung des realen Systems. Hierbei werden die beabsichtigten Strategieänderungen direkt im Modell implementiert, um die resultierende Verhaltensänderung des Modells auf Plausibilität zu prüfen.

Im Rahmen der Prüfung der Auswirkung von Strategien wird auch der *strategieorientierte Systemgrenzenadäquanztest*[1004] durchgeführt. Dabei wird überprüft, wie sich die Änderung der System- bzw. Modellgrenzen auf die Strategieempfehlung des Simulationsmodells auswirkt.[1005] Das Modell wird einmal in den ursprünglichen und einmal in den erweiterten Systemgrenzen ausgeführt. Dabei wird der Frage nachgegangen, ob die resultierende Strategieempfehlung erhalten bleibt.

Abschließend wird im Rahmen des *Strategiesensitivitätstests*[1006] die Robustheit der gewählten Strategien kontrolliert, indem die Auswirkung von Parameteränderungen auf

---

1003 Vgl. FORRESTER, JAY W./SENGE, PETER M. (1980), S. 224f.

1004 Vgl. FORRESTER, JAY W./SENGE, PETER M. (1980), S. 225; STERMAN, JOHN D. (2000), S. 859, 861f.

1005 Vgl. MARTIS, MORVIN SAVIO (2006), S. 43; RICHARDSON, GEORGE P./PUGH, ALEXANDER L. III (1981), S. 42; TANK-NIELSEN, CARSTEN (1980), S. 192f.

1006 Vgl. RICHARDSON, GEORGE P./PUGH, ALEXANDER L. III (1981), S. 278; STERMAN, JOHN D. (2000), S. 883; TANK-NIELSEN, CARSTEN (1980), S. 196f.

die Strategieempfehlung analysiert wird.[1007] Führen bereits die kleinsten Parameteränderungen zu einer abweichenden Strategieempfehlung, ist die Umsetzung einer solchen Strategieempfehlung im realen System mit einem hohen Risiko verbunden. Darüber hinaus ist zu überprüfen, ob die im Modell festgestellte Sensitivität vergleichbar ist mit der Sensitivität im realen System.

7.8 Entwurf von Simulationsexperimenten

Die Durchführung von Experimenten und Wenn-Dann-Analysen stellt den wichtigsten Teil jeder Simulationsstudie dar. Das klassische Prinzip, Experimente durchzuführen, besteht darin, dass man bei jedem neuen Simulationslauf jeweils nur einen Parameter variiert und alle anderen konstant hält. Diese als Ceteris-Paribus-Prinzip bekannte Vorgehensweise wird auch als Sensitivitätsanalyse bezeichnet. Sie hat allerdings einen entscheidenden Nachteil: Die Wechselwirkungen bei der gleichzeitigen Änderung von mehreren Parametern können nicht erfasst werden. Selbst wenn das Modell auf eine separate Änderung von zwei Parametern kaum reagiert, ist es durchaus möglich, dass das Modellverhalten bei einer gleichzeitigen Änderung von diesen Parametern stark reagiert oder sogar instabil wird.[1008] Folglich sollten mehrere Szenarien simuliert werden, in denen die Parameter gleichzeitig variiert werden. Da ein Modell in der Regel eine Vielzahl von Parametern mit einer großen Breite an nummerischen Ausprägungen hat, ist es nicht leicht zu entscheiden, welche Szenarien simuliert werden sollen.[1009] Dabei entsteht folgendes Dilemma: Einerseits möchte man möglichst viele detaillierte Informationen sammeln, um jene Parameter zu identifizieren, die das System in den gewünschten Zustand bringen können. Andererseits hat man bei der Ausführung von Szenarien finanzielle, personelle und vor allem zeitliche Restriktionen zu beachten.

Eine Abhilfe kann die statistische Versuchsplanung schaffen.[1010] Diese zeigt die Szenarien auf, die simuliert werden sollen, um wichtige Parameter von unwichtigen zu trennen.[1011] Ferner ermöglicht die statistische Versuchsplanung die Aufstellung eines mathematischen Zusammenhangs zwischen den Parametern, den so genannten Einfluss-

[1007] Vgl. GASS, SAUL I. (1983), S. 614; MARTIS, MORVIN SAVIO (2006), S. 43.

[1008] Vgl. ZWICKER, ECKART (1981), S. 92f.

[1009] Vgl. CENTENO, MARTHA A./REYES, M. FLORENCIA (1998), S. 23f.; KELTON, DAVID W./BARTON, RUSSEL R. (2003), S. 60.

[1010] Vgl. BARTON, RUSSEL R. (2004), SANCHEZ, SUSAN M. (2008)

[1011] Vgl. BRINK, ALFRED (1989), S. 682; LAW, AVERILL M. (2007), S. 620; ROBINSON, STEWART (2003), S. 189; SANCHEZ, SUSAN M. (2008), S. 74; SCHEFFLER, EBERHARD (1997), S. 58.

größen oder Faktoren, und den Zielgrößen (Outputvariablen).[1012] Dieser Zusammenhang kann dazu benutzt werden, um die Ausprägung der Zielgrößen in Abhängigkeit einer bestimmten Kombination von Faktoren abzuschätzen, ohne die Simulation durchführen zu müssen.

Zur Erhöhung der Wirtschaftlichkeit sollte vor der Durchführung der Versuchsplanung, im Rahmen einer Voranalyse, die Anzahl der veränderbaren Faktoren reduziert werden. Hierzu müssen die Faktoren mit einer starken Auswirkung auf die Zielgrößen von jenen Faktoren getrennt werden, die nur eine schwache oder gar keine Auswirkung haben.[1013] In der einschlägigen Literatur finden sich in diesem Zusammenhang folgende drei Empfehlungen:[1014] Zum einen kann die Einflussstärke der Faktoren auf die Zielgrößen durch die Sensitivitätsanalyse gewonnen werden. Zum zweiten lassen sich Expertenmeinungen nutzen. Zum dritten besteht die Möglichkeit, durch Pilotläufe jene Faktoren zu identifizieren, die eine starke Auswirkung auf die Zielgrößen haben. Für die Faktoren mit einer schwachen Auswirkung ist eine plausible nummerische Ausprägung zu finden, die bei allen Szenarien konstant gehalten wird.

Darüber hinaus ließe sich auch der „Papiercomputer" nutzen, um eine erste Einschätzung über die Einflussstärke der Faktoren vorzunehmen.[1015] Im Mittelpunkt dieses Ansatzes steht die nachfolgend abgebildete Einflussmatrix, die in den Zeilen und Spalten jeweils sämtliche Systemelemente enthält. Jedes Element dieser Matrix stellt die Wirkungsintensität zwischen zwei Systemelementen dar. Nach Auffassung von VESTER lassen sich vier verschiedene Grade der Wirkungsintensität zwischen Systemelementen definieren:[1016]

0 – keine oder äußerst geringe Wirkungsintensität, d.h. eine Veränderung von *A* wirkt überhaupt nicht oder äußerst schwach auf *B*;

1 – geringe Wirkungsintensität, d.h. eine Veränderung von *A* schlägt sich in einer unterproportionalen Änderung von *B*;

[1012] Vgl. BANKS, JERRY u.a. (2005), S. 458; KELTON, DAVID W. (1997), S. 28; KLEIJNEN, JACK P. C. (1998), S. 174; SANCHEZ, SUSAN M. (2008), S. 74.

[1013] Vgl. KELTON, DAVID W./BARTON, RUSSEL R. (2003), S. 63; KLEIJNEN, JACK P. C. (1998), S. 173, 177-180; KLEPPMANN, WILHELM (2006), S. 12; WENZEL, SIGRID u.a. (2008), S. 145.

[1014] Vgl. ROBINSON, STEWART (2003), S. 184f.

[1015] Vgl. ULRICH, HANS/PROBST, GILBERT J. B. (1995), S. 142-150; VON EIFF, WILFRIED (1991b), S. 350f.; WILMS, FALKO E. P. (2001), S. 164-172.

[1016] Vgl. VESTER, FREDERIC (2007), S. 227.

2 – starke Wirkungsintensität, d.h. eine Veränderung von *A* ist proportional zu der Veränderung von *B*;

3 – sehr starke Wirkungsintensität, d.h. eine Veränderung von *A* verursacht eine überproportionale Veränderung von *B*.

Einfluss auf / von	*A*	*B*	*C*	*D*	*E*	**Einflussnahme**
A						
B						
C						
D						
E						
Beeinflussbarkeit						

Tabelle 28: Die Einflussmatrix als Grundgerüst eines „Papiercomputers"[1017]

Sobald alle benötigten Informationen vorliegen, werden die Zeilen und Spalten der Einflussmatrix addiert. Die Zeilensummen werden als Aktivsummen bezeichnet. Sie zeigen die Stärke der Einflussnahme eines ausgewählten Systemelements auf die restlichen. Die Spaltensummen stellen die Passivsummen dar. Sie zeigen den Grad der Beeinflussbarkeit eines Systemelements durch die übrigen Systemelemente. Je größer die Summe, desto stärker ist die Einflussnahme oder die Beeinflussbarkeit des jeweiligen Elements.

Danach kann jedes Element in Abhängigkeit vom Grad seiner Beeinflussbarkeit und der Stärke der Einflussnahme einer der vier Gruppen zugeordnet werden. Die Systemelemente, die andere Systemelemente stark beeinflussen, sollten auf jeden Fall in die Versuchsplanung einbezogen werden. Die restlichen Systemelemente sollten bei der Versuchsplanung mit konstanten Werten belegt werden.

Der „Papiercomputer" kann wie die Sensitivitätsanalyse bei der Identifikation von Systemelementen behilflich sein, deren Änderung eine große Auswirkung auf das System zur Folge hat.[1018] Um solche Steuerungshebel zu ermitteln, schlägt VESTER folgendes

---

[1017] Vgl. GOMEZ, PETER/PROBST, GILBERT J. B. (1991), S. 13.

[1018] Vgl. OSSIMITZ, GÜNTHER (2000), S. 15; TANK-NIELSEN, CARSTEN (1980), S. 191.

Vorgehen vor:[1019] Zum einem sollte für jedes Systemelement das Produkt und zum anderen der Quotient aus der Aktiv- und Passivsumme berechnet werden. Je größer das Produkt ist, umso größer ist die Rolle, die dieses Systemelement für das Systemverhalten hat. Die Größe des Quotienten gibt an, ob das betreffende Systemelement im System agiert oder reagiert.

Nachdem die Faktoren ausgewählt wurden, sind die Werteausprägungen, die so genannten Stufen festzulegen, mit denen die Faktoren in die Versuche eingehen.[1020] Im Folgenden wird die einfachste Technik der Versuchsplanung, die vollständige zweistufige Versuchsplanung vorgestellt, weil diese die Ausgangsbasis für zahlreiche weitere Methoden der Versuchsplanung bildet.

Üblicherweise kann jeder Faktor x aufgrund von gegebenen Restriktionen in der Realität nur Werte aus einem bestimmten Intervall annehmen. Bei zweistufigen Versuchsplänen werden Faktoren in nur zwei Ausprägungsstufen untersucht. Die minimale Ausprägung x_{min} (Untergrenze des Intervalls) jedes Faktors wird auf den Wert -1 und die maximale Ausprägung x_{max} (Obergrenze des Intervalls) auf den Wert $+1$ normiert, wobei im Versuchsplan vereinfachend nur $(+)$ bzw. $(-)$ geschrieben werden. Die Normierung einer beliebigen Ausprägungsstufe x mit $x_{min} \leq x \leq x_{max}$ erfolgt durch folgende Formel:[1021]

$$x_{normiert} = \frac{x - \bar{x}}{x_{max} - \bar{x}}$$

Somit ist gewährleistet, dass sämtliche Ausprägungen x eines Faktors zwischen x_{min} und x_{max} um den Wert 0 zentriert sind und zwischen -1 und $+1$ liegen.

Nach dem Normierungsvorgang wird ein Versuchsplan erstellt. Er enthält die nummerierten Versuche (Designpoints) sowie eine Spalte je Faktor, in der die normierten Ausprägungsstufen des jeweiligen Faktors notiert werden. Des Weiteren wird eine Ergebnisspalte Y hinzugefügt, in die die Mittelwerte der Versuchsergebnisse aller 8 Faktorkombinationen eingetragen werden.

[1019] Vgl. Vester, Frederic (2002), S. 230f.

[1020] Vgl. Kleppmann, Wilhelm (2006), S. 24f.; Scheffler, Eberhard (1997), S. 71-75.

[1021] Vgl. Kleppmann, Wilhelm (2006), S. 187; Scheffler, Eberhard (1997), S. 60f.

Nr.	A	B	C	Y
1	–	–	–	y_1
2	–	–	+	y_2
3	–	+	–	y_3
4	–	+	+	y_4
5	+	–	–	y_5
6	+	–	+	y_6
7	+	+	–	y_7
8	+	+	+	y_8

Tabelle 29: 2^3-Versuchsplan[1022]

Nach der Versuchsdurchführung werden die Effekte berechnet, wenn die Ausprägungsstufe des Faktors von $(-)$ nach $(+)$ wechselt.[1023] Dabei wird zwischen Haupt- und Wechselwirkungseffekten unterschieden. Während die Haupteffekte den Einfluss eines einzigen Faktors auf die Zielgröße darstellen, drücken die Wechselwirkungseffekte die Auswirkungen von mehreren Faktoren auf die Zielgröße aus.[1024] Bei $k = 3$ ergeben sich drei Haupteffekte (A), (B), (C) sowie drei 2-fach-Wechselwirkungseffekte (AB), (AC), (BC) und ein 3-fach-Wechselwirkungseffekt (ABC). Die Wechselwirkungseffekte lassen sich aus den Spalten der Haupteffekte bestimmen, indem die Spalten der Faktoren, die den jeweiligen Wechselwirkungseffekt bilden, Zeile für Zeile miteinander multipliziert werden. Demnach ergibt sich der Wechselwirkungseffekt (AB) wie folgt:[1025]

A		B		AB
–		–		+
–		–		+
–		+		–
–	×	+	=	–
+		–		–
+		–		–
+		+		+
+		+		+

Abbildung 103: Ein Beispiel für die Bestimmung von Wechselwirkungseffekten

1022 Vgl. KELTON, DAVID W./BARTON, RUSSEL R. (2003), S. 62; LAW, AVERILL M. (2007), S. 623; ROBINSON, STEWART (2003), S. 187; SANCHEZ, SUSAN M. (2008), S. 77.

1023 Vgl. KELTON, DAVID W./BARTON, RUSSEL R. (2003), S. 62; LAW, AVERILL M. (2007), S. 623.

1024 Vgl. LINß, GERHARD (2005), S. 420; ROBINSON, STEWART (2003), S. 187f.; SCHEFFLER, EBERHARD (1997), S. 67.

1025 Vgl. LINß, GERHARD (2005), S. 421; ROBINSON, STEWART (2003), S. 188; SCHEFFLER, EBERHARD (1997), S. 66f.

Nach der Bestimmung sämtlicher Wechselwirkungseffekte kann der ursprüngliche Versuchsplan um die entsprechenden Spalten erweitert werden, so dass sich folgendes Bild ergibt:

Nr.	A	B	C	AB	AC	BC	ABC	Y
1	–	–	–	+	+	+	–	y_1
2	–	–	+	+	–	–	+	y_2
3	–	+	–	–	+	–	+	y_3
4	–	+	+	–	–	+	–	y_4
5	+	–	–	–	–	+	+	y_5
6	+	–	+	–	+	–	–	y_6
7	+	+	–	+	–	–	–	y_7
8	+	+	+	+	+	+	+	y_8

Tabelle 30: 2^3-Versuchsplan mit Wechselwirkungen und Ergebnisspalte

Zur Berechnung der jeweiligen Effekte werden zunächst zwei Mittelwerte, getrennt für die mit (+) und die mit (–) gekennzeichneten Versuchsergebnisse, errechnet und anschließend voneinander abgezogen. Gemäß dem obigen 2^3-Versuchsplan ergeben sich zur Berechnung der Effekte daher folgende Formeln:[1026]

$$Effekt\ (A) = \frac{y_5 + y_6 + y_7 + y_8}{4} - \frac{y_1 + y_2 + y_3 + y_4}{4}$$

$$Effekt\ (B) = \frac{y_3 + y_4 + y_7 + y_8}{4} - \frac{y_1 + y_2 + y_5 + y_6}{4}$$

$$Effekt\ (C) = \frac{y_2 + y_4 + y_6 + y_8}{4} - \frac{y_1 + y_3 + y_5 + y_7}{4}$$

$$Effekt\ (AB) = \frac{y_1 + y_2 + y_7 + y_8}{4} - \frac{y_3 + y_4 + y_5 + y_6}{4}$$

$$Effekt\ (AC) = \frac{y_1 + y_3 + y_6 + y_8}{4} - \frac{y_2 + y_4 + y_5 + y_7}{4}$$

$$Effekt\ (BC) = \frac{y_1 + y_4 + y_5 + y_8}{4} - \frac{y_2 + y_3 + y_6 + y_7}{4}$$

$$Effekt\ (ABC) = \frac{y_2 + y_3 + y_5 + y_8}{4} - \frac{y_1 + y_4 + y_6 + y_7}{4}$$

[1026] Vgl. Kleppmann, Wilhelm (2006), S. 94f.; Law, Averill M. (2007), S. 623-625; Linß, Gerhard (2005), S. 425f.; Robinson, Stewart (2003), S. 187f.; Scheffler, Eberhard (1997), S. 69f.

Für die Beurteilung der Signifikanz eines Effektes wird sein Wert mit der Breite seines Konfidenzintervalls verglichen.[1027] Ist der Effekt größer, so kann man davon ausgehen, dass dieser Effekt wirklich vorliegt und nicht aufgrund von Zufallseinflüssen zustande gekommen ist. Diese Effekte dienen im Weiteren dazu, den Zusammenhang zwischen den Faktoren und der Zielgröße in ein mathematisches Modell in Form eines linearen Regressionspolynoms zu überführen. Die gesuchte Regressionsgleichung für drei Faktoren A, B und C besitzt folgende Form:

$$\hat{Y} = \hat{b}_0 + \hat{b}_A x_A + \hat{b}_B x_B + \hat{b}_C x_C + \hat{b}_{AB} x_{AB} + \hat{b}_{AC} x_{AC} + \hat{b}_{BC} x_{BC} + \hat{b}_{ABC} x_{ABC}$$

Die Koeffizienten b_i lassen sich entweder konventionell mit der Methode der kleinsten Quadrate berechnen oder aus den zuvor berechneten Effekten wie folgt ableiten:[1028]

$$\hat{b}_i = \frac{Effekt(i)}{2}$$

Das Absolutglied b_0 entspricht dem Mittelwert aller y-Werte.

$$\hat{b}_0 = \frac{y_1 + y_2 + y_3 + y_4 + y_5 + y_6 + y_7 + y_8}{8}$$

Somit lassen sich mit dieser Vorgehensweise sehr schnell Regressionspolynome für viele Faktoren mit zahlreichen Wechselwirkungen aufstellen.

7.9 Simulationsdurchführung und Ergebnisanalyse

In dieser Phase ist das Simulationsmodell im Einklang mit dem zuvor entwickelten Versuchsplan auszuführen, um die Messwerte über die zu interessierenden Größen zu gewinnen und zu analysieren. Soll beispielsweise die Dauer für die Prüfung eines Kreditantrages analysiert werden, dann sind in der Regel die erwartete Bearbeitungsdauer sowie deren Varianz für spätere Entscheidungen von besonderem Interesse. Gewöhnlich neigt man dazu, einen einzigen Simulationslauf mit einer frei festgelegten Länge durchzuführen und dessen Ergebnisse auf das reale System zu übertragen. Allerdings sollte man sich nicht auf Schlussfolgerungen verlassen, welche aus einem einzigen Simulationslauf gewonnen wurden. Dafür sprechen mehrere Gründe: Zum einen gibt es wohl kaum ein Simulationsmodell, dessen Inputgrößen deterministisch sind. Deshalb sind auch die resultierenden Simulationsergebnisse Zufallsgrößen. Je größer ihre Varianz,

---

1027 Vgl. Kleppmann, Wilhelm (2006), S. 97-99; Law, Averill M. (2007), S. 627; Robinson, Stewart (2003), S. 189; Scheffler, Eberhard (1997), S. 138-142.

1028 Vgl. Kleppmann, Wilhelm (2006), S. 187; Law, Averill M. (2007), S. 644.

umso stärker schwanken die Simulationsergebnisse und umso weniger verlässlich ist die aus einem einzigen Durchlauf gewonnene Schlussfolgerung. Zum anderen stellen die pro Simulationslauf beobachteten Simulationsergebnisse lediglich eine Stichprobe aus einer Grundgesamtheit dar. Für die Übertragung der Simulationsergebnisse auf die Realität benötigt man eine Aussage über die Grundgesamtheit. Um eine solche statistisch fundiert herleiten zu können, sind gemäß der Stichprobentheorie ausreichend viele Stichproben notwendig. Folglich müssen ausreichend viele Simulationsläufe durchgeführt werden.

Sind z.B. x_i die im Simulationslauf i beobachteten Merkmalsausprägungen einer Outputgröße x, dann stellt der anhand dieser Werte errechnete Mittelwert $\bar{x}$ einen erwartungstreuen Schätzwert $\hat{\mu}$ für den unbekannten Mittelwert μ der Grundgesamtheit dar.

$$\{x_1, x_2, \dots, x_n\} \Rightarrow \mu \approx \hat{\mu} = \bar{x} = \frac{1}{n} \times \sum_{i=1}^{n} x_i$$

Da es sich um eine Stichprobe mit Zurücklegen vom Umfang n handelt, ergibt sich die Varianz des Mittelwertes $\sigma_{\bar{x}}^2$ aus dem folgenden Term:

$$\sigma_{\bar{x}}^2 = \frac{\sigma^2}{n}$$

Da die Varianz der Grundgesamtheit σ^2 nicht bekannt ist, muss sie aus der Stichprobe nach folgender Formel geschätzt werden:

$$\{x_1, x_2, \dots, x_n\} \Rightarrow \sigma^2 \approx \hat{\sigma}^2 = s^2 = \frac{1}{n-1} \times \sum_{i=1}^{n} (x_i - \bar{x})^2$$

Da die Stichprobe nach dem Zufallsprinzip gezogen wird, stimmen die oben ermittelten Schätzwerte $\hat{\mu}$ und $\hat{\sigma}^2$ so gut wie nie mit den wahren Parametern der Grundgesamtheit μ und σ^2 überein. Deshalb wird zusätzlich zur Punktschätzung von $\hat{\mu}$ ein Intervall berechnet, das den zu schätzenden Parameter μ (z.B. durchschnittliche Dauer der Überprüfung eines Kreditantrages) mit einer vorgegeben Wahrscheinlichkeit $1 - \alpha$ beinhaltet. Ein solches Konfidenzintervall wird ausgehend von einer konkreten Stichprobe mit einem Stichprobenmittelwert $\bar{x}$ und der Stichprobenvarianz s^2wie folgt berechnet:

$$\bar{x} - t_{n-1;1-\alpha/2} \times \sqrt{\frac{s^2}{n}} \leq \mu \leq \bar{x} + t_{n-1;1-\alpha/2} \times \sqrt{\frac{s^2}{n}}$$

Diese „klassischen" Schätzverfahren können nicht nur eingesetzt werden, um den Erwartungswert einer Outputgröße über alle durchgeführten Simulationsläufe zu schätzen. Ebenso können sie eingesetzt werden, um innerhalb eines einzigen Simulationslaufs den Erwartungswert einer Outputgröße entlang der Zeit zu schätzen. Dabei ist allerdings zu berücksichtigen, dass die „klassischen" Schätzverfahren voraussetzen, dass die Stichprobenelemente stochastisch unabhängig voneinander und identisch verteilt sind.[1029] Ferner müssen alle Elemente die Wahrscheinlichkeit $p > 0$ besitzen, in die Stichprobe zu gelangen. Da Simulationsmodelle in der Regel diese Anforderungen verletzen,[1030] sind die erwähnten Schätzverfahren nicht ohne Weiteres auf die Outputwerte aus einem einzigen Simulationslauf anzuwenden. Da die zeitlich aufeinander folgenden Outputwerte in der Regel autokorreliert sind, ist die aus einem Simulationslauf ermittelte Varianz verzerrt. Sie wird im Falle einer positiven Korrelation unterschätzt, und sie wird überschätzt, wenn die Outputwerte negativ korreliert sind.[1031]

Die Forderung, dass die Outputwerte einer identischen Verteilung entstammen, wird bei der Simulation im Allgemeinen nicht erfüllt sein. Der Grund liegt darin, dass das Simulationsmodell meist aus einem leeren Zustand startet, was für das zu simulierende System nicht typisch ist. So wird beispielsweise die Bearbeitungszeit für den ersten Kreditantrag in der Simulation deutlich niedriger ausfallen als dies in der Realität der Fall ist. Dies lässt sich ganz einfach erklären: Zum Beginn der Simulation sind alle Warteschlangen leer, alle Sachbearbeiter haben nichts zu tun, sodass der erste Kreditantrag alle Bearbeitungsinstanzen ganz schnell ohne Liege- und Wartezeiten durchlaufen kann. Mit fortschreitender Simulationszeit füllt sich das System mit Kreditanträgen, und die Bearbeitungszeiten beginnen zu steigen, bis das System einen typischen stationären Zustand erreicht hat. Im stationären Zustand fluktuieren die Bearbeitungszeiten von Kreditanträgen um einen stationären Mittelwert mit einer stationären Varianz.[1032]

Um die oben erwähnten Voraussetzungen für die Anwendung der „klassischen" Schätzverfahren besser zu erfüllen, sollten mehrere voneinander unabhängige Simulationsläufe

---

1029 Vgl. ELIZANDRO, DAVID/TAHA, HAMDY (2008), S. 73; LAW, AVERILL M. (2007), S. 77; NAKAYAMA, MARVIN K. (2008), S. 62f.

1030 Vgl. PIDD, MICHAEL (2004), S. 215; SANCHEZ, SUSAN M. (1999), S. 25f.; WELCH, PETER D. (1983), S. 289.

1031 Vgl. ELIZANDRO, DAVID/TAHA, HAMDY (2008), S. 74.

1032 Vgl. LAW, AVERILL M. (2007), S. 489; PIDD, MICHAEL (2004), S. 211; SANCHEZ, SUSAN M. (1999), S. 26.

durchgeführt werden.[1033] Die Unabhängigkeit erreicht man, indem man den Anfangswert des Zufallszahlengenerators variiert oder zufällig vorgibt (*random seed*). Die notwendigen Statistiken (z.B. über die durchschnittliche Dauer der Prüfung eines Kreditantrages) werden bei jedem Lauf jeweils neu gesammelt. Sie sind voneinander stochastisch unabhängig.

Bei der Analyse der Simulationsergebnissen kommt es darauf an, ob es sich bei einer zu analysierenden Größe um einen *terminierenden* oder *nicht terminierenden* Systemoutput handelt.[1034] Für terminierende Prozesse ist der leere Systemzustand am Anfang und am Ende der Simulation charakteristisch. So stellt die Bildung einer Warteschlange vor einem Bankschalter einen terminierenden Prozess dar: Wenn die Bank geöffnet wird, ist die Länge der Warteschlange gleich Null. Gegen Kassenschluss werden die noch wartenden Kunden abgearbeitet, so dass die Länge der Wartenden auch Null wird. Das Ende eines terminierenden Prozesses wird durch die natürlichen Gegebenheiten des Systems festgelegt. So endet jeder Simulationslauf für das obige Beispiel mit der Schließung der Bank. Die statistische Analyse der Simulationsergebnisse solcher terminierenden Prozesse erfordert mehrere voneinander unabhängige Durchläufe mit zufälligen Anfangswerten.[1035]

Ein nicht terminierender Prozess läuft nicht auf natürliche Weise aus, sondern wird willkürlich (durch eine Zeitvorgabe) beendet. Bei nicht terminierenden Prozessen stimmt der Endzustand einer Periode mit dem Anfangszustand der nächsten überein. Dementsprechend sind die meisten betriebswirtschaftlichen Prozesse nicht terminierend.[1036] Kundenaufträge, die am Ende eines Arbeitstages nicht bearbeitet sind, müssen am nächsten Arbeitstag abgearbeitet werden. In diesem Sinne stellen die nicht bearbeiteten Kundenaufträge die Ausgangsbelegung des Systems für den nächsten Arbeitstag dar. Die statistische Analyse der Simulationsergebnisse solcher nicht terminierenden Prozesse sollte grundsätzlich erst nach der Anlaufphase beginnen, nachdem sich der

---

[1033] Vgl. KELTON, DAVID W. (1997), S. 25f.; LAW, AVERILL M. (2007), S. 77f.; NAKAYAMA, MARVIN K. (2008), S. 68f.; PIDD, MICHAEL (2004), S. 215f.

[1034] Vgl. ALEXOPOULOS, CHRISTOS/SEILA, ANDREW F. (1998), S. 232f.; BANKS, JERRY u.a. (2005), S. 384-386; CENTENO, MARTHA A./REYES, M. FLORENCIA (1998), S. 23; CLARK, GORDON M. (1988), S. 20; KELTON, DAVID W. (1997), S. 25; LAGUNA, MANUEL/MARKLUND, JOHAN (2005), S. 351-356; LAW, AVERILL M. (2007), S. 491f.; NAKAYAMA, MARVIN K. (2008), S. 63; PIDD, MICHAEL (2004), S. 210-212; SANCHEZ, SUSAN M. (1999), S. 24f.; WELCH, PETER D. (1983), S. 273-278.

[1035] Vgl. LAGUNA, MANUEL/MARKLUND, JOHAN (2005), S. 354.

[1036] Vgl. LAGUNA, MANUEL/MARKLUND, JOHAN (2005), S. 351.

Systemzustand stabilisiert hat. Ab diesem Zeitpunkt gehorchen die Outputwerte der so genannten stationären Verteilung.

Im Zusammenhang mit der statistischen Analyse der Simulationsergebnisse von nicht terminierenden Prozessen ergeben sich zwei grundsätzliche Fragen:

(1) Wie lassen sich die ergebnisverzerrenden Effekte der Anlaufphase eliminieren oder zumindest abschwächen?

(2) Wie lässt sich eine ausreichende Anzahl an Messwerten generieren, um statistisch abgesicherte Aussagen herleiten zu können?

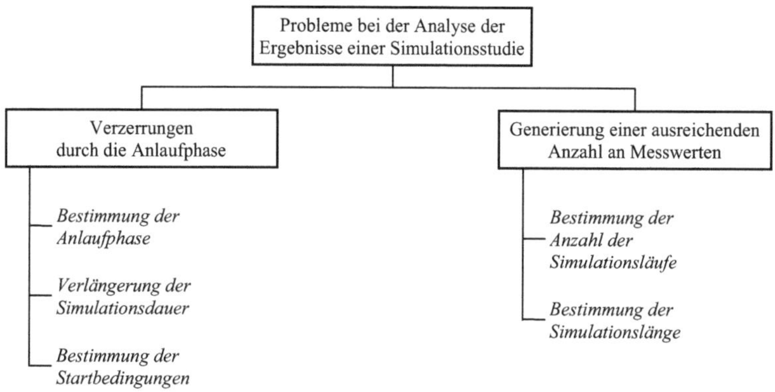

Abbildung 104: Problemfelder bei der Analyse von Simulationsergebnissen

In der Praxis haben sich einige Ansätze entwickelt, um negative Auswirkungen der Anlaufphase auf die Qualität der statistischen Analyse der Simulationsergebnisse zu eliminieren bzw. zu verringern. Diese Ansätze lassen sich grundsätzlich einer der folgenden drei Gruppen zuordnen:[1037]

(1) Bestimmung der Länge der Anlaufphase und deren Abgrenzung von der stationären Phase,

(2) Bestimmung der für die stationäre Phase „typischen“ Startbedingungen und Belegung des Systems mit speziell gewählten Startwerten sowie

(3) die Verlängerung der Simulationsdauer.

[1037] Vgl. BANKS, JERRY (1998), S. 28; BRINK, ALFRED (1989), S. 683f.

Der *erste* Ansatz besteht darin, dass die Outputdaten für die Analyse erst erhoben werden, nachdem sich der Simulationsprozess warmgelaufen hat.[1038] Hier stellt sich die Frage nach der Dauer der Anlaufphase.

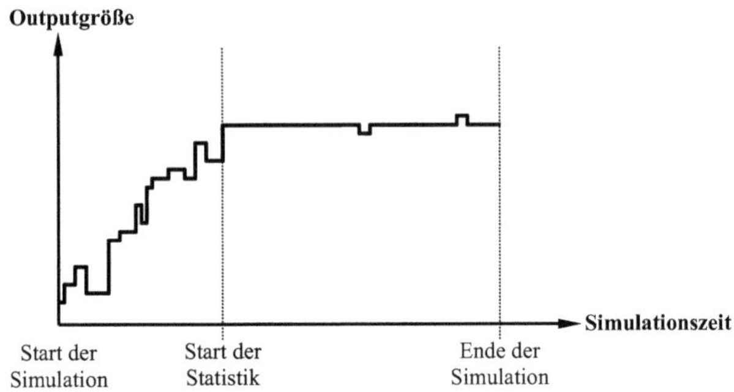

Abbildung 105: Eliminierung der Anlaufphase durch das Ausschneiden

Für die Beantwortung der oben aufgestellten Frage wurden zahlreiche Methoden entwickelt.[1039] Sie lassen sich grob in folgende Gruppen untergliedern:[1040]

- *Graphische Verfahren* ermöglichen durch visuelle Analyse einer aufbereiteten Zeitreihe die Bestimmung des Zeitpunktes, ab dem das System den stationären Zustand erreicht hat.
- *Heuristische Verfahren* geben einfache Entscheidungsregeln vor, um die Länge der Anlaufphase zu bestimmten.
- *Statistische Verfahren* nutzen die Grundsätze der Teststatistik für die Bestimmung der Länge der Anlaufphase.
- *Tests auf Vorhandensein der Anlaufphase* helfen zu identifizieren, ob Daten der Anlaufphase in die Analysedaten eingeflossen sind. Diese Tests werden eingesetzt, um die Wirksamkeit anderer Methoden zu überprüfen.
- *Hybride Verfahren* kombinieren die Tests auf Vorhandensein der Anlaufphase mit den graphischen oder heuristischen Verfahren.

Trotz der Vielzahl der mittlerweile zur Verfügung stehenden Methoden muss man leider feststellen, dass es keine Methode gibt, die allen anderen überlegen ist.[1041] Selbst kom-

---

[1038] Vgl. Pidd, Michael (2004), S. 213f.

[1039] Vgl. Hoad, Kathryn/Robinson, Stewart/Davies, Ruth (2008), S. 533f.

[1040] Vgl. Robinson, Stewart (2003), S. 144.

plexe und aufwendige Verfahren liefern nicht notwendigerweise bessere Ergebnisse als die im Folgenden darzustellenden einfachen Verfahren.

Das wohl einfachste Verfahren besteht in der graphischen Aufbereitung einer Zeitreihe von Outputgrößen und in der darauf basierenden visuellen Bestimmung der Länge der Anlaufphase.[1042] Die stationäre Phase gilt dann als erreicht, wenn die Outputgrößen um einen konstanten Mittelwert fluktuieren. Um die Wirksamkeit bei der Bestimmung der Länge der Anlaufphase zu erhöhen, wird vorgeschlagen, den kumulierten Mittelwert über mehrere voneinander unabhängige Simulationsläufe zu bilden und graphisch aufzubereiten.[1043] Die Anlaufphase endet in dem Punkt, ab dem der kumulierte Mittelwert ein relativ stabiles Verhalten aufweist.

Eine weitere Methode besteht in der Aufteilung der Simulationsdauer in gleiche Zeitintervalle. Anschließend werden die Mittelwerte für jedes Zeitintervall (z.B. für jede Woche) über mehrere voneinander unabhängige Simulationsdurchläufe gebildet und graphisch aufbereitet.[1044] Mit fortschreitender Simulationszeit wird der Effekt der verzerrenden Anfangswerte aus der Anlaufphase immer geringer, und die Werte beginnen schließlich um einen Mittelwert zu schwanken. Ab diesem Punkt geht der betrachtete Prozess in die stationäre Phase über.

Eine weitere auf WELCH zurückgehende Methode besteht in der Berechnung und der graphischen Aufbereitung der gleitenden Durchschnitte der Mittelwerte über mehrere voneinander unabhängige Simulationsläufe.[1045] Die gleitenden Durchschnitte werden dabei wie folgt berechnet:

$$\bar{Y}_i(w) = \begin{cases} \dfrac{\sum_{s=-(i-1)}^{i-1} \bar{Y}_{i+s}}{2i+1}, wenn\ i \in [1; w] \\ \dfrac{\sum_{s=-w}^{w} \bar{Y}_{i+s}}{2w+1}, wenn\ i \in [w+1; m-w] \end{cases}$$

$\bar{Y}_i(w)$ – gleitender Durchschnitt des Mittelwertes der Outputvariable Y für Fenstergröße w

m – Anzahl der Zeitperioden in einem Simulationslauf

i – Periodenindex

w – Fenstergröße

1041 Vgl. BRATLEY, PAUL/BOX, BENNETT L./SCHRAGE, LINUS E. (1987), S. 79.

1042 Vgl. ELIZANDRO, DAVID/TAHA, HAMDY (2008), S. 79; ROBINSON, STEWART (2003), S. 144-146.

1043 Vgl. WELCH, PETER D. (1983), S. 290-292.

1044 Vgl. BANKS, JERRY u.a. (2005), S. 403-406.

1045 Vgl. WELCH, PETER D. (1983), S. 293f.

Das Simulationsmodell erreicht den stationären Zustand ab jenem Punkt, ab dem der Verlauf der gleitenden Durchschnitte geglättet erscheint. Bei einem ungeglätteten Verlauf wird die Fenstergröße w solange um Eins erhöht, bis die Stationarität annähernd erreicht ist. Hinsichtlich einer detaillierten Darstellung aller weiteren Verfahren wird auf die einschlägige Literatur verwiesen.

Der *zweite* Ansatz zur Reduktion der Verzerrung aus der Anlaufphase besteht in der Verlängerung der Simulationszeit.[1046] Dabei stellt sich die Frage nach der erforderlichen Dauer der Simulation. Hier muss man im Zweifel eine sehr lange Simulationszeit in Kauf nehmen, um die verzerrende Wirkung der Anlaufphase zu lindern. Allerdings lassen sich die Verzerrungen der Anlaufphase durch diese Methode nie vollständig eliminieren.

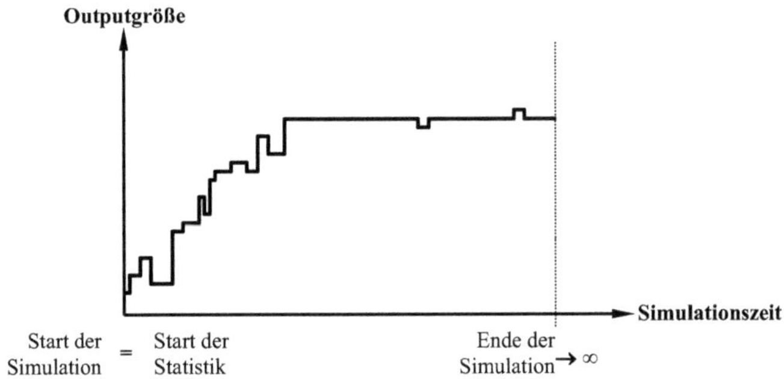

Abbildung 106: Eliminierung der Anlaufphase durch die Verlängerung der Dauer des Simulationslaufs

Der *dritte* Ansatz besteht in einer spezifischen Wahl der Ausgangsbelegung, weil die in der Realität vorkommenden nicht terminierenden Systeme in der Regel nicht leer sind. Diese Möglichkeit bietet sich nur dann an, wenn genügend Kenntnisse über das zu untersuchende System vorhanden sind. Existiert das zu simulierende System nicht, dann können selbstverständlich keine Aussagen über dessen „typischen" Zustand gemacht werden.[1047] Alternativ kann man aber auch versuchen, die Ausgangsbelegung mit Hilfe von Pilotläufen zu bestimmen.

1046 Vgl. Leemis, Lawrence M./Park, Stephen K. (2006), S. 374.

1047 Vgl. Pidd, Michael (2004), S. 212.

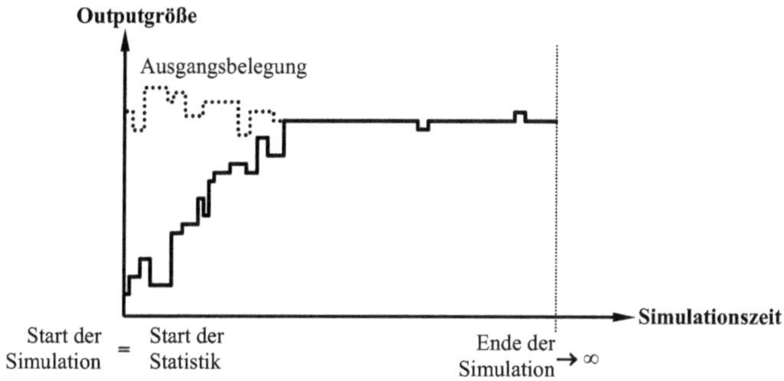

Abbildung 107: Eliminierung der Anlaufphase durch die Ausgangsbelegung

Neben den Verzerrungen durch die Anlaufphase ist bei der statistischen Analyse der Simulationsergebnisse von nicht terminierenden Systemen die Generierung einer ausreichenden Anzahl von Messwerten von Bedeutung. Hierzu gibt es mehrere Verfahren.[1048] Diese unterscheiden sich danach, ob sie auf einem einzelnen Simulationslauf beruhen oder mehrere Simulationsläufe erfordern. Für jede dieser Alternativen wird im weiteren Verlauf stellvertretend ein Verfahren vorgestellt:[1049] Batch Means Method[1050] und Replication/Delete Method.[1051]

Für die *Batch-Means-Method* ist die Durchführung eines einzigen langen Simulationslaufs charakteristisch. Dem Vorwurf, dass die Daten aus einem Lauf korreliert sind, wird wie folgt begegnet: Nach dem Abschneiden der Anlaufphase wird das verbleibende Zeitintervall in mehrere Bündel (*Batches*) gleicher Länge unterteilt. Für jedes Bündel wird der Mittelwert (*Batch Mean*) berechnet. Diese Mittelwerte werden durch statistische Schätzverfahren ausgewertet, um Aussagen über das System zu gewinnen. Diesem Verfahren liegt folgende Idee zugrunde: Durch eine geschickte Wahl der Intervalllänge lässt sich erreichen, dass die Mittelwerte aus einzelnen Intervallen annähernd unabhän-

1048 Vgl. Bratley, Paul/Box, Bennett L./Schrage, Linus E. (1987), S. 85-106; Pidd, Michael (2004), S. 215-218.

1049 Vgl. Whitt, Ward (1991) zu einer kritischen Gegenüberstellung dieser Methoden.

1050 Vgl. Alexopoulos, Christos (2006), S. 171f.; Alexopoulos, Christos/Seila, Andrew F. (1998), S. 246-261; 418-422; Bratley, Paul/Box, Bennett L./Schrage, Linus E. (1987), S. 90-92; Centeno, Martha A./Reyes, M. Florencia (1998), S. 26f.; Elizandro, David/Taha, Hamdy (2008), S. 83f.; Harrel, Charles/Tumay, Kerim (1995), S. 131; Kelton, David W. (1997), S. 26; Leemis, Lawrence M./Park, Stephen K. (2006), S. 379-386; Pidd, Michael (2004), S. 216f.; Sanchez, Susan M. (1999), S. 27; Welch, Peter D. (1983), S. 307-309.

1051 Vgl. Alexopoulos, Christos (2006), S. 170; Alexopoulos, Christos/Seila, Andrew F. (1998), S. 240-242; Banks, Jerry u.a. (2005), S. 413-417; Elizandro, David/Taha, Hamdy (2008), S. 80-83; Harrel, Charles/Tumay, Kerim (1995), S. 131; Law, Averill M. (2007), S. 517-519; Pidd, Michael (2004), S. 215f; Sanchez, Susan M. (1999), S. 27; Welch, Peter D. (1983), S. 294f.

gig werden.[1052] Die Intervalllänge sollte so gewählt werden, dass jedes Intervall entweder eine große Anzahl an Messwerten enthält oder ausreichend lang ist, um mögliche Abhängigkeiten (Korrelation) auszuschließen. Die Anzahl der Intervalle sollte 10 nicht unterschreiten.

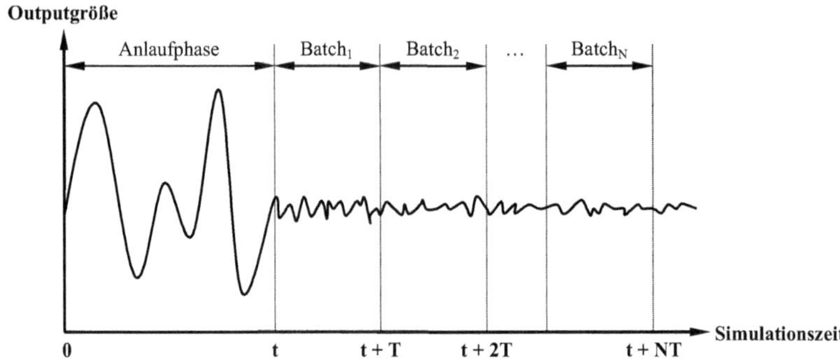

Abbildung 108: Visualisierung der Batch-Methode[1053]

Wird ein einziger Simulationslauf durchgeführt, wie es für die *Batch-Means-Method* typisch ist, dann stellt sich die Frage nach der Länge dieses Laufs. Für deren Bestimmung empfiehlt sich unter anderem folgende Methode:[1054] Es werden drei voneinander unabhängige Simulationsläufe durchgeführt, deren Länge die gesuchte minimale Länge deutlich überschreiten muss. Aus jedem Simulationslauf wird für jede zu untersuchende Outputvariable eine Zeitreihe erzeugt. Aus dieser Zeitreihe wird der kumulative Mittelwert für jeden Simulationslauf einzeln berechnet. Die kumulativen Mittelwerte werden in einer Graphik aufbereitet. Es ist zu erwarten, dass die Verlaufslinien mit steigender Länge des Simulationslaufs konvergieren. Die Konvergenz dieser drei Verlaufslinien wird nach folgender Formel berechnet:

$$C_i = \frac{Max(\bar{Y}_{i1}, \bar{Y}_{i2}, \bar{Y}_{i3}) - Min(\bar{Y}_{i1}, \bar{Y}_{i2}, \bar{Y}_{i3})}{Min(\bar{Y}_{i1}, \bar{Y}_{i2}, \bar{Y}_{i3})}$$

C_i – Konvergenz in der Periode i

$\bar{Y}_{ij}$ – kumulierter Mittelwert der Outputdaten in der Periode i für den Durchlauf j

1052 Vgl. Kleijnen, Jack/van Groenendaal, Willem (1992), S. 192.

1053 Vgl. Elizandro, David/Taha, Hamdy (2008), S. 81.

1054 Vgl. Robinson, Stewart (2003), S. 159f.

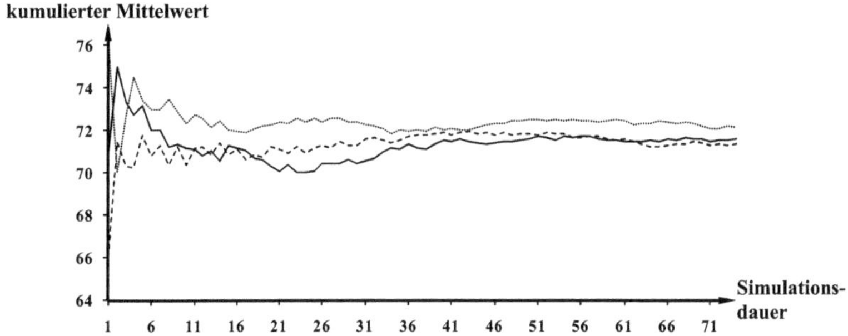

Abbildung 109: Bestimmung der Simulationslänge durch kumulierte Mittelwerte[1055]

Sobald diese errechnete Konvergenz unter einem vorzugebenden Grenzwert liegt, ist die erforderliche Länge des Simulationslaufs erreicht. Dabei ist zu beachten, dass sich die Verlaufslinien nicht nur innerhalb der gewünschten Konvergenzgrenzen bewegen, sondern auch tatsächlich einen eingeschwungenen Zustand erreichen. Erhält man bei der gewählten Länge keine zulässigen Ergebnisse, sollte die Länge des Simulationslaufs erhöht werden. Gibt es mehrere zu untersuchende Outputvariablen, dann wird die Länge des Simulationslaufs auf Basis jener Variablen bestimmt, die für die gewünschte Konvergenz am längsten braucht.

Neben der Verwendung von kumulierten Mittelwerten hat es sich bewährt, die Simulationslänge über den Vergleich von Histogrammen zu bestimmen:[1056] Es werden drei voneinander unabhängige Simulationsläufe gleicher Länge durchgeführt. Für jeden Simulationslauf wird die Verteilung der Outputvariablen in Form eines Histogramms visualisiert. Bei einer richtig gewählten Länge des Simulationslaufs sollten die drei Histogramme annähernd übereinstimmen. Allerdings ist eine perfekte Übereinstimmung der Histogramme nicht zu erwarten. Im Allgemeinen führt die Methode der kumulierten Mittelwerte zu einer schnelleren Konvergenz als der Vergleich von Histogrammen.

[1055] Vgl. ROBINSON, STEWART (2003), S. 160.

[1056] Vgl. ROBINSON, STEWART (2003), S. 159.

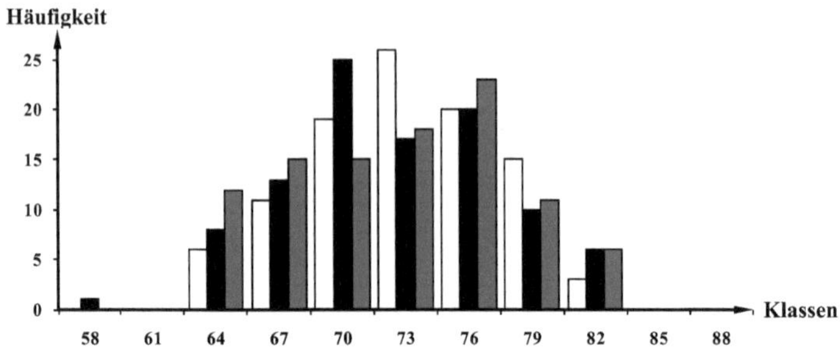

Abbildung 110: Bestimmung der Simulationslänge durch die Histogramme[1057]

Bei der *Replication/Delete-Method* werden mehrere voneinander unabhängige Simulationsläufe durchgeführt. Bei jedem Lauf wird die Anlaufphase abgeschnitten. Die einzelnen Anlaufphasen können sich in der Länge unterscheiden. Die verbleibenden Werte aus der stationären Phase werden über die durchgeführten Simulationsläufe gemittelt und durch „klassische" Schätzverfahren weiter ausgewertet.

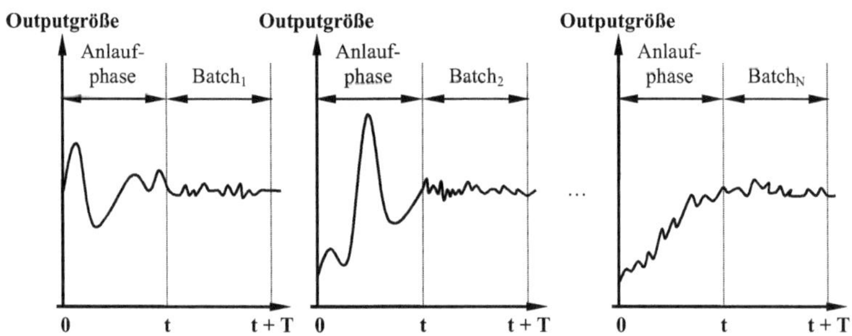

Abbildung 111: Visualisierung der Replication/Delete-Methode[1058]

Da mehrere Simulationsläufe durchzuführen sind, stellt sich die Frage, wie viele Simulationsläufe notwendig sind, um statistisch abgesicherte Aussagen zu gewährleisten. Auch hierzu gibt es einfache und robuste Lösungen:[1059] So lässt sich die Anzahl der Simulationsläufe unter anderem durch folgendes Vorgehen bestimmen: In einem ersten Schritt wird für jeden einzelnen Simulationslauf aus den Werten der stationären Phase ein Mittelwert bestimmt. Die Länge jedes Laufs sollte dabei mindestens zehn Mal größer als die vermutete Anlaufphase sein. Diese Mittelwerte werden in einem zweiten

[1057] Vgl. Law, Averill M. (2007), S. 552f.; Robinson, Stewart (2003), S. 162.

[1058] Vgl. Elizandro, David/Taha, Hamdy (2008), S. 84.

[1059] Vgl. Robinson, Stewart (2003), S. 152-156.

Schritt über die Anzahl der Simulationsläufe kumuliert, sodass sich im Ergebnis ein kumulierter Mittelwert von Mittelwerten ergibt. Der Verlauf des kumulierten Mittelwertes wird graphisch aufbereitet, um die notwendige Anzahl von Simulationsläufen zu bestimmen. Die erforderliche Mindestanzahl der Simulationsläufe wird ab dem Punkt erreicht, in dem die Kurve des kumulierten Mittelwertes flach wird.

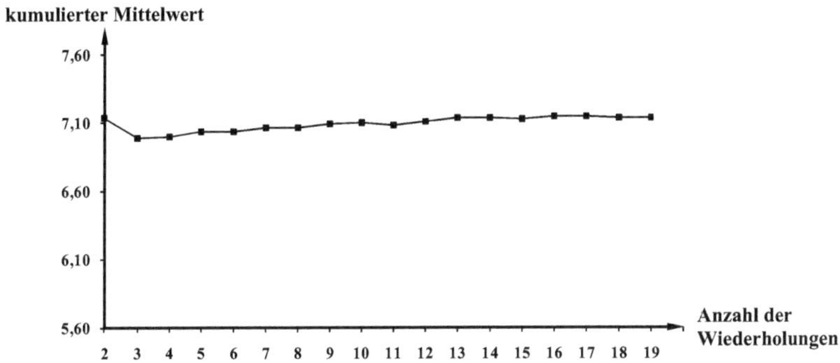

Abbildung 112: Bestimmung der Anzahl der Läufe durch kumulierte Mittelwerte[1060]

Die oben beschriebene Vorgehensweise zur Bestimmung der Mindestanzahl der Simulationsläufe lässt sich statistisch verfeinern, indem das Konfidenzintervall für den kumulierten Mittelwert errechnet und graphisch aufbereitet wird. Die notwendige Anzahl der Simulationsläufe gilt dann als erreicht, wenn die Breite des errechneten Konfidenzintervalls den gewünschten Sollwert erreicht hat und der Verlauf des kumulierten Mittelwertes flach ist.

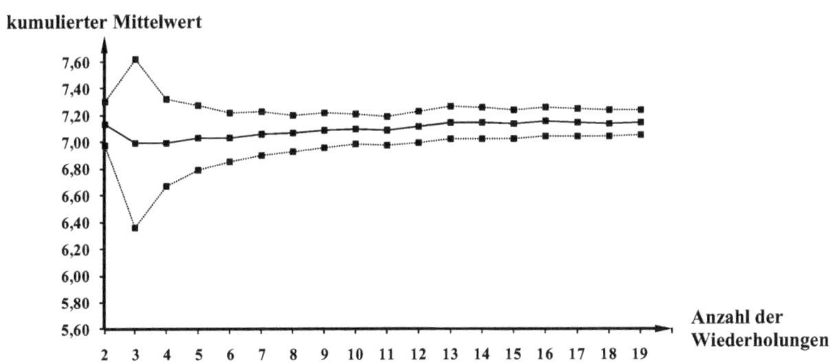

Abbildung 113: Bestimmung der Anzahl der Läufe durch das Konfidenzintervall[1061]

[1060] Vgl. Robinson, Stewart (2003), S. 153.

7.10 Auswahl der besten Alternative

Oft gibt es mehrere alternative Gestaltungsvarianten für das zu untersuchende System. Vor der endgültigen Implementierung muss deshalb eine Entscheidung getroffen werden, welche Alternative die beste ist und ob diese überhaupt zur Verbesserung des zu untersuchenden Systems führt. Diese Entscheidung wird allerdings durch den Umstand erschwert, dass die Entscheidungsparameter stochastischer Natur sind. Deshalb kann es vorkommen, dass die vermeintlich beste Alternative nur zufallsbedingt besser als die übrigen ist.

Im einfachsten Fall sind lediglich zwei Alternativen miteinander zu vergleichen, wobei sich das folgende Verfahren bewährt hat:[1062] Beide Alternativen werden gleich oft simuliert, um genügend Statistiken – meist in Form von Mittelwerten – über die Entscheidungsparameter zu sammeln. In einem weiteren Schritt wird die Hypothese überprüft, ob die Varianzen der Entscheidungsparameter der beiden Alternativen gleich sind, was eine Voraussetzung für die Anwendung dieses Verfahrens ist. Anschließend werden die Differenzen der Mittelwerte $\bar{D}$ beider Alternativen für den jeweiligen Lauf gebildet. Für diese Mittelwertdifferenzen ist dann ein Konfidenzintervall zu bilden. Um die Varianz der Mittelwertdifferenzen s_D zu verringern und schließlich die Präzision des Konfidenzintervalls zu steigern,[1063] sollte die Technik der „Common Random Numbers" verwendet werden.[1064] Diese ermöglicht bei zu vergleichenden Alternativen die Erzeugung der gleichen Folge von Zufallszahlen. Das gesuchte Konfidenzintervall bestimmt sich nach folgender Formel:

$$\bar{D} = \frac{\sum_{j=1}^{n}(Y_{Aj} - Y_{Bj})}{n}$$

$$s_D = \sqrt{\frac{\sum_{j=1}^{n}(Y_{Aj} - Y_{Bj} - \bar{D})^2}{n-1}}$$

$$Konfidenzintervall \Rightarrow \left[\bar{D} - t_{n-1;1-\alpha/2} \times \frac{S_D}{\sqrt{n}}; \bar{D} + t_{n-1;1-\alpha/2} \times \frac{S_D}{\sqrt{n}}\right]$$

Y_{Aj} – Outputwert der Alternative A aus dem Lauf j

1061 Vgl. Robinson, Stewart (2003), S. 155.

1062 Vgl. Banks, Jerry u.a. (2005), S. 433-436; Centeno, Martha A./Reyes, M. Florencia (1998), S. 27f.; Goldsman, David/Nelson, Barry L. (1998), S. 279f.; Law, Averill M. (2007), S. 552-554; Robinson, Stewart (2003), S. 178-180; Welch, Peter D. (1983), S. 326-328.

1063 Vgl. Clark, Gordon M. (1988), S. 21f.; Robinson, Stewart (2003), S. 179; Swisher, James R./Jacobson, Sheldon H./Yücesan, Enver (2003), S. 136.

1064 Vgl. Banks, Jerry u.a. (2005), S. 438-446; Law, Averill M. (2007), S. 577-613.

Y_{Bj} – Outputwert der Alternative B aus dem Lauf j

$\overline{D}$ – Mittelwert der Differenzen der Outputwerte der Alternativen A und B

s_D – Standardabweichung der Differenzen

n – Anzahl der ausgeführten Simulationsläufe (für beide Alternativen gleich)

$t_{n-1;1-\alpha/2}$ – Wert der t-Verteilung mit $n-1$ Freiheitsgraden und dem Signifikanzniveau von $1-\alpha/2$

Die Lage des resultierenden Konfidenzintervalls ermöglicht die Auswahl der besten Alternative.[1065] Liegt es links von Null, dann ist mit der festgelegten Wahrscheinlichkeit (Signifikanzniveau) davon auszugehen, dass das Ergebnis der Alternative A kleiner als das Ergebnis der Alternative B ist. Liegt das Konfidenzintervall rechts von Null, dann lässt sich mit der festgelegten Wahrscheinlichkeit schlussfolgern, dass das Ergebnis der Alternative A größer als das Ergebnis der Alternative B ist. Die Entscheidung, welche Alternative nun die beste ist, hängt davon ab, ob die Outputvariable minimiert oder maximiert werden soll. Beinhaltet das Konfidenzintervall jedoch den Wert Null, dann besteht keine signifikante Differenz zwischen beiden Alternativen. In diesem Fall sollte das Konfidenzintervall mit einer erhöhten Anzahl von Simulationsläufen neu ermittelt werden.

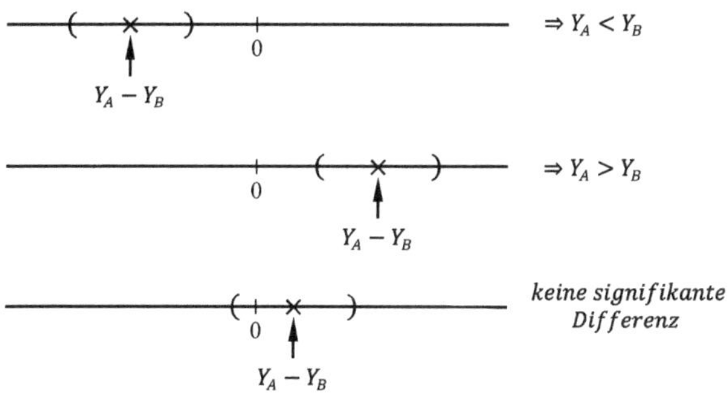

Abbildung 114: Mögliche Lagen der Konfidenzintervalle beim Vergleich von zwei Alternativen[1066]

Wird die Hypothese, dass die Varianzen von zwei Alternativen gleich sind, abgelehnt oder unterscheiden sich beide Alternativen in der Anzahl der durchgeführten Simulationsläufe, dann greift man auf das folgende Verfahren zurück:[1067] Es setzt die Unabhängigkeit der Outputwerte der einzelnen Alternativen voraus. Um dies zu gewährleisten, sollte auf die Verwendung der Technik der „Common Random Numbers" verzichtet

[1065] Vgl. CLARK, GORDON M. (1988), S. 22.

[1066] Vgl. BANKS, JERRY u.a. (2005), S. 435.

[1067] Vgl. BANKS, JERRY u.a. (2005), S. 438; LAW, AVERILL M. (2007), S. 554f.

werden.[1068] In einem ersten Schritt wird für jede Alternative einzeln das arithmetische Mittel $\bar{Y}_i$ sowie die Varianz s_i^2 ermittelt.

$$\bar{Y}_i = \frac{\sum_{j=1}^{n_i} Y_{ij}}{n_i}$$

$$s_i^2 = \frac{\sum_{j=1}^{n_i}\left(Y_{ij} - \bar{Y}_i\right)^2}{n_i - 1}$$

$\bar{Y}_i$ – Mittelwert der Alternative j

Y_{ij} – Outputwert der Alternative i aus dem Lauf j

n_i – Anzahl der ausgeführten Simulationsläufe für die Alternative i

s_i^2 – Varianz der Alternative i

Die für die Erstellung eines Konfidenzintervalls notwendige Anzahl der Freiheitsgrade f wird über folgende Approximation bestimmt:[1069]

$$\hat{f} = \frac{\left(\frac{s_A^2}{n_A} + \frac{s_B^2}{n_B}\right)^2}{\frac{\left(\frac{s_A^2}{n_A}\right)^2}{n_A - 1} + \frac{\left(\frac{s_B^2}{n_B}\right)^2}{n_B - 1}}$$

$$Konfidenzintervall \Rightarrow \bar{Y}_A - \bar{Y}_B \pm t_{\hat{f};1-\alpha/2} \times \sqrt{\frac{s_A^2}{n_A} + \frac{s_B^2}{n_B}}$$

$\hat{f}$ – geschätzte Anzahl der Freiheitsgrade

s_A^2 – Varianz der Alternative A

s_B^2 – Varianz der Alternative B

n_A – Anzahl der ausgeführten Simulationsläufe für die Alternative A

n_B – Anzahl der ausgeführten Simulationsläufe für die Alternative B

$\bar{Y}_A$ – Mittelwert der Alternative A

$\bar{Y}_B$ – Mittelwert der Alternative B

$t_{\hat{f};1-\alpha/2}$ – Wert der t-Verteilung mit $\hat{f}$ Freiheitsgraden und dem Signifikanzniveau von $1 - \alpha/2$

Zur Auswahl der besseren Alternative bedient man sich in Abhängigkeit von der Lage des Konfidenzintervalls der gleichen Überlegungen wie beim Verfahren zuvor.

Die meisten Entscheidungssituationen erfordern allerdings den Vergleich von mehr als zwei Alternativen. Dabei wird jede Alternative paarweise mit jeder anderen mittels in-

---

[1068] Vgl. LAW, AVERILL M. (2007), S. 555.

[1069] Vgl. WELCH, B. L. (1938), S. 353.

dividueller Konfidenzintervalle verglichen. Das Ergebnis dieser Vergleiche kann in einer Tabelle wie folgt zusammengefasst werden.

Alternative	**B**	**C**	**D**	**E**
A	A > B	A > C	keine Differenz	A > E
B		B > C	B < D	keine Differenz
C			C < D	C < E
D				D > 5

Tabelle 31: Beispiel zum Vergleich mehrerer Alternativen mittels individualer Konfidenzintervalle[1070]

Die zuvor vorgestellten Verfahren arbeiten mit der Irrtumswahrscheinlichkeit α. Diese gibt an, mit welcher Wahrscheinlichkeit die Mittelwertdifferenz nicht im berechneten Konfidenzintervall liegt. Bei der Bildung von mehreren Konfidenzintervallen entsteht das Problem der α-Fehlerkumulierung, die so genannte α-Fehlerinflation. Diese besagt, dass sich die globale Irrtumswahrscheinlichkeit α eines Mehrfachvergleichs gegenüber der Irrtumswahrscheinlichkeit α_j des einfachen Vergleichs erhöht. Allgemein gilt in diesem Zusammenhang:

$$\sum_{j=1}^{n} \alpha_j = \alpha$$

α – globale Irrtumswahrscheinlichkeit

α_j – lokale Irrtumswahrscheinlichkeit für den Vergleich j

n – Anzahl der zu vergleichenden Alternativen

Deshalb müssen die lokalen Signifikanzniveaus α_j der einfachen Vergleiche mittels Bonferroni-Korrektur angepasst werden.[1071] Sollen n Alternativen zum globalen Signifikanzniveau α beurteilt werden, dann müssen $n \times (n-1)/2$ individuelle Konfidenzintervalle zu einem Signifikanzniveau α/n aufgestellt werden. Beispielsweise erfordert ein Mehrfachvergleich von $n = 5$ Alternativen 10 individuelle Konfidenzintervalle. Beläuft sich dabei das globale Signifikanzniveau $1 - \alpha$ auf 90%, ist also die globale Irrtumswahrscheinlichkeit $\alpha = 10\%$, dann beträgt die lokale Irrtumswahrscheinlichkeit $\alpha_j = 10\%/10 = 1\%$ und damit das lokale Signifikanzniveau $1 - \alpha_j = 99\%$.

Die Effektivität dieses Verfahrens sinkt mit der steigenden Anzahl der zu vergleichenden Alternativen: Zum einen erreicht die Anzahl der aufzustellenden Konfidenzinterval-

[1070] In Anlehnung an LAW, AVERILL M. (2007), S. 560.

[1071] Vgl. ALEXOPOULOS, CHRISTOS/SEILA, ANDREW F. (1998), S. 265f.; BANKS, JERRY u.a. (2005), S. 449f.; LAW, AVERILL M. (2007), S. 537.

le mit wachsender Anzahl von Alternativen unhandliche Dimensionen. Zum anderen wird das Konfidenzintervall mit steigender Anzahl von Alternativen immer breiter und verliert damit an Aussagekraft.

DUDEWICZ und DALAL haben ein Verfahren entwickelt, mit deren Hilfe es ebenfalls möglich ist, die beste Alternative auszuwählen.[1072] Dieses Verfahren unterscheidet sich grundlegend von den bereits vorgestellten. Hierbei werden keine Konfidenzintervalle errechnet, sondern eine Größe, die die zu vergleichenden Alternativen in eine Reihenfolge bringt. Für die Anwendung dieses Verfahrens ist ein Indifferenzbetrag d festzulegen, der die Abweichung zwischen zwei aufeinanderfolgenden Alternativen misst. Dadurch soll neben der statistischen auch die „praktische" Signifikanz berücksichtigt werden.[1073] Die „praktische" Signifikanz bezieht sich auf die Frage, ob der festgestellte statistisch signifikante Unterschied zwischen zwei Alternativen groß genug ist, um sich für die bessere Alternative zu entscheiden. Weiterhin muss die Irrtumswahrscheinlichkeit festgelegt werden, mit der die gewählte Alternative tatsächlich die beste sein soll.

Das Verfahren erfordert zwei Schritte: Im ersten Schritt wird für jede Alternative eine bestimmte Anzahl von Simulationsläufen n_0 durchgeführt. Die gewonnenen Outputwerte werden benutzt, um den Mittelwert und die Varianz zu bestimmen. Anschließend wird die Anzahl der für die jeweilige Alternative i erforderlichen Simulationsläufe N_i wie folgt bestimmt:

$$N_i = max\left\{n_0 + 1, \left\lceil \frac{h^2 s_i^2}{d^2} \right\rceil\right\}$$

N_i – notwendige Anzahl der Simulationsdurchläufe für die Alternative i

h – Konstante

s_i^2 – Varianz der Alternative i

d – Indifferenzbetrag

Der Wert der in der Formel benutzten Konstante h hängt von der Anzahl der Alternativen, der gewählten Irrtumswahrscheinlichkeit und der Anzahl der Pilotsimulationsläufe ab.[1074] Die Differenz zwischen der errechneten Größe N_i und der Anzahl der Pilotsimu-

---

1072 Vgl. BANKS, JERRY u.a. (2005), S. 455f.; DUDEWICZ, EDWARD J./DALAL, SIDDHARTHA R. (1975), S. 36f.; GOLDSMAN, DAVID/NELSON, BARRY L. (1998), S. 285-287; LAW, AVERILL M. (2007), S. 562-564.

1073 Vgl. BANKS, JERRY u.a. (2005), S. 436; SWISHER, JAMES R./JACOBSON, SHELDON H./YÜCESAN, ENVER (2003), S. 138.

1074 Vgl. DUDEWICZ, EDWARD J./DALAL, SIDDHARTHA R. (1975), S. 52-75; KOENIG, LLOYD W./LAW, AVERILL M. (1985), S. 724f.

lationsläufe n_0 ergibt die Anzahl der für jede Alternative noch durchzuführenden Simulationsläufe. In einem zweiten Schritt werden die fehlenden Simulationsläufe durchgeführt. Dabei wird ein nur auf diese Simulationsläufe bezogener Mittelwert $\bar{X}_i^{(2)}$ errechnet. Abschließend wird der gewichtete Mittelwert $\tilde{X}_i$ berechnet, anhand dessen sich die Alternativen in eine Reihenfolge bringen lassen:

$$\tilde{X}_i(N_i) = W_{i1}\bar{X}_i^{(1)} + W_{i2}\bar{X}_i^{(2)}$$

Die Gewichte der einzelnen Phase W_{ij} werden wie folgt berechnet:

$$W_{i1} = \frac{n_0}{N_i}\left[1 + \sqrt{1 - \frac{N_i}{n_0} \times \left(1 - \frac{(N_i - n_0)d^2}{h^2 S_i^2}\right)}\right]$$

$$W_{i2} = 1 - W_{i1}$$

Unterscheidet sich die beste Alternative von der zweitbesten um weniger als den festgelegten Indifferenzbetrag, dann ist es gleichgültig, welche der beiden Alternativen als die beste gewählt wird.

Ist die Anzahl der Alternativen zu groß, lässt sich der Kreis der näher zu untersuchenden Alternativen einengen. Hierzu wird mittels eigens dafür entwickelter Verfahren eine Teilmenge aus der Gesamtmenge der Alternativen ausgewählt. Die angesprochenen Verfahren stellen sicher, dass diese Teilmenge die beste Alternative mit einer vorgegebenen Wahrscheinlichkeit enthält.[1075]

7.11 Ergebnispräsentation und Implementierung

Die Simulationsergebnisse müssen üblicherweise erst aufbereitet werden, bevor sie vom Entscheidungsträger interpretiert werden können. Der entsprechende Bericht an die Entscheidungsträger sollte jedenfalls folgende drei Teile enthalten: Erstens die Aufgabenstellung, die Gegenstand der Simulationsstudie war; zweitens die Ergebnisse der Simulationsstudie; drittens die konkreten Handlungsempfehlungen, die sich aus den Simulationsergebnissen ableiten lassen. Darüber hinaus empfiehlt es sich, die einzelnen Phasen der Simulationsstudie entsprechend dem oben genannten Ablauf zu dokumentieren und

[1075] Vgl. Banks, Jerry u.a. (2005), S. 568f.; Goldsman, David/Nelson, Barry L. (1998), S. 280-283; Law, Averill M. (2007), S. 457f.; Swisher, James R./Jacobson, Sheldon H./Yücesan, Enver (2003), S. 140.

geeignet zu erläutern.[1076] Denn ohne begleitende Dokumentation ist die Aktualisierung und Weiterentwicklung eines einmal erstellten Simulationsmodells kaum möglich.[1077]

Demgegenüber lässt sich häufig beobachten, dass die Modellentwickler in der Praxis den überwiegenden Teil der verfügbaren Zeit auf die Modellierung verwenden. Der Abschlussbericht und die Modelldokumentation werden oft unter großem Zeitdruck in letzter Minute ohne die gebührende Sorgfalt erstellt. Es muss offen gelassen werden, inwieweit die Mängel in der Dokumentation dazu beigetragen haben, dass der Wert von Simulationsstudien als Beratungsansatz nach wie vor unterschätzt wird.

1076 Vgl. Wenzel, Sigrid u.a. (2008), S. 18-31.

1077 Vgl. Annino, Joseph S./Russell, Edward C. (1979), S. 139; Musselman, Kenneth J. (1994), S. 93.

> „One point should be made absolutely clear: we do not advise those about to undertake BPR to use computer simulation; we advise them to consider its use."
>
> Warren, James R./Crosslin, Robert L./MacArthur, Paul James[1078]

8 Simulationsgestütztes Prozesscontrolling – Ein multikriterieller Ansatz

8.1 Konzeption eines integrierten Ansatzes des Prozesscontrollings

Der finanzielle Erfolg eines Unternehmens lässt sich im weitesten Sinne als Ergebnis seiner Prozesse auffassen: Die wohl wichtigste Voraussetzung für das Erreichen der finanziellen Ziele besteht darin, dass das Unternehmen Umsätze in entsprechender Höhe generiert. Dazu muss das Unternehmen seine Leistungen am Markt absetzen. Die Kunden fragen erst dann die angebotenen Leistungen nach, wenn diese den Kundenanforderungen genügen. Da die gesamte Wertschöpfungskette eines Unternehmens auf Prozessen beruht, determinieren diese Prozesse das Ergebnis der Wertschöpfungskette und somit den finanziellen Erfolg des Unternehmens. Deshalb kann das Ausbleiben von anvisierten Erfolgen Zweifel auslösen, ob die vorhandene Ablauforganisation den herrschenden Umfeld- und Wettbewerbsbedingungen gerecht wird. Ebenso kann eine gehäufte Kritik von Endkunden (z.B. Erhöhung der Retouren und Reklamationen) als Anlass aufgefasst werden, die vorhandene Ablauforganisation kritisch zu hinterfragen. In diesem Zusammenhang dürfte eine der größten Herausforderungen der Unternehmensführung darin liegen, sämtliche Prozesse im Unternehmen so zu organisieren, dass sie in ihrem Zusammenwirken Leistungen erbringen, die den Kundenanforderungen genügen. Um dies zu gewährleisten, ist die Ablauforganisation auf Schwachstellen und Verbesserungspotentiale zu untersuchen.

Der Ausgangspunkt einer solchen Untersuchung bildet die Identifikation der im Unternehmen ablaufenden Prozesse. Dabei bietet es sich an, von den Leistungen auszugehen, die das Unternehmen erbringt bzw. von den Kunden, die diese Leistungen nachfragen. Hieraus muss abgeleitet werden, welche Prozesse zur Erbringung dieser Leistung not-

[1078] Warren, James R./Crosslin, Robert L./MacArthur, Paul James (1995), S. 40.

wendig sind. Zunächst sollte man die Prozesse auf höchster hierarchischer Ebene erfassen: Dabei gilt es, in Analogie zur Porter'schen Wertkette jene Prozesse zu identifizieren, die die wesentlichen Aktivitäten des Unternehmens bilden. Die Verfeinerung der Prozesserhebung erfolgt primär bei jenen Prozessen, bei denen das größte Verbesserungspotential vermutet wird. Entscheidend ist, dass die detaillierte Prozessdokumentation nicht den in den Arbeitsanweisungen formulierten Soll-Ablauf, sondern den tatsächlichen Prozessablauf aus der Sicht eines Kunden abbildet. Um die Suche nach Prozessen mit dem hohen Verbesserungspotential zu erleichtern und den Untersuchungsbereich einzuengen, empfiehlt es sich, die Meinungen von Kunden einzuholen. In dieser Phase ist das Unternehmen auf Marktforschungsinstitute sowie auf den eigenen Kundendienst und das Beschwerdemanagement angewiesen.

Um eine solche Kundenbefragung zweckmäßig zu organisieren, kann eine Marktsegmentierung und eine Priorisierung der Kunden nach ihrer wirtschaftlichen Bedeutung für das Unternehmen vorgenommen werden. Die von den Kunden genannten Kritikpunkte sind dahingehend zu untersuchen, aus welchen Quellen in der Wertschöpfungskette sie stammen. Im Kern soll dies dazu dienen, die von den Kunden monierten Schwächen den involvierten Prozessen zuordnen zu können. Die am häufigsten kritisierten Prozesse stellen jene Prozesse dar, die einer Verbesserung bedürfen. Sie sind nun einer detaillierten Analyse zu unterziehen.

Für die detaillierte Prozessbeschreibung werden in der Regel flowchartartige Darstellungstechniken herangezogen, die durch textuelle Erläuterungen ergänzt werden.[1079] Eine solche Prozessbeschreibung ermöglicht aufgrund ihrer Kompaktheit zwar eine schnelle und leicht nachvollziehbare Erfassung der ausgewählten Prozesse. Sie ist aber weder für die Erarbeitung von Maßnahmen, die die Prozessleistung verbessern sollen, noch für die Bewertung der prozessbezogenen Restrukturierungsmaßnahmen hinreichend.[1080] Flowcharts erfüllen eher eine kommunikative Funktion, stellen aber keine Entscheidungsgrundlage für Prozessverbesserungen dar. Denn sie zeigen die Struktur eines Prozesses und nicht sein dynamisches Verhalten. Die Abbildung der dynamischen Zusammenhänge und Interdependenzen innerhalb und zwischen den Prozessen sowie zwischen den Prozessen und der Umwelt ist durch Flowcharts naturgemäß nicht möglich. Darüber hinaus fehlt die Möglichkeit, Zufall oder Unsicherheit innerhalb der Pro-

[1079] Vgl. Gladwin, Bruce/Tumay, Kerim (1994), S. 115; Melão, Nuno/Pidd, Michael (2000), S. 114.

[1080] Vgl. Bhaskar, R. u.a. (1994), S. 1207.

zessorganisation abzubilden. Flowcharts als statische Werkzeuge erlauben auch nicht, das Verbesserungspotential zu quantifizieren, das bei jeder in Frage kommenden Gestaltungsalternative erzielbar wäre. Damit fehlt es an einer Vergleichsgrundlage zur Reihung und Auswahl von Alternativen. Darüber hinaus zeichnen sich diese Prozessmodelle durch lineare Beziehungen des Typs $A \rightarrow B$ („A beeinflusst B“) aus. Von dieser Betrachtungsweise sollte man besser Abstand nehmen, weil die Elemente eines solch komplexen Systems, wie es eine Prozessorganisation darstellt, auf sich selbst zurückwirken können, also vom Typ $A \rightarrow B \rightarrow \cdots \rightarrow A$ sind. Ursache A und Wirkung B sind dann nicht mehr eindeutig voneinander zu unterscheiden.

Die Verbesserung einer bestehenden Prozessorganisation verlangt nach einem Verständnis, wie das dynamische Verhalten der Prozesse zustande kommt und welche Faktoren die Prozessleistung im Wesentlichen determinieren. Daher bedarf es eines Ansatzes, der die dynamische Komplexität der Prozessorganisation beherrschbar macht. Die dynamische Simulation, deren Wurzeln in der Kybernetik zu finden sind, kann entscheidend zur Beherrschung oder zumindest zum Verständnis der Komplexität beitragen. Die Kybernetik untersucht das Verhalten von komplexen, dynamischen, sich selbst steuernden Systemen. Und die in einem Unternehmen ablaufenden Prozesse bilden ein solches System.[1081]

An die Erhebung der Prozesse schließt sich die Beurteilung der Prozessleistung und die Feststellung des Verbesserungsbedarfs an. Hierzu muss die Prozessleistung messbar gemacht und bewertet werden. Um sich an den Kundenanforderungen auszurichten, sind neben den finanziellen Messgrößen, die unternehmensintern als Zielkriterien eine entscheidende Rolle spielen, weitere kundenspezifische quantitative und insbesondere qualitative Messgrößen zu entwickeln. Wie bereits dargestellt wurde, lässt sich die Prozessleistung anhand der drei Messgrößen Prozesskosten, Prozessqualität und Durchlaufzeit beurteilen, die in ihrer Wechselwirkung ein „Magisches Dreieck“ aufspannen. Um diese drei Messgrößen zu konkretisieren, müssen aus der Kundenkritik jene kritischen Kriterien abgeleitet werden, auf die der Kunde bei der Bewertung der Prozessleistung Wert legt. So kann aus der qualitativen Aussage: „Ich warte auf die Bedienung am Schalter zu lange“ abgeleitet werden, dass der Kunde die Leistungsfähigkeit des Prozesses insbesondere anhand der Wartezeit beurteilt. In diesem Fall ist also die durchschnitt-

---

[1081] Vgl. SCHWARZ, RAINER (2002), S. 64-102; HONEGGER, JÜRG (2001), S. 276; zur Darstellung des Unternehmens als ein kybernetischer Prozess vgl. BEHME, WOLFGANG/SCHIMMELPFENG, KATJA (1993), S. 289-293.

liche Wartezeit jenes Kriterium, das die Messgröße Zeit konkretisiert. Analog müssen die übrigen beiden Messgrößen durch geeignete Kriterien konkretisiert werden.

Da die Prozessleistungen die Kunden befriedigen sollen, sind für jede der genannten Messgrößen empirische Erhebungen durchzuführen, um festzustellen, wie Kunden den Prozess wahrnehmen und welche Anforderungen sie an das Prozessergebnis stellen. Bei der Durchführung der Erhebungen kommt es darauf an, die Diskrepanz zwischen den tatsächlichen und den vom Management wahrgenommenen Kundenanforderungen möglichst gering zu halten. Andernfalls sind Fehlentscheidungen nicht ausgeschlossen, die die Ausgangssituation noch weiter verschlimmern. Es muss dafür gesorgt werden, dass aus den Kundenbefragungen konkrete messbare Ergebnisse abgeleitet werden. Um dies zu bewerkstelligen, sollten die Kunden gebeten werden, neben ihrer grundsätzlichen Kritik auch quantifizierbare Aussagen zu machen: Wenn der Kunde mit der Wartezeit vor dem Schalter unzufrieden ist, ist herauszufinden, welche Wartezeit der Kunde akzeptieren würde.

Die so ermittelten Kundenanforderungen sind in konkrete Zielvorgaben an die Prozessstruktur zu überführen. Beispielsweise müssen die bei Kundenbefragungen erhobenen Preisvorstellungen analog zur Vorgehensweise bei der Zielkostenrechnung in Kosten umgerechnet und auf die einzelnen Prozesse umgelegt werden. In gleicher Weise sind die Zielvorgaben hinsichtlich der anderen beiden Messgrößen herzuleiten. Neben punktuellen Zielvorgaben sind gegebenenfalls auch Toleranzgrenzen zu bestimmen, deren Unter- bzw. Überschreiten die Kunden nicht akzeptieren würden.

Um den Verbesserungsbedarf festzustellen, muss die Ist-Prozessleistung der ausgewählten Prozesse beurteilt werden. Dafür ist es notwendig, die aus der Kundebefragung abgeleiteten Messgrößen anhand geeigneter Messverfahren zu quantifizieren: Jedem Prozess sind Kosten zuzuordnen, die bei seiner Durchführung entstehen. Dafür hat sich das Konzept der Prozesskostenrechnung bewährt. Des Weiteren muss die Qualität des jeweiligen Prozesses gemessen werden. Hierfür kann man sich auf den SERVQUAL-Ansatz stützen. Ebenso ist für jeden Prozess die Durchlaufzeit zu ermitteln. Für diese Aufgabe kommen die Techniken des Time-based-Managements in Frage.

Nun wird die Ist-Prozessleistung der Soll-Prozessleistung gegenübergestellt. Ergibt der Vergleich, dass Ist- und Soll-Prozessleistung weitestgehend übereinstimmen, erfüllt also die Ist-Prozessleistung weitestgehend die Kundenanforderungen, dann ist das beobachtete Ausbleiben von finanziellen Unternehmenserfolgen vermutlich nicht auf Mängel der Ablauforganisation zurückzuführen. In diesem Fall empfiehlt es sich, andere Ursachen, beispielsweise Fehler im strategischen Bereich, in Betracht zu ziehen. Entspricht die Ist-Prozessleistung den Kundenanforderungen nicht, dann ist zu erwarten, dass die Ursachen für die beobachteten finanziellen Misserfolge zumindest zum Teil in der Ablauforganisation liegen. Daraus resultiert grundsätzlich ein Bedarf, die Prozesse zu verbessern.

Wie der nachstehenden Abbildung zu entnehmen ist, handelt es sich bei dem Vergleich der Ist-Prozessleistung mit der Soll-Prozessleistung um den Vergleich von zwei dreidimensionalen Vektoren mit den Komponenten „Prozesskosten", „Prozessqualität" und „Durchlaufzeit". Während sich der mittlere Soll-Prozessleistungsvektor aus einer Stichprobenerhebung ergibt, die bei den Endkunden durchgeführt wurde, errechnet sich der mittlere Ist-Prozessleistungsvektor aus beobachteten Ergebnissen von Durchführungen des Ist-Prozesses. Die Punktwolke links sollte dabei die individuellen Kundenerwartungen hinsichtlich der Prozessleistung repräsentieren. Bei der Punktwolke rechts handelt es sich um die einzelnen Ergebnisse, die aus der direkten Beobachtung des realen Prozesses gewonnen werden konnten.

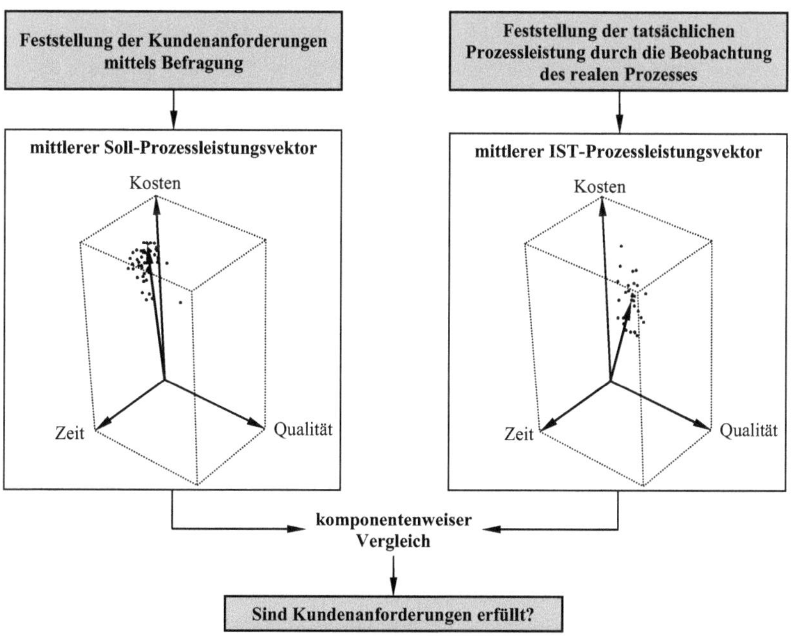

Abbildung 115: Feststellung des Verbesserungsbedarfs

Insgesamt handelt sich hierbei um einen statistischen Vergleich zweier dreidimensionaler empirischer Mittelwertvektoren. Zur Vereinfachung des für diese Aufgabe erforderlichen statistischen Instrumentariums sowie zur Erleichterung der praktischen Umsetzbarkeit soll dieser Vergleich komponentenweise und daher lediglich eindimensional vorgenommen werden. Der statistische Vergleich zweier Stichproben anhand der Mittelwerte kann bekanntermaßen mit Hilfe eines t-Tests[1082] oder anhand der Schätzung eines Konfidenzintervalls für die Differenz der Elemente von beiden Stichproben (wie im Kapitel 7.10 beschrieben) vorgenommen werden. Da beide Verfahren auf denselben statistischen Größen beruhen, sind sie in ihrer Aussage äquivalent.

Nach der Feststellung des Verbesserungsbedarfs stellt sich die Frage, wie die Prozessorganisation verändert werden muss, damit die erbrachte Prozessleistung die Kundenanforderungen erfüllt. Die Prozessorganisation kann entweder radikal im Sinne von Business Process Reengineering oder inkrementell im Sinne von Kaizen oder durch eine Kombination aus den beiden Ansätzen verbessert werden. Unabhängig davon, wofür sich das Unternehmen entscheidet, stellt sich die Frage, welche organisatorischen Gestaltungsmaßnahmen zu ergreifen sind und welche Auswirkungen sich daraus ergeben.

Die Ausführungen in den Kapiteln 3, 4 und 5 haben gezeigt, dass Ansätze existieren, die man zur betriebswirtschaftlich fundierten Gestaltung von Prozessen anwenden kann. Allerdings werden diese Ansätze der Forderung nicht gerecht, die Prozesse unter gleichzeitiger Berücksichtigung aller drei prozessleistungsbeurteilenden Messgrößen Prozesskosten, Prozessqualität und Durchlaufzeit zu verbessern. Vielmehr konzentrieren sich diese Ansätze meist auf die Prozessverbesserung in Bezug auf einen einzigen Faktor (z.B. lediglich auf die Prozesskosten unter Einsatz der Prozesskostenrechnung), wodurch die ganzheitliche Perspektive verlorengeht. Es bedarf also eines multikriteriellen Ansatzes, der bei der Erarbeitung von prozessverbessernden Maßnahmen sämtliche prozessleistungsbeurteilenden Messgrößen einbezieht und es ermöglicht, die Messgrößen auf nachvollziehbare Weise zu quantifizieren. Zur Lösung dieser Aufgabenstellung kann die dynamische Simulation eingesetzt werden:

- Ein Simulationsmodell gestattet es, Reorganisationsalternativen der Unternehmensprozesse realitätsgerecht auszugestalten und durch Experimente hinsichtlich ihrer wirtschaftlichen Auswirkungen zu analysieren – ohne dabei die Kosten und das Ri-

---

[1082] Vgl. HARTUNG, JOACHIM (2009), S. 510f.

siko von Real-Experimenten in Kauf nehmen zu müssen. Durch die Unterstützung von Wenn-Dann-Analysen stellt ein Simulationsmodell ein Experimentierfeld zur Verfügung, in dem das Variieren von Inputparametern und Anfangsbedingungen, das Aufstellen und die Überprüfung von Hypothesen, sowie die Abänderung der Modellstruktur oft durch wenige Mausklicks vollzogen werden kann.[1083] Auf Basis von Simulationsexperimenten ist es darüber hinaus auch möglich, die Struktur und die Parametrisierung eines komplexen Geschäftsprozessmodells in Bezug auf ein vorgegebenes Zielsystem zu optimieren.

- In der realen Welt können die Auswirkungen der Eingriffe erst in Monaten oder sogar erst in Jahren ersichtlich werden. Demgegenüber kann der „natürliche" Ablauf des Systems im Simulationsmodell beschleunigt und angehalten werden. Dadurch lassen sich die langfristigen Konsequenzen eines Eingriffs in das modellierte System einer detaillierten Analyse unterziehen. Dies hilft nicht nur zu verstehen, auf welche Ursachen der Eintritt bestimmter Ereignisse grundsätzlich zurückgeführt werden kann, sondern auch warum die betrachteten Ereignisse zu einem bestimmten Zeitpunkt eingetreten sind.
- Erst durch die Simulation lässt sich die Art der Abhängigkeit (konträre oder komplementäre Wechselwirkung) zwischen den einzelnen Messgrößen feststellen. Ebenso kann die Simulation dazu beitragen, die Bedingungen festzustellen, unter welchen komplementäre Lösungen erzielt werden können. Vor allem aber ermöglicht es die Simulation, experimentell dasjenige Potential einer Prozessgestaltungsalternative zu identifizieren, das unter bestimmten vorgegebenen Bedingungen realisiert werden kann.
- Da die Erstellung eines Modells nicht ohne Daten möglich ist, deckt ein Modell die Lücken in der bisherigen Informationsversorgung auf und weist damit indirekt auf die Notwendigkeit hin, das bestehende Informationssystem des Unternehmens durch die Einrichtung ergänzender Systeme entsprechend zu verbessern. Die dynamische Simulation ermöglicht die Integration von qualitativen Variablen, so genannter „Softvariablen", deren Vernachlässigung zur Fehlbeurteilung der Prozessgestaltungsalternativen führen kann und oftmals auch führt.
- Mit Hilfe der animationsunterstützten Simulation kann man jedem Mitarbeiter im Unternehmen aufzeigen, welchen Beitrag seine Tätigkeit bzw. die seiner Abteilung

---

1083 Vgl. ROBERTS, EDWARD B. (1978), S. 6; GIAGLIS, GEORGE M./PAUL, RAY J./HLUPIC, VLATKA (1999), S. 223.

zum Unternehmenserfolg leistet oder welche Probleme er bzw. seine Abteilung verursacht. Die dynamische Simulation kann zur Animation der Prozessdynamik eingesetzt werden, um das Verständnis der vorhandenen Organisationsstruktur und der Auswirkungen der einzuleitenden Maßnahmen zu fördern. Somit stellt die Simulation ein mächtiges Kommunikations- und Überzeugungsinstrument dar.[1084]

- Das Hauptanliegen des Prozesscontrollings besteht in der Informationsverarbeitung und in der Transformation dieser Information in konkrete Aktionen. Ähnlich wie bei der Ausbildung von Piloten Flugsimulatoren eingesetzt werden, ermöglicht die dynamische Simulation die Entwicklung von Simulatoren für die Managerausbildung, so genannter Management-Cockpits[1085] oder auch „*management flight simulators*".[1086] Dadurch lernen Manager in einer risikolosen Umgebung das von ihnen geführte Unternehmen und sein zum Teil kontraintuitives Verhalten kennen. Dabei lernen sie, das Unternehmen als Ganzes in einer langfristigen Perspektive zu erfassen und dieses komplexe dynamische System im Sinne der systemorientierten Managementlehre zu lenken.[1087] Die systemorientierte Managementlehre sieht ein Unternehmen als ein durch Entscheidungsvariablen steuerbares dynamisches System. Sie verfolgt das Ziel, eine Kombination von Variablen zu finden, die das Erreichen der kurz- und langfristigen Unternehmensziele ermöglicht. Bei dieser Suche konzentriert sie sich vor allem auf die Determinanten der Veränderungen von Unternehmensgrößen unter Berücksichtigung der Prozessdynamik. Ferner ermöglicht das Management-Cockpit die Erprobung von extremen, die Unternehmensexistenz bedrohenden Szenarien, um die Robustheit und das Durchhaltevermögen des Systems auszuloten.[1088]

Um dynamische Simulation im Rahmen eines Reorganisationsprojektes nutzen zu können, muss die erhobene Ist-Prozessstruktur, die bisher erst als Flowchart vorliegt, in ein Simulationsmodell transformiert werden, das die prozessleistungsbeurteilenden Mess-

---

1084 Vgl. GIAGLIS, GEORGE M./PAUL, RAY J./HLUPIC, VLATKA (1999), S. 223.

1085 Vgl. SCHWARZ, RAINER/EWALDT, JÖRN W. (2005), S. 379; BAUER, CHRISTIAN (2006), S. 53f; HONEGGER, JÜRG/VETTINGER, HANS (2003), S. 51-53.

1086 Vgl. STERMAN, JOHN D. (2000), S. 899; GRAHAM, ALAN K. u.a. (1994), S. 225-228; WILMS, FALKO E. P. (2001), S. 179; BRATLEY, PAUL/BOX, BENNETT L./SCHRAGE, LINUS E. (1987), S. 3; ARDHALDJIAN, RAFFY/FAHNER, MIKE (1994), S. 60f; SWAIN, JAMES J. (1995), S. 67.

1087 Vgl. LYNEIS, JAMES M. (1980), S. 16; BERTSCHE, DORY/CRAWFORD, CHRISTOPHER/MACADAM, STEPHEN E. (1996), S. 53; LA ROCHE, ULRICH/SIMON, MARTIN (1998), S. 51.

1088 Vgl. BERENS, WOLFGANG/DELFMANN, WERNER/SCHMITTING, WALTER (2004), S. 131; LYNEIS, JAMES M. (1980), S. 16.

größen Prozesskosten, Prozessqualität und Durchlaufzeit integriert. Dabei sind die Modellparameter so zu kalibrieren, dass die Simulationsergebnisse im Einklang mit der ursprünglich festgestellten Ist-Prozessleistung stehen. Dieses Simulationsmodell lässt sich nun einsetzen, um Hypothesen hinsichtlich der Abweichungsursachen zwischen der Ist- und der Soll-Prozessleistung zu entwickeln. Hier sollte vor allem die Frage beantwortet werden, wo im Prozessablauf die Abweichungen entstehen, unter welchen Bedingungen sie auftreten und auf welche Ursachen sie zurückgeführt werden können. Es sollten also die Einflussfaktoren der Prozessleistung gefunden werden. Die gefundenen Abweichungshypothesen lassen sich dann durch gezielte Simulationsexperimente bestätigen oder widerlegen. Ebenso lässt sich mit Hilfe von Sensitivitätsanalysen feststellen, welche Bedeutung einzelne Prozessparameter für die Prozessleistung besitzen.

Die bestätigten Abweichungshypothesen werden herangezogen, um konkrete organisatorische Gestaltungsmaßnahmen zu entwickeln, die die Prozessleistung in Einklang mit den aus den Kundenanforderungen abgeleiteten Zielvorgaben bringen sollen. Bei der Entwicklung der Verbesserungsvorschläge geht es weniger darum, die vorhandene Ist-Prozessstruktur beizubehalten und lediglich die Einstellung ihrer Parameter zu optimieren, sondern die beste Prozessstruktur hinsichtlich mehrerer Ziele zu finden. Das ist diejenige Struktur, deren Prozessleistung den Kundenanforderungen am nächsten kommt. Eine solche multikriterielle Optimierungsaufgabe ließe sich grundsätzlich in eine einfache Optimierungsaufgabe transformieren, indem man ein einheitliches Ersatzziel aus der gewichteten Summe der Einzelziele bildet. Es gibt aber triftige Gründe dafür, dass solche auf eine einheitliche Zielgröße reduzierten Optimierungsverfahren zur Verbesserung der Prozessorganisation versagen müssen:

- Da die Einzelziele in unterschiedlichen Maßeinheiten gemessen werden, müssen sie bei der Aggregation in eine einheitliche Maßeinheit überführt werden. Als eine solche Maßeinheit ist nur eine monetäre Größe denkbar. Allerdings existieren keine allgemein anerkannten Ansätze, die es ermöglichen, die Prozessqualität und die Durchlaufzeit monetär auszudrücken.
- Viel schwerwiegender ist die Tatsache, dass die bisher entwickelten Mehrzieloptimierungsansätze paarweise Unabhängigkeit zwischen den einzelnen Zielgrößen unterstellen und daher die Wechselwirkungen zwischen ihnen nicht berücksichtigen.
- Zuletzt muss man berücksichtigen, dass die bestehende Prozessstruktur zieloptimal verändert werden soll. Hierzu müssten nicht nur die Beziehungen und Restriktionen innerhalb jeder einzelnen Prozessvariante, sondern zwischen den verschiedenen

Prozessvarianten in einem einzigen Optimierungsproblem formuliert werden. Und das ist praktisch nicht möglich.

Beim Vorliegen mehrerer Gestaltungsalternativen, was in der Regel der Fall sein dürfte, ist für jede Alternative ein separates Simulationsmodell zu erstellen, damit das Verbesserungspotential bei der eventuellen Umsetzung jeweiliger Alternative quantifiziert werden kann. Für jede Alternative müssen dabei mehrere voneinander unabhängige Simulationsläufe durchgeführt werden. Die Ergebnisse dieser Läufe bilden die Punktwolke, aus der der mittlere Prognose-Leistungsvektor gewonnen wird. Um die durchsimulierten Alternativen in eine Rangfolge zu bringen, gibt es spezielle statistische Verfahren.[1089] Vereinfachend soll hier auf die Länge des Differenzvektors zurückgegriffen werden. Dieser errechnet sich, wenn man vom mittleren Soll-Prozessleistungsvektor, den mittleren Prognose-Leistungsvektor abzieht. Der mittlere Soll-Prozessleistungsvektor wurde bereits in einem früheren Schritt aus Kundenbefragungen gewonnen.

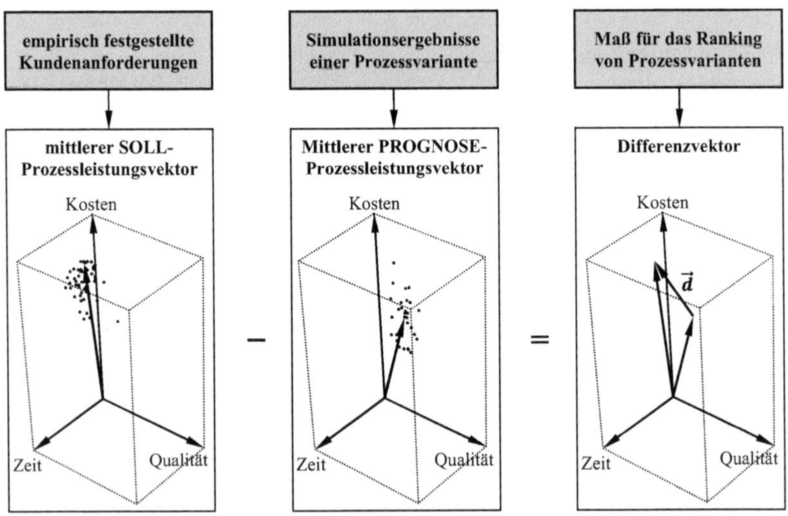

Abbildung 116: Vorgehensweise bei der Auswahl der „besten“ Alternative

Durch das gewählte Vorgehen wird bewusst darauf verzichtet, zwischen einer komponentenweisen Unter- und Übererfüllung unterscheiden zu müssen. Ohne diese Vereinfa-

1089 Vgl. BECHENHOFER, ROBERT E./SANTNER, THOMAS J./GOLDSMAN, DAVID M. (1995); GIBBONS, JEAN DICKINSON/OLKIN, INGRAM/SOBEL, MILTON (1977); HOCHBERG, YOSEF/TAMHANE, AJIT C. (1987)

chung stellt sich das Problem, entscheiden zu müssen, ob eine positive Differenz einer Dimension durch eine negative Differenz in einer anderen Dimension kompensiert wird oder nicht: So ist es beispielsweise unklar, ob eine Gestaltungsalternative, die zu einer Reduktion der Durchlaufzeit zu Lasten der Prozessqualität führt, besser ist als eine Gestaltungalternative, die zu einer Verbesserung der Prozessqualität zu Lasten der Durchlaufzeit führt. Es wird solange nach Verbesserungsvorschlägen gesucht, bis die Länge des Differenzvektors $\vec{d}$ kleiner als ein vorgegebener Schwellwert ist. Das bedeutet, dass das Ergebnis der besten Gestaltungsalternative den Kundenanforderungen ausreichend nahekommt, d.h. sowohl Unter- als auch Übererfüllung der Kundenanforderungen sollten vermieden werden. Während die Untererfüllung nach einer Verbesserung verlangt, wird die Übererfüllung wie es beim „Happy Engineering" vorkommt, vom Kunden vielfach nicht abgegolten. Im Kern handelt es sich hier um einen komplexen heuristischen Suchprozess im Sinne von Versuch und Irrtum. Denn es ist nicht evident, wie die Prozessstruktur zu verändern und wie diese zu parametrieren ist. Die Robustheit der gewählten Gestaltungsalternative sollte durch Sensitivitätsanalysen unter Zugrundelegung von Extremszenarien beurteilt werden.

Bevor die beste Alternative die Freigabe der Geschäftsführung für die Umsetzung in die Praxis erhält, sollte sie einer Plausibilitätsprüfung hinsichtlich ihrer Realisierbarkeit und Vorteilhaftigkeit unterzogen werden. Da die Geschäftsführung die für die Implementierung erforderlichen finanziellen und personellen Ressourcen zur Verfügung stellen muss und diese Mittel naturgemäß beschränkt sind, kommt neben der Eignung einer Alternative, die Kundenanforderungen zu erfüllen, auch der Aspekt der Wirtschaftlichkeit zum Tragen. Eine Gestaltungsalternative, die die Kundenanforderungen vollständig erfüllt oder gar übertrifft, muss, unter Kosten-Nutzen-Aspekten betrachtet, nicht notwendigerweise auch die vorteilhafteste sein. Daher sind in die vergleichenden Wirtschaftlichkeitsberechnungen auch Alternativen aufzunehmen, die aufgrund der Simulationsergebnisse weniger gut geeignet sind, die Kundenanforderungen zu erfüllen. Dadurch wird schließlich gewährleistet, dass die wirtschaftlichste Alternative in die Praxis umgesetzt wird.

Nach der Umsetzung der wirtschaftlichsten Gestaltungsalternative ist zu überprüfen, ob jene Verbesserungen eingetreten sind, die aufgrund der Simulation zu erwarten waren. Eventuell festgestellte Abweichungen können darauf hinweisen, dass bei der Umsetzung der neuen Prozessorganisation Fehler begangen wurden. Um zu verhindern, dass die Mitarbeiter in alte Gewohnheiten verfallen, muss die Leistung der neuen Prozessstruktur laufend überwacht werden. Ein weiterer Grund für die laufende Überwachung besteht darin, dass sich die Kundenwünsche im Zeitablauf verändern, so dass ein Festhalten an der aktuell implementierten Prozessgestaltungsalternative der Umweltdynamik nicht gerecht wird. Kommt es im Zeitablauf erneut zu einer ungünstigen Entwicklung der finanziellen Unternehmensziele oder zu einer erneuten Häufung der Kundenkritik, müssen die geschilderten Arbeitsschritte aufs Neue durchlaufen werden. Der dadurch entstehende Regelkreis stellt das Grundprinzip des simulationsgestützten integrierten Prozesscontrollings dar.

Es sollte nicht übersehen werden, dass die eben skizzierte Konzeption zur Ausgestaltung des Prozesscontrollings einen entscheidenden Nachteil besitzt, der darin besteht, der Umweltdynamik nachzuhinken: Der Ansatz reagiert auf eine bereits eingetretene Veränderung in der Umwelt erst im Nachhinein. Um diesen Ansatz zu einem vorausschauenden proaktiven Prozesscontrolling weiterzuentwickeln, sollte sich das Unternehmen auf mögliche zukünftige Veränderungen vorbereiten. Dafür ist es notwendig, Veränderungen der Kundenwünsche zu antizipieren und entsprechende Prozessgestaltungsmaßnahmen vorzubereiten, die beim Eintreten der vermuteten Veränderungen zu ergreifen sind. Bei der Entwicklung dieser Maßnahmen kann man sich des oben geschilderten Konzepts bedienen.

Die nachfolgende Abbildung fasst die wesentlichen Zwischenschritte des vorgestellten Ansatzes zum multikriteriellen simulationsgestützten Prozesscontrolling zusammen:

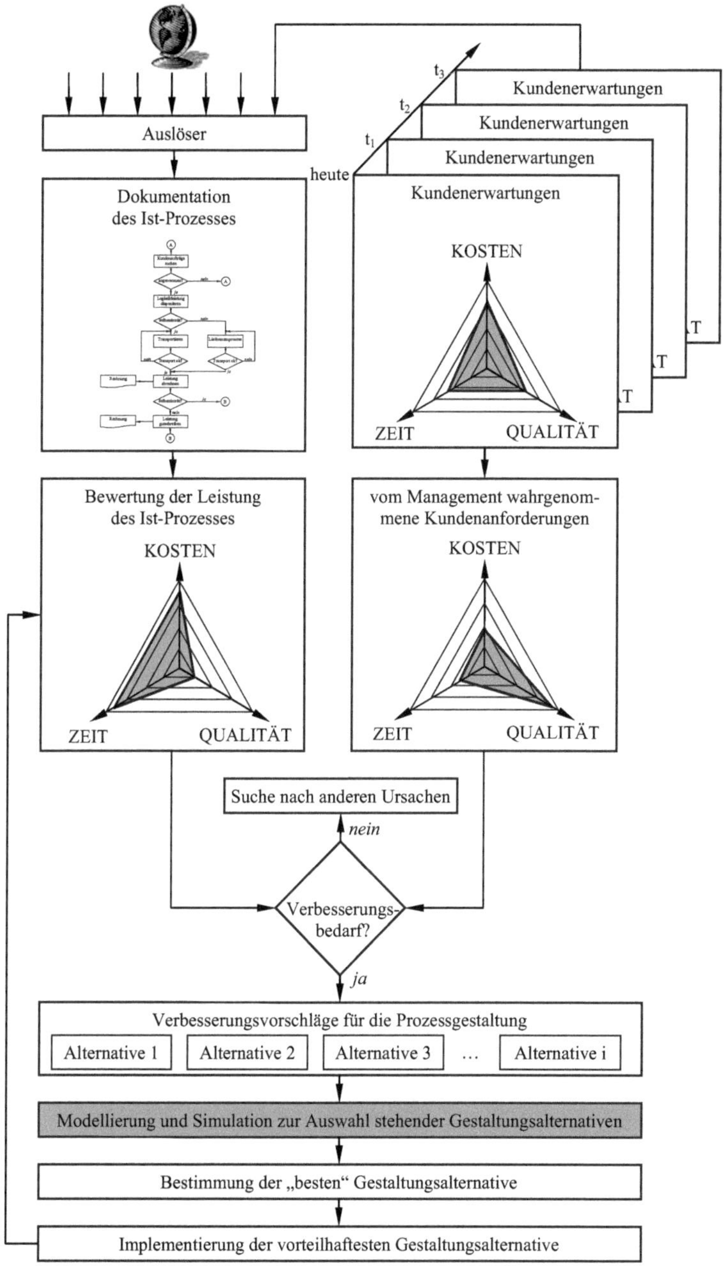

Abbildung 117: Ablaufschema des simulationsgestützen Prozesscontrollings

8.2 Einsatz dynamischer Simulation im Prozesscontrolling

8.2.1 Rahmenbedingungen des entwickelten Simulationsmodells

Das nachfolgend vorgestellte Simulationsmodell kann herangezogen werden, um einen bestehenden Prozess dynamisch abzubilden sowie dessen Leistung festzustellen. Des Weiteren soll es ermöglichen, Hypothesen aufzustellen, durch welche organisatorischen Gestaltungsmaßnahmen die Prozessleistung verbessert werden kann. Auf der Grundlage des fertigen Simulationsmodells können die entwickelten Hypothesen simuliert werden, um die „beste" Gestaltungsalternative zu bestimmen. Die detaillierte Suche nach der besten Gestaltungsalternative ist allerdings nicht Gegenstand der folgenden Ausführungen. Vielmehr soll anhand eines praxisnahen Fallbeispiels repräsentativ gezeigt werden, wie es möglich ist, die dynamische Simulation als Instrument des Prozesscontrollings einzusetzen.

Das entwickelte Simulationsmodell[1090] bildet einen Untersuchungsablauf in einem radiologischen Institut einer Universitätsklinik in vereinfachter Form ab. Die Wahl eines radiologischen Instituts als Untersuchungsobjekts soll nicht als eine Fokussierung auf eine bestimmte Branche aufgefasst werden und lässt sich wie folgt begründen: Zum einen kann sich fast jedermann diesen Prozess vorstellen und somit viel leichter die Erklärungen und das erstellte Simulationsmodell nachvollziehen. Zum anderen erforderte die Modellerstellung eine ganze Menge an Daten, deren Sammlung einen großen Zeitaufwand nach sich gezogen hätte. Um die Datenlücken zu schließen, kann man sich in die Patientenrolle hineinversetzen und somit das subjektive Zahlenmaterial gewinnen, das in das Modell einfließt.

Das während der Durchführung der Simulationsstudie verfolgte Ziel bestand nicht darin, ein Modell zu erstellen, das sämtliche Abläufe des Instituts detailliert und realitätsgetreu abbildet. Vielmehr wurde Wert darauf gelegt, auf leicht nachvollziehbare Weise aufzuzeigen, wie sich Prozesse durch dynamische Simulationsmodelle abbilden und hinsichtlich der Prozesskosten, Prozessqualität und Durchlaufzeit analysieren lassen. Entsprechend dieser Zielsetzung wurde die Erstellung des Simulationsmodells nur auf die Erbringung der medizinischen Dienstleistung durch das radiologische Institut fokussiert. Die weiteren Kernprozesse einer Radiologieabteilung, die in der Ausbildung der

[1090] Das entwickelte Simulationsmodell mit den dazugehörigen Excel-Dateien kann per E-Mail (vasily.belkin@uni-due.de) angefordert werden.

eingehenden Mediziner auf dem Gebiet der Radiologie sowie in der kliniknahen Forschung liegen dürften, wurden aus der Betrachtung ausgeschlossen. Aber auch die Grenzen des zu untersuchenden Prozesses wurden wie folgt eingeengt: Der Prozess beginnt mit der Ankunft von Patienten, die einer radiologischen Untersuchung zu unterziehen sind und endet mit der Übermittlung des Befundes und gegebenenfalls des erstellten Bildmaterials an den überweisenden Arzt. Eine solche Grenzziehung verdeutlicht, dass die Voranmeldung für die Untersuchung, die Archivierung und die Abrechnung nicht zu dem zu untersuchenden Prozess gehören.

Die Radiologieabteilung behandelt Patienten grundsätzlich nach vorheriger Anmeldung. Die Patienten, die sich vorher angemeldet haben, kommen sowohl aus dem betrachteten Krankenhaus als auch von außerhalb, wenn sie von einem niedergelassenen Arzt überwiesen worden sind. Des Weiteren werden in der Abteilung Notfallpatienten untersucht. Schließlich können sich in der Abteilung auch Patienten untersuchen lassen, die ohne Termin gekommen sind.

Beim Modellieren der Ankunft von Notfallpatienten sowie von Patienten ohne Termin bietet es sich an, auf empirische Datensätze zurückzugreifen und daraus eine entsprechende Verteilung für die Generierung der Ankunftszeiten zu ermitteln. Im Modell wurde angenommen, dass die Dauer zwischen zwei aufeinanderfolgenden Notfallpatienten (Zwischenankunftszeit) auf dem Intervall $[25\ Min; 35\ Min]$ gleichverteilt ist. Die Zwischenankunftszeit der Patienten ohne Termin wurde durch die Exponentialverteilung mit dem Mittelwert 30 Minuten modelliert.

Da die Ankunftszeit der vorangemeldeten Patienten unmittelbar mit dem geplanten Zeitpunkt für den Untersuchungsbeginn zusammenhängt, wurde bei ihrer Modellierung vom geplanten Untersuchungsbeginn ausgegangen. Aufgrund der kleinen zu erwartenden Varianz bei der Dauer der Untersuchung während des Röntgens und der Sonographie werden die Termine alle 10 Minuten für das Röntgen und alle 15 Minuten für die Sonographie vergeben.

Da sich die Patienten normalerweise frühzeitig im Krankenhaus einfinden sich aber auch verspäten können, stimmen ihre Ankunftszeitpunkte so gut wie nie mit dem jeweiligen geplanten Zeitpunkt des Untersuchungsbeginns überein. Im Modell wurde die Annahme getroffen, dass 70% aller Patienten frühzeitig in die Radiologieabteilung kommen. Um den Ankunftszeitpunkt eines Patienten zu erhalten, der frühzeitig gekommen ist, ist vom geplanten Untersuchungsbeginn die Dauer zwischen seinem Eintreffen und dem geplanten Untersuchungsbeginn abzuziehen. Diese Dauer wurde durch eine Gleichverteilung auf dem Intervall $[10\,Min; 30\,Min]$ modelliert. Demgegenüber ergibt sich der Ankunftszeitpunkt eines Patienten, der sich verspätet hat, indem die jeweilige Verspätung zum geplanten Untersuchungsbeginn addiert wird. Die Dauer der Verspätung wurde durch eine Gleichverteilung auf dem Intervall $[5\,Min; 20\,Min]$ modelliert.

Da hinsichtlich der Dauer der Untersuchung bei der Magnetresonanz- und Computertomographie sowie bei der Durchleuchtung bei einzelnen Patienten mit erheblichen Schwankungen zu rechnen ist, erfolgt die Terminierung für diese Untersuchungsarten anhand der prognostizierten Dauer der Untersuchung. Diese wird während der Voranmeldung geschätzt. Die geschätzte Untersuchungsdauer wird in die konkreten Termine überführt, die entsprechend der oben beschriebenen Vorgehensweise in Ankunftszeitpunkte transformiert werden müssen. Bei der Generierung der Ankunftszeitpunkte wurde berücksichtigt, dass während der 45-minütigen Mittagspause sowie 60 Minuten vor dem Betriebsende keine Termine vergeben werden, um Warteschlange abzuarbeiten, die sich wegen Notfallpatienten eventuell gebildet hat.

Das beschriebene Vorgehen zur Modellierung der Ankunftszeitpunkte für die vorangemeldeten Patienten wurde in Excel realisiert. Aus der Exceldatei werden die einzelnen Ankunftszeitpunkte in die jeweilige ExtendSim-Datenbank für jede Untersuchungsart importiert, um die Ankunft der Patienten im Simulationsmodell zu erzeugen.

Da die Modellierung der Ankunftszeitpunkte von Patienten, die einer Magnetresonanz- und Computertomographie sowie der Durchleuchtung unterzogen werden müssen, die Prognose hinsichtlich der variierenden Untersuchungsdauer voraussetzt, ist diese Dauer durch eine entsprechende Wahrscheinlichkeitsverteilung abzubilden. Es bietet sich an, auf die Dreiecksverteilung zurückzugreifen, da sich die für ihre Parametrisierung notwendigen Parameter (minimale, maximale sowie wahrscheinlichste Untersuchungsdauer in Minuten) für jede Untersuchungsart von einem erfahrenen Arzt leicht schätzen lassen. Die abgegebenen Schätzungen sind in der nachfolgenden Tabelle zusammengefasst:

Untersuchungsart	Dauer der Untersuchung in Min.
Röntgen	Dreiecksverteilung (min = 2; max = 10; wahrscheinlich = 6)
Sonographie	Dreiecksverteilung (min = 3; max = 30; wahrscheinlich = 10)
MRT	Dreiecksverteilung (min = 10; max = 60; wahrscheinlich = 20)
Durchleuchtung	Dreiecksverteilung (min = 10; max = 60; wahrscheinlich = 15)
Computertomographie	Dreiecksverteilung (min = 5; max = 40; wahrscheinlich = 15)

Tabelle 32: Dauer der Untersuchung ohne Befund je nach Untersuchungsart

Die erhaltenen Dreiecksverteilungen wurden im Simulationsmodell benutzt, um nicht nur die Ankunftszeitpunkte von Patienten, sondern auch die tatsächliche Untersuchungsdauer zu modellieren. Die Werte, die einer Dreiecksverteilung mit den geschätzten Parametern a, b und c genügen, wurden in Excel wie folgt generiert:[1091]

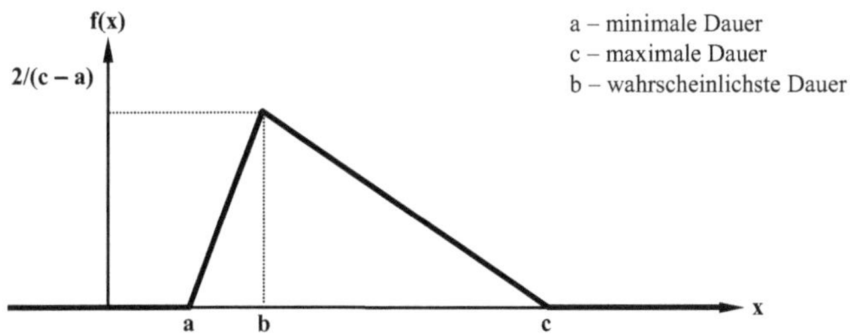

Abbildung 118: Dichtefunktion der Dreiecksverteilung

$Berechne\ \beta = \frac{b-a}{c-a}$

$Erzeuge\ eine\ gleichverteilte\ Zufallszahl\ u\ aus\ dem\ Intervall\ [0; 1]$

$Wenn\ u < \beta, dann\ berechne\ T = \sqrt{\beta \times u}$

$Sonst\ berechne\ T = 1 - \sqrt{(1-\beta) \times (1-u)}$

$Berechne\ x = a + (c-a) \times T$

Sobald die Patienten im Krankenhaus angekommen sind, müssen sie sich grundsätzlich in der Reihenfolge ihres Eintreffens (first in first out) am Anmeldeschalter melden. Eine Ausnahme bilden die Notfallpatienten sowie die nicht gehfähigen Patienten aus dem Krankenhaus, die mit Hilfe des hauseigenen Transportdienstes in die Radiologieabteilung gebracht worden sind. Die Notfallpatienten melden sich bei der Notaufnahme und werden von dort direkt in die Untersuchungsräume der Radiologieabteilung gebracht. Die nicht gehfähigen Patienten werden bei der Anmeldung bevorzugt behandelt, damit das Personal des hauseigenen Transportdienstes, der ohnehin überlastet ist, durch solche

[1091] Vgl. CHENG, RUSSELL C. H. (1998), S. 158f.

Patienten nicht länger als notwendig gebunden ist. Das Personal des Transportdienstes kann dann grundsätzlich einen auf den Rücktransport wartenden Patienten abholen. Im Simulationsmodell wurde angenommen, dass der Transportdienst in etwa der Hälfte aller Fälle einen auf den Rücktransport Wartenden nicht abholen kann, weil das Transportpersonal anderswo gebraucht wird. Wenn Patienten abgeholt werden müssen und es nicht absehbar ist, wann der Transportdienst erscheint, ruft eine der Mitarbeiterinnen aus der Anmeldung beim Transportdienst an und bestellt den Rücktransport. Es dauert zwischen 15 und 60 Minuten, bis der Transportdienst erscheint, wobei der wahrscheinlichste Wert bei 25 Minuten liegt.

Patienten, die ohne Termin gekommen sind, haben die Wahl zu warten oder sich einen Termin für einen späteren Zeitpunkt geben zu lassen. Um diese Entscheidung zu treffen, holen sie sich bei der Anmeldung die Informationen bezüglich der freien Termine am selben Tag: Im Modell wurde die Annahme getroffen, dass die Anzahl der freien Termine positiv mit der Anzahl der Patienten korreliert, die sich entscheiden zu warten.

Das radiologische Institut beschäftigt in der Anmeldung zwei Mitarbeiterinnen in Vollzeit. Da diese während eines Arbeitstages eingeplante Pausen (Essen) und nicht eingeplante Unterbrechungen (Toilette, Rauchen) haben und somit ihren Arbeitsaufgaben währenddessen nicht nachkommen können, wurde dieser Umstand im Modell berücksichtigt. Dabei wurde sichergestellt, dass die Anmeldung nicht dauerhaft unbesetzt bleibt, wenn z.B. beide Mitarbeiterinnen gleichzeitig essen gehen würden. Trotzdem kann es vorkommen, dass beide Mitarbeiterinnen an ihrem Arbeitsplatz fehlen, wenn beispielsweise die eine essen gegangen ist und die andere auf die Toilette muss.

Neben den bisher beschriebenen Tätigkeiten (Aufnahme von Patienten und Bearbeiten der Untersuchungsunterlagen) haben die Mitarbeiterinnen an der Anmeldung weitere Tätigkeiten wahrzunehmen, die einen Einfluss auf den Durchsatz haben. Da die Nachfragen, die mit der Anmeldung nicht unmittelbar zusammenhängen, wie etwa die Nachfrage wegen der Untersuchungsergebnisse, durch das Sekretariat beantwortet werden, sind im Modell hauptsächlich die telefonischen Voranmeldungen abzubilden. Beim Aufbau des Modells wurde die Annahme getroffen, dass es nur einen Telefonapparat in der Anmeldung gibt. Ein eingehender Anruf wird entgegengenommen, unabhängig davon, ob die Mitarbeiterin gerade mit einem Patienten beschäftigt ist oder nicht, d.h. dass die Bedienung eines Patienten wird für die Dauer des Telefonats unterbrochen. Bei der Abbildung der Dauer des Telefonats wurde auf die Dreiecksverteilung zurückgegriffen.

Nach der Anmeldung nehmen die Patienten im Wartebereich Platz, bis sie aufgerufen werden. Die Patienten werden grundsätzlich für dic Untersuchung nach dem Terminplan aufgerufen. Die einzige Ausnahme bilden Notfallpatienten, die verständlicherweise bevorzugt behandelt werden. Bei Patienten, die sich verspätet haben, wird überprüft, ob ihnen „Konsequenzen" drohen: Da die Verspätung eines Patienten erst bei der Anmeldung festgestellt werden kann, ist zu überprüfen, ob die eventuelle Verspätung durch das lange Warten in der Warteschlange verursacht wurde, so dass der Patient eine solche Verspätung nicht zu verantworten hat. Die Notwendigkeit einer solchen Überprüfung kann durch folgende Überlegungen begründet werden: Angenommen ein Patient kommt 20 Minuten vor dem eigentlichen Termin ins Krankenhaus und verbringt 30 Minuten in der Warteschlange, bis er sich anmelden kann: Obwohl also der Patient frühzeitig gekommen ist, würde ohne die oben geforderte Überprüfung suggeriert, der Patient sei 10 Minuten zu spät gekommen.

Auch wenn die Verspätung eines Patienten nicht durch das zu lange Warten vor der Anmeldung hervorgerufen wurde, muss er keine „Konsequenzen" fürchten, wenn sich ein „Rückstau" während des Untersuchungsprozesses gebildet hat. Ein solcher „Rückstau" liegt dann vor, wenn die Termine vor dem zu spät gekommenen Patienten nicht eingehalten werden können. So gilt ein um 30 Minuten verspäteter Patient im Modell als rechtzeitig gekommen, wenn der Behandlungstermin seiner Vorgänger bereits um mehr als 30 Minuten überschritten wurde. Die nicht gehfähigen Patienten aus dem Krankenhaus haben eine eventuelle Verspätung nicht zu verantworten, weil sie bei der Beförderung innerhalb des Krankenhauses auf den hauseigenen Transportdienst angewiesen sind: Da es aufgrund schlechter Koordination vorkommen kann, dass sich ein Patient verspätet hat, weil er auf das Personal warten musste, um in die Radiologieabteilung gebracht zu werden, hat er eine solche Verspätung nicht zu verantworten. Stellt sich nach allen Überprüfungen fest, dass sich der Patient tatsächlich verspätet hat, wird er wie ein Patient ohne Termin behandelt.

Um die Warteschlangenlogik besser nachzuvollziehen, sollte man sich vorstellen, es gäbe drei imaginäre Warteschlangen: Die erste Warteschlange bilden die Notfallpatienten, die bevorzugt behandelt werden. Die zweite Warteschlange entsteht aus den vorangemeldeten Patienten, die entweder frühzeitig gekommen sind oder sich zwar verspätet haben, aber diese Verspätung nicht zu verantworten haben. In dieser Warteschlange warten auch die Patienten, die sich verspätet haben, aber ihren Termin aufgrund des gebildeten Rückstaus nicht verpasst haben. In der dritten Warteschlange befinden sich vorangemeldete Patienten, die sich tatsächlich verspätet haben oder Patienten ohne Termin, die sich entschieden haben, auf die Untersuchung zu warten.

Die rechtzeitig gekommenen Patienten werden nur dann aufgerufen, wenn es keine Notfallpatienten gibt. Gibt es keine Notfallpatienten und muss der erste Patient in der Warteschlange mehr als eine bestimmte Zeit (für Röntgen 10 Minuten, Sonographie und Computertomographie 20 Minuten, MRT und Durchleuchtung 30 Minuten) bis zu seinem Untersuchungstermin warten, dann wird der Patient aus der Warteschlange genommen, in der jene Patienten warten, die entweder zu spät oder ohne Termin gekommen sind. Die Patienten aus dieser Warteschlange werden den Notfallpatienten und den rechtzeitig gekommenen Patienten nachgereiht. Da es vorkommen kann, dass die Patienten aus der dritten Warteschlange sehr lange warten müssen, wurde im Modell angenommen, dass ein solcher Patient z.B. aufgrund anderer Verpflichtungen vorzeitig gehen muss.

Nachdem ein Patient zur Untersuchung gerufen wurde, muss er unter Umständen auf die medizinischen Fachangestellten warten, die ihm beim Aus- und Anziehen sowie bei der Durchführung der Untersuchung behilflich sein sollen. Der Arzt liest vor der Untersuchung die Untersuchungsanforderung sowie die Indikation und holt gegebenenfalls die Vorbefunde.

Nach der Untersuchung findet die Befundung statt. Das während der Untersuchung entstandene Bildmaterial wird entwickelt, wenn die Befundung nicht digital erfolgt, und analysiert. Das neu entstandene Bildmaterial ist innerhalb von einem bestimmten Zeitintervall nach der Untersuchung am Befundungsplatz. Die Dauer dieses Zeitintervalls ist unabhängig von der Untersuchungsart und genügt der Dreiecksverteilung mit dem Minimum 2 Minuten, dem Maximum 5 Minuten und dem wahrscheinlichsten Wert 3 Minuten.

Untersuchungsart	Dauer der Befundung in Min.
Röntgen	Dreiecksverteilung (min = 2; max = 5; wahrscheinlich = 3)
Sonographie	Dreiecksverteilung (min = 1; max = 4; wahrscheinlich = 2)
MRT	Dreiecksverteilung (min = 4; max = 20; wahrscheinlich = 7)
Durchleuchtung	Dreiecksverteilung (min = 2; max = 5; wahrscheinlich = 3)
Computertomographie	Dreiecksverteilung (min = 5; max = 12; wahrscheinlich = 7)

Tabelle 33: Dauer der Befundung je nach Untersuchungsart

Während der Befundung diktiert der zuständige Arzt den Befund auf ein Diktiergerät. Die Kassetten mit dem Befund werden mehrmals pro Tag vom Schreibpersonal abgeholt. Die Befunde werden anschließend getippt und zurückgebracht. Bevor der Befund dem Patienten bzw. dem überweisenden Arzt übermittelt wird, muss er vom befundenen Arzt gegengelesen und vom diensthabenden Radiologen bzw. von Oberarzt visiert werden. Unter Umständen muss der getippte Befund korrigiert werden, was die Wiederholung des Befundprozesses nach sich zieht. Da die überweisenden Ärzte mit der Dauer der Befundung (bis zu 12 Tage wegen der bezogen auf das Volumen an Befunden zu geringen Anzahl an Schreibpersonal) nicht zufrieden sind, bitten sie das entstandene Bildmaterial dem Patienten mitzugeben. Das Bildmaterial wird in einem solchen Fall durch handschriftliche Notizen des befundenden Arztes auf den Anforderungsschein ergänzt. Dasselbe gilt auch für die Notfallpatienten. Da das entwickelte Simulationsmodell nur einen Tag von 7:30 bis 17:00 abbildet, wird im Modell nur die „Sofort“-Befundung berücksichtigt.

Nachdem das Simulationsmodell im Einklang mit den oben dargestellten Rahmenbedingungen entwickelt worden war, wurden die logisch zusammenhängenden Blöcke in mehrere hierarchische Blöcke organisiert, um einen besseren Überblick über die Struktur des modellierten Prozesses zu schaffen sowie eine schnelle Navigation im Modell zu gewährleisten. Jeder hierarchische Block wurde anschließend so benannt, dass man ohne Schwierigkeiten auf die darin abgebildeten Teilprozesse schließen kann.

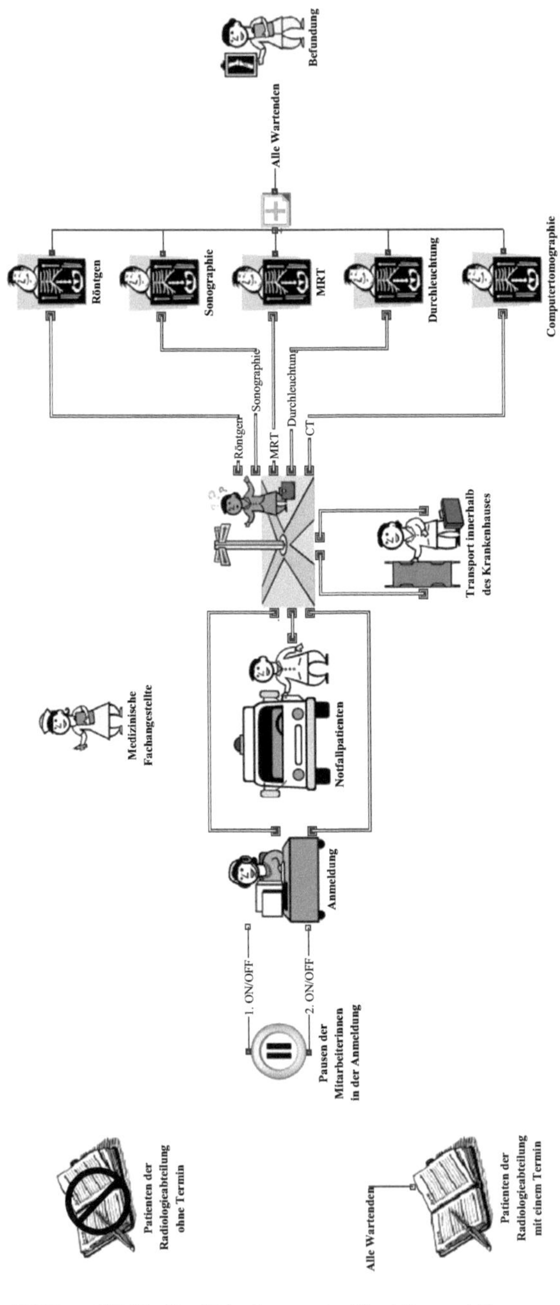

Abbildung 119: Die Oberfläche des gesamten Simulationsmodells

8.2.2 Integration der prozessleistungsbeurteilenden Messgrößen in das entwickelte Simulationsmodell

Nachdem die Rahmenbedingungen des erstellten Simulationsmodells geklärt sind, gilt es nun aufzuzeigen, wie sich die drei prozessleistungsbeurteilenden Messgrößen (Prozesskosten, Prozessqualität und Durchlaufzeit) in das Modell integrieren und simultan auswerten lassen.

8.2.2.1 Prozesskosten im Simulationsmodell

Da die einmalige Ausführung eines Prozesses des betrachteten radiologischen Institutes fest mit einem Patienten verbunden ist, der schließlich die Leistungen des Instituts in Anspruch nimmt und dadurch Kosten verursacht, liegt es nahe, jeden Patienten als Kostenträger zu betrachten. Da im Simulationsmodell nur die Erbringung der medizinischen Leistungen abgebildet wurde, bietet es sich an, auf der Ebene des radiologischen Instituts jede der fünf Untersuchungsarten (Röntgen, Sonographie, Magnetresonanztomographie, Durchleuchtung und Computertomographie) als einen eigenständigen Hauptprozess aufzufassen. Den jeweiligen Hauptpozesskostensatz gilt es, durch das Simulationsmodell zu ermitteln. Unabhängig von der Untersuchungsart löst ein Patient grundsätzlich folgende Teilprozesse aus:

- Terminvergabe,
- Anmeldung,
- Untersuchung,
- Befundung und Dokumentation,
- Validierung des Befunds,
- Bildverteilung,
- Archivierung und
- Abrechnung.

Die nicht gehfähigen Patienten aus dem Krankenhaus bedürfen neben den oben aufgeführten Teilprozessen eines weiteren Teilprozesses, weil sie innerhalb des Krankenhauses transportiert werden müssen. Auf die Zerlegung der identifizierten Teilprozesse in einzelne Aktivitäten wird aus Gründen der Übersichtlichkeit verzichtet.

Es sei darauf hingewiesen, dass die Umlage der Kostenstellenkosten, deren Leistungen das radiologische Institut und somit indirekt die Patienten des Instituts in Anspruch nehmen, nicht stattfindet. Die Rede ist hier von den Kostenstellen der nicht medizinischen Infrastruktur wie etwa Küche, Reinigung, Wäscherei und Näherei, Verwaltung, Krankenhausdirektion etc. sowie von den Kostenstellen der medizinischen Infrastruktur wie etwa Zentralsterilisation, ärztliche Direktion, medizinischer Schreibdienst, Medizintechnik, medizinisches Archiv etc. Denn die verursachungsgerechte Umlage der Kosten dieser Kostenstellen setzt die Existenz einer Prozesskostenrechnung voraus. Auch wenn die Einrichtungen des Gesundheitswesens aufgrund der Änderungen im Vergütungssystem gezwungen sind, Kostenstrukturen beispielsweise durch die Einführung der Prozesskostenrechnung transparent zu machen, um durch die erhaltenen Fallpauschalen die tatsächlich angefallenen Kosten zu decken, ist eine solche im betrachteten Krankenhaus nicht vorhanden. Das ist auch der Grund dafür, dass die aus dem Simulationsmodell resultierenden Teilprozesskostensätze nicht die leistungsmengenneutralen Prozesskosten wie etwa die Kosten im Zusammenhang mit der Leitung des radiologischen Instituts enthalten.

Die fehlende Prozesskostenrechnung ist auch der Grund, warum im Simulationsmodell ausschließlich die Personalkosten den einzelnen Teilprozessen zugerechnet werden. So liegt es nahe, als Kostentreiber für den Teilprozess „Terminvergabe" die Anzahl der Patienten zu nehmen, die sich innerhalb einer Abrechnungsperiode für die Untersuchung vorangemeldet haben. Stattdessen wird bei der Ermittlung der Prozesskosten auf die Zeit zurückgegriffen, die notwendig war, um die Terminierung für den Patienten vorzunehmen. Dadurch können diesem Teilprozess die Personalkosten zugeordnet werden, die später als Zuschlagsbasis für andere Kosten genutzt werden können, die die Anmeldung verursacht. Da die Anmeldungsdauer im Simulationsmodell in Sekunden gemessen wird, ist es notwendig, das Jahresgehalt der in der Anmeldung beschäftigten Mitarbeiterin in den „Sekundenlohn" umzurechnen und mit der jeweiligen Anmeldungsdauer zu multiplizieren. Diese Vorgehensweise macht deutlich, dass im Modell nur die Nutzkosten verrechnet werden. Analog werden die Personalkosten auch anderen im Simulationsmodell abgebildeten Teilprozessen zugeordnet, so dass sich nach einer einmaligen Ausführung des Simulationsmodells folgendes Bild ergeben kann:

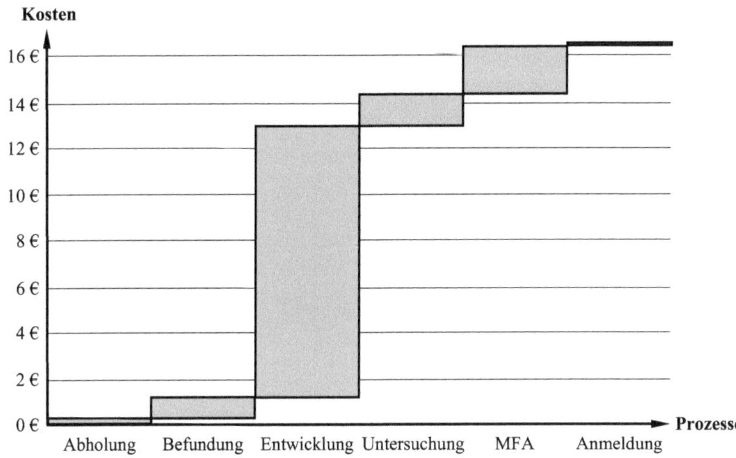

Abbildung 120: Prozessbezogene Personalkosten für die Durchleuchtung

Bei der konkreten Umsetzung der Ermittlung der Prozesskosten im Simulationsmodell erhielt jeder einzelne Patient nach der Inanspruchnahme des jeweiligen Teilprozesses ein Attribut, in dem die Dauer der Inanspruchnahme gespeichert wurde. Diese wurde entsprechend der oben beschriebenen Vorgehensweise in die Personalkosten transformiert. Um einzelne Tätigkeiten, die Ressourcen verzehren und somit Kosten verursachen, im Simulationsmodell transparent darzustellen, wurde oberhalb des jeweiligen Blocks, der einen bestimmten Teilprozess repräsentiert, ein Eurozeichen platziert. Die gesammelten Statistiken bezüglich der kumulierten Teilprozesskosten werden in 95%-Konfidenzintervalle überführt, um die Schwankungsbreite für den Hauptprozesskostensatz abzubilden. Die Aufstellung von Konfidenzintervallen erfolgte innerhalb der einzelnen Patientengruppen getrennt für jede Untersuchungsart.[1092]

8.2.2.2 Prozessqualität im Simulationsmodell

Zur Bewertung der Prozessqualität wurde im Simulationsmodell auf den bereits erwähnten SERVQUAL-Ansatz zurückgegriffen. Um den Komplexitätsgrad des Modells auf überschaubarem Niveau zu halten, wurde jede Dimension des Ansatzes durch jeweils eine Aussage konkretisiert. Allerdings wurden dabei drei der fünf Dimensionen

[1092] Siehe Exceldatei „SERVQUAL“

(materielle Ausstattung, fachliche Kompetenz, Einfühlung) hinsichtlich mehrerer Kriterien analysiert.

SERVQUAL-Dimension	Aussage	Bewertungskriterien
Materielle Ausstattung	Zu hervorragenden Radiologieabteilungen gehört eine moderne technische Betriebs-/Geschäftsausstattung.	• Sitzplätze im Wartebereich • Fernseher im Wartebereich • Sauberkeit der Toiletten • apparative Ausstattung • allgemeines Erscheinungsbild
Zuverlässigkeit	Wenn hervorragende Radiologieabteilungen versprechen, etwas zu einem bestimmten Termin zu erledigen, wird der Termin eingehalten.	Einhalten des zugesagten Untersuchungstermins
Entgegenkommen	Mitarbeiter hervorragender Radiologieabteilungen informieren die Patienten, wann genau die Untersuchung durchgeführt wird.	Einhalten des aktuell bekannt gegebenen Untersuchungszeitpunkts
Fachliche Kompetenz	Mitarbeiter hervorragender Radiologieabteilungen haben das erforderliche Fachwissen.	• Behandlungshäufigkeit • Zertifizierungsart • Befundqualität • Alter des Arztes
Einfühlung	Hervorragende Radiologieabteilungen zeichnen sich durch die Bereitschaft aus, sich um individuelle Wünsche einzelner Kunden zu kümmern.	• Betriebszeiten • individuelle Aufmerksamkeit

Tabelle 34: Realisierung des SERVQUAL-Ansatzes im Simulationsmodell

Die Berücksichtigung der Erwartungen hinsichtlich der *Dimension „materielle Ausstattung"* der Radiologieabteilung erfolgt, indem man auf die empirische Verteilung zurückgreift. Diese stellt im Endeffekt ein Häufigkeitsdiagramm dar, das aus Kundenbefragungen gewonnen wurde.

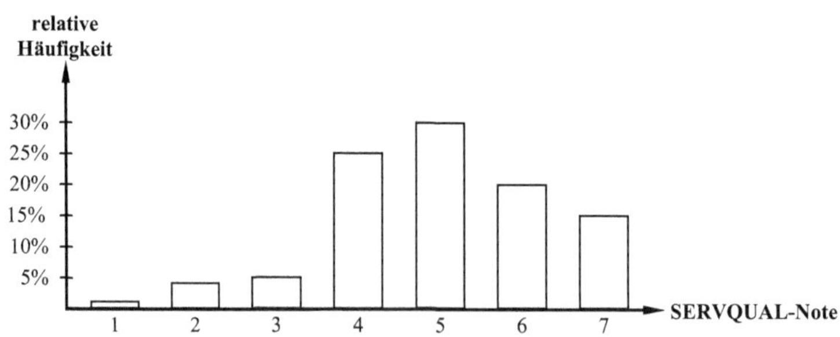

Abbildung 121: Verteilung für die Generierung von SERVQUAL-Noten

Die Simulation der Wahrnehmung der materiellen Ausstattung der Radiologieabteilung durch den Patienten erfolgt anhand folgender fünf Kriterien: Verfügbarkeit freier Sitzplätze im Wartebereich, Vorhandensein eines Fernsehers im Wartebereich, Sauberkeit der Toilettenräume, apparative Ausstattung und allgemeines Erscheinungsbild der Abteilung. Im Simulationsmodell muss jedes dieser Kriterien durch die Patienten an der SERVQUAL-Skala einzeln bewertet werden. Die Verdichtung dieser Noten zu einer Gesamtnote für die Dimension „materielle Ausstattung" ergibt sich wie folgt: Da die Kriterien für den einzelnen Patienten unterschiedliche Bedeutung besitzen dürften, muss jedem Kriterium die kundenspezifische Priorität zugeordnet werden. Um diese Aufgabe zu lösen, sind Zufallszahlen zu generieren, die einzelne Prioritäten repräsentieren sollen. Da die Patienten normalerweise einigen Kriterien eine höhere Bedeutung beimessen als den anderen, muss man diesem Umstand bei der Generierung der Zufallszahlen Rechnung tragen.

Kriterium	Zufallszahlen sind ...
Sitzplätze	dreiecksverteilt mit den Parametern (0,1; 0,3; 0,5)
Fernseher	gleichverteilt auf dem Intervall [0; 0,2]
Toiletten	gleichverteilt auf dem Intervall [0,05; 0,2]
Apparative Ausstattung	dreiecksverteilt mit den Parametern (0,2; 0,5; 1)
Allgemeines Erscheinungsbild	dreiecksverteilt mit den Parametern (0,05; 0,15; 0,6)

Tabelle 35: Verteilungen zur Generierung des fünfdimensionalen Prioritätenvektors

Durch die Wahl der Verteilungsparameter sollte sichergestellt werden, dass die Patienten der apparativen Ausstattung oder dem allgemeinen Erscheinungsbild der Abteilung eine höhere Priorität beimessen als beispielsweise dem Vorhandensein eines Fernsehers im Wartebereich oder der Sauberkeit der Toiletten. Durch die Normierung der Zufallszahlen auf 100% können diese Prioritäten in Prozenten ausgedrückt werden. Durch die Multiplikation des normierten Prioritätenvektors $\vec{p}$ mit dem Bewertungsvektor $\vec{N}$ ergibt sich die kundenspezifische Note hinsichtlich der Wahrnehmung der materiellen Ausstattung:

$$\vec{p} \times \vec{N} = \begin{bmatrix} p_1 \\ p_2 \\ p_3 \\ p_4 \\ p_5 \end{bmatrix} \times [N_1\ N_2\ N_3\ N_4\ N_5] = SERVQUAL$$

p_i – Priorität des i-ten Kriteriums aus Sicht eines Patienten

N_i – Wahrnehmungsnote des i-ten Kriteriums aus Sicht eines Patienten

$SERVQUAL$ – die gesamte Note der Wahrnehmung der materiellen Ausstattung durch einen Kunden

Der Bewertungsvektor ergibt sich aus der Wahrnehmung der Patienten hinsichtlich der bereits erwähnten fünf Kriterien. Die Modellierung der Wahrnehmung beruhte auf folgenden Überlegungen:

- Kriterium „Sitzplätze im Wartebereich“

Für die Modellierung wurde unterstellt, dass der Wartebereich der Radiologieabteilung über 20 Sitzplätze verfügt. Die Transformation der wahrgenommen Anzahl der freien Sitzplätze im Wartebereich in die SERVQUAL-Note erfolgt im Modell anhand der nachstehenden Tabelle:

Freie Sitzplätze	[0;2]	[3;5]	[6;8]	[9;11]	[12;14]	[15;17]	[18;20]
SERVQUAL-Note	1	2	3	4	5	6	7

Tabelle 36: Wahrnehmung freier Sitzplätze

Stellt beispielsweise ein Patient fest, dass bei seiner Ankunft sieben Sitzplätze frei sind, dann bewertet er dies mit der Note „3“.

- Kriterium „Fernseher im Wartebereich“

Für die Modellierung wurde unterstellt, dass der Warteraum über ein veraltetes Modell eines Fernsehers verfügt. In Abhängigkeit von der Priorität, die ein Patient diesem Kriterium beimisst, wird eine der folgenden fünf empirischen Verteilungen gewählt, um eine SERVQUAL-Note zu generieren. Wie man aus der nachstehenden Tabelle erkennt, ändert sich die Schiefe der Verteilung in Abhängigkeit von der Priorität. Legt der Patient kaum Wert auf den Fernseher, dann ist er häufig auch mit einem veralteten Modell zufrieden. Deshalb ist zu erwarten, dass in diesem Fall viele dieser Patienten eine gute Note vergeben, sodass sich eine linksschiefe Verteilung ergibt. Legt der Patient hingegen einen hohen Wert auf einen zeitgemäßen Fernseher, dann ist zu erwarten, dass viele solche Patienten eher schlechtere Noten vergeben, wenn sie einen veralteten Fernseher im Wartebereich vorfinden. Auf diese Weise ergibt sich eine rechtschiefe Verteilung.

Bedeutung des Kriteriums „Fernseher“	[0%;2%)	[2%;4%)	[4%;6%)	[6%;8%)	[8%;100%]
empirische Verteilung	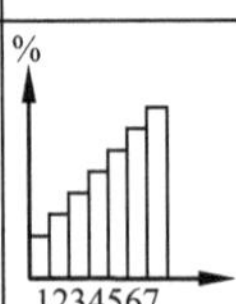	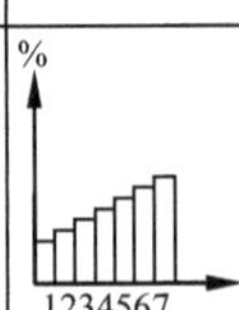	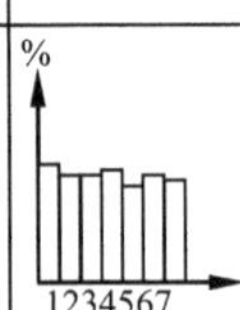	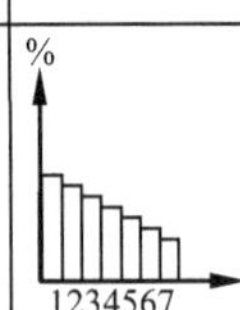	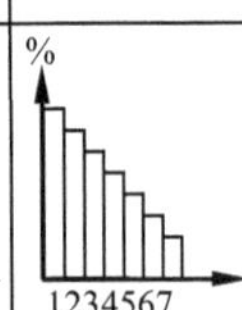

Tabelle 37: Wahrnehmung des Fernsehers

- Kriterium „Sauberkeit der Toiletten“

Bei der Erstellung des Simulationsmodells wurde die Annahme getroffen, dass die Toilettenräume nur einmal am Tag, und zwar früh morgens geputzt werden. Deshalb steigt im Laufe des Tages die Wahrscheinlichkeit, dass der Zustand der Toilettenräume schlechter bewertet wird. Für die Operationalisierung dieser Wahrnehmung wurde der Arbeitstag in vier Intervalle unterteilt, denen je eine Wahrscheinlichkeitsverteilung zugeordnet wurde.

Tageszeit	[7.30; 9.30)	[9.30; 11.30)	[11.30; 13.30)	[13.30; 17.30]
empirische Verteilung	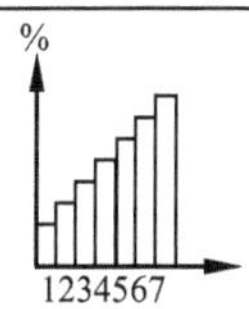	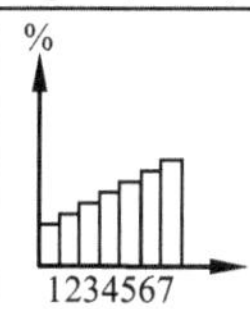	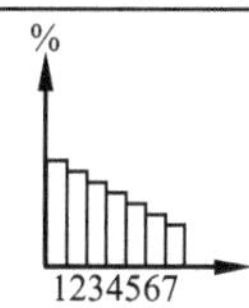	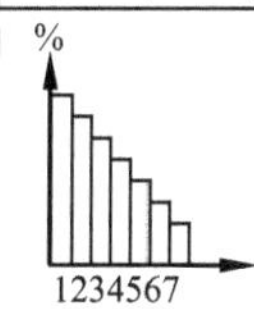

Tabelle 38: Wahrnehmung des Zustandes der Toilettenräume

- Kriterium „Apparative Ausstattung“

Da der Patient als Laie selbst nicht in der Lage ist, die apparative Ausstattung der Radiologieabteilung zu bewerten, kann man die Wahrnehmung des Patienten hinsichtlich dieses Kriteriums wie folgt abbilden. Zum einen kann er sich auf die Meinung von einweisenden Ärzten verlassen, die die apparative Ausstattung anhand der SERVQUAL-Skala bewerten. Zum zweiten kann er auf die Ergebnisse eines Benchmarking zurückgreifen, indem beispielsweise die apparative Ausstattung mit dem Bundesdurchschnitt verglichen wird. Diese Information kann man den Qualitätsberichten oder den Zertifizierungsunterlagen entnehmen. Dabei entspricht der Bundesdurchschnitt der Mitte der SERVQUAL-Skala, nämlich der Note 4. Weitere Vergleichsabstufungen (etwas besser bzw. schlechter, erheblich besser bzw. schlechter, sehr viel besser bzw. schlechter) führen zu besseren bzw. schlechteren Noten. Zum dritten kann der Patient ausgehend vom Alter des entsprechenden Gerätes auf dessen Leistungsfähigkeit und Modernität schließen. Um diesen Sachverhalt im Simulationsmodell abzubilden, bietet es sich – analog zum voranstehenden Kriterium – an, mehrere Altersintervalle zu unterscheiden, die mit einer entsprechenden Verteilung verknüpft sind. Dabei steigt mit zunehmendem Alter des Gerätes die Wahrscheinlichkeit, dass schlechtere Beurteilungen abgegeben werden. Zum vierten kann jeder Patient auf eigene Erfahrungen zurückgreifen, indem er die apparative Ausstattung der gegenständlichen Radiologieabteilung mit der Ausstattung anderer Krankenhäuser oder radiologischer Praxen durch bloßes Beobachten vergleicht.

Die Verdichtung der einzelnen Urteile zu einer Gesamtnote in Bezug auf das Kriterium „Apparative Ausstattung" erfolgt auf die gleiche Weise, wie sie oben bei der Verdichtung der einzelnen Urteile zu einer Gesamtnote für das Kriterium „materielle Ausstattung" beschrieben wurde.

- Kriterium „Allgemeines Erscheinungsbild der Abteilung"

Bei der Modellerstellung wurde die Annahme getroffen, dass die Abteilung entsprechend der in Deutschland herrschenden Standards vor kurzem renoviert wurde. Nichtsdestotrotz gibt es einige Patienten, denen das für deutsche Krankenhäuser typische weiß-graue Ambiente nicht gefällt. Des Weiteren ist bei der Benotung mit Abschlägen zu rechnen, weil der Blumenschmuck und die Kinderspielecke fehlen. Die Beurteilung wurde in diesem Fall durch eine linksschiefe Verteilung abgebildet, um zu berücksichtigen, dass die Mehrheit der Patienten tendenziell bessere Note abgibt.

Zur Modellierung der Erwartung und der Wahrnehmung der einzelnen Patienten hinsichtlich der *Dimension „Zuverlässigkeit"* wurde die Abweichung zwischen dem tatsächlichen Beginn der Untersuchung und dem zugesagten Termin herangezogen. Die Patientenbefragungen haben sich in der folgenden empirischen Verteilung niedergeschlagen:

relative Häufigkeit	1%	5%	15%	15%	20%	39%	5%
Abweichung vom zugesagten Termin in Min.	(-∞;5)	[5;10)	[10;15)	[15;20)	[20;30)	[30;60)	[60;+ ∞)
SERVQUAL-Note	7	6	5	4	3	2	1

Tabelle 39: Erwartung bzw. Wahrnehmung der Abweichung vom Termin

So rechnet ein Fünftel aller Patienten damit, dass der zugesagte Termin um eine Dauer überschritten wird, die zwischen 20 und 30 Minuten liegt. Eine solche Erwartung führt zu der SERVQUAL-Note „3". Bei der Beurteilung der Zuverlässigkeit wurde im Modell sichergestellt, dass für jeden Patienten die Abweichung vom zugesagten Untersuchungstermin in Minuten ausgerechnet wurde, die anhand der obigen Tabelle in die Wahrnehmungsnote transformiert wird. So geben die Patienten die schlechteste Note, nämlich eine „1" ab, wenn der zugesagte Termin um mehr als eine Stunde überschritten wird. Beginnt die Untersuchung früher als zugesagt oder pünktlich, dann gibt der Patient die bestmögliche Note, nämlich eine „7" ab. Auch eine geringfügige Überschreitung des Termins (bis zu 5 Minuten) führt zu keinen Abschlägen bei der Bewertung.

Zur Modellierung der *Dimension „Entgegenkommen"* wurde die Abweichung zwischen der Prognose hinsichtlich der zu erwartenden Wartezeit bis zum Untersuchungsbeginn und der tatsächlichen Wartezeit herangezogen. Die Erwartungen hinsichtlich dieser Dimension ergeben sich aus der folgenden empirischen Verteilung:

relative Häufigkeit	10%	5%	15%	15%	20%	25%	10%
Abweichung von der Prognose hinsichtlich der Untersuchungsbeginn in Min.	(-∞;-60)	[-60;-30)	[-30;-20)	[-20;-15)	[-15;-5)	[-5;5)	[5;+ ∞)
SERVQUAL-Note	1	2	3	4	5	6	7

Tabelle 40: Erwartung bzw. Wahrnehmung der Abweichung von der Prognose

So erwarten 10% aller Patienten, dass man sich bei der Prognose um mehr als 60 Minuten verschätzt, was zu der schlechtesten SERVQUAL-Note führt. Bei der Modellierung der Wahrnehmung erfolgt die Prognose der zu erwartenden Wartezeit durch eine in der Anmeldung beschäftigte Mitarbeiterin, indem diese die Anzahl der für die jeweilige Untersuchungsart Wartenden inklusive Notfallpatienten mit der durchschnittlichen Untersuchungsdauer multipliziert. Von der prognostizierten Wartezeit wird die Zeit abgezogen, die tatsächlich zwischen der Anmeldung und dem Untersuchungsbeginn verstrichen ist. Diese Differenz wird entsprechend der oben stehenden Tabelle in die SERVQUAL-Note transformiert.

Um die Erwartungs- und Wahrnehmungsnoten hinsichtlich der *Dimension „Einfühlung"* zu generieren, bietet es sich an, folgende zwei Kriterien zu berücksichtigen:

- Kriterium „Betriebszeiten"

Im Simulationsmodell wird davon ausgegangen, dass die Radiologieabteilung von Montag bis Freitag zwischen 7:30 Uhr und 17:00 Uhr in Betrieb ist. Für die realitätsnahe Abbildung dieses Kriteriums ist es erforderlich, alle Patienten in zwei Gruppen aufzuteilen: in berufstätige und nicht berufstätige Patienten. Berufstätige Patienten haben es schwerer, einen Untersuchungstermin zu finden, der sich mit ihren beruflichen Verpflichtungen vereinbaren lässt. Daher wünschen sie sich Untersuchungstermine am späten Nachmittag oder am Wochenende. Dies spiegelt sich sowohl in den Erwartungen als auch in der Wahrnehmung wider: Berufstätige Patienten haben tendenziell höhere Erwartungen und schlechtere Noten bei der Wahrnehmung der oben angegebenen Betriebszeiten als nicht berufstätige. Um diesem Umstand Rechnung zu tragen, gibt es im

Simulationsmodell für jede der beiden Gruppen eine eigene empirische Verteilung sowohl für die Erwartung als auch für die Wahrnehmung.

- Kriterium „Individuelle Aufmerksamkeit“

Dieses Kriterium gibt den Wunsch jedes Patienten wieder, dass man auf ihn individuell und nicht wie „am Fließband“ eingeht. Die Erwartungen hinsichtlich dieses Kriteriums werden entsprechend einer empirischen Verteilung abgegeben. Für die Wahrnehmung kommt es darauf an, wie groß die Warteschlange ist und wie viel Notfallpatienten auf eine Untersuchung warten.

Anzahl der auf die Untersuchungen Wartenden	[0;2]	[3;5]	[6;9]	[10;11]	[12;14]	[15;19]	ab 20
SERVQUAL-Note	7	6	5	4	3	2	1

Tabelle 41: Wahrnehmung der Anzahl der Wartenden auf die Untersuchung

Wenn beispielsweise zu viele Patienten auf die Untersuchung warten, dann rechnet der Patient damit, dass man für ihn keine Zeit hat, um auf ihn individuell einzugehen. Eine solche Situation führt zu der schlechtesten Note und ergibt sich in der Simulation, wenn mehr als **19** Patienten auf die Untersuchung warten.

Da hier die Bewertungen hinsichtlich zweier Kriterien zu einem Gesamturteil über die Dimension „Einfühlung“ verdichtet werden müssen, wurde bei der Modellierung analog zur Vorgehensweise bei der Bewertung der materiellen Ausstattung vorgegangen.

Die Wahrnehmung der *Dimension „Fachkompetenz“* erfolgt unter Berücksichtigung folgender Kriterien: Behandlungshäufigkeit, Art der Zertifizierung, Richtigkeit des Befundes, Alter des Arztes.

Bei der Bewertung der Behandlungshäufigkeit kann man davon ausgehen, dass die Fachkompetenz mit der Anzahl der durchgeführten Behandlungen steigt. Die für jede Untersuchungsart festgestellte Behandlungshäufigkeit wird mit dem entsprechenden Bundesdurchschnitt verglichen. Diese Information lässt sich den jährlichen Qualitätsberichten entnehmen. Dabei entspricht der Bundesdurchschnitt der Mitte der SERVQUAL-Skala, nämlich der Note „**4**“. Weitere Vergleichsabstufungen (etwas höher bzw. kleiner, erheblich höher bzw. kleiner, sehr viel höher bzw. kleiner) führen zu besseren bzw. schlechteren Noten.

Des Weiteren wird die Wahrnehmung der Fachkompetenz durch das Vorhandensein der Zertifizierung des Qualitätsmanagementsystems beeinflusst, die zur Vertrauensbildung der Patienten in die Leistungen der medizinischen Einrichtung beitragen soll. Neben der üblichen Zertifizierung nach DIN ISO 9001, die sowohl für das komplette Krankenhaus als auch schwerpunktmäßig für die Radiologieabteilung durchgeführt werden kann, gibt es ein spezielles Zertifikat für die Einrichtungen des Gesundheitswesens, das so genannte KTO-Zertifikat (Zertifikat der Kooperation für Transparenz und Qualität im Gesundheitswesen). In Abhängigkeit von der Art der Zertifizierung ergeben sich die folgenden fünf empirischen Verteilungen zur Modellierung der SERVQUAL-Note.

Art der Zertifizierung	keine Zertifizierung	DIN ISO 9001	DIN ISO 9001 (Radiologie)	DIN ISO 9001 und KTO	DIN ISO 9001 (Radiologie) und KTO
empirische Verteilung	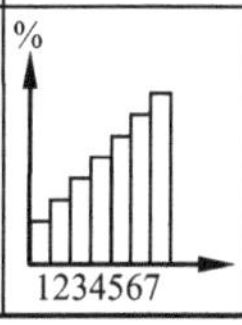	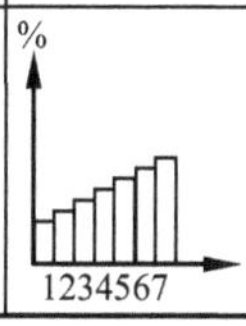	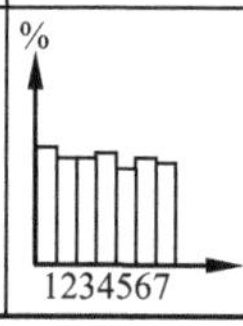	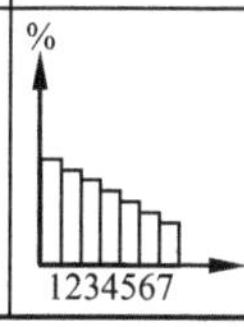	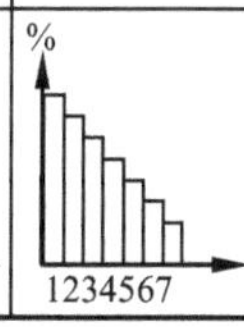

Tabelle 42: Wahrnehmung der Zertifizierungsart

Die Richtigkeit des Befundes kann ebenfalls als Indiz für die Fachkompetenz des Personals der Radiologieabteilung herangezogen werden, weil dieses Kriterium den Krankheitsverlauf der Patienten entscheidend mitbestimmt. Um die Wahrnehmung dieses Kriteriums abzubilden, gibt es im Simulationsmodell zwei verschiedene empirische Verteilungen.

Richtigkeit des Befundes	fehlerhafter Befund	richtiger Befund
empirische Verteilung	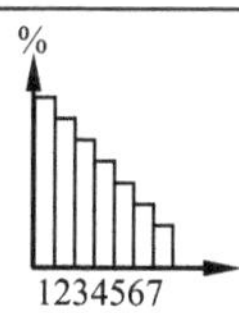	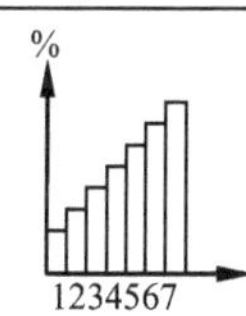

Tabelle 43: Wahrnehmung der Richtigkeit des Befundes

Trotz des richtigen Befundes besteht die Wahrscheinlichkeit, dass die Patienten die fachliche Kompetenz mit schlechten Noten beurteilen. Das ist zum Beispiel dann der Fall, wenn für die richtige Befundung mehrere Untersuchungen durchgeführt werden müssen, die durch die Auswahl einer richtigen Untersuchungsmethode im Rahmen einer Vorbesprechung hätten vermieden werden können. Im Falle einer fehlerhaften Befundung gibt es kaum Chancen, eine gute Benotung zu erhalten. Allerdings können sich die

Fehler bei der Befundung aus unvollständigen Anmeldebögen oder aufgrund der falschen Indikation des überweisenden Arztes ergeben.

Die Berücksichtigung des Alters des Arztes, der die Untersuchung durchführt, rechtfertigt die Annahme, dass die fachliche Kompetenz mit zunehmendem Alter steigt. Im Modell wurden fünf Altersintervalle gebildet, die zur Auswahl einer bestimmten empirischen Verteilung führen, um zur SERVQUAL-Note zu gelangen.

Aus den gesammelten Statistiken hinsichtlich der Erwartungen und Wahrnehmungen wurden für jede Qualitätsdimension die Mittelwerte je Untersuchungsart gebildet und in einem Spinnennetzdiagramm visualisiert. Die nachstehende Abbildung zeigt die Ergebnisse eines Simulationslaufs für die Patienten, die durchleuchtet wurden.

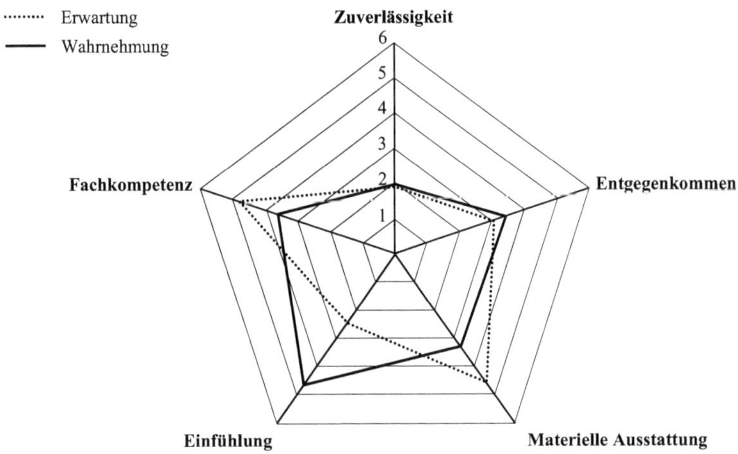

Abbildung 122: SERVQUAL-Ergebnisse für die Durchleuchtung

Das resultierende Spinnennetzdiagramm lässt folgende Schlussfolgerungen zu: Zwar werden die Erwartungen von Patienten in Bezug auf die Dimensionen „Zuverlässigkeit" und „Entgegenkommen" erfüllt, allerdings zeichnen sich sowohl die Erwartungen als auch die Wahrnehmungen durch niedrige Werte aus, was auf eine geringe Wettbewerbsfähigkeit der Leistung hinweisen kann. Es lässt sich vermuten, dass die Patienten, die besonders viel Wert auf diese Dimensionen legen, sich aufgrund der niedrigen Erwartungen gar nicht in diesem Institut untersuchen lassen würden. Hinsichtlich der Dimensionen „Fachkompetenz" und „Materielle Ausstattung" scheint das radiologische Institut den Erwartungen hinterherzuhinken. Allein in der Dimension „Einfühlung" wurden die Erwartungen deutlich übertroffen. Hier sollte man das erreichte Niveau halten und dafür sorgen, dass die potentiellen Patienten über das hohe Ausmaß der Qualität in der Dimension „Einfühlung“ erfahren.

Für die bessere Orientierung innerhalb des Simulationsmodells wurden die Modellteile, durch die die Beurteilung der Prozessqualität erfolgte, zusammengefasst als so genannte hierarchische Blöcke modelliert. Diese hierarchischen Blöcke sehen wie ein Textfeld aus, in dem das Wort „Service“ oberhalb des Wortes „Quality“ steht. Zusätzlich dazu wurde ein jeder solcher Block mit einer Unterschrift versehen, die verdeutlichen soll, welche Dimension darin beurteilt wird. Die nachstehende Abbildung zeigt unter anderem einen solchen hierarchischen Block sowie seine innere Struktur, in dem die Dimension „Materielle Ausstattung“ beurteilt wird.

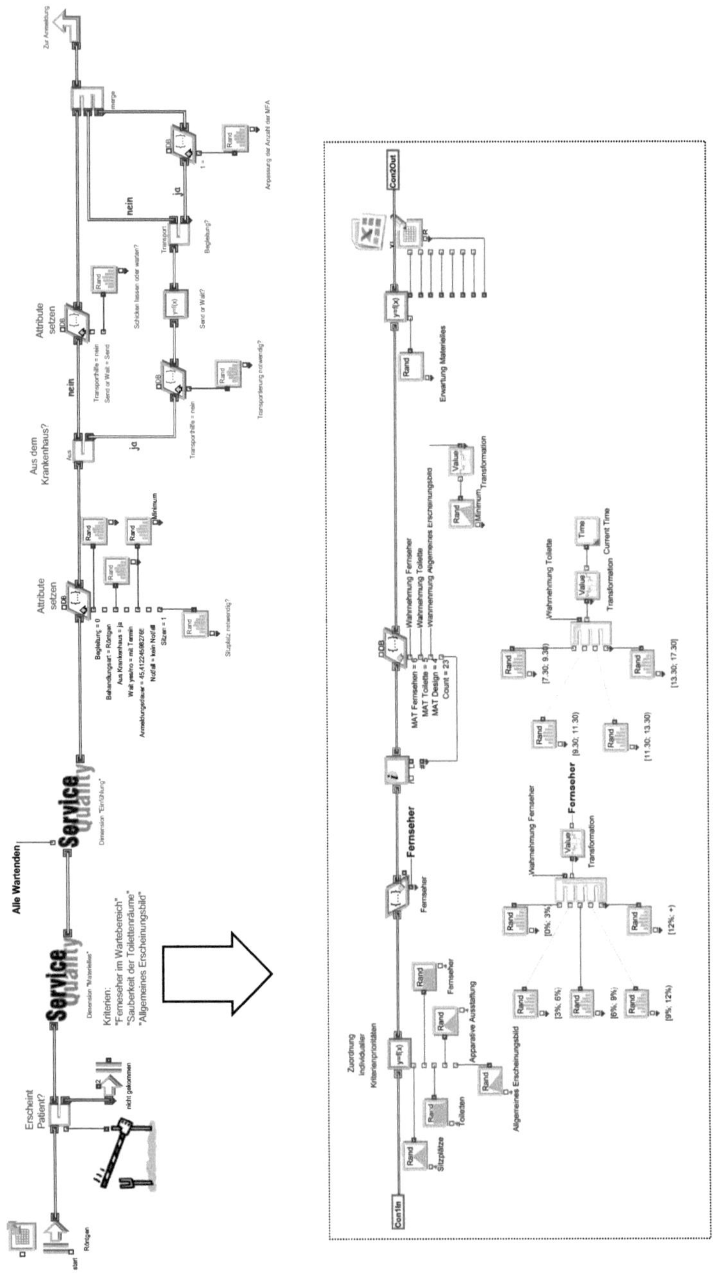

Abbildung 123: Ausschnitt aus dem Block „Patienten der Radiologieabteilung mit Termin“

8.2.2.3 Durchlaufzeit im Simulationsmodell

Jedem Patienten können beim Durchlaufen des Untersuchungsprozesses im radiologischen Institut verschiedene Zeitarten zugeordnet werden: So kann den nicht gehfähigen Patienten die Transportzeit zugeordnet werden, d.h. die Zeitspanne, die notwendig ist, um den Patienten von der Station in das radiologische Institut und zurück zu bringen. Darüber hinaus lässt sich für jeden Patienten die Bearbeitungszeit feststellen, als die Zeitspanne, während derer der Patient unmittelbar untersucht wird. Ferner können Statistiken über die Wartezeit gesammelt werden. Darüber hinaus ist es denkbar, die Rüstzeit zu ermitteln, die notwendig ist, damit sich der Arzt auf den Patienten vorbereiten kann, indem er die Indikationen liest und gegebenenfalls die Vorbefunde durchgeht. Ferner kann grundsätzlich die Kontrollzeit ermittelt werden, die als Zeitspanne aufzufassen ist, die verstreicht, um festzustellen, ob das entstandene Bildmaterial den Normen entspricht und befundet werden kann. Schließlich kann für jeden Patienten die Dauer ermittelt werden, die notwendig ist, um das entstandene Bildmaterial zu befunden.

Zu den wohl wichtigsten Zeitcharakteristika des analysierten Prozesses aus Patientensicht dürfte neben der bereits erwähnten Wartezeit die gesamte Durchlaufzeit gehören. Deshalb standen diese im Fokus bei der Entwicklung des Simulationsmodells und wurden statistisch ausgewertet. Die Statistiken hinsichtlich der Wartezeit und der Durchlaufzeit wurden im Simulationsmodell getrennt für folgende zwei Gruppen an vorangemeldeten Patienten gesammelt: Zum einen für die Patienten, denen der vorläufige Befund samt dem entstandenen Bildmaterial übergeben werden muss. Zum anderen für die Patienten, die nicht auf die sofortige Befundung bestehen. Die Notwendigkeit einer solchen Trennung lässt sich dadurch erklären, dass die Durchlauf- und die Wartezeit von Patienten, denen der vorläufige Befund samt dem entstandenen Bildmaterial mitgegeben wird, höher ausfallen dürfte als bei den restlichen Patienten.

Um die Durchlaufzeit für den Patienten zu messen, wurde jeder Patient bei seiner Ankunft im radiologischen Institut im Modell mit dem Attribut „Cycle Time“ versehen. Dieses Attribut hat den Zeitpunkt des Eintreffens des jeweiligen Patienten erfasst. Um später im Modell die Durchlaufzeit zu ermitteln, wurde dieses Attribut ausgelesen und vom Zeitpunkt abgezogen, zu dem die Messung vorgenommen wurde: Kommt beispielsweise ein Patient um $8{:}10$ und endet seine Untersuchung um $9{:}30$, dann ergibt die Differenz zwischen diesen Zeitpunkten eine Stunde und zwanzig Minuten und stellt die Durchlaufzeit dieses Patienten dar. Für die Patienten, die das entstandene Bildmaterial und der vorläufige Befund mitnehmen, wird die Durchlaufzeit bei der Übergabe an den Patienten gemessen. Der Messpunkt der Durchlaufzeit für die restlichen Patienten liegt unmittelbar nach dem Ende der Untersuchung, wobei die Messung der Durchlaufzeit bei den nicht gehfähigen Patienten erst zu dem Zeitpunkt erfolgt, zu dem sie durch den Transportdienst abgeholt werden. Um die Orte innerhalb des Modells leichter aufzufinden, an denen die Durchlaufzeiten gemessen werden, wurden diese durch eine menschliche Hand mit einer Stoppuhr gekennzeichnet, wie dies der nachfolgenden Abbildung entnommen werden kann.

Für das Sammeln der Statistiken bezüglich der Wartezeit wurde jedem Patienten zum Zeitpunkt seiner Ankunft das Attribut „Wartezeit" zugeordnet. Dieses kumuliert die eventuell entstandenen Wartezeiten, während der Patient durch den simulierten Prozess wandert. Die Wartezeit im Modell kann sich je nach Patienten aus folgenden Elementen zusammensetzen:

- Wartezeit bei der Anmeldung;
- Wartezeit im Wartebereich, bis der Patient aufgerufen wird;
- Wartezeit, die entstehen kann, wenn ein Patient aufgerufen wird, aber auf die medizinischen Fachangestellten warten muss, die ihm beim Aus- und Anziehen sowie bei der Durchführung der Untersuchung behilflich sein sollen;
- Wartezeit, wenn ein nicht gehfähiger Patient auf den Rücktransport zur Station wartet;
- Wartezeit, wenn der Patient auf das entstandene Bildmaterial und den Befund wartet sowie
- Wartezeit, die bei der Abholung von fertigen Befunden entstehen kann.

Um die Orte des Entstehens von Wartezeiten innerhalb des Modells leichter zu identifizieren, wurden diese durch eine rote Ampel gekennzeichnet. Die nachfolgende Abbildung zeigt den Ausschnitt der Struktur des hierarchischen Blocks „Röntgen" mit der sich darin befindlichen Warteschlange, die sich aus Patienten bildet, die auf den Rücktransport warten.

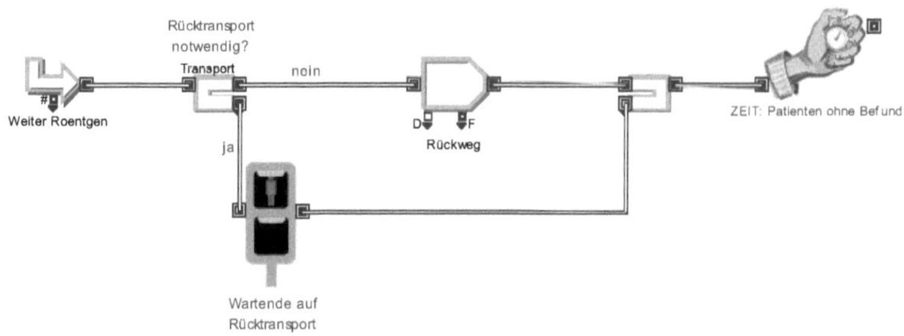

Abbildung 124: Ausschnitt aus dem hierarchischen Block „Röntgen"

Die gesammelten Statistiken bezüglich der Durchlaufzeit sowie der Wartezeit werden anschließend benutzt, um 95%-Konfidenzintervalle aufzustellen. Die Aufstellung von Konfidenzintervallen erfolgte innerhalb der einzelnen Patientengruppen sowohl für jede Untersuchungsart als auch für alle Untersuchungsarten zusammen.

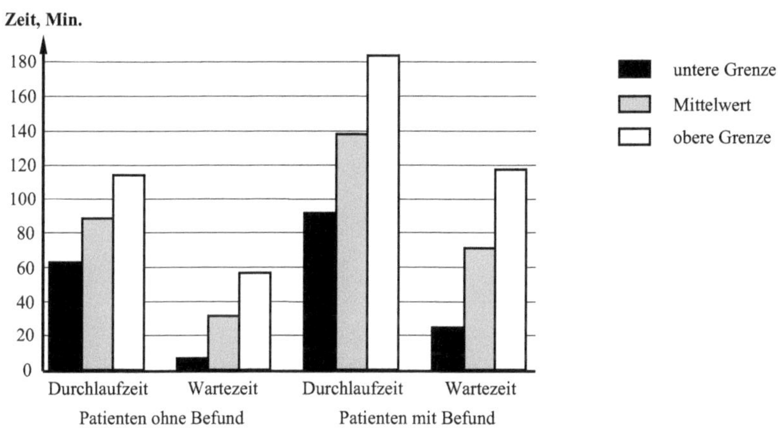

Abbildung 125: Konfidenzintervalle für die Wartezeit und die Durchlaufzeit

Dieser Abbildung lässt sich beispielsweise entnehmen, dass der Patient, dem das entstandene Bildmaterial und der Befund sofort mitgegeben werden müssen, im Durchschnitt knapp 70 Minuten wartet.

„Reengineering is not a panacea that is simple to accomplish and appropriate for every organization. On the contrary, it requires careful evaluation and management to be successful."

Varun Grover/Manoj K. Malhotra[1093]

9 Zusammenfassung

Gegenstand der vorliegenden Untersuchung war im weitesten Sinne die Frage, wie die Reorganisation der Unternehmensorganisation methodisch unterstützt werden kann.

Um überleben zu können, braucht jedes System – dem Gesetz ASHBY's von der erforderlichen Varietät zufolge – ein „Repertoire" von Antworten auf Störungen: „... nur Vielfalt kann Vielfalt zerstören."[1094] Übertragen auf die gegenständliche Problemstellung bedeutet dies: Ein Unternehmen sollte so flexibel sein, dass es nachhaltig im Einklang mit der Komplexität der Unternehmensumwelt bleibt. In diesem Zusammenhang lässt sich Komplexität durch die Varietät möglicher Reaktionsvarianten des Unternehmens charakterisieren. Die Entscheidungsträger sollten die Unternehmensentwicklung also auch in einer Phase von Markt- und Umweltturbulenzen kontrollieren können. Gelingt ihnen dies nicht, wird aus dem Unternehmen eine Art Mitläufer, der durch die Umweltveränderungen beherrscht wird, so dass dem Unternehmen die Insolvenz droht, falls eine ungünstige Entwicklung der Rahmenbedingungen eintritt. Die von ASHBY geforderte Vielfalt an Reaktionsvarianten geht allerdings mit der Schwierigkeit einher, aus der Fülle der möglichen Varianten die „richtige" Prozessgestaltungsalternative auszuwählen, um das Unternehmen unter Kontrolle zu halten. Und dieser Auswahlprozess soll mit dem vorgestellten Ansatz zum simulationsunterstützten multikriteriellen Prozesscontrolling unterstützt werden.

Mit der zunehmenden Abkehr vom funktional ausgerichteten Controlling, bei dem es primär um die Beurteilung und Verbesserung der Leistung von einzelnen Organisationseinheiten und Unternehmensfunktionen geht, und der Hinwendung zu einem auf Prozesse ausgerichteten Controlling sind viele Hoffnungen und unerfüllte Erwartungen verbunden. Gemäß der prozessorientierten Betrachtungsweise soll ein Unternehmen als

---

[1093] GROVER, VARUN/MALHOTRA, MANOJ K. (1997), S. 204.

[1094] ASHBY, WILLIAM ROSS (1974), S. 299.

ein System aufgefasst werden, das sich aus zahlreichen Prozessen zusammensetzt. Die Aufbauorganisation des Unternehmens soll sich an den Prozessen ausrichten und nicht umgekehrt. Die Ausführung dieser Prozesse manifestiert sich in der Erbringung einer Leistung, die von den Kunden angenommen werden soll. Deshalb liegt es nahe zu vermuten, dass sich eine aktive und bewusste Gestaltung der Prozesse, die der Leistungserbringung zugrunde liegen, positiv auf den Unternehmenserfolg auswirkt. Weitere wichtige Vorteile der Prozessorientierung dürften in der Unterstützung der unternehmensübergreifenden Wertschöpfungsorientierung, in der Überwindung der Schnittstellenprobleme, wie sie für funktional gegliederte Unternehmen typisch sind, sowie in der Herstellung eines Zusammenhangs zwischen den internen Messgrößen und dem externen Unternehmenserfolg liegen (siehe dazu Kapitel 2.1). Demgegenüber hat sich gezeigt, dass viele Bemühungen, die Ablauforganisation eines Unternehmens durch Business Process Engineering (BPR) zu reorganisieren, ihre Zielsetzungen nicht erreicht oder sogar gravierend verfehlt haben. Nach allgemeiner Auffassung sind diese Ursachen in zwei elementaren Schwächen des bisherigen Vorgehens zu suchen: Erstens in einer Prozessmodellierungstechnik, die der dynamischen Natur von Prozessen nicht gerecht wird, und zweitens in der fehlenden Möglichkeit, die Auswirkung einer Prozessveränderung auf die Prozessleistung zu quantifizieren.

Die Grundlage für die Analyse von Prozessen und somit auch für die Aufdeckung von Schwachstellen bildet zweifelsohne die Dokumentation sowie die Visualisierung der jeweiligen Prozesse. Wie im Kapitel 2.4 dargestellt wurde, sind bisher überwiegend Werkzeuge im Einsatz, die den Prozess lediglich zu einem bestimmten Zeitpunkt darstellen und die die dem Prozess innenwohnende Dynamik ausblenden. Die Unternehmensprozesse sind aber dynamischer Natur, denn die Interaktionen innerhalb der Prozesse als auch zwischen den Prozessen und der Umwelt ändern sich im Laufe der Zeit. Des Weiteren ist es durch solche statischen Prozessmodelle nicht möglich, die typischen Charakteristika einer Prozessorganisation abzubilden, wie Nichtlinearitäten, materielle und informationelle Regelkreise, das stochastische Verhalten der in einen Prozess involvierten Ressourcen sowie das stochastische Auftreten von Ereignissen, die einen Prozess auslösen und seinen Ablauf beeinflussen. Obwohl die statischen Ansätze der Prozessmodellierung sehr hilfreich sein können, um ein grundlegendes Verständnis der Prozess- und Kommunikationsstruktur innerhalb eines Unternehmens zu gewinnen, sind sie ungeeignet, Veränderungen in der Zeit abzubilden. So wie ein einzelnes Foto die

Bewegung eines Sportlers nicht wiedergeben kann, stößt auch ein Flowchart an seine Grenzen, wenn es darum geht, das Prozessverhalten zu dokumentieren.

Umgekehrt zeigt sich an der für die vorliegende Untersuchung durchgeführten Simulationsstudie, wie aufwendig es wäre, die Details des entwickelten Simulationsmodells auf konventionelle Weise zu dokumentieren. Aber selbst durch eine noch so umfangreiche Dokumentation wäre es kaum möglich, dem Leser einen ähnlich anschaulichen Eindruck vom Prozessverhalten zu vermitteln, wie dies anhand des in die Simulationssoftware ExtendSim umgesetzten Modells gelingt.

Die Ausführungen in den Kapiteln 3, 4 und 5 haben gezeigt, dass die Betriebswirtschaftslehre zahlreiche Ansätze zur Unterstützung von Prozessverbesserungsmaßnahmen entwickelt hat, die zur Beurteilung der Prozessleistung herangezogen werden können: So können mit Hilfe der Prozesskostenrechnung die Prozesskosten, d.h. die Kosten, die entlang eines Prozesses kostenstellenübergreifend entstehen, bestimmt werden. Die ermittelten Prozesskosten machen die prozessbezogene Kostenstruktur transparent und können wichtige Impulse für konkrete Reorganisationsmaßnahmen liefern. Bei der Messung der Prozessqualität bietet es sich an, den SERVQUAL-Ansatz heranzuziehen, der dem modernen kundenorientierten Qualitätsverständnis entsprechend die Prozessqualität als Diskrepanz zwischen den Kundenerwartungen hinsichtlich der Prozessqualität und den Kundenwahrnehmungen misst. Dadurch können die Bereiche innerhalb der Prozessorganisation festgestellt werden, die einer Verbesserung bedürfen. Das Time-based-Management stellt eine Reihe von Instrumenten zur Verfügung, deren Ziel in der Verkürzung der prozessbezogenen Durchlaufzeit besteht. Dabei wird die rein auf den Herstellungsprozess fokussierte Messung der Durchlaufzeit erweitert: Die Durchlaufzeit wird ab dem Zeitpunkt gemessen, in dem der Kundenwunsch vom Unternehmen wahrgenommen wurde, bis zu dem Zeitpunkt, in dem der Kundenwunsch befriedigt ist.

Um die bestehende Prozessorganisation zu ändern, kann man entweder nach dem radikalen Konzept des Business Process Reengineering vorgehen oder auf eine kontinuierliche schrittweise Verbesserung (Kaizen) setzen (siehe Kapitel 2.5). Die Kombination aus diesen beiden Ansätzen ist ebenfalls denkbar und sogar wünschenswert. Unabhängig davon, welcher Weg eingeschlagen wird, stehen die Entscheidungsträger vor folgendem scheinbar unüberwindbaren Problem (siehe Kapitel 2.6): Einerseits sollten Maßnahmen erarbeitet werden, die zur Reduktion der Prozesskosten sowie zur Verringerung der Durchlaufzeit beitragen. Andererseits darf diese Verbesserung nicht zu Lasten der Prozessqualität gehen – im Gegenteil: die gesuchten Maßnahmen sollten auch die Prozessqualität verbessern. Bei der Erarbeitung von Maßnahmen zur Prozessgestaltung geht es regelmäßig nicht darum, die bestehende Prozessorganisation soweit zu verbessern, dass die Kundenanforderungen im Sinne des Happy Engineering deutlich übererfüllt werden. Vielmehr sollte die Prozessorganisation derart ausgestaltet werden, dass sie Leistungen hervorbringt, die den Kundenerwartungen bestmöglich entsprechen und von den Kunden auch wahrgenommen und abgegolten werden. Die praktische Umsetzung einer solchen Zielsetzung kann indes nur gelingen, wenn alle drei Messgrößen Prozesskosten, Prozessqualität und Durchlaufzeit simultan berücksichtigt werden. Deshalb wurde im Kapitel 8 gezeigt, wie sich die Prozessleistung nicht wie bisher lediglich monokriteriell, sondern multikriteriell an den drei Messgrößen Prozesskosten, Prozessqualität und Durchlaufzeit quantifizieren lässt. In diesem Sinne muss die Prozessleistung als Vektor in einem dreidimensionalen Raum und nicht als ein richtungsloser Skalar aufgefasst werden.

Ein solcher multikriterieller Ansatz zur Quantifizierung der Prozessleistung ist allerdings mit den herkömmlichen flowchartartigen Modellierungswerkzeugen kaum zu realisieren. Denn die Verfolgung von Durchlaufzeiten und vor allem die Analyse der Wechselwirkungen zwischen den drei genannten Messgrößen müssen an der statischen Natur der herkömmlichen Modellierungswerkzeuge scheitern. Es kommt daher nicht von ungefähr, dass im Schrifttum zunehmend der Ruf nach dem Einsatz der dynamischen Simulation im Rahmen der Reorganisation der Prozesse deutlich wird.

Dennoch hat „Business Process Simulation" bisher in der Praxis noch nicht die gebührende Akzeptanz gefunden. Während die Simulationstechnik aus Naturwissenschaft und Technik nicht mehr wegzudenken ist, haben Kaufleute sowohl von ihrer Ausbildung als auch von ihrer persönlichen Erfahrung her nur ein rudimentäres Wissen über Simulation. Das Management kennt die betriebswirtschaftliche Anwendung der dynamischen Simulation, wenn überhaupt, meist nur aus Unternehmensplanspielen und versteht daher Simulation oft nur als zeitintensive „Spielerei". Aufgrund der geringen Nachfrage und des hohen Investitionsaufwands, der erforderlich ist, um eine entsprechende Expertise aufzubauen, haben aber auch Beratungsunternehmen nur selten Simulationsstudien in ihrem Leistungskatalog. Deshalb war es notwendig nachzuweisen, dass

- die Simulation ein theoretisch fundiertes Werkzeug ist, mit dessen Hilfe Aufgabenstellungen zweckmäßig gelöst werden können, die im Rahmen von BPR-Projekten anfallen (siehe Kapitel 6 und 8.2);
- die Simulation kein zielloses spielerisches „Herumprobieren“ ist, sondern ein zielgerichtetes, strukturiertes Vorgehen verfolgt (siehe Kapitel 7);
- die simultane multikriterielle Messung der Prozessleistung im Rahmen von Simulationsstudien möglich ist und dass die Elemente der Prozesskostenrechnung, des SERVQUAL-Ansatzes und des Time-based-Managements in ein Simulationsmodell integrierbar sind (siehe Kapitel 8.2);
- es möglich ist, den Reorganisationsprozess, wie er mit BPR und Kaizen verfolgt wird, unter Einbeziehung der Simulation systematisch zu einem in sich geschlossenen Regelkreis auszubauen. Im Rahmen dieses Regelkreises erfolgt eine kontinuierliche multikriterielle Überwachung der Ist-Prozessleistung anhand der aus den Kundenanforderungen abgeleiteten Soll-Prozessleistung. Abhängig von dem Ergebnis dieses Soll-Ist-Vergleichs wird eine simulationsgestützte Suche nach Gestaltungsmaßnahmen angestoßen, die eine Verbesserung der Geschäftsprozesse zum Ziel hat (Kapitel 8.1).

Alles in allem ist die dynamische Simulation ein mächtiges, auf Erkenntnissen der Kybernetik beruhendes Werkzeug, mit dessen Hilfe die Komplexität der realen Welt durch eine kausale Betrachtung der das Problem erzeugenden Faktoren erfasst und in dynamischer Weise analysiert werden kann. Die vorliegende Arbeit hat sowohl Notwendigkeit als auch Zweckmäßigkeit des Einsatzes einer dynamischen Simulation im Rahmen des Prozesscontrollings aufgezeigt. Wie durch das praxisnahe Fallbeispiel im Kapitel 8.2 nachgewiesen werden konnte, ermöglicht es die dynamische Simulation, die aktuell vorhandenen Prozesse nach kosten-, qualitäts- und zeitorientierten Gesichtspunkten simultan auszuwerten und auf mögliche Schwachstellen hin zu untersuchen. Mit der dynamischen Simulation steht den Entscheidungsträgern aber auch ein Instrument zur Verfügung, das eine risikolose, aber variantenreiche Analyse der zur Auswahl stehenden Gestaltungsalternativen zur bestehenden Prozessorganisation ermöglicht. Die Antwort auf die Frage, welche die Grundidee von BPR-Projekten prägt: „Wenn Sie Ihr Unternehmen von Anfang an neu aufbauen könnten, was würden Sie anders machen?“ kann am besten durch ein dynamisches Simulationsmodell gefunden werden.

Durch ein Simulationsmodell können auch die Wirkungszusammenhänge zwischen den prozessleistungsbeurteilenden Messgrößen offengelegt werden. Denn obwohl es unbestritten ist, dass zwischen den Prozesskosten, der Prozessqualität und der Durchlaufzeit Abhängigkeiten bestehen, gibt es im einschlägigen Schrifttum noch keine einheitliche Meinung über die Natur und die Stärke dieser Wechselwirkungen.

System Dynamics kann allen an der Prozessreorganisation Beteiligten helfen, sich von den tief verwurzelten Gewohnheiten im Sinne überkommener Organisationsstrukturen zu trennen. Die dynamische Simulation hilft, die darin verborgenen Engpässe und Ineffizienzen aufzudecken. Sie ermöglicht durch die Durchführung von szenariobasierten Wenn-Dann-Analysen die Vorbereitung von Maßnahmen, die zu ergreifen sind, falls in der Umwelt bestimmte Rahmenbedingungen und Konstellationen eintreten. Der Einsatz von Simulationsstudien im Rahmen des Business Process Reengineering erhöht wesentlich die Wahrscheinlichkeit, dass die Umsetzung der Verbesserungsmaßnahmen hinsichtlich der Prozessorganisation bereits beim ersten Versuch funktioniert.

Die Simulation ist ein Werkzeug zur dynamischen Dokumentation von Prozessen, denn sie dokumentiert neben der durch Flowcharts modellierten Prozessstruktur auch das Prozessverhalten. Insbesondere ermöglicht die gewählte Simulationssoftware ExtendSim, die in Form von Flowcharts dargestellten Prozesse zu animieren und wie in einem Film ablaufen zu lassen. Auf diese Weise erhält der Betrachter einen unmittelbaren Eindruck vom Prozessverhalten. Erst durch die dynamische Simulation wird das komplexe Verhalten von Unternehmensprozessen sichtbar, das sich in den Absatzleistungen manifestiert. Dadurch wird das Verständnis erhöht, wie die am Markt angebotenen Leistungen zustande kommen und welche Faktoren sie beeinflussen. Dies spiegelt sich in einem effizienteren Suchprozess nach Schwachstellen wider. In dieser Hinsicht ist die Erarbeitung von Reorganisationsmaßnahmen mittels dynamischer Simulation einer konventionellen Vorgehensweise deutlich überlegen.

Im Unterschied zu den konventionellen Methoden lässt ein dynamisches Simulationsmodell Rückschlüsse zu, wie jede einzelne Änderung der Prozessorganisation die prozessleistungsbeurteilenden Größen beeinflusst. Das einmal entwickelte Simulationsmodell ermöglicht – gewissermaßen als Beiwerk – auch die Erstellung von Finanzplänen für kurze Zeitperioden, wie Tage oder Wochen, während dies mit herkömmlichen Techniken einen ungerechtfertigt hohen Aufwand nach sich zöge. Solche detailreichen Finanzpläne liefern wertvolle Informationen für die Beurteilung, ob es wirtschaftlich gerechtfertigt ist, eine Prozessgestaltungsalternative konkret umzusetzen. Ferner lässt sich die Robustheit der erarbeiteten Gestaltungsmaßnahmen bezüglich externer Einflüsse relativ unproblematisch analysieren, indem unterschiedliche, für wahrscheinlich gehaltene Szenarien der Umweltentwicklung durchgespielt und ihre Auswirkungen auf die Prozessleistung ermittelt werden können. In diesem Sinne kann die dynamische Simulation gewissermaßen als „Schiedsrichter" herangezogen werden, um das Bauchgefühl und die Intuition zu untermauern bzw. zu widerlegen, auf die man sich leider noch viel zu oft bei der Prozessreorganisation verlässt.

Literaturverzeichnis

ACEL, PETER PAUL (1996): Methode zur Durchführung betrieblicher Simulationen – Effiziente Optimierung der diskreten Simulation, Zürich: Eidgenössische Technische Hochschule Zürich, 1996.

ACKER, HEINRICH B. (1978): Organisationsanalyse – Verfahren und Techniken praktischer Organisationsarbeit, 9. überarbeitete und erweiterte Auflage, Baden-Baden/Bad Homburg vor der Höhe: Verlag für Unternehmensführung Dr. Max Gehlen, 1978.

ADAM, DIETRICH (1970): Entscheidungsorientierte Kostenbewertung, Wiesbaden: Gabler, 1970.

AGUILAR, MARC/RAUTERT, TANKRED/PATER, ALEXANDER J. G. (1999): Business Process Simulation: a fundamental step supporting process centered management, in: *Farrington, P. A./Nembhard, H. B./Sturrock, D. T./Evans, G. W.* (Hrsg.): Proceedings of the 1999 Winter Simulation Conference, Piscataway: Institute of Electrical and Electronics Engineers, 1999, S. 1383-1392.

AHLRICHS, FRANK/KNUPPERTZ, THILO (2010): Controlling von Geschäftsprozessen, 2., überarbeitete und aktualisierte Auflage, Stuttgart: Schäffer-Poeschel, 2010.

AL-ANI, AYAD (1996): Continuous Improvement als Ergänzung des Business Reengineering, in: Zeitschrift für Organisation, Heft 3, 1996, S. 142-148.

ALBERS, SÖNKE/GREVE, GOETZ (2005): Kundenwertprognose, in: *Mertens, P./Rässler, S.* (Hrsg.): Prognoserechnung, Heidelberg: Physica-Verlag, 2005, S. 431-438.

ALBRIGHT, THOMAS L./ROTH, HAROLD P. (1992): The Measurement of Quality Costs – An Alternative Paradigm, in: Accounting Horizons, No. 2, 1992, S. 15-27.

ALBRIGHT, THOMAS L. /ROTH, HAROLD P. (1994): Managing Quality Through the Quality Loss Function, in: Journal of Cost Management, No. 4, 1994, S. 20-28.

ALEXOPOULOS, CHRISTOS (2006): A comprehensive review of methods for simulation output analysis, in: *Perrone, L. F./Wieland, F. P./Liu, J./Lawson, B. G./Nicol, D. M./Fujimoto, R. M.* (Hrsg.): Proceedings of the 2006 Winter Simulation Conference, Piscataway: Institute of Electrical and Electronics Engineers, 2006, S. 168-178.

ALEXOPOULOS, CHRISTOS/SEILA, ANDREW F. (1998): Output Data Analysis, in: *Banks, J.* (Hrsg.): Handbook of Simulation – Principles, Methodology, Advances, Applications, and Practice, New York u.a.: Wiley, 1998, S. 225-272.

ALTMAN, STANLEY M. (1980): Pitfalls of Data Analysis, in: *Majone, G./Quade, E. S.* (Hrsg.): Pitfalls of Analysis, Chichester u.a.: Wiley, 1980, S. 44-56.

ALTSTADT, MARKUS/WENGLER, MICHAEL (1998): Qualitätscontrolling anwenden, in: Qualität und Zuverlässigkeit, Heft 9, 1998, S. 1048-1052.

ALLWEYER, THOMAS (2009): BPMN 2.0 - Business Process Model and Notation: Einführung in den Standard für die Geschäftsprozessmodellierung, 2., aktualisierte und erweiterte Auflage, Norderstedt: Books on Demand, 2009.

ANNINO, JOSEPH S./RUSSELL, EDWARD C. (1979): The ten most frequent causes of simulation analysis failure – and how to avoid them!, in: Simulation, No. 6, 1979, S. 137-140.

ARDHALDJIAN, RAFFY/FAHNER, MIKE (1994): Using simulation in the business process reengineering effort, in: Industrial Engineering, July, 1994, S. 60-61.

ARNOLD, STEFAN/GÖTTE, STEFAN/VON LANDSBERG, GEORG (1998): Einführung der Prozesskostenrechnung in Kundenservice von T-Mobil, in: Controller Magazin, Heft 6, 1998, S. 416-420.

ASHBY, WILLIAM ROSS (1974): Einführung in die Kybernetik, Frankfurt am Main: Suhrkamp, 1974.

AUGUSTIN, SIEGFRIED (1990): Information als Wettbewerbsfaktor – Informationslogistik – Herausforderung an das Management, Zürich: Industrielle Organisation, 1990.

BAETGE, JÖRG (1974): Betriebswirtschaftliche Systemtheorie, Opladen: Westdeutscher Verlag, 1974.

BALCI, OSMAN (1989): How to assess the acceptability and credibility of simulation results, in: *Macnair, E. A./Musselman, K. J./Heidelberger, P.* (Hrsg.): Proceedings of the 1989 Winter Simulation Conference, Piscataway: Institute of Electrical and Electronics Engineers, 1989, S. 62-71.

BALCI, OSMAN (1994): Validation, verification, and testing techniques throughout the life cycle of a simulation study, in: *Tew, J. D./Manivannan, S./ Sadowski, D. A./Seila, A. F.* (Hrsg.): Proceedings of the 1994 Winter Simulation Conference, Piscataway: Institute of Electrical and Electronics Engineers, 1994, S. 215-220.

BALCI, OSMAN (1995): Principles and techniques of simulation validation, verification, and testing, in: *Alexopoulos, C./Kang, K./Lilegdon, W. R./Goldsman, D.* (Hrsg.): Proceedings of the 1995 Winter Simulation Conference, Piscataway: Institute of Electrical and Electronics Engineers, 1995, S. 147-153.

BALCI, OSMAN (1998): Verification, Validation, and Testing, in: *Banks, J.* (Hrsg.): Handbook of Simulation – Principles, Methodology, Advances, Applications, and Practice, New York u.a.: Wiley, 1998, S. 335-393.

BALCI, OSMAN (2003): Verification, validation, and certification of modeling and simulation applications, in: *Chick, S./Sanchez, P. J./ Ferrin, D./Morrice, D. J.* (Hrsg.): Proceedings of the 2003 Winter Simulation Conference, Piscataway: Institute of Electrical and Electronics Engineers, 2003, S. 150-158.

BALCI, OSMAN/NANCE, RICHARD E. (1985): Formulated problem verification as an explicit requirement of model credibility, in: Simulation, No. 45, 1985, S. 76-86.

BALDENWEG, DIRK K. (2006): Bewertung von Unternehmen der New Economy, Wiesbaden: Deutscher Universitäts-Verlag, 2006.

BALZERT, HELMUT (1997): HIPO, in: *Mertens, P.* (Hrsg.): Lexikon der Wirtschaftsinformatik, 3., vollständig neu bearbeitete und erweiterte Auflage, Berlin u.a.: Springer, 1997, S. 189-191.

BANKS, JERRY (1998): Principles of Simulation, in: *Banks, J.* (Hrsg.): Handbook of Simulation – Principles, Methodology, Advances, Applications, and Practice, New York u.a.: Wiley, 1998, S. 3-30.

BANKS, JERRY u.a. (2005): Discrete-Event System Simulation, 4th edition, Upper Saddle River: Pearson, 2005.

BANKS, JERRY/GIBSON, RANDALL (1997): Don't simulate when – 10 Rules for determining when simulation is not appropriate, in: IEE Solutions, September, 1997, S. 30-32.

BÄR, KURT (1985): Wie Qualitätskosten zum Führungsinstrument werden, in: io Management, Heft 11, 1985, S. 492-494.

BARLAS, YAMAN (1996): Formal aspects of model validity and validation in system dynamics, in: System Dynamics Review, No. 3, 1996, S. 183-210.

BARRANTES, LUIS (2008): Man kann nur managen, was man auch messen kann! Die Messung von Qualität, in: Zeitschrift für Controlling und Management, Ergänzungsheft 3, 2008, S. 10-17.

BARTON, RUSSEL R. (2004): Designing simulation experiments, in: *Ingalls, R. G./Rossetti, M. D./Smith, J. S./Peters, B. A.* (Hrsg.): Proceedings of the 2004 Winter Simulation Conference, Piscataway: Institute of Electrical and Electronics Engineers, 2004, S. 73-79.

BAUER, CHRISTIAN (2006): Simulationsbasierte Strategieunterstützung mit System Dynamics am Beispiel der Kooperation von Beratungsunternehmen, Marburg: Tectum-Verlag, 2006.

BAUER, HANS B. (1992): Zeit als strategischer Erfolgsfaktor im Marketing, in: *Hirzel, Leder&Partner* (Hrsg.): Speed-Management – Geschwindigkeit zum Wettbewerbsvorteil machen, Wiesbaden: Gabler, 1992, S. 103-124.

BAUMGARTEN, BERND (1990): Petri-Netze – Grundlagen und Anwendungen, Mannheim/Wien/Zürich: BI-Wissenschaftsverlag, 1990.

BEA, FRANZ XAVER/GÖBEL, ELISABETH (2006): Organisation – Theorie und Gestaltung, 3., neu bearbeitete Auflage, Stuttgart: Lucius & Lucius, 2006.

BEA, FRANZ XAVER/SCHNAITMANN, HERMANN (1995): Begriff und Struktur betriebswirtschaftlicher Prozesse, in: Wirtschaftswissenschaftliches Studium, Heft 6, 1995, S. 278-282.

BECHENHOFER, ROBERT E./SANTNER, THOMAS J./GOLDSMAN, DAVID M. (1995): Design and analysis of experiments for statistical selection, screening, and multiple comparisons, New York u.a.: Wiley & Sons, 1995.

BEHME, WOLFGANG/SCHIMMELPFENG, KATJA (1993): Unternehmensführung als kybernetischer Prozess, in: Wirtschaftsstudium, Heft 4, 1993, S. 289-293.

BEISCHEL, MARK E. (1990): Improving Production with Process Value Analysis, in: Journal of Accountancy, September, 1990, S. 53-57.

BERENS, WOLFGANG/DELFMANN, WERNER/SCHMITTING, WALTER (2004): Quantitative Planung – Grundlagen, Fallstudien, Lösungen, 4., überarbeitete und erweiterte Auflage, Stuttgart: Schäffer-Poeschel, 2004.

BERGSMANN, STEFAN/GRABEK, ANNA/BRENNER, MARKUS (2005): Transparenz durch Prozessanalyse und -modellierung, in: *Horváth & Partner* (Hrsg.): Prozessmanagement umsetzen – durch nachhaltige Prozessperformance Umsatz steigern und Kosten senken, Stuttgart: Schäffer-Poeschel, 2005, S. 47-68.

BERTSCHE, DORY/CRAWFORD, CHRISTOPHER/MACADAM, STEPHEN E. (1996): Is simulation better than experience?, in: The McKinsey Quarterly, No. 1, 1996, S. 50-57.

BETZ, STEFAN (1995): Gemeinkostencontrolling auf Basis der Prozesskostenrechnung, in: Kostenrechnungspraxis, Heft 3, 1995, S. 135-144.

BHASKAR, R. u.a. (1994): Analyzing and re-engineering business processes using simulation, in: *Tew, J. D./Manivannan, S./Sadowski, D. A./Seila, A. F.* (Hrsg.): Proceedings of the 1994 Winter Simulation Conference, Piscataway: Institute of Electrical and Electronics Engineers, 1994, S. 1206-1213.

BIEL, ALFRED (1991a): Einführung der Prozesskostenrechnung, in: Kostenrechnungspraxis, Heft 2, 1991a, S. 85-90.

BIEL, ALFRED (1991b): In der Diskussion: Die Prozesskostenrechnung, in: Controller Magazin, Heft 6, 1991b, S. 329-333.

BILLER, BAHAR/NELSON, BARRY L. (2002): Answers to the top ten input modeling questions, in: *Yücesan, E./Chen, C.-H./Snowdon, J. L./Charnes, J. M.* (Hrsg.): Proceedings of the 2002 Winter Simulation Conference, Piscataway: Institute of Electrical and Electronics Engineers, 2002, S. 35-40.

BILLERBECK, HOLGER (2003): Der Zeitfaktor im Innovationsmanagement – kritische Würdigung des Zeitfallentheorems und die daraus resultierende Dominanz von First-Strategien, Göttingen: Vandenhoeck & Ruprecht, 2003.

BINNER, HARTMUT F. (2000): Prozessorientierte TQM-Umsetzung, München/Wien: Hanser, 2000.

BINNER, HARTMUT F. (2004): Handbuch der prozessorientierten Arbeitsorganisation – Methoden und Werkezeuge zur Umsetzung, München/Wien: Hanser, 2004.

BINNER, HARTMUT F. (2005): Prozessorganisation ist die notwendige Voraussetzung für ein funktionierendes Prozesscontrolling, in: *Gerberich, C. W.* (Hrsg.): Praxishandbuch Controlling – Trends, Konzepte, Instrumente, Wiesbaden: Gabler, 2005, S. 79-106.

BISCHOF, HANS-PETER/GÜBELIN, RETO/VON ACHENBACH, LUIS (1992): TOP-Mapping für bessere Entscheidungen, in: io Management, Heft 5, 1992, S. 57-61.

BITZER, MARC ROBERT (1992): Zeitbasierte Wettbewerbsstrategien – Die Beschleunigung von Wertschöpfungsprozessen in der Unternehmung, Gießen: 1992.

BLANK, GEORG STEPHAN (1998): Systemorientiertes Controlling der Erfolgsfaktoren Zeit, Kosten und Qualität auf Basis eines Prozess-Netzplan- Modells (PNM), Frankfurt am Main u.a.: Peter Lang, 1998.

BLICKENSDÖRFER-EHLERS, ARNDT u.a. (1980): Analysis 1 – Ein Lehr- und Arbeitsbuch für Studienanfänger, Berlin/Heidelberg/New York: Springer, 1980.

BLUM, EGON (2000): Grundzüge anwendungsorientierter Organisationslehre – mit Übungen, München/Wien: Oldenbourg, 2000.

BOGASCHEWSKY, RONALD (1998): Zeitwettbewerb – eine wertkettenorientierte Betrachtung, in: *Koppelman, U./Oertel, H. A.*(Hrsg.): Time-to-Market – mögliche Beiträge von Einkauf und Logistik, Stuttgart: Schäffer-Poeschel, 1998, S. 1-19.

BOHR, KURT (1993): Wirtschaftlichkeit, in: *Chmielewicz, K./Schweitzer, M.* (Hrsg.): Handwörterbuch des Rechnungswesens, 3., völlig neu gestaltete und ergänzte Auflage, Stuttgart: Schäffer-Poeschel, 1993, Sp. 2181-2188.

BOSSEL, HARTMUT (1994): Modellbildung und Simulation – Konzepte, Verfahren und Modelle zum Verhalten dynamischer Systeme, 2., veränderte Auflage, Braunschweig/Wiesbaden: Vieweg, 1994.

BOTTA, VOLKMAR (1995): Total Quality Management und finanzielles Prozeß-Controlling, in: *Sierke, B. R. A./Albe, F.* (Hrsg.): Branchenübergreifende Erfolgsfaktoren – Controlling, Organisation, Logistik, Wachstum, Wiesbaden: Gabler, 1995, S. 135-151.

BOULDING, KENNETH E. (1975): Die allgemeine Systemtheorie – Als Skelett der Wissenschaft, in: *Baetge, J.* (Hrsg.): Grundlagen der Wirtschafts- und Sozialkybernetik – Betriebswirtschaftliche Kontrolltheorie, Opladen: Westdeutscher Verlag, 1975, S. 16-31.

BOWER, JOSEPH L./HOUT, THOMAS M. (1989): So sind Sie schneller als die Konkurrenz, in: Harvard Manager, Heft 3, 1989, S. 68-77.

BOX, GEORGE E. P. (1979): Robustness in the Strategy of Scientific Model Building, in: *Launer, R. L.* (Hrsg.): Robustness in Statistics, New York/San Francisco/London: Academic Press, 1979, S. 201-236.

BRATLEY, PAUL/FOX, BENNETT L./SCHRAGE, LINUS E. (1987): A guide to simulation, 2nd edition, New York/Berlin/ Heidelberg: Springer, 1987.

BRAUCHLE, HERBERT (1973): Praxis der Entscheidungstabellen-Technik – Grundlagen, Anwendung für Problemanalyse, EDV-Programmierung, manuell benutzte Arbeitsmittel, Baden-Baden/Bad Homburg von der Höhe: Verlag für Unternehmensführung Dr. Max Gehlen, 1973.

BRAUN, JOCHEN (1996): Aufgaben und Ziele der Organisationsgestaltung, in: *Bullinger, H.-J./Warnecke, H. J.* (Hrsg.): Neue Organisationsformen im Unternehmen – Ein Handbuch für das moderne Management, Berlin u.a.: Springer, 1996, S. 7-27.

BRAUN, STEPHAN (1996): Die Prozesskostenrechnung – Ein fortschrittliches Kostenrechnungssystem?, 2., überarbeitete Auflage, Sternfeld/Berlin: Wissenschaft & Praxis, 1996.

BRAUN, TOBIAS/KOCH, JOCHEN (2002): Qualitätsmanagement – Entwicklung, Problemfelder und ein integrativer Lösungsvorschlag, in: Organisationsberatung, Supervision, Coaching, Heft 2, 2002, S. 149-159.

BREDE, HAUKE (1996): Prozessorientiertes Controlling wandelbarer Organisationsstrukturen, in: Zeitschrift Führung und Organisation, Heft 3, 1996, S. 154-158.

BREISIG, THOMAS (2006): Betriebliche Organisation, Herne/Berlin: Neue Wirtschafts-Briefe, 2006.

BRENNER, MARKUS/MAYER, REINHILD (2005): Aufbau eines permanenten Prozesscontrolling, in: *Horváth & Partners* (Hrsg.): Prozessmanagement umsetzen – durch nachhaltige Prozessperformance Umsatz steigern und Kosten senken, Stuttgart: Schäffer-Poeschel, 2005, S. 159-179.

BRINK, ALFRED (1989): Der Einsatz der Simulationstechnik in der Betriebswirtschaft, in: Wirtschaftsstudium, Heft 12, 1989, S. 679-685.

BRÖCKELMANN, JÖRG (1995): Entscheidungsorientiertes Qualitätscontrolling – ein ganzheitliches Instrument der Qualitätssicherung, Wiesbaden: Deutscher Universitäts-Verlag, 1995.

BROKEMPER, ANDREAS/GLEICH, RONALD (1999): Empirische Analyse von Gemeinkostenprozessen zur Herleitung eines branchenspezifischen Prozess(kosten-)modells, in: Die Betriebswirtschaft, Heft 1, 1999, S. 76-89.

BRONNER, ROLF (1992): Komplexität, in: *Frese, E.* (Hrsg.): Handwörterbuch der Organisation, 3., völlig neu gestaltete Auflage, Stuttgart: Poeschel, 1992, Sp. 1121-1130.

BROOKS, ROGER J./TOBIAS, ANDREW M. (1996): Choosing the Best Model – Level of Detail, Complexity, and Model Performance, in: Mathematical and Computer Modelling, No. 4, 1996, S. 1-14.

BRUGGEMAN, WERNER/MOREELS, KRIS (2004): Activity-Based Costing in Complex and Dynamic Environments – The Emergence of Time-Driven ABC, in: Controlling, Heft 11, 2004, S. 597-602.

BRUGGEMAN, WERNER/MOREELS, KRIS (2003): Time-Driven Activity-Based Costing – A New Paradigm in Cost Management, in: *Horváth, P.* (Hrsg.): Performancesteigerung und Kostenoptimierung – Neue Wege und erfolgreiche Praxislösungen, Stuttgart: Schäffer-Poeschel, 2003, S. 51-66.

BRÜHL, ROLF (1995): Informationen der Prozesskostenrechnung als Grundlage der Kostenkontrolle, in: Kostenrechnungspraxis, Heft 2, 1995, S. 73-79.

BRÜHL, ROLF (2004): Controlling – Grundlagen des Erfolgscontrollings, München/Wien: Oldenbourg, 2004.

BRUHN, MANFRED (2008): Qualitätsmanagement für Dienstleistungen, 7., überarbeitete und erweiterte Auflage, Berlin/Heidelberg: Springer, 2008.

BRUHN, MANFRED/GEORGI, DOMINIK (1998): Kundenbezogene Wirtschaftlichkeitsanalyse des Qualitätsmanagements für Dienstleistungen, in: Marketing. Zeitschrift für Forschung und Praxis, Heft 2, 1998, S. 98-108.

BRUHN, MARTIN/GEORGI, DOMINIK (1999): Kosten und Nutzen des Qualitätsmanagements – Grundlagen, Methoden, Fallbeispiele, München/Wien: Hanser, 1999.

BRUNNER, FRANZ J. (1988): Höherer Unternehmensgewinn dank "Totalem Qualitätssystem", in: io Management, Heft 1, 1988, S. 41-44.

BRUNNER, FRANZ J. (1991): Steigerung der Effizienz durch Qualitätskostenanalyse, in: io Management, Heft 7/8, 1991, S. 35-38.

BRUNNER, FRANZ J./WAGNER, KARL W. (2008): Taschenbuch Qualitätsmanagement – Leitfaden für Studium und Praxis, 4., überarbeitete Auflage, München/Wien: Hanser, 2008.

BUCHHOLZ, WOLFGANG (1996): Time-to-market-Management, Stuttgart/Berlin/Köln: Kohlhammer, 1996.

BUCHHOLZ, WOLFGANG (1998): Timingstrategien – Zeitoptimale Ausgestaltung von Produktentwicklungsbeginn und Markteintritt, in: Zeitschrift für betriebswirtschaftliche Forschung, Heft 1, 1998, S. 21-40.

BUCHHOLZ, WOLFGANG/WERNER, HARTMUT (1997): Strategien und Instrumente zur Verkürzung der Produktentwicklungsdauer, in: Die Betriebswirtschaft, Heft 5, 1997, S. 694-709.

BÜCHI, RUDOLF (1976): Entscheidungstabellen – Ein Lernprogramm, Gießen: Dr. Götz Schmidt, 1976.

BUCHNER, DIETRICH/HOFMANN, ULRICH/MAGNUS, STEPHAN (1999): Prozess-Power – Durch Change Management der Prozesserfolg sichern, Wiesbaden: Gabler, 1999.

BUGGERT, WILLI/MAIER, DIRK/WIELPÜLTZ, AXEL (1998): Bausteine der Prozessoptimierung, in: Controller Magazin, Heft 1, 1998, S. 49-54.

BÜHNER, ROLF (1986): Betriebswirtschaftliche Organisationslehre, München/Wien: Oldenbourg, 1986.

BÜHNER, ROLF (1990): Economies of Speed – Beschleunigung der Abläufe im Unternehmen zur Erhöhung der Wettbewerbsfähigkeit, in: *Bleicher, K./ Gomez, P.* (Hrsg.): Zukunftsperspektiven der Organisation – Festschrift zum 65. Geburtstag von Prof. Dr. Robert Staerkle, Bern: Stämpfli, 1990, S. 29-43.

BURGESS, THOMAS F. (1998): Modelling the impact of reengineering with system dynamics, in: International Journal of Operations & Production Management, No. 9/10, 1998, S. 950-963.

BURGHARDT, MANFRED (2008): Projektmanagement – Leitfaden für die Planung, Überwachung und Steuerung von Projekten, 8., wesentlich überarbeitete und erweiterte Auflage, Erlangen: Publicis Corporate Publishing, 2008.

BUSCHER, UDO (2000): Time to Market, in: *Götze, U./Mikus, B./Bloech, M.* (Hrsg.): Management und Zeit, Heidelberg: Physica-Verlag, 2000, S. 221-244.

BUSCHER, UDO (2008): Durchlaufzeitcontrolling in der industriellen Auftragsfertigung, in: *Freidank, C.-C./Müller, S./Wulf, I.* (Hrsg.): Controlling und Rechnungslegung – Aktuelle Entwicklungen in Wissenschaft und Praxis, Wiesbaden: Gabler, 2008, S. 116-138.

CAMPANELLA, JACK (1999): Principles of Quality Costs – Principles, Implementation and Use, Milwaukee: ASQ Quality Press, 1999.

CAMPBELL, BRUCE (2000): System dynamics in information systems analysis – an evaluation case study, in: *Bustard, D./Kawalek, P./Norris, M.* (Hrsg.): System modeling for business process improvement, Boston/London: Artech House, 2000, S. 33-46.

CARSON II, JOHN S. (1989): Verification and Validation – A Consultant's Perspective, in: *Macnair, E. A./Musselman, K. J./Heidelberger, P.* (Hrsg.): Proceedings of the 1989 Winter Simulation Conference, Piscataway: Institute of Electrical and Electronics Engineers, 1989, S. 552-558.

CARSON II, JOHN S. (2002): Model Verification and Validation, in: *Yücesan, E./Chen, C.-H./Snowdon, J. L./Charnes, J. M.* (Hrsg.): Proceedings of the 2002 Winter Simulation Conference, Piscataway: Institute of Electrical and Electronics Engineers, 2002, S. 52-58.

CARSON II, JOHN S. (2005): Introduction to Modelling and Simulation, in: Proceedings of the 2005 Winter Simulation Conference, Piscataway: Institute of Electrical and Electronics Engineers, 2005, S. 16-23.

CENTENO, MARTHA A./REYES, M. FLORENCIA (1998): So you have your model, what to do next – A tutorial on simulation output analysis, in: *Medeiros, D. J./Watson, E. F./Carson, J. S./Manivannan, M. S.* (Hrsg.): Proceedings of the 1998 Winter Simulation Conference, Piscataway: Institute of Electrical and Electronics Engineers, 1998, S. 23-29.

CERVELLINI, UDO (1994): Marktorientiertes Gemeinkostenmanagement mit Hilfe der Prozesskostenrechnung – Ein Erfahrungsbericht, in: Controlling, Heft 2, 1994, S. 64-72.

CEYNOWA, KLAUS/CONERS, ANDRÉ/GROB, HEINZ LOTHAR (2000): Prozessorientiertes Kostenmanagement in Hochschulbibliotheken, in: Controlling, Heft 11, 2000, S. 529-534.

CHANDLER, ALFRED D. (1962): Strategy and structure – chapters in the history of the industrial enterprise, Cambridge/London: The M.I.T. Press, 1962.

CHANDLER, ALFRED D. (1977): The Visible Hand – The Managerial Revolution in American Business, Cambridge: Harvard Belknap, 1977.

CHENG, RUSSELL C. H. (1998): Random Variate Generation, in: *Banks, J.* (Hrsg.): Handbook of Simulation – Principles, Methodology, Advances, Applications, and Practice, New York u.a.: Wiley, 1998, S. 139-172.

CHEUNG, YEN/BAL, JAY (1998): Process analysis techniques and tools for business improvements, in: Business Process Management Journal, No. 4, 1998, S. 274-290.

CHOCHOIEK, SIEGMUND/THELEN, KLAUS (1997): Den TQM-Erfolg messbar machen, in: Qualität und Zuverlässigkeit, Heft 12, 1997, S. 1356-1360.

CHWIF, LEONARDO/BARRETO, MARCOS RIBEIRO PEREIRA/PAUL, RAY J. (2000): On simulation model complexity, in: *Joines, J. A./Barton, R. R./Kang, K./Fishwick, P. A.* (Hrsg.): Proceedings of the 2000 Winter Simulation Conference, Piscataway: Institute of Electrical and Electronics Engineers, 2000, S. 449-455.

CLARK, GORDON M. (1988): Tutorial – Analysis of simulation output to compare alternatives, in: *Abrams, M./Haigh, P./Comfort, J.* (Hrsg.): Proceedings of the 1988 Winter Simulation Conference, Piscataway: Institute of Electrical and Electronics Engineers, 1988, S. 19-24.

CLEMENT, MICHAEL/LITFIN, THORSTEN/VANINI, SVEN (1998): Ist die Pionierrolle ein Erfolgsfaktor? Eine kritische Analyse der empirischen Forschungsergebnisse, in: Zeitschrift für Betriebswirtschaft, Heft 2, 1998, S. 205-226.

CLEMONS, ERIC K. (1995): Using Scenario Analysis to Manage the Strategic Risks of Reengineering, in: Sloan Management Review, No. 4, 1995, S. 61-71.

COENENBERG, ADOLF G./FISCHER, THOMAS M. (1991): Prozesskostenrechnung – Strategische Neuorientierung in der Kostenrechnung, in: Die Betriebswirtschaft, Heft 1, 1991, S. 21-38.

COENENBERG, ADOLF G./FISCHER, THOMAS M./GÜNTHER, THOMAS (2009): Kostenrechnung und Kostenanalyse, 7., überarbeitete und erweiterte Auflage, Stuttgart: Schäffer-Poeschel, 2009.

CONERS, ANDRÉ (2003): Von der Prozesskostenrechnung über Zeitstudien zum Time-Driven Activity-Based Costing, in: Fortschrittliche Betriebsführung und Industrial Engineering, Heft 6, 2003, S. 255-259.

CONERS, ANDRE (2007): Time-Driven Activity-Based Costing, in: Controlling, Heft 6, 2007, S. 343-345.

CONERS, ANDRÉ/VON DER HARDT, GERRIT (2004): Time-Driven Activity-Based Costing – Motivation und Anwendungsperspektiven, in: Zeitschrift für Controlling & Management, Heft 2, 2004, S. 108-118.

COOPER, ROBIN (1990a): Activity-Based Costing – Was ist ein Activity-Based Cost-System?, in: Kostenrechnungspraxis, Heft 4, 1990a, S. 210-220.

COOPER, ROBIN (1990b): Activity-Based Costing – Wann brauche ich ein Activity-Based Cost-System und welche Kostentreiber sind notwendig? (Teil 2), in: Kostenrechnungspraxis, Heft 5, 1990b, S. 271-279.

COOPER, ROBIN/KAPLAN, ROBERT S. (1988): Measure Costs Right – Make the Right Decisions, in: Harvard Business Review, September-October, 1988, S. 96-103.

COOPER, ROBERT G./KLEINSCHMIDT, ELKO J. (1987): New Products – What Separates Winners from Losers?, in: Journal of Product Innovation Management, No. 3, 1987, S. 169-184.

COOPER, ROBIN/KAPLAN, ROBERT S. (1993): Prozessorientierte Systeme – Die Kosten der Ressourcennutzung messen, in: Kostenrechnungspraxis, Sonderheft 2, 1993, S. 7-14.

CORNELSEN, JENS (2000): Kundenwertanalysen im Beziehungsmarketing – theoretische Grundlegung und Ergebnisse einer empirischen Studie im Automobilbereich, Nürnberg: 2000.

CORNELSEN, JENS (2001): Kundenbewertung mit Referenzwerten, in: *Günter, B./Helm, S.* (Hrsg.): Kundenwert – Grundlagen, innovative Konzepte, praktische Umsetzungen, 2., überarbeitete und erweiterte Auflage, Wiesbaden: Gabler, 2001, S. 189-221.

CORSTEN, HANS (1996): Grundlagen des Prozessmanagement, in: Wirtschaftswissenschaftliches Studium, Heft 12, 1996, S. 1089-1095.

CORSTEN, HANS (1999): Produktionswirtschaft – Einführung in das industrielle Produktionsmanagement, 8., durchgesehene und verbreitete Auflage, München/Wien: Oldenbourg, 1999.

CORSTEN, HANS/CORSTEN, HILDE/GÖSSINGER, RALF (2008): Projektmanagement – Einführung, 2., vollständig überarbeitete und wesentlich erweiterte Auflage, München: Oldenbourg, 2008.

COYLE, GEOFF/EXELBY, DAVID (2000): The validation of commercial system dynamics models, in: System Dynamics Review, No. 1, 2000, S. 27-41.

COYLE, ROBERT G. (1977): Management System Dynamics, London u.a.: Wiley, 1977.

COYLE, ROBERT G. (1996): System Dynamic Modelling – A Practical Approach, London u.a.: Chapman & Hall, 1996.

CROSBY, PHILIP B. (1990): Qualität ist machbar, 2., durchgesehene Auflage, Hamburg u.a.: McGraw Hill, 1990.

CURRIE, WENDY L./HLUPIC, VLATKA (2000): Simulation modeling and change management panaceas – the missing link, in: *Bustard, D./Kawalek, P./Norris, M.* (Hrsg.): System modeling for business process improvement, Boston/London: Artech House, 2000, S. 13-31.

CURRLE, MICHAEL/SCHWERTNER, KERSTIN (2005): Ausrichtung der Prozesse an der Unternehmensstrategie, in: *Horváth & Partners* (Hrsg.): Prozessmanagement umsetzen – durch nachhaltige Prozessperformance Umsatz steigern und Kosten senken, Stuttgart: Schäffer-Poeschel, 2005, S. 29-46.

D'AGOSTINO, RALPH B. (1986): Graphical Analysis, in: *D'Agostino R. B./Stephens, M. A.* (Hrsg.): Goodness of fit techniques, New York/Basel: Marcel Dekker, 1986, S. 7-62.

DANGERFIELD, BRIAN/ROBERTS, CAROLE (1995): Projecting Dynamic Behavior in the Absence of a Model – An Experiment, in: System Dynamics Review, No. 2, 1995, S. 157-172.

DANZER, HANS HEINZ (1990): Quality-Denken stärkt die Schlagkraft des Unternehmens, Zürich: Industrielle Organisation; Köln: TÜV Rheinland, 1990.

DANZER, HANS HEINZ (1995): Qualitätsmanagement im Verdrängungswettbewerb – Der Schlüssel zum Überleben im Käufermarkt, Wuppertal: TAW-Verlag; Zürich: Industrielle Organisation, 1995.

DÄUMLER, KLAUS-DIETER/GRABE, JÜRGEN (2000a): Prozesskostenrechnung (1), in: Betrieb und Wirtschaft, Heft 4, 2000a, S. 128-133.

DÄUMLER, KLAUS-DIETER/GRABE, JÜRGEN (2000b): Prozesskostenrechnung (2), in: Betrieb und Wirtschaft, Heft 5, 2000b, S. 176-179.

DAVENPORT, THOMAS H./SHORT, JAMES E. (1990): The new Industrial Engineering – Information Technology and Business Process Redesign, in: Sloan Management Review, No. 4, 1990, S. 11-27.

DAVIES, MARTIN (1996): Business Dynamics – Business Process Re-engineering and System Dynamics, in: *Armistead, C./Rowland, P.* (Hrsg.): Managing Business Processes BPR and Beyond, Chichester: John Wiley & Sons, 1996, S. 215-242.

DE ROSNAY, JOËL (1979): Das Makroskop – Systemdenken als Werkzeug der Ökogesellschaft, Reinbek bei Hamburg: Rowohlt, 1979.

DIAMOND, BOB u.a. (2010): Extendsim advanced technology: Integrated simulation database, in: *Johanson, B./Jain, S./Montoya-Torres, J./Hugan, J./Yücesan, E.* (Hrsg.): Proceedings of the 2010 Winter Simulation Conference, Piscataway: Institute of Electrical and Electronics Engineers, 2010, S. 32-39.

DICHTL, ERWIN/LEACH, MARK (1997): Die Ambivalenz der Zeitkomponente im Wettbewerb, in: *Kötzle, A.* (Hrsg.): Strategisches Management – Theoretische Ansätze, Instrumente und Anwendungskonzepte für Dienstleistungsunternehmen, Stuttgart: Lucius & Lucius, 1997, S. 45-57.

DIEBEL, A. u.a. (1991): Baustein des operativen Qualitätscontrolling – Qualitätskostenrechnung, in: *Horváth, P./Urban, G.* (Hrsg.): Qualitätscontrolling, Stuttgart: C. E. Poeschel, 1991, S. 115-171.

DILG, CHRISTOPH (2009): Qualitätsmanagement, in: *Weiand, A./Meuche, T.* (Hrsg.): BWL in Fallstudien – Ein einführendes Lehrbuch, Stuttgart: Schäffer-Poeschel, 2009, S. 147-166.

DIXON, ROBB J. u.a. (1995): Reengineering II – Mit Ausdauer ist es machbar, in: Harvard Business Manager, Heft 2, 1995, S. 105-114.

DOBLER, HEINZ (1997): Weshalb eine Prozesskostenrechnung?, in: Der Schweizer Treuhänder, Heft 12, 1997, S. 1134-1135.

DORN, GERHARD (1961): Die Entwicklung der industriellen Kostenrechnung in Deutschland, Berlin: Duncker & Humblot, 1961.

DREGER, WOFGANG (1981): Qualitätskosten, in: Zeitschrift für wirtschaftliche Fertigung, Heft 11, 1981, S. 516-520.

DREßLER, HELMUT (1975): Problemlösen mit Entscheidungstabellen, München/Wien: Oldenbourg, 1975.

DRUCKER, PETER F. (1991): So funktioniert die Fabrik von morgen, in: Harvard Manager, Heft 1, 1991, S. 8-17.

DUDEWICZ, EDWARD J./DALAL, SIDDHARTHA R. (1975): Allocation of Observations in Ranking and Selection with Unequal Variances, in: The Indian Journal of Statistics, No. 1, 1975, S. 28-78.

DUTTA, AMITAVA/ROY, RAHUL (2006): System Dynamics, in: *Sen, A./Sett, P. K.* (Hrsg.): Managing Business in the Twenty-first Century, New Delhi: Oxford University Press, 2006, S. 245-264.

DYE, RENÉE (2001): Mundpropaganda ein starker Umsatzmotor, in: Harvard Business Manager, Heft 3, 2001, S. 9-17.

EARL, MICHAEL/KHAN, BUSHRA (1994): How new is Business Process Redesign?, in: European Management Journal, No. 1, 1994, S. 20-30.

EBEL, BERND (2003): Qualitätsmanagement – Konzepte des Qualitätsmanagements; Organisation und Führung; Ressourcenmanagement und Wertschöpfung, 2., stark überarbeitete Auflage, Herne/Berlin: Verlag Neue Wirtschafts-Briefe, 2003.

ELIZANDRO, DAVID/TAHA, HAMDY (2008): Simulation of industrial systems – discrete event simulation using Excel/VBA, New York/London: Auerbach Publications, 2008.

ENGELHARDT, WERNER H./SCHÜTZ, PETER (1991): Total Quality Management, in: Wirtschaftswissenschaftliches Studium, Heft 8, 1991, S. 394-399.

ERBSKORN, SILKE (1994): Qualitätskostenrechnung für Qualitätsmanagement, in: Kostenrechnungspraxis, Heft 5, 1994, S. 349-353.

ERDMANN, JÖRG (2000): Integriertes Prozessmanagement – ein multidimensionaler Ansatz für das Management von Prozessen in Unternehmen, Hannover: Jörg Erdmann, 2000.

ESCHENBACHER, PETER/SCHMIDT, BERND (1987): Empirische Modellbildung und formale Modellbeschreibung, in: *Biethahn, J./Schmidt, B.* (Hrsg.): Simulation als betriebliche Entscheidungshilfe – Methoden, Werkzeuge, Anwendungen, Berlin u.a.: Springer, 1987, S. 26-38.

EVERSHEIM, WALTER (1989): Simultaneous Engineering – eine organisatorische Chance!, in: *Verein Deutscher Ingenieure* (Hrsg.): VDI-Bericht Nr. 758, Düsseldorf: VDI-Verlag, 1989, S. 1-26.

EVERSHEIM, WALTER (1995): Prozessorientierte Unternehmensorganisation – Konzepte und Methoden zur Gestaltung "schlanker" Organisationen, Berlin u.a.: Springer, 1995.

EWERT, RALF/WAGENHOFER, ALFRED (2008): Interne Unternehmensrechnung, 7., überarbeitete Auflage, Berlin/Heidelberg: Springer, 2008.

FEIGENBAUM, ARMAND V. (1956): Total quality control, in: Harvard Business Review, No. 6, 1956, S. 93-101.

FELDMANN, CLARENCE G. (1998): The Practical Guide to Business Process Reeingineering Using IDEF0, New York: Dorset House Publishing, 1998.

FETTEL, JOHANNES (1959): Ein Beitrag zur Diskussion über den Kostenbegriff, in: Zeitschrift für Betriebswirtschaft, 1959, S. 567-569.

FISCHER, HEINRICH (1996): Prozesskostenrechnung und Prozessoptimierung für Dienstleistungen – Das Beispiel eines Versicherungsunternehmens, in: Controlling, Heft 2, 1996, S. 90-101.

FISCHER, JOACHIM (1996): Prozessorientiertes Controlling: Ein notwendiger Paradigmenwechsel!?, in: Controlling, Heft 4, 1996, S. 222-231.

FISCHER, JOCHEN (2000): Zeitwettbewerb: Grundlagen, strategische Ausrichtung und ökonomische Bewertung zeitbasierter Wettbewerbsstrategien, München: Vahlen, 2000.

FISCHER, THOMAS F. (1993): Kostenmanagement strategischer Erfolgsfaktoren – Instrumente zur operativen Steuerung der strategischen Schlüsselfaktoren Qualität, Flexibilität und Schnelligkeit, München: Vahlen, 1993.

FISCHERMANNS, GUIDO (2009): Praxishandbuch Prozessmanagement, 8., unveränderte Auflage, Gießen: Götz Schmidt, 2009.

FISHMAN, GEORGE S. (1978): Principles of Discrete Event Simulation, New York u.a.: John Wiley & Sons, 1978.

FLECHTNER, HANS JOCHIM (1966): Grundbegriffe der Kybernetik – eine Einführung, Stuttgart: Wissenschaftliche Verlagsgesellschaft, 1966.

FORRESTER, JAY W. (1971a): World Dynamics, Cambridge: Wright-Allen, 1971a.

FORRESTER, JAY W. (1971b): Counterintuitive Behavior of Social Systems, in: Technology Review, No. 3, 1971b, S. 52-68.

FORRESTER, JAY W. (1972a): Industrial Dynamics, 7th edition, Cambridge: MIT Press, 1972a.

FORRESTER, JAY W. (1972b): Grundzüge einer Systemtheorie – ein Lehrbuch, Wiesbaden: Gabler, 1972b.

FORRESTER, JAY W. (1973): Urban dynamics, 4th edition, Cambridge: MIT Press, 1973.

FORRESTER, JAY W. (1975): Industrial Dynamics – nach der ersten Dekade, in: *Baetge, J.* (Hrsg.): Grundlagen der Wirtschafts- und Sozialkybernetik – betriebswirtschaftliche Kontrolltheorie, Opladen: Westdeutscher Verlag, 1975, S. 73-95.

FORRESTER, JAY W. (1980): System Dynamics – Future Opportunities, in: *Legasto, A. A. Jr./Forrester, J. W./Lyneis, J. M.* (Hrsg.): System Dynamics, Amsterdam/New York/Oxford: North-Holland Publishing Company, 1980, S. 7-21.

FORRESTER, JAY W. (1995): The beginning of system dynamics, in: The McKinsey Quarterly, No. 4, 1995, S. 4-16.

FORRESTER, JAY W./SENGE, PETER M. (1980): Tests for Building Confidence in System Dynamics Modells, in: *Legasto, A. A./Forrester, J. W./Lyneis, J. M.* (Hrsg.): System Dynamics, Amsterdam: North-Holland, 1980, S. 209-228.

FOWLER, ALAN (1997): The role of System Dynamics in Business Process Analysis and Management, in: *Scarbrough, H.* (Hrsg.): Proceedings of the Business Process Track at the British Academy of Management Conference 8-10 September 1997, Coventry: University of Warwick, 1997, S. 157-175.

FRANKEN, ROLF/FUCHS, HERBERT (1974): Grundbegriffe zur Allgemeinen Systemtheorie, in: Zeitschrift für betriebswirtschaftliche Forschung, Sonderheft 3, 1974, S. 23-49.

FRANTZ, FREDERICK K. (1995): A taxonomy of model abstraction techniques, in: *Alexopoulos, C./Kang, K./Lilegdon, W. R./Goldsman, D.* (Hrsg.): Proceedings of the 1995 Winter Simulation Conference, Piscataway: Institute of Electrical and Electronics Engineers, 1995, S. 1413-1420.

FRANZ, KLAUS-PETER (1991): Prozesskostenrechnung – Ein neuer Ansatz für Produktkalkulation und Wirtschaftlichkeitskontrolle, in: *Scheer, A.-W.* (Hrsg.): Rechnungswesen und EDV – Kritische Erfolgsfaktoren in Rechnungswesen und Controlling, Heidelberg: Physica-Verlag, 1991, S. 173-189.

FRANZ, KLAUS-PETER (1992): Die Prozesskostenrechnung – Entstehungsgründe, Aufbau und Abgrenzung von anderen Kostenrechnungssystemen, in: Wirtschaftswissenschaftliches Studium, Heft 12, 1992, S. 605-610.

FREHR, HANS-ULRICH (1994): Total-Quality-Management, in: *Masing, W.* (Hrsg.): Handbuch Qualitätsmanagement, 3., gründlich überarbeitete und erweiterte Auflage, München/Wien: Hanser, 1994, S. 31-48.

FREI, URS (2001): Prozessmanagement als Optimierungs- und Frühwarnsystem, in: io Management, Heft 5, 2001, S. 76-81.

FREIDANK, CARL-CHRISTIAN (1993): Die Prozesskostenrechnung als Instrument des Strategischen Kostenmanagements, in: Die Unternehmung, Heft 5, 1993, S. 387-405.

FREUND, JAKOB/GÖTZER, KLAUS (2008): Vom Geschäftsprozess zum Workflow – Ein Leitfaden für die Praxis, München/Wien: Hanser, 2008.

FRIEDERICHS-SCHMIDT, SILKE (2006): Kundenwert aus Sicht von Versicherungsunternehmen, Wiesbaden: Deutscher Universitäts-Verlag, 2006.

FRIEDL, BIRGIT (1993): Anforderungen an die Prozesskostenrechnung bei unterschiedlichen Rechnungszielen, in: Kostenrechnungspraxis, Sonderheft 2, 1993, S. 37-42.

FRIES, STEFAN (1994): Neuorientierung der Qualitätskostenrechnung in prozessorientierten TQM-Unternehmen – Entwurf eines ganzheitlichen Entwicklungsprozesses zur Auswahl von Prozessmessgrößen, Hallstadt: Rosch-Buch, 1994.

FRÖHLING, OLIVER (1989): Prozesskostenrechnung – System mit Zukunft?, in: io Management, Heft 10, 1989, S. 67-69.

FRÖHLING, OLIVER (1993): Zur Ermittlung von Folgekosten aufgrund von Qualitätsmängeln, in: Zeitschrift für Betriebswirtschaft, Heft 6, 1993, S. 543-568.

FRÖHLING, OLIVER (1994): Dynamisches Kostenmanagement – konzeptionelle Grundlagen und praktische Umsetzung im Rahmen eines strategischen Kosten- und Erfolgs-Controlling, München: Vahlen, 1994.

FRÖHLING, OLIVER (1996): Qualitätsbezogene Kosten und Leistungen, in: *Kern, W./Schröder, H.-H./Weber, J.* (Hrsg.): Handwörterbuch der Produktionswirtschaft, 2., völlig neu gestaltete Auflage, Stuttgart: Schäffer-Poeschel, 1996, Sp.1734-1748.

FRÖHLING, OLIVER/KRAUSE, HERBERT (1990): Systematisches Gemeinkosten-Management durch integrierte DV-gestützte Prozesskostenrechnung, in: Kostenrechnungspraxis, Heft 4, 1990, S. 223-228.

FRÖHLING, OLIVER/WULLENKORD, AXEL (1991): Qualitätskostenmanagement als Herausforderung an das Controlling, in: Kostenrechnungspraxis, Heft 4, 1991, S. 171-178.

FROMM, HANSJÖRG (1992): Das Management von Zeit und Variabilität in Prozessen, in: CIM-Management, Heft 5, 1992, S. 7-14.

FUHRMANN, BERNHARD (1998): Prozessmanagement in kleinen und mittleren Unternehmen – Ein Konzept zur integrativen Führung von Geschäftsprozessen, Wiesbaden: Deutscher Universitäts-Verlag, 1998.

GADATSCH, ANDREAS (2010): Grundkurs Geschäftsprozessmanagement - Methoden und Werkzeuge für die IT-Praxis: Eine Einführung für Studenten und Praktiker, 6., aktualisierte Auflage, Wiesbaden: Vieweg + Teubner, 2010.

GAITANIDES, MICHAEL (1998): Business Reengineering/Prozessmanagement – Von der Managementtechnik zur Theorie der Unternehmung, in: Die Betriebswirtschaft, Heft 3, 1998, S. 369-381.

GAITANIDES, MICHAEL (2007): Prozessorganisation – Entwicklung, Ansätze und Programme des Managements von Geschäftsprozessen, 2., vollständig überarbeitete Auflage, München: Vahlen, 2007.

GAITANIDES, MICHAEL u.a. (1994): Prozessmanagement – Konzepte, Umsetzungen und Erfahrungen des Reengineering, München/Wien: Hanser, 1994.

GALL, JOHN (1979): List und Tücke der Systeme – wie Organisationen arbeiten, versagen und trotzdem weiterleben, Düsseldorf/Wien: Econ, 1979.

GARVIN, DAVID A. (1984): What does "Product Quality" Really Mean?, in: Sloan Management Review, No. 1, 1984, S. 25-43.

GASS, SAUL I. (1981): Concepts of model confidence, in: Computers & Operations Research, No. 4, 1981, S. 341-346.

GASS, SAUL I. (1983): Decision-Aiding Models – Validation, Assessment, and Related Issues for Policy Analysis, in: Operations Research, No. 4, 1983, S. 603-631.

GASS, SAUL I./THOMPSON, BRUCE W. (1980): Guidelines for Model Evaluation – An Abridged Version of the U.S. General Accounting Office Exposure Draft, in: Operations Research, No. 2, 1980, S. 431-439.

GEIGER, WALTER (1994): Qualitätslehre – Einführung, Systematik, Terminologie, 2., völlig neubearbeitete und erweiterte Auflage, Braunschweig/Wiesbaden: Vieweg, 1994.

GEIGER, WALTER/KOTTE, WILLI (2008): Handbuch Qualität – Grundlagen und Elemente des Qualitätsmanagements: Systeme - Perspektiven, 5., vollständig überarbeitete und erweiterte Auflage, Wiesbaden: Vieweg, 2008.

GELBRICH, KATJA/MÜLLER, STEFAN (2006): Kundenwert – Hintergrund, Konzeptualisierung und Messmethoden, in: *Schweickart, N./Töpfer, A.* (Hrsg.): Wertorientiertes Management – Werterhaltung; Wertsteuerung; Wertsteigerung ganzheitlich gestalten, Berlin/Heidelberg: Springer, 2006, S. 449-487.

GEMÜNDEN, HANS GEORG (1993): Zeit – Strategischer Erfolgsfaktor in Innovationsprozessen, in: *Domsch, M./Sabisch, H./Siemers, S.* (Hrsg.): F&E - Management, Stuttgart: Schäffer-Poeschel, 1993, S. 67-118.

GERBOTH, THOMAS (2000): Prozesscontrolling – Der nächste Schritt in einem prozessorientierten Controlling, in: Controlling, Heft 11, 2000, S. 535-542.

GERBOTH, THOMAS (2002): Das Magische Dreieck – Kosten-Zeit-Qualität, in: Controlling, Heft 7, 2002, S. 417.

GERPOTT, TORSTEN J./WINZER, PETER (2000): Simultaneous Engineering – Kritische Analyse eines Planungs- und Organisationsansatzes zur Erfolgsverbesserung industrieller Produktinnovationen, in: *Götze, U./Mikus, B./Bloech, J.* (Hrsg.): Management und Zeit, Heidelberg: Physica-Verlag, 2000, S. 245-265.

GEWALD, KLAUS/HAAKE, GISELA/PFADLER, WERNER (1985): Software Engineering – Grundlagen und Technik rationaler Programmentwicklung, 4., verbesserte Auflage, München/Wien: Oldenbourg, 1985.

GIAGLIS, GEORGE M. (1999): Transformation of Static Process Models into Dynamic Simulations – Issues and Considerations, in: *Scholz-Reiter, B./Nethe, A./Stahlmann, H.-D.* (Hrsg.): Process Modelling, Berlin/Heidelberg: Springer, 1999, S. 161-176.

GIAGLIS, GEORGE M./PAUL, RAY J./DOUKIDIS, GEORGIOS I. (1996): Simulation for intra- and inter-organisational business process modelling, in: *Charness, J. M./Morrice, D. J./Brunner, D. T./Swain, J. J.* (Hrsg.): Proceedings of the 1996 Winter Simulation Conference, Piscataway: Institute of Electrical and Electronics Engineers, 1996, S. 1297-1304.

GIAGLIS, GEORGE M./PAUL, RAY J./HLUPIC, VLATKA (1999): Integrating simulation in organizational design studies, in: International Journal of Information Management, No. 3, 1999, S. 219-236.

GIBBONS, JEAN DICKINSON/OLKIN, INGRAM/SOBEL, MILTON (1977): Selecting and ordering populations: a new statistical methodology, New York u.a.: John Wiley & Sons, 1977.

GIERL, HERIBERT (1997): Neue Technologien und Leapfrogging der Nachfrager, in: Zeitschrift für Betriebswirtschaft, Heft 10, 1997, S. 1073-1091.

GLADWIN, BRUCE/TUMAY, KERIM (1994): Modeling business Processes with simulation tools, in: *Tew, J. D./Manivannan, S./Sadowski, D. A./Seila, A. F.* (Hrsg.): Proceedings of the 1994 Winter Simulation Conference, Piscataway: Institute of Electrical and Electronics Engineers, 1994, S. 114-121.

GLASER, HORST (1992): Prozesskostenrechnung – Darstellung und Kritik, in: Zeitschrift für betriebswirtschaftliche Forschung, Heft 3, 1992, S. 275-288.

GLASER, KATJA (2000): Wettbewerbsstrategien und Zeit, in: *Götze, U./Mikus, B./Bloech, J.* (Hrsg.): Management und Zeit, Heidelberg: Physica-Verlag, 2000, S. 169-192.

GOLDSMAN, DAVID/NELSON, BARRY L. (1998): Comparing Systems via Simulation, in: *Banks, J.* (Hrsg.): Handbook of Simulation – Principles, Methodology, Advances, Applications, and Practice, New York u.a.: Wiley, 1998, S. 273-306.

GOMEZ, PETER (1981): Modelle und Methoden des systemorientierten Managements – Eine Einführung, Bern/Stuttgart: Haupt, 1981.

GOMEZ, PETER/PROBST, GILBERT J. B. (1991): Die Methodik des vernetzten Denkens zur Lösung komplexer Probleme, in: *Probst, G. J. B./Gomez, P.* (Hrsg.): Vernetztes Denken – ganzheitliches Führen in der Praxis, 2., erweiterte Auflage, Wiesbaden: Gabler, 1991, S. 3-20.

GÖRGENS, JOSEF (1995a): Prozessmanagement (Teil 1), in: Management & Computer, No. 1, 1995a, S. 29-34.

GÖRGENS, JOSEF (1995b): Prozessmanagement (Teil 2), in: Management & Computer, No. 2, 1995b, S. 133-138.

GÖTZ, KLAUS/LACKNER, CHRISTIAN (1996): "Zeit" und Führung – "Zeit" und Organisation, in: Organisationsentwicklung, Heft 2, 1996, S. 16-28.

GÖTZE, UWE (1997): Einsatzmöglichkeiten und Grenzen der Prozesskostenrechnung, in: *Freidank, C.-C./Bärtl, O.* (Hrsg.): Kostenmanagement – aktuelle Konzepte und Anwendungen, Berlin u.a.: Springer, 1997, S. 141-174.

GÖTZE, UWE (2004): Kostenrechnung und Kostenmanagement, 3., Auflage, Berlin/Heidelberg: Springer, 2004.

GÖTZE, UWE (2007): Prozesscontrolling, in: Zeitschrift für Planung & Unternehmenssteuerung, Heft 3, 2007, S. 323-332.

GÖTZE, UWE/MEYERHOFF, JENS CHRISTIAN (1993): Die Prozesskostenrechnung – Stand und Entwicklungstendenzen, in: Zeitschrift für Planung, Heft 1, 1993, S. 65-96.

GÖTZELMANN, FRANK (1993): Prozesskostenrechnung – Ausweg aus der Krise der Kostenrechnung?, in: Wirtschaftsstudium, Heft 1, 1993, S. 36-38.

GÖTZER, KLAUS GEORG (1991): Kürzere Durchlaufzeiten um jeden Preis!? – Zielkonflikte bei der Prozessoptimierung, in: Zeitschrift Führung und Organisation, Heft 2, 1991, S. 112-114.

GRAF, GERALD (1997): Nutzenorientierte Qualitätskostenrechnung – Ansätze zur Erfassung und marktorientierten Schätzung von Qualitätskosten auf Basis der Prozesskostenrechnung, Frankfurt am Main u.a.: Lang, 1997.

GRAHAM, ALAN K. u.a. (1994): Model-Supported Case Studies for Management Education, in: *Morecroft, J. D. W./Sterman, J. D.* (Hrsg.): Modeling for learning organizations, Portland: Productivity Press, 1994, S. 219-241.

GRAUMAN, MATHIAS (2008): Controlling – Begriff, Elemente, Methoden und Schnittstellen, 2., vollständig überarbeitete Auflage, Düsseldorf: IDW, 2008.

GREASLEY, ANDREW (2003): Using business-process simulation within a business-process reengineering approach, in: Business Process Management Journal, No. 4, 2003, S. 408-420.

GRIEMERT, SILKE (2000): Target Costing in der Qualitätssicherung, in: Kostenrechnungspraxis, Sonderheft 1, 2000, S. 73-77.

GRIESE, JOACHIM/SIEBER, PASCAL (1999): Betriebliche Geschäftsprozesse – Grundlagen, Beispiele, Konzepte, Bern/Stuttgart/Wien: Haupt, 1999.

GROB, HEINZ LOTHAR/BENSBERG, FRANK/CONERS, ANDRÉ (2004): Analytisches Time-Driven Activity-Based Costing, in: Controlling, Heft 11, 2004, S. 603-611.

GRÖNKE, KAI (2005): Prozesstransformation durch Restrukturierung, in: *Horváth & Partners* (Hrsg.): Prozessmanagement umsetzen – durch nachhaltige Prozessperformance Umsatz steigern und Kosten senken, Stuttgart: Schäffer-Poeschel, 2005, S. 87-105.

GROSSKOPF, ALEXANDER/DECKER, GERO/WESKE, MATHIAS (2009): The process: Business process modeling using BPMN, Tampa: Meghan-Kiffer Press, 2009.

GRÖßLER, ANDREAS (2007): System Dynamics zur Strategiesimulation im Produktionsmanagement, in: *Specht, D.* (Hrsg.): Strategische Bedeutung der Produktion – Tagungsband der Herbsttagung 2006 der Wissenschaftlichen Kommission Produktionswirtschaft im VHB, Wiesbaden: Deutscher Universitäts-Verlag, 2007, S. 73-87.

GROVER, VARUN/MALHOTRA, MANOJ K. (1997): Business process reengineering – A tutorial on the concept, evolution, method, technology and application, in: Journal of Operations Management, No. 3, 1997, S. 193-213.

GRUHLER, WOLFRAM (1991): Die Zeit als zunehmend knapper und strategischer Erfolgsfaktor, in: *Oppenländer, K. H.* (Hrsg.): Beschäftigungsfolgen moderner Technologien, Berlin/New York: Walter de Gruyter, 1991, S. 121-130.

GRÜN, OSKAR (1997): Prozesscontrolling, in: *Küpper, H.-U./Troßmann, E.* (Hrsg.): Das Rechnungswesen im Spannungsfeld zwischen strategischem und operativem Management – Festschrift für Marcell Schweitzer zum 65. Geburtstag, Berlin: Duncker & Humblot, 1997, S. 285-302.

GRUPPE, GÜNTHER (1959): Erfolgreiche Arbeitsvereinfachung, München: Moderne Industrie, 1959.

GRZEGOTOWSKI, TANJA/WARNICK, BERND (1991): Prozesskostenrechnung – innovativer Ansatz oder Rücktritt?, in: Kostenrechnungspraxis, Heft 3, 1991, S. 162-163.

GÜNTHER, THOMAS (1998): Konzeption einer Zeitkostenrechnung als Schnittstelle von Kostenrechnung und Wettbewerbsstrategie, in: *Möller, H. P./Schmidt, F.* (Hrsg.): Rechnungswesen als Instrument für Führungsentscheidungen – Festschrift für Prof. Dr. Dr. h.c. Adolf G. Coenenberg zum 60. Geburtstag, Stuttgart: Schäffer-Poeschel, 1998, S. 171-201.

GÜNTHER, THOMAS/FISCHER, THOMAS (2000): Zeitkostenrechnung, in: *Götze, U./Mikus, B./Bloech, J.* (Hrsg.): Management und Zeit, Heidelberg: Physica-Verlag, 2000, S. 269-296.

GRYNA, FRANK M. (1988): Quality Costs, in: *Juran, J.M./ Gryna, F.M.* (Hrsg.): Juran´s Quality Control Handbook, 4th edition, New York u.a.: McGraw-Hill, 1988, S. 4-1 - 4-30.

GRYNA, FRANK M. (1999): Quality Costs, in: *Juran, J.M./Godfrey, B.A./Hoogstoel, R.E./Schilling, E.G.* (Hrsg.): Juran´s Quality Control Handbook, 5th edition, New York u.a.: McGraw-Hill, 1999, S. 8.1 – 8.26.

HABERSTOCK, LOTHAR (2008): Kostenrechnung I – Einführung, 13., neu bearbeitete Auflage, Berlin: Erich Schmidt Verlag, 2008.

HAHNER, AXEL (1981): Qualitätskostenrechnung als Informationssystem zur Qualitätslenkung, München/Wien: Hanser, 1981.

HAIST, FRITZ/FROMM, HANSJÖRG (1991): Qualität im Unternehmen – Prinzipien, Methoden, Techniken, 2., durchgesehene Auflage, München/Wien: Hanser, 1991.

HALL, GENE/ROSENTHAL, JIM/WADE, JUDY (1994): Reengineering – Es braucht kein Flop zu werden, in: Harvard Business Manager, Heft 4, 1994, S. 82-93.

HAMMER, MICHAEL (1995): Reengineering I: Der Sprung in eine andere Dimension, in: Harvard Business Manager, Heft 2, 1995, S. 95-103.

HAMMER, MICHAEL (2001): The Agenda, London: Random House Business Books, 2001.

HAMMER, MICHAEL/CHAMPY, JAMES (1993): Reengineering the Corporation – A Manifesto for Business Revolution, New York: Harper Collins Publishers, 1993.

HAMMER, MICHAEL/CHAMPY, JAMES (1994): Business reengineering – Die Radikalkur für das Unternehmen, 2., Auflage, Frankfurt am Main/New York: Campus, 1994.

HAMPRECHT, MARKUS (1995): Grundlagen eines betrieblichen Zeitmanagements, in: Zeitschrift für Planung, Heft 6, 1995, S. 111-126.

HARREL, CHARLES/TUMAY, KERIM (1995): Simulation made easy, Norcross: Engineering & Management Press, 1995.

HARTUNG, JOACHIM (2009): Statistik – Lehr- und Handbuch der angewandten Statistik, 15., überarbeitete und wesentlich erweiterte Auflage, München/Wien: Oldenbourg, 2009.

HASSENSTEIN, BERNHARD (1972): Element und System – geschlossene und offene Systeme, in: *Kurzrock, R.* (Hrsg.): Systemtheorie, Berlin: Colloquium, 1972, S. 29-38.

HÄSSIG, KURT (1994): Zeit als Wettbewerbsstrategie – Time Based Management, in: Die Unternehmung, Heft 4, 1994, S. 249-263.

HAUFF, RÜDIGER (1975): HIPO-Diagramme, in: ADL-Nachrichten, Heft 91, 1975, S. 44-46.

HAUGER, WOLFGANG (2007): An Facetten reich, in: Qualität und Zuverlässigkeit, Heft 8, 2007, S. 18-22.

HEIDEMANN, JULIA/KAMPRATH, NORA/GÖRZ, QUIRIN (2009): Customer Lifetime Value – Entwicklungspfade, Einsatzpotenziale und Herausforderungen, in: Journal für Betriebswirtschaft, Heft 4, 2009, S. 183-199.

HEILMANN, MATTHIAS L. (1996): Geschäftsprozess-Controlling, Bern/Stuttgart/Wien: Haupt, 1996.

HEINEN, EDMUND (1983): Betriebswirtschaftliche Kostenlehre – Kostentheorie und Kostenentscheidung, 6., verbesserte und erweiterte Auflage, Wiesbaden: Gabler, 1983.

HELLSTERN, GERD-MICHAEL/BUCHENAU, GERRIT (2003): Geschäftsprozessmanagement – Praxisorientiert umgesetzt!, Münster: Lit, 2003.

HELM, SABRINA/GÜNTER, BERND (2006): Kundenwert – Eine Einführung in die theoretischen und praktischen Herausforderungen der Bewertung von Kundenbeziehungen, in: *Günter, B./Helm, S.* (Hrsg.): Kundenwert – Grundlagen, Innovative Konzepte, Praktische Umsetzungen, 3., überarbeitete und erweiterte Auflage, Wiesbaden: Gabler, 2006, S. 4-38.

HEMPELMANN, BERND/LÜRWER, MARKUS (2003): Der Customer Lifetime Value-Ansatz zur Bestimmung des Kundenwertes, in: Wirtschaftsstudium, Heft 3, 2003, S. 336-341.

HENNIG, KARL WILHELM (1934): Einführung in die betriebswirtschaftliche Organisationslehre, Berlin: Springer, 1934.

HENTSCHEL, BERT (1990): Die Messung wahrgenommener Dienstleistungsqualität mit SERVQUAL – Eine kritische Auseinandersetzung, in: Marketing: Zeitschrift für Politik, Heft 4, 1990, S. 230-240.

HENTSCHEL, DAGMAR/EHRE, GERHARD/KRAUSE, DANIEL (2003): Was kostet Qualität?, in: Qualität und Zuverlässigkeit, Heft 8, 2003, S. 794-797.

HERBERG, CHRISTIANE (2000): Messung der Effizienz von Total Quality Management – Kennzahlensystem zur Messung der Effizienz von TQM unter besonderer Berücksichtigung der Qualitätskosten, Hamburg: Kovac, 2000.

HERING, EKBERT (1984): Software engineering, Braunschweig/Wiesbaden: Vieweg, 1984.

HICHERT, ROLF (1985): Probleme der Vielfalt. Teil 1: Soll man auf Exoten verzichten?, in: Werkstattstechnik wt – Zeitschrift für industrielle Fertigung, Heft 4, 1985, S. 235-237.

HILGERT, MATTHIAS/MOORMANN, JÜRGEN (2006): Geschäftsprozessmanagement, in: *Bankakademie e. V.* (Hrsg.): Kompendium Management in Banking & Finance, 5., überarbeitete Auflage, Frankfurt am Main: Bankakademie Verlag, 2006, S. 519-580.

HILL, WILHELM/FEHLBAUM, RAYMOND/ULRICH, PETER (1994): Organisationslehre 1 – Ziele, Instrumente und Bedingungen der Organisation sozialer Systeme, 5., Auflage, Bern/Stuttgart: Haupt, 1994.

HINTERHUBER, HANS H./MATZLER, KURT (1995): Reengineering, in: Wirtschaftsstudium, Heft 2, 1995, S. 132-139.

HINZE, JENS PETER (2005): Analyse der Pionierstrategie bei Produktinnovationen auf der Basis unscharfer situativer Einflussgrößen, Hamburg: Dr. Kovac, 2005.

HIRSCH, GARY B./LEVINE, RALPH/MILLER, ROBIN LIN (2007): Using system dynamics modeling to understand the impact of social change initiatives, in: American Journal of Community Psychology, No. 3-4, 2007, S. 239-253.

HLUPIC, VLATKA (2001): Current trends in business process modelling, in: International Journal of Simulation, No. 2, 2001, S. 1-4.

HLUPIC, VLATKA/ROBINSON, STEWART (1998): Business process modelling and analysis using discrete-event simulation, in: *Medeiros, D. J./Watson, E. F./Carson, J. S./Manivannan, M. S.* (Hrsg.): Proceedings of the 1998 Winter Simulation Conference, Piscataway: Institute of Electrical and Electronics Engineers, 1998, S. 1363-1369.

HOAD, KATHRYN/ROBINSON, STEWART/DAVIES, RUTH (2008): Automating warm-up length estimation, in: *Mason, S. J./Hill, R. R./Mönch, L./Rose, O./Jefferson, T./Fowler, J. W.* (Hrsg.): Proceedings of the 2008 Winter Simulation Conference, Piscataway: Institute of Electrical and Electronics Engineers, 2008, S. 532-540.

HOCHBERG, YOSEF/TAMHANE, AJIT C. (1987): Multiple Comparison Procedures, New York u.a.: John Wiley & Sons, 1987.

HOFFMANN, DIETER (1995): Analysis für Wirtschaftswissenschaftler und Ingenieure, Berlin u.a.: Springer, 1995.

HOFFRITZ, JUTTA (1996): Arme Schlucker, in: Wirtschaftswoche, Heft 18, 1996, S. 128-131.

HOHN, STEFANIE (2008): Public Marketing – Marketing-Management für den öffentlichen Sektor, 2., überarbeitete und erweiterte Auflage, Wiesbaden: Gabler, 2008.

HOLTBRÜGGE, DIRK (1999): Kritische Anmerkungen zum Zeitwettbewerb, in: Wirtschaftsstudium, Heft 10, 1999, S. 527-531.

HOMBURG, CARSTEN (2002): Kostenbegriffe, in: *Küpper, H.-U./Wagenhofer, A.* (Hrsg.): Handwörterbuch Unternehmensrechnung und Controlling, 4., völlig neu gestaltete Auflage, Stuttgart: Schäffer-Poeschel, Sp. 1051-1060.

HOMBURG, CHRISTIAN/DAUM, DANIEL (1997): Marktorientiertes Kostenmanagement – Kosteneffizienz und Kundennähe verbinden, Frankfurt am Main: Verlag Frankfurter Allgemeine Zeitung, 1997.

HOMBURG, CHRISTIAN/SCHÄFER, HEIKO (2001): Die Erschließung von Kundenwertpotenzialen durch Cross-Selling, in: *Günter, B./Helm, S.* (Hrsg.): Kundenwert – Grundlagen, Innovative Konzepte, Praktische Umsetzungen, 2., überarbeitete und erweiterte, Wiesbaden: Gabler, 2001, S. 163-187.

HONEGGER, JÜRG (2001): Vernetztes Denken und Handeln – Ein Hilfsmittel zur Visualisierung, Bewertung und Gestaltung von Komplexität, in: *Fuchs, J./Stolorz, C.* (Hrsg.): Produktionsfaktor Intelligenz – Warum intelligente Unternehmen so erfolgreich sind, Wiesbaden: Gabler, 2001, S. 275-287.

HONEGGER, JÜRG (2008): Vernetztes Denken und Handeln in der Praxis – mit Netmapping und Erfolgslogik schrittweise von der Vision zur Aktion; Komplexität verstehen, Ziele erreichen, Hebel wirksam nutzen, Zürich: Versus, 2008.

HÖRMANN, GEROLD/TIBY, CLAUS (1990): Projektmanagement richtig gemacht, in: *Little, A. D.* (Hrsg.): Management der Hochleistungsorganisation, Wiesbaden: Gabler, 1990, S. 73-91.

HORVÁTH, PETER u.a. (1993): Prozesskostenrechnung – oder wie die Praxis die Theorie überholt. Kritik und Gegenkritik, in: Die Betriebswirtschaft, Heft 5, 1993, S. 609-628.

HORVÁTH, PETER/MAYER, REINHOLD (1989): Prozesskostenrechnung – Der neue Weg zu mehr Kostentransparenz und wirkungsvolleren Unternehmensstrategien, in: Controlling, Heft 4, 1989, S. 214-219.

HORVÁTH, PETER/MAYER, REINHOLD (1995): Konzeption und Entwicklung der Prozesskostenrechnung, in: *Männel, W.* (Hrsg.): Prozesskostenrechnung – Bedeutung, Methoden, Branchenerfahrungen, Softwarelösungen, Wiesbaden: Gabler, 1995, S. 59-86.

HORVÁTH, PETER/RENNER, ANDREAS (1990): Prozesskostenrechnung – Konzept, Realisierungsschritte und erste Erfahrungen, in: Fortschrittliche Betriebsführung und Industrial Engineering, Heft 3, 1990, S. 100-107.

HORVÁTH, PETER/SEIDESCHWARZ, WERNER (1992): Zielkostenmanagement, in: Controlling, Heft 3, 1992, S. 142-150.

HOSTETTLER, CHRISTIAN (1997): Time Based Management – Controlling von zeitorientierten Strategien, Bern/Stuttgart/Wien: Haupt, 1997.

HUB, HANNS (1976): Betriebsorganisation, Wiesbaden: Gabler, 1976.

HUBER, HEINRICH/POESTGES, AXEL (1997): Geschäftsprozessmanagement – Prinzipien und Werkzeuge für ein erfolgreiches Gestalten von Geschäftsprozessen, in: *Corsten, H.* (Hrsg.): Management von Geschäftsprozessen – theoretische Ansätze , praktische Beispiele, Stuttgart/Berlin/Köln: Kohlhammer, 1997, S. 73-93.

HUGHES, JOAN K./MICHTOM, JAY I. (1980): Strukturierte Software-Herstellung, München/Wien: Oldenbourg, 1980.

HUMMEL, SIEGFRIED/MÄNNEL, WOLFGANG (1986): Kostenrechnung 1 – Grundlagen, Aufbau und Anwendung, 4., völlig neu bearbeitete und erweiterte Auflage, Wiesbaden: Gabler, 1986.

HUNGENBERG, HARALD (2000): Komplexitätskosten, in: *Fischer, T. M.* (Hrsg.): Kosten-Controlling: Neue Methode und Inhalte, Stuttgart: Schäffer Poeschel, 2000, S. 539-553.

IMAI, MASAAKI (1992): Kaizen – der Schlüssel zum Erfolg der Japaner im Wettbewerb, 6., Auflage, München: Wirtschaftsverlag Langen Müller/Herbig, 1992.

IRANI, ZAHIR/HLUPIC, VLATKA/GIAGLIS, GEORGE (2001): Editoral: Business Process Reengineering: A Modeling Perspektive, in: The International Journal of Flexible Manufacturing Systems, No. 2, 2001, S. 99-104.

ISHIKAWA, KAORU (1983): Guide to Quality Control, 2nd revised edition, Tokyo: Asian Productivity Organization, 1983.

ISTVAN, RUDYARD L. (1993): Zeit – Die vierte Dimension des Wettbewerbes, in: *von Oetinger, B.* (Hrsg.): Das Boston Consulting Group Strategie Buch – Die wichtigsten Managementkonzepte für den Praktiker, Düsseldorf u.a.: ECON, 1993, S. 559-564.

JANSEN-VULLERS, MONIQUE H./NETJES, MARISKA (2006): Business Process Simulation – A Tool Survey, in: Workshop and Tutorial on Practical use of Coloured Petri Nets and the CPN, 2006, S. 77-96.

JOHNSON, H. THOMAS/KAPLAN, ROBERT S. (1987): Relevance Lost – The Rise and Fall of Management Accounting, Boston: Harvard Business School Press, 1987.

JOOS-SACHSE, THOMAS (2006): Controlling, Kostenrechnung und Kostenmanagement – Grundlagen, Instrumente, Neue Ansätze, 4., überarbeitete Auflage, Wiesbaden: Gabler, 2006.

JORDAN, WOLFGANG/URBAN, HEINZ (1978): Strukturierte Programmierung – Einführung in die Methode und ihren praktischen Einsatz zum Selbststudium, Berlin u.a.: Springer, 1978.

JORDT, ANDREAS/GSCHEIDLE, KURT (1975): Fernkurs der Organisation – Lehrbrief 5, Wiesbaden: Gabler, 1975.

JORDT, ANDREAS C./GSCHEIDLE, KURT (1970a): Ist-Aufnahme von Arbeitsabläufen – Darstellung der Grundlagen und Technik, in: Bürotechnik + Organisation, Heft 1, 1970a, S. 41-48.

JORDT, ANDREAS C./GSCHEIDLE, KURT (1970b): Ist-Aufnahme von Arbeitsabläufen – Darstellung der Grundlagen und Technik II. Teil, in: Bürotechnik + Organisation, Heft 2, 1970b, S. 121-128.

JOSCHKE, HEINZ K. (1980): Darstellungstechniken, in: *Grochla, E.* (Hrsg.): Handwörterbuch der Organisation, 2., völlig neu gestaltete Auflage, Stuttgart: Poeschel, 1980, S. 431-462.

JUNG, HANS (2007): Controlling, 2., überarbeitet und aktualisierte Auflage, München/Wien: Oldenbourg, 2007.

JURAN, JOSEHP M. (1962): The Economics of Quality, in: *Juran, J.M./Seder, L.A./Gryna, F.M.* (Hrsg.): Quality Control Handbook, 2nd edition, New York u.a.: McGraw-Hill, 1962, S. 1-1 - 1-46.

JÜTTNER, GERALD/FELLER, HARDY (1989): Entscheidungstabellen und wissensbasierte Systeme – Anwendungen in der Arbeitsplanung, München/Wien: Oldenbourg, 1989.

KALUZA, BERND/KLENTER, GUIDO (1993): Zeit als strategischer Erfolgsfaktor von Industrieunternehmen: Teil 2 – Erfolgskritische Komponenten des strategischen Erfolgsfaktors Zeit, Duisburg: Universität Duisburg, 1993.

KAMISKE, GERD F. (1992): Das untaugliche Mittel der "Qualitätskostenrechnung", in: Qualität und Zuverlässigkeit, Heft 3, 1992, S. 122-123.

KAMISKE, GERD F./FÜERMANN, TIMO (1995): Reengineering versus Prozessmanagement – Der richtige Weg zur prozessorientierten Organisationsgestaltung, in: Zeitschrift für Organisation, Heft 3, 1995, S. 142-148.

KAMISKE, GERD F./THEDEN, PHILIPP (1996): Qualitätstechniken als Instrumente des Qualitätscontrollings, in: *Wildemann, H.* (Hrsg.): Controlling im TQM – Methoden und Instrumente zur Verbesserung der Unternehmensqualität, Heidelberg: Springer, 1996, S. 32-63.

KAMISKE, GERD F./TOMYS, ANNE-KATRIN (1990): Qualitäts- und Fehlerkosten in einer neuen Betrachtungsweise, in: Zeitschrift für wirtschaftlichen Fabrikbetrieb, Heft 8, 1990, S. 444-447.

KAMISKE, GERD F./WOLTER, OLAF (2000): Return on Quality, in: Kostenrechnungspraxis, Sonderheft 1, 2000, S. 101-105.

KANDAOUROFF, ANNI (1994): Qualitätskosten, in: Zeitschrift für Betriebswirtschaft, Heft 6, 1994, S. 765-786.

KAPLAN, ROBERT S./ANDERSON, STEVEN R. (2004): Time-Driven Activity-Based Costing, in: Harvard Business Review, November, 2004, S. 131-138.

KAPLAN, S. ROBERT (1988): Ein einziges Kostensystem ist zu wenig, in: Harvard Manager, Heft 3, 1988, S. 98-104.

KAPLAN, S. ROBERT (1995): Das neue Rollenverständnis für den Controller, in: Controlling, Heft 2, 1995, S. 60-70.

KAPLAN, S. ROBERT/COOPER, ROBIN (1999): Prozesskostenrechnung als Managementinstrument, Frankfurt am Main/New York: Campus, 1999.

KARAKAYA, FAHRI/STAHL, MICHAEL J. (1989): Barriers to Entry and Market Entry Decisions in Consumer and Industrial Goods Markets, in: Journal of Marketing, Heft 2, 1989, S. 80-91.

KARLOWITSCH, MARTIN (1998): Die Komplexitäts-Index-Analyse zur Unterstützung der Prozesskostenrechnung – Abschätzung der Kostenwirksamkeit einer Teilautomatisierung der passiven Fernleihe, in: Bibliothekdienst, Heft 6, 1998, S. 1047-1068.

KATTLER, THOMAS (1994): Zeit als Wettbewerbsvorteil – Management-Unterstützungssysteme als Instrument der Prozessbeschleunigung, in: *Dorn, B.* (Hrsg.): Das Informierte Management – Fakten und Signale für schnelle Entscheidungen, Berlin u.a.: Springer, 1994, S. 23-36.

KAUFMANN, LUTZ (1996): Komplexitäts-Index-Analyse: Eine Methode zur Ermittlung von Ressourcenbeanspruchungen im Rahmen des Prozess(kosten)managements, in: Controlling, Heft 4, 1996, S. 212-221.

KAUFMANN, LUTZ/BECKER, RALPH (1997): Innovative Datenerhebung für das Prozessmanagement – Die Prozess-Index-Analyse in der Verwaltung, in: Neues Verwaltungsmanagement, Heft 12, Abschnitt C 3.7, 1997, S. 1-19.

KAVANDI, SHABNAM (1998): Ziel- und Prozesskostenmanagement als Controllinginstrumente, Wiesbaden: Gabler, 1998.

KELLER, GERHARD (1993): Informationsmanagement in objektorientierten Organisationsstrukturen, Wiesbaden: Gabler, 1993.

KELLER, GERHARD/TEUFEL, THOMAS (1998): SAP R/3 prozeßorientiert anwenden – Iteratives Prozeß-Protoyping zur Bildung von Wertschöpfungsketten, 2., korrigierte Auflage, Bonn u.a.: Addison-Wesley, 1998.

KELTON, DAVID W. (1984): Input data collection and analysis, in: *Sheppard, S./Pooch, U./Pedgen, D.* (Hrsg.): Proceedings of the 1984 Winter Simulation Conference, Piscataway: Institute of Electrical and Electronics Engineers, 1984, S. 91-95.

KELTON, DAVID W. (1997): Statistical analysis of simulation output, in: *Andradottir, S./Healy, K. J./Withers, D. H./Nelson, B. L.* (Hrsg.): Proceedings of the 1997 Winter Simulation Conference, Piscataway: Institute of Electrical and Electronics Engineers, 1997, S. 23-30.

KELTON, DAVID W./BARTON, RUSSEL R. (2003): Experimental design for simulation, in: *Chick, S./Sanchez, P. J./Ferrin, D./Morrice, D. J.* (Hrsg.): Proceedings of the 2003 Winter Simulation Conference, Piscataway: Institute of Electrical and Electronics Engineers, 2003, S. 59-65.

KEOUGH, MARK/DOMAN, ANDREW (1992): The CEO as organization designer – an interview with Professor Jay W. Forrester the founder of system dynamics, in: The McKinsey Quarterly, No. 2, 1992, S. 3-30.

KERN, WERNER (1997): Qualitätskosten – Ein Glasperlenspiel oder Controllingobjekt?, in: *Küpper, H.-U./Troßmann, E.* (Hrsg.): Das Rechnungswesen im Spannungsfeld zwischen strategischem und operativem Management – Festschrift für Marcell Schweitzer zum 65. Geburtstag, Berlin: Duncker & Humboldt, 1997, S. 353-373.

KERZNER, HAROLD (2008): Projektmanagement – ein systemorientierter Ansatz zur Planung und Steuerung, 2., deutsche Auflage, Heidelberg: MITP, 2008.

KETTING, MICHAEL (1999): Geschichte des Qualitätsmanagements, in: *Masing, W.* (Hrsg.): Handbuch des Qualitätsmanagements, 4., gründlich überarbeitete und erweiterte, München/Wien: Hanser, 1999, S. 17-30.

KETTINGER, WILLIAM J./TENG, JAMES T. C./GUHA, SUBASHISH (1997): Business process change: A study of methodologies, techniques, and tools, in: MIS Quarterly, Heft No. 1, 1997, S. 55-80.

KEUPER, FRANK u.a. (2008): Strategiekonformer Einsatz der Prozesskostenrechnung in öffentlichen Theatern, in: *Keuper, F./Neumann, F.* (Hrsg.): Finance Transformation – Strategien, Konzepte und Instrumente, Wiesbaden: Gabler, 2008, S. 364-384.

KIENINGER, MICHAEL (1991): Prozesskostenrechnung – Die Antwort auf veränderte Kostenstrukturen, in: Deutsches Steuerrecht, Heft 33, 1991, S. 1092-1099.

KIESER, ALFRED (1996): Business Process Reengineering – Neue Kleider für den Kaiser?, in: Zeitschrift für Organisation, Heft 3, 1996, S. 179-185.

KILGER, WOLFANG/PAMPEL, JOCHEN/VIKAS, KURT (2007): Flexible Plankostenrechnung und Deckungsbeitragsrechnung, 12., vollständig überarbeitete Auflage, Wiesbaden: Gabler, 2007.

KIM, CHAN W./MAUBORGNE, RENÉE (2001): Damit die Innovation kein Flop wird, in: Harvard Business Manager, Heft 2, 2001, S. 86-97.

KIRSCHBAUM, VOLKER (1995): Unternehmenserfolg durch Zeitwettbewerb – Strategie, Implementation und Erfolgsfaktoren, München/Mering: Hampp, 1995.

KLEIJNEN, JACK/VAN GROENENDAAL, WILLEM (1992): Simulation – a statistical perspective, Chichester u.a.: Wiley, 1992.

KLEIJNEN, JACK P. C. (1998): Experimental Design for Sensitivity Analysis, Optimization, and Validation of Simulation Models, in: *Banks, J.* (Hrsg.): Handbook of Simulation – Principles, Methodology, Advances, Applications, and Practice, New York u.a.: Wiley, 1998, S. 173-223.

KLEIN, ANDREAS/VIKAS, KURT (1999): Überblick über das prozessorientierte Controlling, in: Kostenrechnungspraxis, Heft 2, 1999, S. 83-90.

KLEINDORFER, GEORGE B./O'NEILL, LIAM/GANESHAN, RAM (1998): Validation in Simulation – Various Positions in the Philosophy of Science, in: Management Science, No. 8, 1998, S. 1087-1099.

KLEINSORGE, PETER (1994): Geschäftsprozesse, in: *Masing, W.* (Hrsg.): Handbuch Qualitätsmanagement, 3., gründlich überarbeitete und erweiterte Auflage, München/Wien: Hanser, 1994, S. 49-64.

KLENTER, GUIDO (1995): Zeit – Strategischer Erfolgsfaktor von Industrieunternehmen, Hamburg: S + W Steuer- und Wirtschaftsverlag, 1995.

KLEPPMANN, WILHELM (2006): Taschenbuch Versuchsplanung – Produkte und Prozesse optimieren, 4., überarbeitete Auflage, München/Wien: Hanser, 2006.

KLIMMER, MATTHIAS (2007): Unternehmensorganisation – eine kompakte und praxisnahe Einführung, Herne: Neue Wirtschafts-Briefe, 2007.

KNÖBEL, ULF (1995): Was kosten ein Kunde?, in: Kostenrechnungspraxis, Heft 1, 1995, S. 7-12.

KNUPPERTZ, THILO (2008): Herausforderung Prozesscontrolling – Prozessorientierung im Unternehmen unterstützen, in: Controller Magazin, Februar, 2008, S. 7-11.

KOCH, HELMUT (1966): Grundprobleme der Kostenrechnung, Köln/Opladen: Westdeutscher Verlag, 1966.

KOELLE, HEINZ HERMANN (1975): Die Anwendung der Simulation als Entscheidungshilfe, in: *Baetge, J.* (Hrsg.): Grundlagen der Wirtschafts- und Sozialkybernetik – betriebswirtschaftliche Kontrolltheorie, Opladen: Westdeutscher Verlag, 1975, S. 179-180.

KOENIG, LLOYD W./LAW, AVERILL M. (1985): A procedure for selecting a subset of size m containing the l best of k independent normal populations with applications to simulation, in: Communications in Statistics - Simulation and Computation, No. 3, 1985, S. 719-734.

KÖHLER, ROBERT W./SCHAEFERS, KLAUS (1992): Das Ziel – optimale Qualitätskosten, in: Qualität und Zuverlässigkeit, Heft 9, 1992, S. 538-541.

KOLLER, HORST (1966): Simulation als Methode in der Betriebswirtschaft, in: Zeitschrift für Betriebswirtschaft, Heft 2, 1966, S. 95-110.

KOREIMANN, DIETER S. (1992): Grundlagen der Software-Entwicklung, München/Wien: Oldenbourg, 1992.

KOSIOL, ERICH (1958): Kritische Analyse der Wesensmerkmale des Kostenbegriffes, in: *Kosiol, E./Schliepper, F.* (Hrsg.): Betriebsökonomisierung durch Kostenanalyse, Absatzrationalisierung und Nachwuchserziehung – Festschrift für Rudolf Seyffert zu seinem 65. Geburtstag, Köln/Opladen: Westdeutscher Verlag, 1958, S. 7-37.

KOSIOL, ERICH (1976): Organisation der Unternehmung, 2., durchgesehene Auflage, Wiesbaden: Gabler, 1976.

KOSIOL, ERICH (1979): Kostenrechnung der Unternehmung, 2., überarbeitete und ergänzte Auflage, Wiesbaden: Gabler, 1979.

KOTLER, PHILIP/BLIEMEL, FRIEDHELM (1999): Marketing-Management – Analyse, Planung, Umsetzung und Steuerung, 9., überarbeitete und aktualisierte Auflage, Stuttgart: Schäffer-Poeschel, 1999.

KOTTER, JOHN P. (1995): Leading Change – Why Transformation Efforts Fail, in: Harvard Business Review, March-April, 1995, S. 59-67.

KOVACH, LADIS D. (1960): Life can be so nonlinear, in: American Scientist, No. 2, 1960, S. 218-225.

KOVACIC, ANDREJ/GROZNIK, ALES/KRISPER, MARJAN (2001): Business Renovation – From Business Process Modelling to Information System Modelling, in: International Journal of Simulation, No. 2, 2001, S. 41-50.

KRAHL, DAVID (2009): Extendsim advanced technology: Discrete rate simulation, in: *Rossetti, M. D./Hill, R. R./Johanson, B./ Dunkin, A./Ingalls, R. G.* (Hrsg.): Proceedings of the 2009 Winter Simulation Conference, Piscataway: Institute of Electrical and Electronics Engineers, 2009, S. 333-338.

KRAHL, DAVID (2008): EXTENDSIM 7, in: *J., Mason S./Hill, R. R./Mönch, L./Rose, O./Jefferson, T./Fowler, J. W.* (Hrsg.): Proceedings of the 2008 Winter Simulation Conference, Piscataway: Institute of Electrical and Electronics Engineers, 2008, S. 215-221.

KRAFFT, MANFRED/MARZIAN, SIEGHARD (1997): Dem Kundenwert auf der Spur, in: Absatzwirtschaft, Heft 6, 1997, S. 105-107.

KREMIN-BUCH, BEATE (2007): Strategisches Kostenmanagement – Grundlagen und moderne Instrumente, 4., überarbeitete Auflage, Wiesbaden: Gabler, 2007.

KREUZ, WERNER (1995): "Transforming the Enterprise" – Die nächste Generation des Business Process Engineering, in: *Nippa, M./Picot, A.* (Hrsg.): Prozessmanagement und Reengineering – Die Praxis im deutschsprachigen Raum, Frankfurt am Main/New York: Campus, 1995, S. 93-107.

KRICKL, OTTO (1994): Business Redesign – Prozessorientierte Organisationsgestaltung und Informationstechnologie, in: *Krickl, O.* (Hrsg.): Geschäftsprozessmanagement – prozessorientierte Organisationsgestaltung und Informationstechnologie, Heidelberg: Physica-Verlag, 1994, S. 17-38.

KRÜGER, WILFRIED (1994): Organisation der Unternehmung, 3., verbesserte Auflage, Stuttgart/Berlin/Köln: Kohlhammer, 1994.

KRÜGER, WILFRIED (2001): Organisation, in: *Bea, Franz Xaver u.a.* (Hrsg.): Allgemeine Betriebswirtschaftslehre, Band 2: Führung, 8., neubearbeitete und erweiterte Auflage, Stuttgart: Lucius & Lucius, 2001, S. 127-216.

KRUMMENACHER, STEFAN (1995): Prozessmanagement als Baustein von Total Quality Management, Aachen: Shaker, 1995.

KULLA, B. (1987): Ergebnisse oder Erkenntnisse – liefern makroanalytische Simulationsmodelle etwas Brauchbares?, in: *Biethahn, J./Schmidt, B.* (Hrsg.): Simulation als betriebliche Entscheidungshilfe – Methoden, Werkzeuge, Anwendungen, Berlin u.a.: Springer, 1987, S. 3-25.

KÜMPEL, THOMAS (2004): Prozesskostenrechnung, in: Wirtschaftsstudium, Heft 8/9, 2004, S. 1022-1025.

KÜPPER, HANS-ULRICH (1982): Ablauforganisation, Stuttgart/New York: Fischer, 1982.

KURT, HÄSSIG (2000): Prozessmanagement – erfolgreich durch effiziente Strukturen, Zürich: Versus, 2000.

KÜTING, KARLHEINZ/LORSON, PETER (1993): Überblick über die Prozesskostenrechnung – Stand, Entwicklungen und Grenzen, in: Kostenrechnungspraxis, Sonderheft 2, 1993, S. 29-35.

KÜTING, KARLHEINZ/LORSON, PETER (1995): Stand, Entwicklungen und Grenzen der Prozesskostenrechnung, in: *Männel, W.* (Hrsg.): Prozesskostenrechnung – Bedeutung, Methoden, Branchenerfahrungen, Softwarelösungen, Wiesbaden: Gabler, 1995, S. 87-100.

LA ROCHE, ULRICH/SIMON, MARTIN (1998): Betriebserfahrung der Geschäftsführung effektiv nutzen, in: io Management, Heft 12, 1998, S. 50-57.

LAGUNA, MANUEL/MARKLUND, JOHAN (2005): Business Process modeling, simulation, and design, Upper Saddle River: Pearson, 2005.

LANDRY, MAURICE/MALOUIN, JEAN-LOUIS/ORAL, MUHITTIN (1983): Model validation in operations research, in: European Journal of Operational Research, No. 3, 1983, S. 207-220.

LANE, DAVID C. (2000): Diagramming Conventions in System Dynamics, in: The Journal of the Operational Research Society, No. 2, 2000, S. 241-245.

LARDI, DANIELE/LANGMOEN, ROLAND (1992): Zeitmanagement – Führungsmethode mit Zukunft, in: io Management, Heft 1, 1992, S. 48-51.

LAW, AVERILL M. (1991): Simulation Model's Level of Detail Determines Effectiveness, in: Industrial Engineering, October, 1991, S. 16-18.

LAW, AVERILL M. (1993): A forum on crucial issues in the simulation of manufacturing systems, in: *Evans, G. W./Mollaghasemi, M./Russell, E. C./Biles, W. E.* (Hrsg.): Proceedings of the 1993 Winter Simulation Conference, Piscataway: Institute of Electrical and Electronics Engineers, 1993, S. 916-922.

LAW, AVERILL M. (2006): How to build valid and credible simulation models, in: *Perrone, L. F./Wieland, F. P./Lawson, B. G./Nicol, D. M./Fujimoto, R. M.* (Hrsg.): Proceedings of the 2006 Winter Simulation Conference, Piscataway: Institute of Electrical and Electronics Engineers, 2006, S. 58-66.

LAW, AVERILL M. (2007): Simulation Modeling and Analysis, 4th edition, Boston u.a.: McGraw-Hill, 2007.

LEDER, THOMAS (1992): Das Programm Speed-Management, in: *Hirzel, Leder & Partner* (Hrsg.): Speed-Management – Geschwindigkeit zum Wettbewerbsvorteil machen, Wiesbaden: Gabler, 1992, S. 179-207.

LEEMIS, LAWRENCE M./PARK, STEPHEN K. (2006): Discrete-Event Simulation – A First Course, Upper Saddle River: Pearson, 2006.

LEIDIG, GUIDO (2004): Prozesskosten-Management – Dargestellt an Beispielen der Medienindustrie, Eschborn: RKW Rationalisierungs- und Innovationszentrum der Deutschen Wirtschaft e. V., 2004.

LEIDIG, GUIDO/SOMMERFELD, RITA (1998): Prozesskostenrechnung im Dienstleistungssektor, in: Management-Zeitschrift IO, Heft 12, 1998, S. 40-45.

LELKE, CARSTEN/KRESS, STEPHAN (1998): Prozesskostenrechnung als strategisches Werkzeug eines wertorientierten Führungskonzeptes, in: Kostenrechnungspraxis, Heft 3, 1998, S. 145-152.

LESSER, W. H. (1954): Cost of Quality, in: Industrial Quality Control, No. 5, 1954, S. 11-14.

LEVIN, GILBERT/HIRSCH, GARY (1972): Narcotics and the Community – A System Stimulation, in: American Journal of Public Health, No. 6, 1972, S. 861-873.

LINGG, HANSRUEDI (1992): Von der Bedeutung des Wettbewerbsfaktors "Zeit", in: Management-Zeitschrift IO, Heft 7/8, 1992, S. 73-77.

LINß, GERHARD (2005): Qualitätsmanagement für Ingenieure – mit 158 Tabellen sowie mit einer CD-ROM, 2., aktualisierte und erweiterte Auflage, München/Wien: Hanser, 2005.

LISOWSKY, ARTHUR (1928): Qualität und Betrieb – Ein Beitrag zum Problem des wirtschaftlichen Wertens, Stuttgart: C. E. Poeschel, 1928,

LOHOFF, PETRA/LOHOFF, HEINZ-GÜNTER (1993): Verwaltung im Visier – Optimierung der Büro- und Dienstleistungsprozesse, in: Zeitschrift für Organisation, Heft 4, 1993, S. 248-254.

LONG, LARRY (1989): Management Informations Systems, New York: Prentice-Hall International, 1989.

LORSON, PETER (1993): Straffes Kostenmanagement und neue Technologien – Anforderungen, Instrumente und Konzepte unter besonderer Würdigung der Prozesskostenrechnung, Herne/Berlin: Neue Wirtschafts-Briefe, 1993.

LUNDVALL, DANIEL M. (1974): Quality Costs, in: *Juran, J.M./ Gryna, F.M./Bingham, R.S.* (Hrsg.): Quality Control Handbook, 3rd edition, New York u.a.: McGraw-Hill, 1974, S. 5-1 - 5-22.

LYNEIS, JAMES M. (1980): Corporate Planning and Policy Design – A System Dynamics Approach, Cambridge u.a.: MIT Press, 1980.

LYNEIS, JAMES M. (1999): System dynamics for business strategy – a phased approach, in: System Dynamics Review, No. 1, 1999, S. 37-70.

MACHARZINA, KLAUS (2003): Unternehmensführung – das internationale Managementwissen, 4., grundlegend überarbeitete Auflage, München/Wien: Gabler, 2003.

MAIER, KLAUS-DIETER/LAIB, PETER (1997): Prozessoptimierung – Besser, kostengünstiger, schneller und kundennäher, in: *Corsten, H.* (Hrsg.): Management von Geschäftsprozessen – theoretische Ansätze, praktische Beispiele, Stuttgart/Berlin/Köln: Kohlhammer, 1997, S. 95-120.

MAIER-SCHEUBECK, NICOLAS (1991): Prozesskostenrechnung – Im Westen nichts Neues, in: Die Betriebswirtschaft, Heft 4, 1991, S. 543-547.

MALIK, FREDMUND (1986): Strategie des Managements komplexer Systeme – ein Beitrag zur Management-Kybernetik evolutionärer Systeme, 2. Auflage, Bern/Stuttgart: Haupt, 1986.

MÄNNEL, WOLFGANG (1992): Anpassung der Kostenrechnung an moderne Unternehmensstrukturen, in: Kostenrechnungspraxis, Heft 2, 1992, S. 87-100.

MÄNNEL, WOLFGANG (1993): Einführende Thesen zur Bedeutung der Prozesskostenrechnung, in: Kostenrechnungspraxis, Sonderheft 2, 1993, S. 1-4.

MÄNNEL, WOLFGANG (2000): Gedanken zum Qualitätskostenbegriff, in: Kostenrechnungspraxis, Sonderheft 1, 2000, S. 5-9.

MARTIS, MORVIN SAVIO (2006): Validation of Simulation Based Models – A Theoretical Outlook, in: The Electronic Journal of Business Research Methods, No. 1, 2006, S. 39-46.

MASING, WALTER (1988): Fehlleistungsaufwand, in: Qualität und Zuverlässigkeit, Heft 1, 1988, S. 11-12.

MASSER, W. J. (1957): The Quality Manager and Quality Costs, in: Industrial Quality Control, No. 4, 1957, S. 5-8.

MAYER, REINHOLD (1990a): Prozesskostenrechnung, in: Kostenrechnungspraxis, Heft 1, 1990a, S. 74-75.

MAYER, REINHOLD (1990b): Prozesskostenrechnung, in: Kostenrechnungspraxis, Heft 5, 1990b, S. 307-312.

MAYER, REINHOLD (1991): Prozesskostenrechnung und Prozesskostenmanagement – Konzept, Vorgehensweise, Einsatzmöglichkeiten, in: *Horváth & Partner* (Hrsg.): Prozesskostenmanagement – Methodik, Implementierung, Erfahrungen, München: Vahlen, 1991, S. 75-99.

MAYER, REINHOLD/BRENNER, MARKUS (2009): Prozessmanagement als Controlleraufgabe, in: Controlling, Heft 3, 2009, S. 153-160.

MAYER, REINHOLD/CONERS, ANDRÉ/VON DER HARDT, GERRIT (2005): Anwendungsfelder und Aufbau einer Prozesskostenrechnung, in: *Horváth & Partner* (Hrsg.): Prozessmanagement umsetzen – durch nachhaltige Prozessperformance Umsatz steigern und Kosten senken, Stuttgart: Schäffer-Poeschel, 2005, S. 123-140.

MAYER, REINHOLD/GLASER, HORST (1991): Die Prozesskostenrechnung als Controllinginstrument – Pro und Contra, in: Controlling, Heft 6, 1991, S. 296-303.

MAYER, REINHOLD/KAUFMANN, LUTZ (2000): Prozesskostenrechnung 2 – Einordnung, Aufbau, Anwendungen, in: *Fischer, T. M.* (Hrsg.): Kosten-Controlling – Neue Methode und Inhalte, Stuttgart: Schäffer Poeschel, 2000, S. 291-322.

MAYER, REINHOLD/LINGSCHEID, ANDREAS (1993): Prozesskostenmanagement als Total-Quality-Baustein, in: io Management, Heft 9, 1993, S. 72-75.

MAZZOCCA, NICOLA/RUSSO, STEFANO/VITTORINI, VALERIA (1999): The Modelling Process and Petri Nets – Reasoning on Different Approaches, in: *Scholz-Reiter, B./Nethe, A./Stahlmann, H.-Dietrich* (Hrsg.): Process Modelling, Berlin/Heidelberg: Springer, 1999, S. 37-56.

MCCRAY, GORDON E./CLARK, THOMAS D. (1999): Using system dynamics to anticipate the organizational impacts of outsourcing, in: System Dynamics Review, No. 4, 1999, S. 345-373.

MEEH, GUNTHER/WELLMANN, TOBIAS (2008): Prozesskostenrechnung für mittelständische Backerei-Betriebe – Ein Werkzeug mobilisiert durch Strukturwandel und (Rohstoff-)Preisänderungen, in: Controlling, Heft 10, 2008, S. 551-557.

MEIER, ALBERT (1948): Der objektive Kostenbegriff, in: Wirtschaftsprüfung, Heft 6, 1948, S. 43-51.

MELÃO, NUNO/PIDD, MICHAEL (2000): A conceptual framework for understanding business processes and business process modelling, in: Information Systems Journal, No. 10, 2000, S. 105-129.

MELEKIAN, NORAYR (1976): Neue Methoden und Techniken der Programmierung – Teil 7: Methodische Programmentwicklung, in: IBM Nachrichten, Heft 230, 1976, S. 147-155.

MELLEROWICZ, KONRAD (1973): Kosten und Kostenrechnung I, 5., durchgesehene und veränderte Auflage, Berlin/New York: Walter de Gruyter, 1973.

MENDEN, BJÖRN (2003): Prozesscontrolling in der Industrie am Beispiel Maschinen- und Anlagenbau, in: PPS Management, Heft 8, 2003, S. 35-37.

MENDEN, BJÖRN (2004): Prozesscontrolling, in: Controller Magazin, Heft 2, 2004, S. 101-106.

MENRAD, SIEGFRIED (1965): Der Kostenbegriff – Eine Untersuchung über den Gegenstand der Kostenrechnung, Berlin: Duncker & Humbolt, 1965.

MEYER, CHRISTOPHER (1994): Schnelle Zyklen – von der Idee zum Markt, Zeitwettbewerb in der Praxis, Frankfurt/New York: Campus, 1994.

MEYER, JÜRGEN (1988): Qualität als strategische Wettbewerbswaffe, in: *Simon, H.* (Hrsg.): Wettbewerbsvorteil und Wettbewerbsfähigkeit, Stuttgart: Fachverlag für Wirtschaft und Steuern Schäffer GmbH & Co, 1988, S. 73-88.

MEYER, JÜRGEN (1994): Zeit als neuer Erfolgsfaktor? – Empirische Forschungsergebnisse zu lean management, in: *Riekhof, H.-C.* (Hrsg.): Praxis der Strategieentwicklung – Konzepte-Erfahrungen-Fallstudien, 2., überarbeitete und erweiterte Auflage, Stuttgart: Schäffer-Poeschel, 1994, S. 73-88.

MEYHAK, HERMANN (1975): Entscheidungstabellen-Technik – Methoden zur Systemanalyse und Dokumentation von komplexen Abläufen und zum maschinellen Erstellen von EDV-Programmen, Heidelberg: I. H. Sauer-Verlag, 1975.

MICHALIK, CLAUDIA C. (2002): Erfolgsfaktoren im Total Quality Management – Eine empirische Nutzenanalyse, Aachen: Shaker, 2002.

MICHEL, RUDOLF/TORSPECKEN, HANS-DIETER/JANDT, JÜRGEN (2004): Neue Formen der Kostenrechnung mit Prozesskostenrechnung – Kostenrechnung 2, 5., überarbeitete und erweiterte Auflage, München/Wien: Hanser, 2004.

MIEHLER, GEORG (1998): Zeitcontrolling indirekter Prozessketten, Wiesbaden: Gabler, 1998.

MIERS, DEREK (1994): Use of tools and technology within a BPR initiative, in: *Coulson-Thomas, C.* (Hrsg.): Business process re-engineering – myth and reality, London: Kogan Page, 1994, S. 142-165.

MIHRAM, ARTHUR G. (1972): Simulation – Statistical Foundations and Methodology, New York/San Francisco/London: Academic Press, 1972.

MIKUS, BARBARA (2000): Zum Verhältnis von Management und Zeit – Zeit im Management und Zeitmanagement, in: *Götze, U./Mikus, B./Bloech, J.* (Hrsg.): Management und Zeit, Heidelberg: Physica-Verlag, 2000, S. 3-27.

MILBERG, JOACHIM (1991): Wettbewerbsfaktor Zeit in Produktionsunternehmen, in: *Milberg, J.* (Hrsg.): Wettbewerbsfaktor Zeit in Produktionsunternehmen – Referate des Münchener Kolloquiums '91, 28. Februar /1. März 1991, Berlin u.a.: Springer, 1991, S. 11-31.

MILLER, JEFFREY G./VOLLMANN, THOMAS E. (1985): The hidden factory, in: Harvard Business Review, September/October, 1985, S. 142-150.

MILLING, PETER (1984): Leitmotive des System Dynamics-Ansatzes, in: Wirtschaftswissenschaftliches Studium, Heft 10, 1984, S. 507-513.

MILLING, PETER (2002): Kybernetische Überlegungen beim Entscheiden in komplexen Systemen, in: *Milling, P.* (Hrsg.): Entscheiden in komplexen Systemen – Wissenschaftliche Jahrestagung der Gesellschaft für Wirtschafts- und Sozialkybernetik vom 29. und 30. September 2000 in Mannheim, Berlin: Duncker & Humblot, 2002, S. 11-26.

MITROFF, IAN. I./FEATHERINGHAM, T. R. (1974): On Systemic Problem Solving and the Error of the Third Kind, in: Behavioral Science, No. 6, 1974, S. 383-393.

MORRIS, DANIEL/BRANDON, JOEL (1993): Re-engineering Your Business, New York u.a.: McGraw-Hill, 1993.

MÜFFELMANN, JENS/JASPERT, TILL (1996): "... das Team muss nun von der Ideenfindung zur Umsetzung schreiten", in: Zeitschrift für Organisation, Heft 3, 1996, S. 174-178.

MÜLLER, ARMIN (1998): Gemeinkosten-Management – Vorteile der Prozesskostenrechnung, 2., vollständig überarbeitete und erweiterte Auflage, Wiesbaden: Gabler, 1998.

MÜLLER, KLAUS (1996): Allgemeine Systemtheorie – Geschichte, Methodologie und sozialwissenschaftliche Heuristik eines Wissenschaftsprogramms, Opladen: Westdeutscher Verlag, 1996.

MÜLLER-PLEUß, JOSEPH H. (1974): Organisationsmethoden – besser organisieren im Büro, 4., durchgesehene Auflage, Heidelberg: I. H. Sauer-Verlag, 1974.

MURDOCH, JOHN/MCDERMID, JOHN A. (2000): Modelling engineering design processes with role activity diagrams, in: Journal of Integrated Design and Process Science, Heft 2, 2000, S. 45-65.

MUSSELMAN, KENNETH J. (1994): Guidelines for simulation project success, in: *Tew, J. D./Manivannan, S./Sadowski, D. A./Seila, A. F.* (Hrsg.): Proceedings of the 1994 Winter Simulation Conference, Piscataway: Institute of Electrical and Electronics Engineers, 1994, S. 88-95.

NADIG, LINARD (1998): Qualitätskostenmanagement, in: Der Schweizer Treuhändler, Heft 10, 1998, S. 1023-1030.

NAGEL, ERNST (1970): Über die Aussage: "Das Ganze ist mehr als die Summe seiner Teile", in: *Topitsch, E.* (Hrsg.): Logik der Sozialwissenschaften, 6., Auflage Köln/Berlin: Kiepenheuer & Witsch, 1970, S. 225-235.

NAKAYAMA, MARVIN K. (2008): Statistical analysis of simulation output, in: *Mason, S. J./Hill, R. R./Mönch, L./Rose, O./Jefferson, T./Fowler, J. W.* (Hrsg.): Proceedings of the 2008 Winter Simulation Conference, Piscataway: Institute of Electrical and Electronics Engineers, 2008, S. 62-72.

NASSI, ISAAC/SHNEIDERMANN, BEN (1973): Flowchart Techniques for structured Programming, in: SIG-PLAN Notices, No. 8, 1973, S. 12-26.

NAYLOR, THOMAS H./FINGER, J. M. (1967): Verification of computer simulation models, in: Management Science, No. 2, 1967, S. 92-101.

NERGER, MICHAEL (2004): Kosten- und Leistungsrechnung im Fokus zeitorientierter Wettbewerbsstrategien, Hamburg: Dr. Kovac, 2004.

NERMANN, CHARLES F. (1967): Validation problems in games and simulations with special reference to models of international politics, in: Behavioral Science, No. 3, 1967, S. 216-231.

NEUMANN, ALEXANDER (2005): Führungsorientiertes Qualitätsmanagement, 2., Auflage, München: Hanser, 2005.

NEUMANN, STEFAN/PROBST, CHRISTIAN/WERNSMANN, CLEMENS (2002): Kontinuierliches Prozessmanagement, in: *Becker, J./Kugeler, M./ Rosemann, M.* (Hrsg.): Prozessmanagement – Ein Leitfaden zur prozessorientierten Organisationsgestaltung, 3., vollständig neu bearbeitete und erweiterte Auflage, Berlin u.a.: Springer, 2002, S. 297-323.

NIEMEYER, GERHARD (1973): Systemsimulation – Studienbuch für Studierende der Wirtschafts- und Sozialwissenschaften sowie aller Ingenieur- und Naturwissenschaften ab 4. oder 5. Semester, Frankfurt am Main: Akademische Verlagsgesellschaft, 1973.

NIEMEYER, GERHARD (1977): Kybernetische System- und Modelltheorie – system dynamics, München: Vahlen, 1977.

NIPPA, MICHAEL/REICHWALD, RALF (1990): Theoretische Grundüberlegungen zur Verkürzung der Durchlaufzeit in der industriellen Entwicklung, in: *Reichwald, Ralf/Schmelzer, Hermann, J.* (Hrsg.): Durchlaufzeiten in der Entwicklung – Praxis des industriellen F&E-Managements, München/ Wien: Vahlen, 1990, S. 65-114.

NORDSIECK, FRITZ (1934): Grundlagen der Organisationslehre, Stuttgart: Poeschel, 1934.

NORDSIECK, FRITZ (1972): Betriebsorganisation, Textband – Betriebsaufbau und Betriebsablauf, 2., bearbeitete Auflage, Stuttgart: Poeschel, 1972.

O'CONNOR, JOSEPH/MCDERMONT, IAN (2003): Die Lösung lauert überall – Systemisches Denken verstehen und nutzen, Kirchzarten bei Freiburg: VAK, 2003.

OECKING, GEORG (1995): Qualitätskostenmanagement, in: Kostenrechnungspraxis, Heft 2, 1995, S. 80-86.

OERTEL, HORST ADOLF/ABRAHAM, HANS-WERNER (1998): Effektivitätssteigerung durch Koevolution mit Kunden und Lieferanten, in: *Koppelman, U./Oertel, H. A.* (Hrsg.): Time-to-Market – mögliche Beiträge von Einkauf und Logistik, Stuttgart: Schäffer-Poeschel, 1998, S. 65-84.

OESS, ATTILA (1993): Total Quality Management – Die Praxis des Qualitätsmanagement., 3., Auflage Wiesbaden: Gabler, 1993.

OLSHAGEN, CHRISTOPH (1991): Prozesskostenrechnung – Aufbau und Einsatz, Wiesbaden: Gabler, 1991.

OSSADNIK, WOLFGANG (2009): Controlling, 4., vollständig überarbeitete und erweiterte Auflage, München: Oldenbourg, 2009.

OSSIMITZ, GÜNTHER (2000): Entwicklung systemischen Denkens – theoretische Konzepte und empirische Untersuchungen, München/Wien: 2000.

OSTERLOH, MARGIT/FROST, JETTA (2006): Prozessmanagement als Kernkompetenz – Wie Sie Business Reengineering strategisch nutzen können, 5., überarbeitete Auflage, Wiesbaden: Gabler, 2006.

OULD, MARTIN A. (1995): Business processes – modelling and analysis for re-engineering and improvement, Chichester u.a.: John Wiley & Sons, 1995.

PALL, GABRIEL A. (1987): Quality process management, Englewood Cliffs: Prentice-Hall, 1987.

PARASURAMAN, A./ZEITHAML, VALARIE A./BERRY, LEONARD L. (1985): A Conceptual Model of Service Quality and Its Implications for Future Research, in: Journal of Marketing, No. 4, 1985, S. 41-50.

PARASURAMAN, A./ZEITHAML, VALARIE A./BERRY, LEONARD L. (1988): SERVQUAL – A Multiple-Item Scale for Measuring Consumer Perceptions of Service Quality, in: Journal of Retailing, No. 1, 1988, S. 12-40.

PATEL, NAYNA/HLUPIC, VLATKA (2001): Dynamic Business Process Modelling (BPM) for Business Process Change, in: International Journal of Simulation, No. 2, 2001, S. 51-64.

PATT, CORNELIUS (1995): Zeit als Wettbewerbsfaktor – Ein integrativer Ansatz zur Verkürzung der time-to-market in High-Tech-Märkten, Wien: Service Fachverlag, 1995.

PEDGEN, DENNIS C./SHANNON, ROBERT E./SADOWSKI, RANDALL P. (1995): Introduction to Simulation Using SIMAN, 2nd edition, New York u.a.: McGraw-Hill, 1995.

PERILLIEUX, RENÉ (1989): Einstieg bei technischen Innovationen, früh oder spät? – Am besten, Einstieg zum richtigen Zeitpunkt, in: Zeitschrift für Organisation, Heft 1, 1989, S. 23-29.

PETERS, THEO/SCHMIDT, BERNHARD (1998): Geschäftsprozessoptimierung – ein wichtiger Wettbewerbsfaktor, in: Zeitschrift für Organisation, Heft 6, 1998, S. 351-357.

PETRI, CARL A. (1962): Kommunikation mit Automaten, Bonn: Institut für Instrumentelle Mathematik an der Universität Bonn, 1962.

PFOHL, HANS-CHRISTIAN/STÖLZLE, WOLFGANG (1991): Anwendungsbedingungen, Verfahren und Beurteilung der Prozesskostenrechnung in industriellen Unternehmen, in: Zeitschrift für Betriebswirtschaft, Heft 11, 1991, S. 1281-1305.

PHADKE, MADHAV S. (1990): Quality Engineering Using Robust Design – Produkt- und Prozessoptimierung mit den Methoden der statistischen Versuchsplanung nach G. Taguchi, München: Gesellschaft für Managementtechniken und Technologietraining, 1990.

PICOT, ARNOLD/REICHWALD, RALF/NIPPA, MICHAEL (1988): Zur Bedeutung der Entwicklungsaufgabe für die Entwicklungszeit – Ansätze für die Entwicklungszeitgestaltung, in: *Brockhoff, K./Picot, A./Urban, C.* (Hrsg.): Zeitmanagement in Forschung und Entwicklung, Zeitschrift für betriebswirtschaftliche Forschung, Sonderheft 23, Düsseldorf: 1988, S. 112-137.

PIDD, MICHAEL (1996): Five simple principles of modelling, in: *Charnes, J. M./Morrice, D. J./Brunner, D. T./Swain, J. J.* (Hrsg.): Proceedings of the 1996 Winter Simulation Conference, Piscataway: Institute of Electrical and Electronics Engineers,1996, S. 721-728.

PLUNKETT, JAMES J./DALE, BARRIE G. (1988): Quality costs: a critique of some economic cost of quality models, in: International Journal of Production Research, No. 11, 1988, S. 1713-1726.

POHL, ALEXANDER (1996a): Leapfrogging, in: Wirtschaftswissenschaftliches Studium, Heft 1996a, S. 247-249.

POHL, ALEXANDER (1996b): Leapfrogging bei technologischen Innovationen – Ein Erklärungsansatz auf Basis der Theorie des wahrgenommenen Risikos, Wiesbaden: Gabler, 1996b.

PORTER, LESLIE J./RAYNER, PAUL (1992): Quality Costing for total quality management, in: International Journal of Production Economics, No. 1, 1992, S. 69-81.

PORTER, MICHAEL E. (1995): Wettbewerbsstrategie – Methoden zur Analyse von Branchen und Konkurrenten, 8. Auflage, Frankfurt am Main/New York: Campus, 1995.

PORTER, MICHAEL E. (2000): Wettbewerbsvorteile – Spitzenleistungen erreichen und behaupten, 6. Auflage, Frankfurt am Main: Campus, 2000.

POSLUSCHNY, PETER/TREUNER, FELIX (2009): Prozesskostenmanagement – Instrumente und Anwendungen, mit Fallbeispielen und Übungen, München: Oldenbourg, 2009.

PROBST, GILBERT J. B. (1981): Kybernetische Gesetzhypothesen als Basis für Gestaltungs- und Lenkungsregeln im Management – Eine Methodologie zur Betrachtung von Managementsituationen aus kybernetischer Sicht, Bern/Stuttgart: Haupt, 1981.

PROBST, GILBERT J. B. (1992): Organisation – Strukturen, Lenkungsinstrumente und Entwicklungsperspektiven, Landsberg am Lech: Moderne Industrie, 1992.

PÜMPIN, CUNO (1980): Strategische Führung in der Unternehmungspraxis – Entwicklung, Einführung und Anpassung der Unternehmensstrategie, Bern: Schweizerische Volksbank, 1980.

QUADE, EDWARD S. (1980): Pitfalls in Formulation and Modeling, in: *Majone, G./Quade, E. S.* (Hrsg.): Pitfalls of Analysis, Chichester u.a.: Wiley, 1980, S. 23-43.

RABE, MARKUS/SPIECKERMANN, SVEN/WENZEL, SIGRID (2008): Verifikation und Validierung für die Simulation in Produktion und Logistik – Vorgehensmodelle und Techniken, Berlin/Heidelberg: Springer, 2008.

RANDERS, JORGEN (1980): Guidelines for Model Conceptualization, in: *Randers, J.* (Hrsg.): Elements of the System Dynamics Method – International Conference on System Dynamics, Cambridge/London: The MIT Press, 1980, S. 117-139.

RAU, KARL-HEINZ/RÜD, MICHAEL (1991): Erfahrungen mit der Prozesskostenrechnung, in: Kostenrechnungspraxis, Heft 1, 1991, S. 13-17.

RAUBA, ALFRED (1988): Qualitätskostenrechnung als Informationssystem, in: Qualität und Zuverlässigkeit, Heft 10, 1988, S. 559-563.

RAUBA, ALFRED (1990): Planungsmethodik für ein Qualitätskostensystem, Berlin u.a.: Springer, 1990.

REBSTOCK, MICHAEL (1997): Grenzen der Prozessorientierung, in: Zeitschrift für Organisation, Heft 5, 1997, S. 272-278.

RECKENFELDERBÄUMER, MARTIN (1998): Entwicklungsstand und Perspektiven der Prozesskostenrechnung, 2., überarbeitete und erweiterte Auflage, Wiesbaden: Gabler, 1998.

REICH, MICHAEL (2006): Prozesscontrolling, in: *Zerres, C./Zerres, M. P.* (Hrsg.): Handbuch Marketing-Controlling, 3., überarbeitete Auflage, Berlin/Heidelberg: Springer, 2006, S. 165-184.

REICHLING, PETER/KÖBERLE, GISELA (1992): Zwischen Markt und Hierarchie – Prozesskostenrechnung, in: Controller Magazin, Heft 1, 1992, S. 22-25.

REICHWALD, RALF/SACHENBACHER, HANS (1996): Durchlaufzeiten, in: *Werner, K.* (Hrsg.), Handwörterbuch der Produktionswirtschaft, 2., völlig neu gestaltete Auflage, Stuttgart: Schäffer-Poeschel, Sp. 362-374.

REINHART, GÜNTER/LINDEMANN, UDO/HEINZL, JOACHIM (1996): Qualitätsmanagement – ein Kurs für Studium und Praxis, Berlin u.a.: Springer, 1996.

REISIG, WOLFGANG (1982): Petrinetze – Eine Einführung, Berlin/Heidelberg/New York: Springer, 1982.

REMER, DETLEF (1997): Einführen der Prozesskostenrechnung – Grundlagen, Methodik, Einführung und Anwendung der verursachungsgerechten Gemeinkostenzurechnung, Stuttgart: Schäfer-Poeschel, 1997.

REMER, DETLEF (2005): Einführen der Prozesskostenrechnung – Grundlagen, Methodik, Einführung und Anwendung der verursachungsgerechten Gemeinkostenzurechnung, 2., überarbeitete und erweiterte Auflage, Stuttgart: Schäffer-Poeschel, 2005.

REMITSCHKA, RALPH (1992): Erhebungstechniken, in: *Frese, E.* (Hrsg.): Handwörterbuch der Organisation, 3., völlig neu gestaltete Auflage, Stuttgart: Poeschel, 1992, S. Sp. 599-611.

RHUMBLER, FELIX (1992): Differenzierte Zeitstrategien entwickeln, in: *Hirzel, Leder & Partner* (Hrsg.): Speed-Management – Geschwindigkeit zum Wettbewerbsvorteil machen, Wiesbaden: Gabler, 1992, S. 27-36.

RICHARDSON, GEORGE P. (1986): Problems with causal-loop diagrams, in: System Dynamics Review, No. 2, 1986, S. 158-170.

RICHARDSON, GEORGE P./PUGH, ALEXANDER L. III (1981): Introduction to system dynamics modeling with DYNAMO, Cambridge/London: MIT Press, 1981.

RIEGER, HORST R. W. (1962): Der Güterbegriff in der Theorie des Qualitätswettbewerbs – ein Beitrag zur Reduktion der subjektiven Qualität auf ihre psychologischen Grundlagen, Berlin: Duncker & Humblot, 1962.

RIEKHOF, HANS-CHRISTIAN (2000): Strategieumsetzung auf dem Prüfstand – Strategisches Prozesscontrolling in der Praxis, in: *Sierke, B. R. A.* (Hrsg.): Zeitgerechtes Controlling – Strategie, Innovation, Wertorientierung, Virtualität, Wiesbaden: Gabler, 2000, S. 119-131.

ROBERTS, EDWARD B. (1978): System Dynamics – An Introduction, in: *Roberts, E. B.* (Hrsg.): Managerial applications of system dynamics, Cambridge: MIT Press, 1978, S. 3-35.

ROBERTS, NANCY u.a. (1983): Introduction to Computer Simulation – The System Dynamics Approach, Reading u.a.: Addison-Wesley, 1983.

ROBINSON, STEWART (1997): Simulation model verification and validation – incrasing the user´s confidence, in: *Andradottir, S./Healy, K. J./Withers, D. H./Nelson, B. L.* (Hrsg.): Proceedings of the 1997 Winter Simulation Conference, Piscataway: Institute of Electrical and Electronics Engineers, 1997, S. 53-59.

ROBINSON, STEWART (2003): Simulation – The Practice of Model Development and Use, Chichester: Wiley, 2003.

ROGALSKI, MARLIES (1996): Prozesskostenrechnung im Rahmen der Einzelkosten- und Deckungsbeitragsrechnung, in: Kostenrechnungspraxis, Heft 2, 1996, S. 91-97.

RÖHRICH, MARTINA (2000): Produktkalkulation mit der Prozesskostenrechnung, in: Wirtschaftsstudium, Heft 6, 2000, S. 804-806.

ROMBERG, STEFAN (1999): Die Berücksichtigung von Fehlerkosten im Rahmen eines Qualitätskostenmanagements, Frankfurt am Main u.a.: Peter Lang, 1999.

RÖPKE, JOCHEN (1977): Die Strategie der Innovation – eine systemtheoretische Untersuchung der Interaktion von Individuum, Tübingen: Mohr, 1977.

ROSENSTENGEL, BERND/WINAND, UDO (1983): Petri-Netze – Eine anwendungsorientierte Einführung, 2., ergänzte und verarbeitete Auflage, Braunschweig/Wiesbaden: Vieweg, 1983.

ROSS, PHILIPP J. (1996): Taguchi Techniques for Quality Engineering – Loss Function, Orthogonal Experiments, Parameter and Tolerance Design, 2. Auflage, New York u.a.: McGraw-Hill, 1996.

ROTHLAUF, JÜRGEN (2004): Total Quality Management in Theorie und Praxis, 2., neubearbeitete und erweiterte Auflage, München/Wien: Oldenbourg, 2004.

RUDOLF-SIPÖTZ, ELISABETH (2001): Kundenwert – Konzeption, Determinanten, Management, St. Gallen: Thexis, 2001.

RUTT, HEINRICH N. (1990): Die flexible Organisation – eine zeitoptimale Vielzweckmaschine, in: Harvard Manager, Heft 3, 1990, S. 62-72.

SADOWSKI, DEBORAH A./STURROCK, DAVID T. (2006): Tips for the Successful Practice of Simulation, in: *Perrone, L. F./Wieland, F. P./Liu, J./Lawson, B. G./Bnicol, D. M./Fujimoto, R. M.* (Hrsg.): Proceedings of the 2006 Winter Simulation Comference, Piscataway: Institute of Electrical and Electronics Engineers, 2006, S. 67-72.

SALT, JOHN D. (1993): Keynote address – Simulation should be easy and fun!, in: *Evans, G. W./Mollaghasemi, M./Russell, E. C./Biles, W. E.* (Hrsg.): Proceedings of the 1993 Winter Simulation Conference, Piscataway: Institute of Electrical and Electronics Engineers, 1993, S. 1-5.

SANCHEZ, SUSAN M. (1999): ABC´S of output analysis, in: *Farrington, P. A./Nembhard, H. B./Sturrock, D. T./Evans, G. W.* (Hrsg.): Proceedings of the 1999 Winter Simulation Conference, Piscataway: Institute of Electrical and Electronics Engineers, 1999, S. 24-32.

SANCHEZ, SUSAN M. (2008): Better than a petaflop – the power of efficient experimental design, in: *Mason, S. J./Hill, R. R./Mönch, L./Rose, O./Jefferson, T./Fowler, J. W.* (Hrsg.): Proceedings of the 2008 Winter Simulation Conference, 2008, Piscataway: Institute of Electrical and Electronics Engineers, S. 73-84.

SANDROCK, JÖRG (2006): System Dynamics in der strategischen Planung – Zur Gestaltung von Geschäftsmodellen im E-Learning, Wiesbaden: Deutscher Universitäts-Verlag, 2006.

SARGENT, ROBERT G. (1996): Some subjective validation methods using graphical displays of data, in: *Charnes, J. M./Morrice, D. J./Brunner, D. T./Swain, J. J.* (Hrsg.): Proceedings of the 1996 Winter Simulation Conference, Piscataway: Institute of Electrical and Electronics Engineers, 1996, S. 345-351.

SARGENT, ROBERT G. (2005): Verification and Validation of Simulation Models, in: *Kuhl, M. E./Steiger, N. M./Armstrong, F. B./Joines, J. A.* (Hrsg.): Proceedings of the 2005 Winter Simulation Conference, Piscataway: Institute of Electrical and Electronics Engineers, 2005, S. 130-143.

SASSE, ALEXANDER (2002): Ganzheitliches Qualitätskostenmanagement – Ein Konzept zur wirtschaftlichen Planung, Steuerung und Umsetzung, Wiesbaden: Gabler, 2002.

SCHACKERT, HANS ROLF (1980): Das Verhalten betrieblicher Systeme – Entwicklung von Lenkungsinstrumentarien auf der Basis systemtheoretische-organisatorischer Analysen, Frankfurt am Main: Lang, 1980.

SCHÄFER, CHRISTIAN (2001): Prozessorientiertes Zeitmanagement – Konzeption und Anwendung am Beispiel industrieller Beschaffungsprozesse, Lohmar/Köln: Eul, 2001.

SCHARRER, ERICH (1991): Qualität – ein betriebswirtschaftlicher Faktor?, in: Zeitschrift für Betriebswirtschaft, Heft 7, 1991, S. 695-720.

SCHEFFLER, EBERHARD (1997): Statistische Versuchsplanung und -auswertung – eine Einführung für Praktiker, 3., neu bearbeitete und erweiterte Auflage, Stuttgart: Deutscher Verlag für Grundstoffindustrie, 1997.

SCHELLENBERGER, ROBERT E. (1974): Criteria for assessing model validity for managerial purposes, in: Decision Sciences, No. 5, 1974, S. 644-653.

SCHEWE, GERHARD (1994): Erfolg im Technologiemanagement – Eine empirische Analyse der Imitationsstrategie, in: Zeitschrift für Betriebswirtschaft, Heft 8, 1994, S. 999-1026.

SCHILDBACH, THOMAS/HOMBURG, CARSTEN (2009): Kosten- und Leistungsrechnung, 10., bearbeitete Auflage, Stuttgart: Lucius & Lucius, 2009.

SCHILDKNECHT, ROLF (1992): Total Quality Management – Konzeptionen und state of the art, Frankfurt am Main/New York: Campus, 1992.

SCHLESINGER, STEWART (1979): Terminology for model credibility, in: Simulation, March, 1979, S. 103-104.

SCHMALENBACH, CHRISTOF (2007): Performancemanagement für serviceorientierte JAVA-Anwendungen – Werkzeug- und Methodenunterstützung im Spannungsfeld von Entwicklung und Betrieb, Berlin/Heidelberg: Springer, 2007.

SCHMALENBACH, EUGEN (1963): Kostenrechnung und Preispolitik, 8., erweiterte und verbesserte Auflage, Köln/Opladen: Westdeutscher Verlag, 1963.

SCHMELZER, HERMANN J. (1993): Zeitmanagement in der Produktentwicklung, in: *Domsch, M./Sabisch, H./Siemers, S.* (Hrsg.): F&E-Management, Stuttgart: Schäffer-Poeschel, 1993, S. 119-135.

SCHMELZER, HERMANN J./BUTTERMILCH, KARL-HEINZ (1988): Reduzierung der Entwicklungszeiten in der Produktentwicklung als ganzheitliches Problem, in: *Brockhoff, K./Picot, A./Urban, C.* (Hrsg.): Zeitmanagement in Forschung und Entwicklung, Zeitschrift für betriebswirtschaftliche Forschung, Sonderheft 23, Düsseldorf: 1988, S. 43-73.

SCHMELZER, HERMANN J./SESSELMANN, WOLFGANG (2008): Geschäftsprozessmanagement in der Praxis – Kunden zufrieden stellen, Produktivität steigern, Wert erhöhen, 6., vollständig überarbeitete und erweiterte Auflage, München/Wien: Hanser, 2008.

SCHMIDT, BERND (1987): Modellaufbau und Validierung, in: *Biethahn, J./Schmidt, B.* (Hrsg.): Simulation als betriebliche Entscheidungshilfe – Methoden, Werkzeuge, Anwendungen, Berlin u.a.: Springer, 1987, S. 52-60.

SCHMIDT, GÖTZ (1994): Methode und Techniken der Organisation, 10., überarbeitete und erweiterte Auflage, Gießen: Dr. Götz Schmidt, 1994.

SCHMIDT, SIMONE (2005): Das QM-Handbuch, Heidelberg: Springer, 2005.

SCHMIDT, THOMAS/SCHRÖDEL, OLAF (1994): Ein methodischer Ansatz zur Analyse und Modellierung von logistischen Unternehmensabläufen, in: Wirtschaftsinformatik, Heft 5, 1994, S. 478-487.

SCHMITT, ACHIM (1992): Transparenz mit Prozesskostenrechnung, in: Management-Zeitschrift IO, Heft 7/8, 1992, S. 44-48.

SCHMITT, ROBERT/PFEIFER, TILO (2010): Qualitätsmanagement 4., vollständig überarbeitete Auflage, München/Wien: Hanser, 2010.

SCHNAITMANN, HERMANN (2000): Prozessorientierte Unternehmensführung, Frankfurt am Main u.a.: Peter Lang, 2000.

SCHNEEWEIß, CHRISTOPH (2002): Kostenbewertung, in: *Küpper, H.-U./Wagenhofer, A.* (Hrsg.), Handwörterbuch Unternehmensrechnung und Controlling, 4., völlig neu gestaltete Auflage, Stuttgart: Schäffer-Poeschel, Sp. 1060-1069.

SCHNEEWEISS, WINFRID G. (2002): Petri-Netz-Bilder-Buch (Eine elementare Einführung in die beste bildliche Darstellung zeitlicher Veränderungen), Hagen: LiLoLe, 2002.

SCHNEIDER, NADINE C. (2007): Kundenwertbasierte Effizienzmessung – Der Beitrag von Marketingmaßnahmen zur Unternehmenserhöhung in der Automobilindustrie, Wiesbaden: Deutscher Universitäts-Verlag, 2007.

SCHNEIDER, REINHARD (1996): Prozesskostenrechnung in der Industrie – Konzeption und praktische Anwendung eines erweiterten Ansatzes, Wiesbaden: Deutscher Universitäts-Verlag, 1996.

SCHÖNHEIT, MARTIN (1996): Wirtschaftliche Prozessgestaltung – Entwicklung, Fertigung, Auftragsabwicklung, Berlin u.a.: Springer, 1996.

SCHÖNLEITNER, GÜNTHER (1996): Durchführung einer Prozesskosten-Analyse, in: Controller Magazin, Heft 6, 1996, S. 390-396.

SCHRUBEN, LEE W. (1980): Establishing the credibility of Simulations, in: Simulation, Heft 3, 1980, S. 101-105.

SCHULTE, CHRISTOF (1989): Produzieren Sie zu viele Varianten?, in: Harvard Manager, Heft 2, 1989, S. 60-66.

SCHULTE, ROLF (1996): Zeit und strategische Planung – Analyse der Zeitdimension zur Stützung der Unternehmenspraxis, Wiesbaden: Deutscher Universitäts- Verlag, 1996.

SCHULTE-ZURHAUSEN, MANFRED (2005): Organisation, 4., überarbeitete und erweiterte Auflage, München: Vahlen, 2005.

SCHULZ, ARNO (1992): Software-Entwurf – Methoden und Werkzeuge, 3., verbesserte Auflage, München/Wien: Oldenbourg, 1992.

SCHWARZ, RAINER (2002): Controlling-Systeme. Eine Einführung in Grundlagen, Komponenten und Methoden des Controlling, Wiesbaden: Gabler, 2002.

SCHWARZ, RAINER/EWALDT, JÖRN W. (2005): Über den Beitrag systemdynamischer Modellierung zur Abschätzung technologischer Evolution, in: *Möhrle, M. G./Isemann, R.* (Hrsg.): Technologie-Roadmapping. Zukunftsstrategien für Technologieunternehmen, 2., wesentlich verbesserte Auflage, Berlin/Heidelberg: Springer, 2005, S. 365-381.

SCHWARZE, JOCHEN (2006): Projektmanagement mit Netzplantechnik, 9., überarbeitete Auflage, Herne/Berlin: Neue Wirtschafts-Briefe, 2006.

SCHWEIKART, JÖRG (1997): Integrative Prozesskostenrechnung – kundenorientierte Analyse von Leistungen im industriellen Business-to-Business-Bereich, Wiesbaden: Gabler, 1997.

SCHWEITZER, MARCELL/KÜPPER, HANS-ULRICH (2008): Systeme der Kosten- und Erlösrechnung, 9., überarbeitete und erweiterte Auflage, München: Vahlen, 2008.

SCHWEIZERISCHE ARBEITSGEMEINSCHAFT FÜR QUALITÄTSFÖRDERUNG (1977): Qualitätskosten, Bern: Schweizerische Arbeitsgemeinschaft für Qualitätsförderung, 1977.

SEGHEZZI, DIETER (1998): TQM – ein Trojanisches Pferd?, in: Qualität und Zuverlässigkeit, Heft 8, 1998, S. 909-911.

SEGHEZZI, DIETER/FRIES, STEFAN (1995): Zweckmäßiger Fehlerkostenrechnung anstatt traditioneller Qualitätskostenrechnung, in: Kostenrechnungspraxis, Heft 2, 1995, S. 87-91.

SEGHEZZI, DIETER/FRIES, STEFAN/REINER, THOMAS (1992): Es ist noch ein weiter Weg zum Qualitätsmanagement, in: Management-Zeitschrift IO, Heft 5, 1992, S. 52-56.

SEGHEZZI, HANS DIETER (1994): Qualitätsmanagement – Ansatz eines St. Galler Konzeptes Stuttgart: Schäffer-Poeschel; Zürich: Neue Züricher Zeitung, 1994.

SEGHEZZI, HANS DIETER/FAHRNI, FRITZ/HERRMANN, FRANK (2007): Integriertes Qualitätsmanagement, 3., vollständig überarbeitete Auflage, München: Hanser, 2007.

SEICHT, GERHARD (1999): Moderne Kosten- und Leistungsrechnung – Grundlagen und praktische Gestaltung, 10., erweiterte Auflage, Wien: Linde, 1999.

SEIDENSCHWARZ, WERNER (2008): Marktorientiertes Prozessmanagement – wie process mass customization Kundenorientierung und Prozessstandardisierung integriert, 2., Auflage, München: Vahlen, 2008.

SEIFERT, HANS (1992): Zeit ist Geld, in: manager magazin, Heft 11, 1992, S. 262-281.

SEIFERT, HANS/STEINER, MICHAEL (1995): F+E – Schneller, schneller, schneller, in: Harvard Business Manager, Heft 2, 1995, S. 16-22.

SEILER, ARMIN (1998): Ziele und Vorteile der Prozesskostenrechnung – Die Methode eignet sich besonders für kostenorientierte Unternehmen, in: Management-Zeitschrift IO, Heft 12, 1998, S. 36-39.

SEITZ, HANS-JÜRGEN (1995): Vorsprung durch kurze Produktzyklen – simultaneous engineering, Landsberg am Lech: Moderne Industrie, 1995.

SEIWERT, LOTHAR J. (1991): Ganzheitliches Zeitmanagement, in: Fortschrittliche Betriebsführung und Industrial Engineering, Heft 1, 1991, S. 31-37.

SENGE, PETER M. (2003): Die fünfte Disziplin – Kunst und Praxis der lernenden Organisation, 9. Auflage, Stuttgart: Klett-Cotta, 2003.

SENGE, PETER M. u.a. (1994): Das Fieldbook zur Fünften Disziplin, Stuttgart: Klett-Cotta, 1994.

SHANNON, ROBERT E. (1975): Systems simulation – the art and science, Englewood Cliffs: Prentice-Hall, 1975.

SHERWOOD, DENNIS (2003): Den Wald vor lauter Bäumen sehen – Reduktion von Komplexität - Anleitung zum Systemischen Denken im Management, Weinheim: Wiley, 2003.

SHEWHART, WALTER A. (1931): Economic Control of Quality of Manufactured Product, New York: D. van Nostrand Company, 1931.

SHEWHART, WALTER A./DEMING, WILLIAM E. (1939): Statistical methods from the viewpoint of quality control, New York: Lancaster Press, 1939.

SHIN, NAMCHUL/JEMELLA, DONALD F. (2002): Business process reengineering and performance improvement – the case of Chase Manhattan Bank, in: Business Process Management Journal, No. 4, 2002, S. 351-363.

SHRECKENGOST, RAYMOND C. (1985): Dynamic simulation models: How valid are they?, in: *Rouse, B. A./Kozel, N. J./Richards, L. G.* (Hrsg.): Self-Report Methods of Estimating Drug Use: Meeting Current Challenges to Validity, Rockville: National Institute on Drug Abuse, 1985, S. 63-70.

SIEDENBIEDEL, GEORG (2001): Organisationslehre, Stuttgart/Berlin/Köln: Kohlhammer, 2001.

SIMON, HERMANN (1989): Die Zeit als strategischer Faktor, in: Zeitschrift für Betriebswirtschaft, Heft 1, 1989, S. 70-93.

SOMM, EDWIN (1992): Zeit – ein wesentlicher Erfolgsfaktor bei ABB, in: *Abt, J./Tschirky, H./Kohler, O.* (Hrsg.): Zeit: eine neue strategische Größe der Unternehmensführung, Zürich: Industrielle Organisation, 1992, S. 83-90.

SOMMERLATTE, TOM (1992): Qualität – die neue Dimension im Management, in: *Little, A. D.* (Hrsg.): Management von Spitzenqualität, Wiesbaden: Gabler, 1992, S. 11-26.

SOMMERLATTE, TOM/MOLLENHAUER, MICHAEL (1992): Qualität, Kosten, Zeit – das magische Dreieck, in: *Little, A. D.* (Hrsg.): Management von Spitzenqualität, Wiesbaden: Gabler, 1992, S. 26-36.

SOMMERLATTE, TOM/WEDEKIND, EBERHARD E. (1990): Leistungsprozesse und Organisationsstruktur, in: *Little, A. D.* (Hrsg.): Management der Hochleistungsorganisation, 2., Auflage, Wiesbaden: Gabler, 1990, S. 23-41.

SPENGLER, THOMAS/SCHRÖTER, MARCUS (2005): Konzeption eines System Dynamics Modells zur strategischen Planung von Closed-Loop Supply Chains, in: Zeitschrift für Betriebswirtschaft, Special Heft 3, 2005, S. 1-29.

SPITSCHKA, HORST (1988): Praktisches Lehrbuch der Organisation, 4., überarbeitete Auflage, Landsberg am Lech: Moderne Industrie, 1988.

STAHL, HEINZ K. (2004): Kundenloyalität kritisch betrachtet, in: *Hinterhuber, H. H./Matzler, K.* (Hrsg.): Kundenorientierte Unternehmensführung – Kundenorientierung, Kundenzufriedenheit, Kundenbindung, 4., überarbeitete und erweiterte Auflage, Wiesbaden: Gabler, 2004, S. 101-119.

Stalk, George (1989): Zeit – Die entscheidende Waffe im Wettbewerb, in: Harvard Manager, Heft 1, 1989, S. 37-46.

Stalk, George (1993a): Zeit – Die entscheidende Waffe im Wettbewerb, in: *von Oetinger, B.* (Hrsg.): Das Boston Consulting Group Strategie Buch. Die wichtigsten Managementkonzepte für den Praktiker, Düsseldorf u.a.: ECON, 1993a, S. 535-558.

Stalk, George (1993b): Zeitwettbewerb – Reaktionsgeschwindigkeit – 4 Regeln, in: *von Oetinger, B.* (Hrsg.): Das Boston Consulting Group Strategie Buch – Die wichtigsten Managementkonzepte für den Praktiker, Düsseldorf u.a.: ECON, 1993b, S. 574-576.

Starke, Peter H. (1990): Analyse von Petri-Netz-Modellen, Stuttgart: Teubner, 1990.

Staudt, Erich/Horst, Hinterwäller (1982): Von der Qualitätssicherung zur Qualitätspolitik – Konzeption einer integralen unternehmerischen Qualitätspolitik, in: Zeitschrift für Betriebswirtschaft, Heft 11/12, 1982, S. 1000-1040.

Stauss, Bernd (1991): Dienstleister und die vierte Dimension, in: Harvard Manager, Heft 2, 1991, S. 81-89.

Stauss, Bernd/Schöller, Andreas (2003): Beschwerdemanagement mangelhaft – Studie – Handlungsdefizite der Unternehmen beim Beschwerdemanagement, in: Qualität und Zuverlässigkeit, Heft 9, 2003, S. 878-883.

Steger, Johann (2001): Kosten und Leistungsrechnung – Einführung in das betriebliche Rechnungswesen, Grundlagen der Vollkosten-, Teilkosten-, Plankosten- und Prozesskostenrechnung, 3., vollständig überarbeitete und erweiterte Auflage, München/Wien: Oldenbourg, 2001.

Steinbach, Ralf F. (1997): Integratives Qualitäts-, Zeit- und Kostenmanagement – Entwicklung und Implementierung eines ganzheitlichen Management-Konzeptes, Frankfurt am Main u.a.: Lang, 1997.

Steinbach, Walter (1985): Erfassen und Beurteilen von Qualitätskosten – Ein Beitrag zur Verbesserung der Wirtschaftlichkeit der Fertigung und Qualitätssicherung, Düsseldorf: VDI-Verlag, 1985.

Steinbach, Walter (1994): Qualitätsbezogene Kosten, in: *Masing, W.* (Hrsg.): Handbuch Qualitätsmanagement, 3., gründlich überarbeitete und erweiterte Auflage, München/Wien: Hanser, 1994, S. 65-88.

Steinbuch, Pitter A. (1998): Prozessorganisation - Business reengineering - Beispiel R/3, Ludwigshafen: Kiel, 1998.

Sterman, John D. (2000): Business Dynamics – Systems thinking and modeling for a complex world, Boston u.a.: McGraw-Hill, 2000.

Sterman, John D. (2001): System Dynamics Modeling – Tools for Learning in a Complex World, in: California Management Review, No. 4, 2001, S. 8-25.

Stevenson, Richard (1993): Strategic Business Process Engineering – A Systems Thinking Approach Using iThink, in: *Spurr, K./Layzell, P./Jennison, L./Richards, N.* (Hrsg.): Software Assistance for Business Re-Engineering, Chichester u.a.: John Wiley & Sons, 1993, S. 99-118.

Stöger, Roman (2009): Prozessmanagement – Qualität, Produktivität, Konkurrenzfähigkeit, 2., überarbeitete Auflage, Stuttgart: Schäffer-Poeschel, 2009.

STOMMEL, HEINZ JOSEF/KUNZ, DIETER (1973): Untersuchungen über Durchlaufzeiten in Betrieben der metallverarbeitenden Industrie mit Einzel- und Kleinserienfertigung, Opladen: Westdeutscher Verlag, 1973.

STRIENING, HANS-DIETER (1988): Prozess-Management – Versuch eines integrierten Konzeptes situationsadäquater Gestaltung von Verwaltungsprozessen - dargestellt am Beispiel in einem multinationalen Unternehmen - IBM Deutschland GmbH, Frankfurt am Main, u.a.: Lang, 1988.

STRIENING, HANS-DIETER (1989): Prozessmanagement im indirekten Bereich – Neue Herausforderungen an die Controller, in: Controlling, Heft 6, 1989, S. 324-331.

STRIENING, HANS-DIETER (1995a): Der Wandel vom Krisen- zum Chancenmanagement, in: *Striening, H.-D.* (Hrsg.): Chefsache Gemeinkostenmanagement – Reserven entdecken und ausschöpfen, Landsberg am Lech: Moderne Industrie, 1995a, S. 237-251.

STRIENING, HANS-DIETER (1995b): Die Herausforderungen, in: *Striening, H.-D.* (Hrsg.): Chefsache Gemeinkostenmanagement – Reserven entdecken und ausschöpfen, Landsberg am Lech: Moderne Industrie, 1995b, S. 15-46.

STRIENING, HANS-DIETER (1996): Aufgaben und Instrumente des Gemeinkostenmanagements, in: Kostenrechnungs-Praxis, Heft 1, 1996, S. 9-15.

STRUNZ, HORST (1977): Entscheidungstabellentechnik – Grundlagen und Anwendungsmöglichkeiten bei der Gestaltung rechnergestützter Informationssysteme, München/Wien: Hanser, 1977.

SURE, MATTHIAS (2009): Moderne Controlling-Instrumente – Bewährte Konzepte für das operative und strategische Controlling, München: Vahlen, 2009.

SWAIN, JAMES J. (1995): Simulation survey: tools for process understandings and improvement, in: OR/MS Today, No. 4, 1995, S. 64-79.

SWAMI, ANIL (1995): Building the business using process simulation, in: *Alexopoulos, C./Kang, K./Lilegdon, W. R./Goldsman, D.* (Hrsg.): Proceedings of the 1995 Winter Simulation Conference, Piscataway: Institute of Electrical and Electronics Engineers, 1995, S. 1081-1086.

SWEENEY, LINDA BOOTH/STERMAN, JOHN D. (2000): Bathtub Dynamics – Initial Results of a Systems Thinking Inventory, in: System Dynamics Review, No. 4, 2000, S. 249-294.

SWISHER, JAMES R./JACOBSON, SHELDON H./YÜCESAN, ENVER (2003): Discrete-Event Simulation Optimization Using Ranking, Selection, and Multiple Comparison Procedures – A Survey, in: ACM Transactions on Modeling and Computer Simulation, No. 2, 2003, S. 134-154.

TAGUCHI, GENICHI (1989): Introduction to Quality Engineering, München: Gesellschaft für Management und Technologie, 1989.

TANAKA, MASAYAU (1989): Cost Planning and Control Systems in the Design Phase of a New Product, in: *Monden, Y./Sakurai, M.* (Hrsg.): Japanese Management Accounting – A world Class Approach to Profit Management, Cambridge/Norwalk: Productivity Press, 1989, S. 49-71.

TANK-NIELSEN, CARSTEN (1980): Sensitivity Analysis in System Dynamics, in: *Randers, J.* (Hrsg.): Elements of the System Dynamics Method, Cambridge/London: The MIT Press, 1980, S. 187-204.

TEUFEL, PETER (2003): Der Prozess der ständigen Verbesserung (Kaizen) und dessen Einführung, in: *Bullinger, Hans-Jürgen u.a.* (Hrsg.): Neue Organisationsformen im Unternehmen, 2., neubearbeitete und erweiterte Auflage, Berlin u.a.: Springer, 2003, S. 504-525.

THIELMANN, DIETER (2000): Produkt- und Strukturkosten – Chancen und Grenzen des Prozesscontrolling – Alter Wein in neuen Schläuchen, in: Controller Magazin, Heft 2, 2000, S. 180-183.

THIELMANN, KURT (1964): Der Kostenbegriff in der Betriebswirtschaftslehre, Berlin: Duncker & Humblot, 1964.

TOMCZAK, TORSTEN/RUDOLF-SIPÖTZ, ELISABETH (2006): Bestimmungsfaktoren des Kundenwertes – Ergebnisse einer brancheübergreifenden Studie, in: *Günter, B./Helm, S.* (Hrsg.): Kundenwert – Grundlagen - Innovative Konzepte - Praktische Umsetzungen, 3., überarbeitete und erweiterte Auflage, Wiesbaden: Gabler, 2006, S. 127-155.

TOMYS, ANNE-KATRIN (1994): Kostenorientiertes Qualitätsmanagement – Ein Beitrag zur Klärung der Qualitäts-Kosten-Problematik, München/Wien: Hanser, 1994.

TOMYS, ANNE-KATRIN (1995): Kostenorientiertes Qualitätsmanagement – Qualitätscontrolling zur ständigen Verbesserung der Unternehmensprozesse, München/Wien: Hanser, 1995.

TÖPFER, ARMIN/MEHDORN, HARTMUT (1996): TQM - Lean - Kaizen – Der Weg zum Unternehmenserfolg, in: *Mehdorn, H./Töpfer, A.* (Hrsg.): Besser - Schneller – Schlanker – TQM-Konzepte in der Unternehmenspraxis, 2., durchgesehene Auflage, Neuwied/Kriftel/Berlin: Luchterhand, 1996, S. 3-29.

TUMAY, KERIM (1996): Business process simulation, in: *Charnes, J. M./Morrice, D. J./Brunner, D. T./Swan, J. J.* (Hrsg.): Proceedings of the 1996 Winter Simulation Conference, Piscataway: Institute of Electrical and Electronics Engineers, 1996, S. 93-98.

TVERSKY, AMOS/KAHNEMANN, DANIEL (1974): Judgment under Uncertainty: Heuristics and Biases, in: Science, No. September, 1974, S. 1124-1131.

ULRICH, HANS (1970): Die Unternehmung als produktives soziales System, 2., überarbeitete Auflage, Bern/Stuttgart: Haupt, 1970.

ULRICH, HANS (1975): Der allgemeine Systembegriff, in: *Baetge, J.* (Hrsg.): Grundlagen der Wirtschafts- und Sozialkybernetik, Opladen: Westdeutscher Verlag, 1975, S. 33-39.

ULRICH, HANS/PROBST, GILBERT J. B. (1995): Anleitung zum ganzheitlichen Denken und Handeln – ein Brevier für Führungskräfte, 4., unveränderte Auflage, Bern/Stuttgart/Wien: Haupt, 1995.

VAN ACKERE, ANN/LARSEN, ERIK REIMER/MORECROFT, JOHN D. W. (1993): System Thinking and Business Process Redesign: An Application to the Beer Game, in: European Management Journal, No. 4, 1993, S. 412-423.

VAN DER AALST, WILLIBRORDUS M. P./VAN HEE, KEES M. (1996): Business process redesign – A Petri-net-based approach, in: Computers in Industry, Heft 1-2, 1996, S. 15-26.

VAN GELDERN, MICHAEL (2000): Basis-Know-how Organisation – Was Sie für die Praxis wissen müssen, Frankfurt am Main/New York: Campus, 2000.

VAN HORN, RICHARD L. (1969): Validation, in: *Naylor, T. H.* (Hrsg.): The design of computer simulation experiments, Durham: Duke University Press, 1969, S. 232-251.

DGQ-Deutsche Gesellschaft für Qualität e. V., (1985): Qualitätskosten – Rahmenempfehlungen zu ihrer Definition, Erfassung, Beurteilung, 5., Auflage, Berlin: Beuth, 1985.

o. V. (1989a): Das Timing der Marketing-Prozesse – Zeitwettbewerb, Zeitstrategien, Zeitfalle, in: Absatzwirtschaft, Heft 3, 1989a, S. 32-41.

o. V. (1989b): Das Timing der Marketing-Prozesse – Zeitwettbewerb, Zeitstrategien, Zeitfalle - Teil II, in: Absatzwirtschaft, Heft 4, 1989b, S. 52-61.

o. V. (1994): Interview mit James Champy: Quantensprünge sind angesagt, in: Top-Business, Heft 11, 1994, S. 86-94.

REFA Verband für Arbeitsstudien und Betriebsorganisation e. V. (1992): Methodenlehre der Betriebsorganisation – Ablauforganisation im Bürobereich, München: Hanser, 1992.

Vahs, Dietmar (2009): Organisation – Ein Lehr- und Managementbuch, 7., überarbeitete Auflage, Stuttgart: Schäffer-Poeschel, 2009.

Veil, Peter (1999): Der Zeitfaktor im Change Management, München/Mering: Hampp, 1999.

Venitz, Markus (1992): Qualitätskosten – Die Schaffung von Transparenz bei den Kosten für Qualität im Unternehmen als wichtiger Baustein im Qualitätssystem, Saarbrücken: Institut für Technologie-Transfer an der Hochschule für Technik und Wirtschaft des Saarlandes; Zentrale für Produktivität und Technologie Saar e. V., 1992.

Vennix, Jac A. M. (1996): Group Model Building – facilitating team learning using system dynamics, Chichester u.a.: Wiley, 1996.

Vester, Frederic (1991): Biokybernetische Organisationsprinzipien und vernetztes Denken als Erfolgsfaktoren einer zukunftsorientierten Unternehmensgestaltung, in: *von Eiff, W.* (Hrsg.): Organisation – Erfolgsfaktor der Unternehmensführung, Landsberg am Lech: Moderne Industrie, 1991, S. 81-104.

Vester, Frederic (2002): Unsere Welt - ein vernetztes System, 11., überarbeitete und erweiterte Neuausgabe des Katalogs der internationalen Wanderausstellung „Unsere Welt – ein vernetztes System", München: Deutscher Taschenbuch Verlag, 2002.

Vester, Frederic (2007): Die Kunst vernetzt zu denken – Ideen und Werkzeuge für einen neuen Umgang mit Komplexität, 6., aktualisierte und erweiterte Auflage, München: Deutscher Taschenbuch Verlag, 2007.

Vieweg, Wolfgang (1973): Die Konstruktion von Entscheidungstabellen, Wiesbaden: Gabler, 1973.

Vincent, Stephen (1998): Input Data Analysis, in: *Banks, J.* (Hrsg.): Handbook of Simulation – Principles, Methodology, Advances, Applications, and Practice, New York u.a.: Wiley, 1998, S. 55-91.

Voigt, Kai-Ingo (1998): Strategien im Zeitwettbewerb – Optionen für Technologiemanagement und Marketing, Wiesbaden: Gabler, 1998.

von Ahsen, Anette (1996): Total-Quality-Management: Komponenten und organisatorische Umsetzung einer unternehmensweiten Qualitätskonzeption, Frankfurt am Main u.a.: Lang, 1996.

von Braun, Christoph-Friedrich (1994): Der Innovationskrieg – Ziele und Grenzen der industriellen Forschung und Entwicklung, München/Wien: Hanser, 1994.

VON DER OELSNITZ, DIETRICH (1997): Markteintrittsbarrieren für konsumtive und investive Güter – eine vergleichbare Analyse, in: Zeitschrift für Planung, Heft 8, 1997, S. 197-213.

VON DER OELSNITZ, DIETRICH (1998): Als Marktpionier zu dauerhaftem Erfolg, in: Harvard Business Manager, Heft 4, 1998, S. 24-31.

VON DER OELSNITZ, DIETRICH (2000): Eintrittstiming und Eintrittserfolg – eine kritische Analyse der empirischen Methodik, in: Die Unternehmung, Heft 3, 2000, S. 199-213.

VON DEYM, ALEXANDER (1992): Organisationsplanung – Leitfaden für die innerbetriebliche Durchführung von Organisationsänderungen, 8., überarbeitete Auflage, Berlin/München: Siemens-Aktiengesellschaft, 1992.

VON EIFF, WILFRIED (1991a): Prozesskettenanalyse durch TOP-Mapping, in: *von Eiff, W.* (Hrsg.): Organisation – Erfolgsfaktor der Unternehmensführung, Landesberg am Lech: Moderne Industrie, 1991a, S. 333-345.

VON EIFF , WILFRIED (1991b): System Dynamics: Vernetzungsanalyse und Trendmustererkennung in komplexen Organisationssystemen, in: *von Eiff, W.* (Hrsg.): Organisation – Erfolgsfaktor der Unternehmensführung, Landsberg am Lech: Moderne Industrie, 1991b, S. 347-355.

VON EIFF, WILFRIED (1996): Geschäftsprozessmanagement – die Prinzipien des schlanken Managements prozessorientiert umsetzen, in: Fortschrittliche Betriebsführung und Industrial Engineering, Heft 1, 1996, S. 4-11.

VON GHYCZY, TIHA (1989): Wir sind zu langsam geworden, in: Manager Magazin, Heft 1, 1989, S. 89-94.

VON JOKUTHY, BELA/SCHUPP, WULF (1976): Anwendung der Entscheidungstabellen-Technik, Berlin/München: Siemens, 1976.

VON UTHMANN, CHRISTOPH /BECKER, JÖRG (1999): Guidelines of Modelling (GoM) for Business Process Simulation, in: *Scholz-Reiter, B./Nethe, A./Stahlmann, H.-D.* (Hrsg.): Process Modelling, Berlin/Heidelberg: Springer, 1999, S. 100-116.

WAGNER, KARL W. (2003): PQM – Prozessorientiertes Qualitätsmanagement – Leitfaden zur Umsetzung der ISO 9001:2000, 2., vollständig überarbeitete und erweiterte Auflage, München/Wien: Hanser, 2003.

WALTER, HENRY (1999): Handbuch Führung – der Werkzeugkasten für Vorgesetzte – Symptome – Ursachen – Problemlösungen, 2. Auflage, Frankfurt am Main/New York: Campus-Verlag, 1998.

WALTHER, JOHANNES (1993): Prozessbezogene Qualitätskosten in TQM/CIM-Konzeptionen, in: Kostenrechnungs-Praxis, Heft 3, 1993, S. 156-163.

WARD, STEPHEN C. (1989): Arguments for Constructively Simple Models, in: Journal of the Operational Research Society, No. 2, 1989, S. 141-153.

WARREN, JAMES R./CROSSLIN, ROBERT L./MACARTHUR, PAUL JAMES (1995): Simulation modeling for BPR, in: Information Systems Management, No. 4, Fall, 1995, S. 32-42.

WATSON, CHARLES E. (1976): The Problems of Problem Solving, in: Business Horizons, No. 4, August, 1976, S. 88-94.

WATTS, JULIAN (1993): A Practical Approach to Redesigning and Implementing Business Processes, in: *Spurr, K./Layzell, P./Jennison, L./Richards, N.* (Hrsg.): Software Assistance for Business Re-Engineering, Chichester u.a.: John Wiley & Sons, 1993, S. 47-64.

WEBER, JÜRGEN/SCHÄFFER, UTZ (2008): Einführung in das Controlling, 12., überarbeitete und aktualisierte Auflage, Stuttgart: Schäffer-Poeschel, 2008.

WEBER, KARLHEINZ P. (1979): SYSTEM DYNAMICS: Untersuchung eines kybernetisch-systemtheoretischen Modellansatzes unter besonderer Berücksichtigung von wachstumstheoretischen Modellen, Frankfurt am Main: R. G. Fischer, 1979.

WEHRHEIM, MICHAEL/KÖNIG, ULRICH-KARL (2007): Balanced Scorecard und System Dynamics – Ansätze zu einem integrierten Risikomanagement, in: Deutsches Steuerrecht, Heft 30, 2007, S. 1315-1322.

WEIDNER, WALTER (1977): Organisation in der Unternehmung – Aufbau- und Ablauforganisation – Methoden und Techniken praktischer Organisationsarbeit, Bonn: Stollfuß, 1977.

WEIGAND, CHRISTOPH (1989): Entscheidungsorientierte Vertriebskostenrechnung, Wiesbaden: Deutscher Universitäts-Verlag, 1989.

WEINBERG, GERALD M. (1975): An introduction to general systems thinking, New York u.a.: Wiley, 1975.

WEIß, MATTHIAS u.a. (2004): Qualitätskriterien für Simulationsstudien - Wunsch oder Wirklichkeit?, in: *Mertins, K./Rabe, M.* (Hrsg.): Experiences from the future – New methods and applications in simulation for production and logistics , Stuttgart: Fraunhofer IRB-Verlag, 2004, S. 239-261.

WELCH, B. L. (1938): The significance of the difference between two means when the population variances are unequal, in: Biometrika, Heft 3/4, 1938, S. 350-362.

WELCH, PETER D. (1983): The Statistical Analysis of Simulation Results, in: *Lavenberg, S. S.* (Hrsg.): Computer performance modeling handbook, New York u.a.: Academic Press, 1983, S. 267-329.

WENDEHALS, MARION (2000): Kostenorientiertes Qualitätscontrolling – Planung - Steuerung - Beurteilung, Wiesbaden: Deutscher Universitäts-Verlag, 2000.

WENZEL, SIGRID u.a. (2008): Qualitätskriterien für die Simulation in Produktion und Logistik – Planung und Durchführung von Simulationsstudien, Berlin: Springer, 2008.

WERNER, RUDOLF/ZIEGLER, MANFRED (2001): Kostenreduzierung durch Transparenz – Sicherheit durch Qualitätscontrolling und Qualitätskostenrechnung, in: Qualität und Zuverlässigkeit, Heft 11, 2001, S. 1432-1436.

WETH, MARTIN (1997): Reorganisation zur Prozessorientierung, Frankfurt am Main u.a.: Peter Lang, 1997.

WHITE, STEPHEN A./MIERS, DEREK (2008): BPMN Modeling and reference guide: Understanding und using BPMN, Lighthouse Point: Future Strategies, 2008.

WHITNER, RICHARD B./BALCHI, OSMAN (1989): Guidelines for selecting and using simulation model verification techniques, in: *Macnair, E. A./ Musselman, K. J./Heidelberg, P.* (Hrsg.): Proceedings of the 1989 Winter Simulations Conference, Piscataway: Institute of Electrical and Electronics Engineers, 1989, S. 559-568.

WHITT, WARD (1991): The Efficiency of One Long Run versus Independent Replications in Steady-State Simulation, in: Management Science, No. 6, 1991, S. 645-666.

WICHER, HANS (1988): Qualitätsmanagement, in: Das Wirtschaftsstudium, Heft 1, 1988, S. 35-40.

WICHER, HANS (1992): Qualitätskosten als Instrument zur Anpassung und Sicherung der Qualität, in: Das Wirtschaftsstudium, Heft 7, 1992, S. 556-563.

WIEDERIN, ELMAR (1992): Wie wird man Zeitwettbewerber?, in: *Abt, J./Tschirky, H./Kohler, O.* (Hrsg.): Zeit – eine neue strategische Größe der Unternehmensführung, Zürich: Industrielle Organisation, 1992, S. 63-81.

WILDEMANN, HORST (1989): Flexible Fabrik – Lieferzeiten um 54% reduziert!, in: Management-Zeitschrift IO, Heft 5, 1989, S. 51-54.

WILDEMANN, HORST (1992a): Zeit als Wettbewerbsinstrument in der Informations- und Wertschöpfungskette, in: *Wildemann, H.* (Hrsg.): Zeitmanagement: Strategien zur Steigerung der Wettbewerbsfähigkeit, Frankfurt (Main): Frankfurter Allgemeine Zeitung, 1992a, S. 15-23.

WILDEMANN, HORST (1992b): Kosten- und Leistungsbeurteilung von Qualitätssicherungssystemen, in: Zeitschrift für Betriebswirtschaft, Heft 7, 1992b, S. 761-782.

WILDEMANN, HORST (1995): Kosten- und Leistungsrechnung für präventive Qualitätssicherungssysteme, München: TCW Transfer-Centrum-Verlag, 1995.

WILDEN, KLAUS (1991): Die Prozesskostenrechnung – Alter Wein in neuen Schläuchen?, in: Das Wirtschaftsstudium, Heft 12, 1991, S. 883-884.

WILHELM, RUDOLF (2003): Prozessorganisation, München/Wien: Oldenbourg, 2003.

WILKE, HELMUT (1987): Systemtheorie: eine Einführung in die Grundprobleme, 2., erweiterte Auflage, Stuttgart/New York: Fischer, 1987.

WILKENING, HANS-RÜDIGER (1995): Zeit als Managementfaktor - Überlegungen zu einer wirtschaftlichen Nutzung der Zeit, in: *Sierke, B. R. A./Albe, F.* (Hrsg.): Branchenübergreifende Erfolgsfaktoren: Controlling, Organisation, Logistik, Wachstum, Wiesbaden: Gabler, 1995, S. 153-164.

WILKENS, KLAUS (2004): Kosten- und Leistungsrechnung – Lern- und Arbeitsbuch, 9., überarbeitete und stark erweiterte Auflage, Hamburg: München, 2004.

WILLENBACHER, KURT (1991): Was erwarten die Betriebe von der Zeitwirtschaft? – Die Zeit als Wettbewerbsfaktor in den Unternehmen in: Fortschrittliche Betriebsführung und Industrial Engineering, Heft 1, 1991, S. 4-7.

WILMS, FALKO E. P. (2001): Systemorientiertes Management, München: Vahlen, 2001.

WITTLAGE, HELMUT (1993): Methoden und Techniken praktischer Organisationsarbeit, 3., überarbeitete und erweiterte Auflage, Herne/Berlin: Neue Wirtschafts-Briefe, 1993.

WOLSTENHOLME, ERIC F. /STEVENSON, RICHARD (1994): System Thinking & Systems Modelling – New Perspectives on Business Strategy & Process Design, in: Management Services, No. 9, 1994, S. 22-25.

WOLSTENHOLME, ERIC F/COYLE, ROBERT G. (1983): The Development of System Dynamics as a Methodology for System Description and Qualitative Analysis, in: Journal of the Operational Research Society, No. 7, 1983, S. 569-581.

ZACHARIAS, CHRISTOPH (1998): Dynamische Unternehmensarchitektur – Ein Ansatz zur Führung flexibler Strukturen im Zeitwettbewerb, Lohmar/Köln: Eul, 1998.

ZAIRI, MOHAMED/SINCLAIR, DAVID (1995): Business process re-engineering and process management – A survey of current practice and future trends in integrated management, in: Management Decision, No. 3, 1995, S. 3-16.

ZEIGLER, BERNARD P. (1976): Theory of Modelling and Simulation, New York u.a.: Wiley, 1976.

ZEITHAML, VALARIE A./PARASURAMAN, A./BERRY, LEONARD L. (1992): Qualitätsservice – Was Ihre Kunden erwarten – Was Sie leisten müssen, Frankfurt am Main/New York: Campus, 1992.

ZEITHAML, VALARIE A./BERRY, LEONARD L./PARASURAMAN, A. (1988): Communication and Control Processes in the Delivery of Service Quality, in: Journal of Marketing, No. 1, 1988, S. 35-48.

ZIRKLER, BERND (1999): Kostentreiberanalysen für die Prozesskostenrechnung, in: Kostenrechnungspraxis, Heft 6, 1999, S. 352-355.

ZLAMAL, OLIVER (1999): TQM-gerechtes Controlling – Der Qualitäts-Audit als Qualitäts-Controllinginstrument, Wiesbaden: Deutscher Universitäts-Verlag, 1999.

ZOLLONDZ, HANS-DIETER (2006): Grundlagen Qualitätsmanagement – Einführung in Geschichte, Begriffe, Systeme und Konzepte, 2., vollständig überarbeitete und erweiterte Auflage, München/Wien: Oldenbourg, 2006.

ZSIFKOVITS, HELMUT/KRENN, BARBARA (2007): Beherrschung von komplexen Systemen durch Modellbildung und Simulation, in: *Engelhardt-Nowitzki, C./Nowitzki, O./Krenn, B.* (Hrsg.): Management komplexer Materialflüsse mittels Simulation, Wiesbaden: Deutscher Universitäts-Verlag, 2007, S. 55-70.

ZU KNYPHAUSEN-AUFSEß, DODO (2000): Überleben in turbulenten Umwelten – Zur Behandlung der Zeitproblematik im Strategischen Management, in: *Götze, U./Mikus, B./Bloech, J.* (Hrsg.): Management und Zeit – Mit Beiträgen zahlreicher Fachwissenschaftler, Heidelberg: Physica-Verlag, 2000, S. 121-141.

ZUR BONSEN, MATTHIAS (1992): Speed durch Umfeld-Monitoring, in: *Hirzel, Leder & Partner* (Hrsg.): Speed-Management, Wiesbaden: Gabler, 1992, S. 13-18.

ZWICKER, ECKART (1981): Simulation und Analyse dynamischer Systeme in den Wirtschafts- und Sozialwissenschaften, Berlin/New York: de Gruyter, 1981.

EINZELSCHRIFTEN

Benedikt Herles
Wert im Spiegel ökonomischer Rationalität – Eine kritische Betrachtung
Lohmar – Köln 2011 • 176 S. • € 48,- (D) • ISBN 978-3-8441-0053-2

Philipp Gallus
Effiziente Organisationsformen im Regionalflugsegment von Netzwerk-Carriern – Situations-Struktur-Konfigurationen im europäischen Luftverkehr
Lohmar – Köln 2011 • 336 S. • € 63,- (D) • ISBN 978-3-8441-0059-4

Tobias Rombach
Preisblasen auf Wohnimmobilienmärkten – Eine theoretische und empirische Analyse der internationalen Märkte
Lohmar – Köln 2011 • 460 S. • € 69,- (D) • ISBN 978-3-8441-0063-1

Uwe V. Lobeck (Hrsg.)
Sylter Runde – Memoranden an Deutschlands Zukunft
Lohmar – Köln 2011 • 448 S. • € 68,- (D) • Hardcover • ISBN 978-3-8441-0077-8

Harald F. O. von Kortzfleisch (Ed.)
Scientific Entrepreneurship – Reflections on Success of 10 Years EXIST
Lohmar – Köln 2011 • 352 S. • € 69,- (D) • Hardcover • ISBN 978-3-8441-0078-5

Andreas Förster
Mundell-Fleming-Modell – Eine makroökonomische Analyse wirtschaftspolitischer Maßnahmen
Lohmar – Köln 2011 • 128 S. • € 24,- (D) • ISBN 978-3-8441-0085-3

Nicolaus Schmidt
Kapitalaufbringung und Kapitalerhaltung im Cash-Pool nach Inkrafttreten des MoMiG und des ARUG
Lohmar – Köln 2011 • 188 S. • € 48,- (D) • ISBN 978-3-8441-0095-2

Vasily Belkin
Multikriterielles Controlling von Geschäftsprozessen – Prozessverbesserung mit Hilfe der dynamischen Simulation
Lohmar – Köln 2011 • 384 S. • € 65,- (D) • ISBN 978-3-8441-0096-9

JOSEF EUL VERLAG